JN424844

21세기 **라틴아메리카** **기후변화**에 대한 **새로운 도전**

저탄소 성장을 향한 대응과 적응

21세기 **라틴아메리카** **기후변화**에 대한 **새로운 도전**

저탄소 성장을 향한 대응과 적응

Augusto de la Torre 외 편저 | **정경원 외** 옮김

HU:iNE

"이 역서는 2009년도 정부(교육과학기술부)의 재원으로
한국연구재단의 지원을 받아 수행된 연구임(NRF-2009-413-B00004)"
"This work was supported by the National Research Foundation of Korea
Grant funded by the Korean Government
(NRF-2009-413-B00004)"

LOW-CARBON DEVELOPMENT:
LATIN AMERICAN RESPONSES
TO CLIMATE CHANGE

by Augusto de la Torre
Pablo Fajnzylber
John Nash

Copyright © 2010 The International Bank for Reconstruction and Development /
The World Bank
1818 H Street NW
Washington DC 20433

-역서에 대한 World Bank 입장 -
This translation was not created by The World Bank and should not be considered an official World Bank translation. The World Bank shall not be liable for any content or error in this translation.

We appreciate researchers and institutes whose research data and figures were quoted in this book.

21세기 라틴아메리카 기후변화에 대한 새로운 도전

저탄소 성장을 향한 대응과 적응

역자서문

기후변화는 국제사회에서 가장 큰 이슈 중 하나이다. 기후변화가 초래하는 자연재해는 매년 수많은 인명피해를 초래하고 있으며, 사회적·경제적으로도 많은 영향을 미치고 있어 이에 대한 대응과 적응이 시급한 상황이다. 그러나 기후변화 완화 및 적응을 위해서는 국제사회의 공동 노력이 필요함에도 불구하고, 기후관련 국제합의는 각국이 처한 상이한 이해관계로 인해 더딘 진보를 보이고 있다. 개발도상국과 산업국의 '공동적이지만 차별적인 책임(Common but Differentiated Responsibilities)'이라는 기후변화협약(1992년)의 원칙은 산업혁명 이후로 엄청난 온실가스 배출량을 누적해 온 산업국과 최근에 막대한 양의 온실가스를 배출하고 있는 개발도상국 사이에 자주 등장하는 이슈이자 합의의 걸림돌이기도 하다. 포스트 교토체제에 대한 새로운 기후변화 대응 체제 협상은 2015년 프랑스 파리에서 개최될 제 21차 유엔기후변화협약 당사국총회(cop21)에서 마무리하도록 미루어진 상황이다. 이러한 시점에서 본 역서는 라틴아메리카 지역에서의 기후변화 적응 및 대응 노력을 검토하고, 그 성과와 한계를 교훈삼아 앞으로 새체제를 계획하고 실행하는데 있어서 좋은 자료가 될 것으로 생각한다.

라틴아메리카 지역의 국가들은 유엔기후변화협약(UNFCCC) 및 교토의정서에 서명함으로써 온실가스를 감축하고자 하는 전 지구적 노력에 적극 동참해오고 있다. 특히 라틴아메리카 지역은 자연재해에 매우 취약한 지역이다. 현재수준의 온실가스 배출이 지속된다면, 라틴아메리카 지역이 직면하게 될 자연재해의 위험은 더욱 증가할 것이다. 라틴아메리카는 전세계 온실가스 배출량에서 차지하는 비율이 상대적으로 낮음에도 불구하고, 남미의 일부 지역을 제외한 중남미 지역에서의 온난화지수는 세계 평균보다 더 높을 것으로 보인다. 또한 이 지역의 기온 상승뿐만 아니라 강수유형이 변하고 지역에 따라서 건조와 홍수의 증가로 나타날 것으로 예상되고 있다. 자연재해에 의한 인적 및 경제적인 손실 정도는 자연재해에 대한 노출정도뿐만 아니라 해당 국가가 처한 사회적· 경제적 취약성에 따라서 달라지는데, 라틴아메리카 지역은 홍수와 산사태로 인한 사망률이 높은 지역 중 하나이다. 따라서 반복되는 자연재해에 대한 대책 및 취약 계층에 대한 사회안전망을 구축하는 일이 중요하다.

라틴아메리카 지역에서 에너지 사용에 기인한 온실가스 배출량은 전세계 총 배출량의 6% 미만을 차지하고 있다. 에너지 사용으로 인한 온실가스 배출량은 적지만 라틴아메리카 지역은 온실가스 배출에서 타지역과 다른 독특한 특징을 가지고 있다. 즉, 토지이용변화 및 농업활동으로부터 발생되는 온실가스 배출량은 다른 지역에 비해 현저하게 높다는 것이다. 그 밖에도 교통에 의한 온실가스 배출량이 비교적 높은 편이며, 특히 멕시코시티나 보고타와 같이 교통량이 많은 데다가 지리적 특징까지 결합된 대기오염은 건강상의 심각한 피해도 초래하고 있다.

토지이용변화로 인한 배출량이 많다는 것은 앞으로 산림전용 및 황폐화 방지로 인한 배출량을 감소시키기 위한 REDD(Reducing Emissions from Deforestation and forest Degradation)사업과 신규조림 A/R (Afforestation and Reforestation) 프로젝트가 이 지역의 온실가스 배출감축에 중요한 역할을 할 것이라는 점을 시사한다. 산림자원을 통한 이산화탄소 감축은 단지 온실가스 저감 효과뿐만 아니라 생물다양성 보존과 수자원에 대한 긍정적 영향을 가져올 것으로 기대된다. 뿐만 아니라 산림자원을 기반으로 살아가는 주민들의 삶에도 긍정적인 역할을 할 것이다. 이밖에도 라틴아메리카 지역은 세계의 주요 식량 공급지로서 비료사용량 증가와 가축사육으로 인한 질소 및 메탄증가가 두드러진다.

타 지역에 비해 라틴아메리카 지역의 온실가스 배출량에서 상대적으로 높은 비율을 차지하는 부문은 교통이다. 그러나 청정개발체제(CDM)에서 교통부문을 포함하는 절차의 미비로 인해 관련 프로젝트가 활성화되지 못하고 있다. 교통부문에서 화석연료로부터 액체 바이오연료로의 전환뿐만 아니라, 대중교통부문에서 다각적인 방법들이 강구되어야 할 것이다. 대도시에서의 비효율적이며 대기오염을 유발하고 있는 교통체계를 개편하는 한편, 과도한 민간차량의 이용을 감소시킬 수 있는 대책을 통해 이 지역의 대기환경 개선과 온실가스 배출량 저감을 가져올 수 있을 것이다.

또한 본 역서는 라틴아메리카 지역에서 나타나고 있는 안데스의 고산생태계 변화와 카리브 해의 산호초 손실 및 습지의 변화 등 생태계 변화뿐만 아니라 사회적·경제적 측면에서 이미 기후변화로 인해 나타났거나 앞으로 나타날 영향에 대해 다각적으로 분석하고 있다. 라틴아메리카 지역에서 그동안 기후변화를 겪으면서 그 영향을 완화하기 위해 취해온 농업 및 산림부문에서의 적응활동과 수자원 및 재해관리활동에 대해 상세히 기술하고 있다. 그리고 이 지역의 기후변화적응과 대응을 지원해 온 국제협력의 배경과 현황 그리고 앞으로 나아갈 방향에 대해 제시하고 있다. 포스트 2012 체제가 라틴아메리카 지역을 포함한 개발도상국의 배출감축을 촉진시키기 위해 시장기반의 재정 기구에 배타적으로 계속 의존할 것인지, 아니면 앞으로 논의될 감축펀드와 같은 비시장기반 메커니즘이 추가될지는 아직 알 수 없다. 본서는 포스트 2012체제에서도 공유될 지속가능한 저탄소 발전과 개발도상국에서의 기후완화라는 목표를 달성하는데 있어서 이 지역이 가진 가능성과 한계, 그리고 그 장벽을 넘기 위해서 어떠한 문제들이 있는지 심도 있게 분석함으로써 이 분야에 관심있는 독자들에게 큰 도움이 될 수 있을 것으로 기대한다.

본 역서를 통해 라틴아메리카 지역의 기후변화와 그 대응에 대한 더 많은 이해와 연구가 이어질 수 있기를 바라면서, 역서 출판에 도움을 주신 많은 분들께 감사의 말씀을 드린다. 한국외국어대학교 지식출판원과 편집과정에서 수고를 아끼지 않았던 연구소조교 강민욱, 정재호, 정재관, 강성지, 서한동, 전가은, 김민겸, 남미란에게 고마움을 전한다.

2015년 6월

대표 역자 정경원

Abbreviations

A/R	afforestation/reforestation
BPDPMD	barrels per day per million dollar produced
$^{\circ}C$	degrees celsius
CAIT	Climate Analysis Indicators Tool
CARICOM	Caribbean Community
CCGT	combined cycle gas turbine
CCRIF	The Caribbean Catastrophe Risk Insurance Facility
CCT	conditional cash transfer
CDIAC	Carbon Dioxide Information Analysis Center
CDM	Clean Development Mechanism
CER	certified emission reduction
CFE	Federal Electricity Company of Mexico
CFU	carbon finance unit
CH_4	methane
CO_2	carbon dioxide
CO_2e	carbon dioxide equivalent
COMBO	Coral Mortality and Bleaching Output
DALY	disability adjusted life year
DSM	demand-side management
EB	Executive Board (of the CDM)
EIA	environmental impact assessment
ENSO	El Niño-Southern Oscillation
EPA	U.S. Environmental Protection Agency
EPC	Energy Performance Contracts
ERPA	Emission Reduction Purchase Agreement

EU	European Union
FCPF	Forest Carbon Partnership Facility
FHIS	Honduras Social Investment Fund
FIDE	Fideicomiso para el Ahorro de Energía Eléctrica (energy savings trust fund)
G-8	Group of Eight
GDP	gross domestic product
GHG	greenhouse gas
GMO	genetically modified organism
GTC/y	gigatons of carbon per year
GW	gigawatt
IBRD	International Bank for Reconstruction and Development
IEA	International Energy Agency
IPCC	Intergovernmental Panel on Climate Change
KWh	kilowatt hour
LCR	Latin America and the Caribbean Region
LFG	landfill gas
LNG	liquefied natural gas
LUC	land-use change
LULUCF	land use, land-use change and forestry
MM	millimeter
MW	megawatt
MWh	megawatt hour
N_2O	nitrous oxide
OECD	Organisation for Economic Co-operation and Development

PLAC	Programa Latino Americano del Carbono
PPM	parts per million
R&D	research and development
REDD	reducing emissions from deforestation and forest degradation
SCC	social cost of carbon
SD-PAM	Sustainable Development Policies and Measures
SNLT	Sectoral No-Lose Target
STP	social time preference
TAR	Third Assessment Report
tCO_2e	tons of CO_2 equivalent
TOE	tons of oil equivalent
UK FRP	United Kingdom Forestry Research Program
UN	United Nations
UNFCCC	United Nations Framework Convention on Climate Change
WB	World Bank
WBCSD	World Bank Committee on Sustainable Development
WS&S	water sanitation and safety
WTO	World Trade Organization

21세기 **라틴아메리카 기후변화**에 대한 **새로운 도전**

저탄소 성장을 향한 대응과 적응

차례

표 목차

그림 목차

글상자(Box) 목차

제1장
글로벌 아젠다로 등장한 기후변화

들어가며

기후 변화는 이미 현실이 되었다. 이것은 전 지구적인 기온 상승, 빙하와 잔설의 융빙 현상, 그리고 해수면 상승 등의 가속화로 증명되고 있다. 라틴아메리카와 카리브 지역(Latin America and the Caribbean Region)* 또한 이러한 경향으로부터 자유로울 수 없는데, 이는 이미 이 지역에서 보고되어온 강수 패턴의 변화뿐만 아니라, 기온의 상승, 안데스 열대 빙하의 급속한 융빙 현상, 그리고 극한기후현상들의 발생 빈도 증가 등을 통해서 설명되고 있다. 기후 변화의 가장 중요한 요인은 주로 인간에 의해 발생한 이산화탄소(CO_2)와 기타 온실가스의 배출로 주도된 지구 대기권 온실 가스(GHGs)의 농도 상승이다. 기후 시스템의 관성 때문에 지구 온난화는 21세기 이후에도 지속될 가능

* 이하 '라틴아메리카와 카리브 지역'을 '라틴아메리카 지역'으로 통일한다.

성이 높고, 온실 가스의 배출량들이 상당히 감소되지 않는다면 이러한 과정은 인간과 자연에 잠재적으로 매우 심각한 결과를 수반한 채 가속화될 것이다. 그러나 여전히 구체적 추진 동기와 시기, 그리고 범지구적 기후 변화의 영향뿐만 아니라, 기후변화를 완화하든 그것의 물리적, 경제적 영향에 대응하고자 하든 행위의 비용과 효과에 대해서도 높은 불확실성이 존재한다. 결과적으로 현 시점에서 기후 변화를 완화시키기 위한 행동들의 편익들이 이러한 조치들의 비용을 상회하도록 경제적으로 효율적인 배출 경로를 분명하게 결정하는 것은 매우 어려운 일이다.

최적 경로에 대한 의문은 차치하고서라도, 문제 해결을 위한 메커니즘에 대한 합의 도출의 어려움은 개별 국가들이 기후 변화를 완화시키려는 범지구적 노력을 통해 발생하는 편익 부분만을 차지하려 할 수 있다는 사실로 인해 악화되고, 이것은(기후 변화를 완화시키기 위한 기존의) 조직적 대응에 심각한 장애 요소를 발생시킨다. 이러한 문제와 불확실성에도 불구하고, 광범위한 지역에 회복 불가능한 피해를 일으킬 수 있는 온실가스농도 수준까지의 상승을 피하기 위해 현재의 배출경향을 변화시킬 시급한 조치가 필요하다고 제기하는 목소리가 늘어가고 있다. 협상은 진행 중이며, 앞으로 나아가기 위한 새로운 협정을 2012년에 맺을 예정이다.(역자주: 새로운 합의는 2015년 COP21차 회의로 연기됐다) 동시에 개별 국가들은 기후 변화에 맞서기 위한 각 국가들의 대내정책으로 어떻게 대응할 것인지를 또한 고려하고 있다. 라틴아메리카 지역의 정부와 시민 사회는 기후변화의 잠재적인 비용 및 편익들과 향후 수십 년간 이루어져야 할 결정을 위한 그들의 선택지에 대한 것들뿐만 아니라, 선택되어야 할 결정들이 처해 있는 국제적 맥락에 대해서도 잘 알고 있어야 할 것이다. 동시에 국제 사회는 라틴아메리카 지역에 대한 유일한 전망에 대해서 더 잘 알아야 하는데, 이는 해당 지역이 직면하게 될 문제들과, 이 지역이 지구온난화에 맞서 싸울 수 있도록 하기 위한 잠재적인 분담금, 그리고 성장과 빈곤퇴치를 지속하면서도 분담금을 극대화시키기 위해서 어떻게 이 지역의 완전한 잠재력을 개방할 수 있을지에 대한 것들이다. 이 보고서는 언급한 모든 필요사항들을 충족시키는데 도움이 될 것이다.

기후변화의 증거

라틴아메리카 지역의 주민들은 극한기상현상 및 기후관련 재해들과 관련된 높은 비용에 대해 익히 인식하고 있다. 2000년과 2005년 사이, 라틴아메리카 국가들은 166회의 홍수, 113회의 폭풍, 그리고 30회의 가뭄을 포함하여 309회의 기후 관련 자연재해를 겪었다. 이러한 자연재해들에 의해 야기된 피해들에 대한 정보는 단지 약 20%의 피해들만 집계되어 있으나, 그 피해액은 미화 175억 달러 이상에 달한다.[1] 예를 들어, 중앙아메리카는 1998년에 만 명이상의 사망자를 낸 허리케인 밋치(Mitch)의 생생한 기억을 가지고 있다. 마찬가지로 1997~1998년 엘니뇨현상 동안 페루를 강타한 집중 폭우, 홍수 그리고 산사태의 결과로 국가는 35억 달러($)의 금전적인 손실을 경험했고 이는 국가총생산(GDP)의 약 5%에 달했다.[2] 기후 관련 자연재해들의 부정적인 영향에 대한 우려들이 새로운 것이 아니지만, 지난 30년 동안 해당 지역은 매년 이러한 재해들의 발생빈도에 있어서 우려될만한 증가를 경험했다. 예를 들어 1970~99년과 2000~05년 사이에는 재해의 발생빈도가 2.4배로 증가하였다.[3]

이러한 우려에 덧붙여, 매우 특이한 극한기상현상들이 최근 몇 해

동안 여러 번 발생하였다. 예를 들어 1999년 12월, 베네수엘라 우기가 종료된 후 2개월 뒤, 기록적인 폭우량이 3만 명의 목숨을 앗아간 심각한 홍수와 산사태를 유발시켰다. 더 최근에 2004년 3월 허리케인 카타리나(Catarina)가 브라질을 강타하였는데. 이는 남대서양에서 처음으로 관측된 것이었다. 카타리나는 브라질 남부의 수천의 가구를 난민으로 만들었고 아마존 동부에 심각한 홍수를 유발했다. 최근의 다양한 이상 기후 현상들에는 아르헨티나 팜파스 지역(2000~2002)의 심각한 범람, 아마존(2005) 지역의 심각한 가뭄들, 볼리비아(2002)와 부에노스 아이레스(2006) 지역의 우박, 그리고 메이저 허리케인 중 윌마(Wilma)와 카트리나(Katrina)을 포함한 2005년 카리브의 허리케인 발생 시기의 기록 등이 있다. 유카탄 반도에서 윌마가 야기한 피해액은 19억 달러($)에 이르는 반면 미국 걸프만 지역에서 카트리나가 야기한 피해액은 81억 달러 이상이었다. 카트리나의 경우에는 차후의 홍수에 의한 피해를 포함하여 최소 1836명이 사망하였으며, 1928년 오키초비(Okeechobee) 허리케인 이후 미국의 가장 강력한 허리케인이 되었다.[4]

극한기상현상과 기후변화

극한기상현상은 이에 대한 정의 자체가 예상치 못한 현상에 해당한다. 이는 해당하는 변수들(예를 들어 기온, 강우, 바람 등)의 확률분포 끝부분에 속한다. 따라서 주어진 기후 및 정해진 시간과 장소에서 이러한 현상들은 매우 낮은 확률로 일어나는 경향이 있고, 수년에 한번 정도 발생한다. 그러나 최근 수년동안 관찰된 극한기상현상의 증가하는 빈도수는 우리에게 이 일련의 현상이 서로 관계없이 무작위하게 발생한 것인지 아니면 이러한 현상들 가운데 장기적인 추세가 존재하는가에 대한 의문을 일으킨다. 처음에는 최근 라틴아메리카 지역 국가들을 강타한 기후관련 자연재해 발생빈도의 높은 증가가 단순한 불운의 결과일수도 있었다. 이러한 현상들의 연간발생빈도가 계속 유지되거나 혹은 미래에 상승하리라는 어떠한 근거도 없었다. 우리는 주어진 기후환경내에 존재하는 일반적인 기후의 가변성을 다룰것이다.

그러나 이상기후현상의 최근 빈도수 증가를 설명하기 위한 우려할만한 대안가설이 있다. 과학계에서 갈수록 신빙성을 얻고 있는 것처럼, 만약 전 지구의 기후가 따뜻해지고 있다면, 많은 기상 변수들의 확률분포 역시도 변하기 쉬울 것이다. 따라서 확률분포의 끝부분에 해당하여 과거에 드물게 발생했던 현상들이 이제는 더 일상적인 현상이 될 수 있는 것이다. 이러한 변화들이 지속적인 것이 되면서 가정, 회사, 그리고 정부는 상당수의 주요한 결정들을 다시 내려야 할 것인데, 예를 들자면 그들의 집, 공장 그리고 공공 기반 시설들이 어디에 위치하여야 할 지, 어떤 상품과 서비스들을 생산할 것인지, 이렇게 생산된 재화에 대해 어떤 가치가 매겨질지에 대한 것이다.[5]

이것은 어느 정도 이미 일어나고 있다. 한 예로, 카트리나의 발생 이후 얼마 안 되어, 미국의 리스크 모델링(risk~modeling) 회사들은 비슷한 사건의 발생확률을 종전에 40년에 한 번이던 것을 20년에 한 번으로 상향조정하였다. 사실 분석가들은 태풍의 발생빈도 증가와 북대서양 유역의 열대 사이클론의 강력함은 해당 지역의 해수면 온도의 동시다발적인 증가 추세와 연관이 있다고 추측했고, 그리고 두 가지 경향 모두 지구 온난화로부터 야기되었다. 그러나 기후관련 재해들의 강도와 발생가능성에 대한 재평가가 비단 미국에만 국한되어 있는 것은 아니다. 지구의 기후시스템이 확실히 변하고 있음을 주장하는 과학적 증거들이 증가함에 따라 전 지구에 대한 재평가가 이뤄지고 있다.

진행 중인 지구 기후 변화의 증거

전 세계 온도와 눈과 빙하의 점진적인 변화, 평균해수면 상승 등의 최신자료의 분석에 기초하여 기후변화에 관한 정부간협의체(Intergovernmental Panel on Climate Change: IPCC)는 최근에 "기후변화는 명백한 사실"이라고 주장했다. 이것은 IPCC 제4차 평가보고서의 주요 결론중 하나이고, 이는 30개국 이상으로부터 150명을 상회하는 주요 필자들과 600명 이상의 전문 검토 위원들에 의해 제작되어 2007년 9월에 발간되었다.

IPCC에 의해 발표된 새로운 증거에 따르면 지구 표면온도의 증가율은 가속화되고 있는데, 이것은 1956년과 2005년 사이 매 십년간 0.13℃가 증가하였고, 1906년과 2005년 사이 관찰된 십년을 주기로 하는 증가분의 약 두 배에 해당한다. 게다가, 북극의 해빙 덩어리들은 1978년 이후로 십년마다 2.7%씩 가라앉았다. 이러한 추세와 관련하여 해수면 상승률도 최근 가속화되었는데, 1961~2003년 동안에 연평균 1.8mm였던 상승폭이 1993~2003년 동안 3.1mm로 증가하였다. IPCC에서 보여준 것과 같이 앞서 언급한 지구 기후의 변화들은 이미 강수 주기, 극한기상현상의 잦은 발생빈도수, 그리고 북대서양의 열대 사이클론의 강도 등에 뚜렷한 영향력을 보인다. 게다가, IPCC는 다양한 인간의 활동(예를 들어 농업과 보건)과 자연계(예를 들어 식물 및 동물 종, 해양 생태계, 수문학(水文學)적 체계)가 이미 지구 온난화에 의해 영

향받고 있다고 확신했다.[6]

라틴아메리카에서 진행 중인 기후변화

라틴아메리카는 IPCC가 입증한 전 지구적인 추세와 크게 다르지 않다. 강수량의 중요한 변화와 기온의 증가는 해당 지역의 많은 국가들에서 관찰되고 있다.[7] 특히 20세기 동안 남미에서는 십 년마다 0.1℃에 이르는 평균 온도의 상승이 발생하였다. 강수량은 아르헨티나 북동부, 브라질 남부, 파라과이, 페루 북서부 그리고 우루과이와 같은 일부 지역에서 증가하였고 아르헨티나 북동부, 브라질 남서부, 칠레 남부와 페루 남부 등지에서는 감소하였다. 해수면의 상승률 또한 증가하였는데, 남미의 남동부지역은 지난 20년 동안 매년 2~3mm의 증가폭을 기록하였다.

IPCC에 의해 수집된 증거는 언급한 변화들이 이미 해당 지역에서의 극한기상현상의 발생빈도에 영향을 주고 있음을 시사하고 있다. 이미 가시적인 변화들의 예로 브라질 북동부지역 그리고 멕시코 중부지역에 걸쳐 더 잦은 집중 폭우, 아마존의 일부 지역에서 잦은 범람, 파라과이, 우루과이에 걸친 파라나(Parana)강 유량의 50% 이상의 증가 등이 있다.

지금까지 관측된 기후변화들 중 일부는 긍정적인 경제적 파급효과를 가져왔다. 이에 대한 사례들에는 아르헨티나 팜파스 지역의 강우량의 증가에 따른 농작물 수확량 증가(수확량이 12% 증가한 해바라기의 경우에서부터 38% 증가한 대두에 이르기까지)와 아르헨티나와 우루과이에서 목장 생산성 7% 증가 등이 포함된다. 그러나 다른 가시적인 효과들은 분명히 부정적이다. 예를 들어 볼리비아에서 더 높은 사망률과 질병

발생률이 기록되어왔던 것은 홍수와 산사태, 폭풍 등이 증가한 결과였다[8]. 이미 관찰되어온 기후변화의 다른 우려스러운 결과는 안데스 지역에서 기록되고 있는 열대 빙하들의 급속한 융빙 현상이다.[9] 이러한 경향의 주목할 만한 실례는 <그림 1.1>에서 보는 바와 같이 볼리비아의 차칼타야(Chacaltaya) 빙하의 사진기록이다. 영상들은 저고도에 위치한 많은 빙하들의 상당 부분이 10년 내지는 20년 사이에 완벽하게 사라질 것이라는 점을 시사하며, 이는 지역경제와 인간복지에 지대한 영향력을 미치게 될 것이다(2장).[10]

기후변화 이면에는 무엇이 있는가?

지구의 전체평균 기후는 대기권으로 들어오고 나가는 에너지의 균형에 의해 결정된다. 지구는 태양으로부터 에너지를 받는다. 대부분은 지면에 흡수되지만, 일부는 우주로 반사된다. 다시 튕겨 나가는 에너지의 총합은 지구 대기에 있는 온실가스의 농도에 의해 결정된다. 온실가스들은 태양으로부터 받은 복사열의 일부를 붙잡아서, 온실가스들이 존재하지 않을 경우보다 지구의 기온을 30℃ 이상 높이게 된다(Stern 2007). 비록 온실효과 자체는 자연적인 과정이며, 온실효과 없이 생명이 존재하기에는 지구가 너무 추운 곳이 되겠지만, 대기권의 온실가스 집중이 250년 동안 가속화 되어왔고, 이는 전 지구적인 평균기온의 상당한 상승을 야기하였다.

일부 온실가스들은 자연적으로 발생한다. 예를 들어, 수증기는 강력한 온실가스지만 인간의 삶과 직접적인 관계가 없다. 그러나 산업혁명이후로 관측된 온실가스들의 전체 농도의 증가는 대부분 오직 인간 활동을 고려해야만 설명할 수 있다. 실제로, IPCC는 관측된 전

지구적인 기후 변화의 주범은 인류 발생에 따른 온실가스 농도의 증가, 즉 인간에 의한 것이라는 점을 95%의 신뢰도에 근거하여 결론지었다.

인간 활동에 의한 온실가스 중 가장 중요한 것은 2004년 전체 온실가스 배출량의 77%에 해당되는 이산화탄소이다. 다른 중요한 온실가스들은 메탄(CH_4)과 아산화질소(N_2O)이다. 지구의 대기 중 이산화탄소 농도는 1975년과 2005년 사이 35%가 증가했고, 동일기간 동안 메탄과 아산화질소의 배출량이 각각 148%, 18% 증가했다. 관측된 대기 중 온실가스농도 증가의 대부분이 이산화탄소와 메탄을 배출하게 되는 화석연료의 연소에 의해 주로 이루어지고, 그 다음으로는 토지이용변화로부터의 이산화탄소 배출(예를 들어 산림을 농지로 전환하는 등)

그림 1.1 볼리비아 차칼타야(Chacaltaya)빙하의 융해

출처 : Photographs by B. Francou, E. Ramirez, and W. Vergara

이 있으며, 농업에서도 메탄과 아산화질소가 배출된다.[11] 다양한 온실가스들이 각기 다른 온난효과로 작용한다는 점을 고려하면, 현재 지구의 대기에 있는 모든 온실가스들의 총량은 이산화탄소 등가 대비 약 430ppm으로 추산된다.[12]

이산화탄소 배출이 1970년 이후로 빠른 속도로 증가한 부문은 전력(145%)과 교통(120%)으로, 2004년 지구 온난화 가스 배출(그림 1.2)의 각각 26%, 13%를 차지했다. 이산화탄소 배출의 거대한 증가는 또한 산업에서 관찰되고(1970년 이후 65%), 또한 산림 벌채(40%)의 결과로도 나타났다. 2004년 이 두 부문은 각각 전체 온실가스 배출량의 19%, 17%에 해당한다. 온실가스 배출에 기여하는 다른 인간 활동은 농업, 주거·상업지에서 발생, 쓰레기와 폐수 처리를 포함한다.

그림 1.2 전세계 온실가스 배출부문별 비율

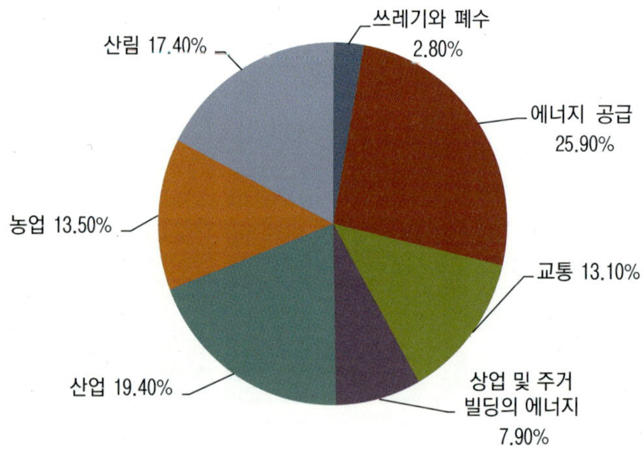

출처 : IPCC(2007)에서 인용, 그림 2.1 (c). 2004년 인간활동에 의한 온실가스배출에서 다양한 부문별 배출량(이산화탄소 환산치)

라틴아메리카의 지구 온실가스 배출에 대한 기여

전 세계 인구의 대략 9%와 세계 GDP의 6%를 차지함에도 불과하고 라틴아메리카는 이산화탄소 배출과 관련된 전체 에너지의 6%밖에 차지하지 않는다. 그러나 토지이용의 변화로부터 야기되는 배출을 포함한 총 온실가스 배출량을 고려했을 때 배출량은 높아지는데, 이는 12.5%에 이른다. 라틴아메리카는 에너지 관련 자원으로부터의 온실가스 배출량이 상대적으로 낮은 배출지역일 뿐만 아니라, 화석연료의 연소에서 비롯된 배출량이 가장 높은 증가세를 보이는 지역에도 포함되지 않는다. 국제에너지기구(International Energy Agency: IEA)에 따르면, 라틴아메리카에서 에너지 관련 이산화탄소 배출은 1인당 배출에 있어서 2005~2015년 사이 10%, 2005~2030년 사이 33%가 증가할 것으로 보이며, 이는 전체 개발도상국들에서 예상되는 증가분인 2015년까지의 32%, 2030년까지의 59%와 비교된다(IEA 2007).

라틴아메리카는 또한 온실가스 배출 구성에서 독특한 특징을 가진다(5장). 첫째, 토지이용변화와 농업에서 비롯된 배출량이 라틴아메리카 배출의 약 2/3를 차지하는데, 다른 개발도상국들의 경우 국제적 수준에서 1/3을 차지하고 이는 약 44%이다. 둘째, 각각의 에너지 공급과 산업생산에 의한 배출량은 라틴아메리카 배출의 약 10%씩에 해당하는데, 나머지 개발도상국들의 경우 각각 45%, 37%를 차지한다. 마지막으로, 교통 부문에 관련된 배출은 라틴아메리카지역 온실가스 배출의 약 10%를 담당하는데, 고소득 국가들의 경우 20%, 다른 개발도상국들의 경우 오직 6%만을 차지한다.

라틴아메리카의 온실가스 배출 개요에서 토지이용변화의 우세는 산림전용 및 산림황폐화 방지(Reducing Emissions from Deforestation and forest Degradation: REDD)뿐만 아니라 신규조림과 재조림(Afforestation and Reforestation: A/R)을 목표로 한 정책과 프로젝트가 세계 기후변화를 완화시키기 위한 이 지역에서의 장래의 어떠한 노력에도 상당한 공헌을 하게 될 것이라는 점을 시사한다. 희소식은 수자원의 긍정적 영향, 생물다양성, 자연·사회경제적 시스템에 상응하는 장기적인 취약점을 포함하여 토지이용변화와 다른 지속가능한 개발 목적으로부터 감소중인 배출량들 사이에 주목할 만한 시너지 효과가 있다는 것이다.

라틴아메리카의 상대적으로 낮은 에너지 관련 배출은 더 청정한 에너지 혼합에 따른 주된 결과였고, 재생에너지에 더 많이 의존하고 (주로 수력) 다른 화석연료 중에서 석탄을 더 적게 사용함으로써 주도되었다. 그러나 교통부문에서 상대적으로 높은 배출량은 우려할만한 사안이 될 것이다. IEA는 2000~2050년 사이 자동차 배출 이산화탄소가 전 세계적으로 140% 증가할 것으로 예측했다. 이러한 배출량의 압도적 증가는 특히 중남미와 아시아 등 개발도상국들에서의 자동차보급과 운송수단의 증가에 의한 결과라 할 것이다. 이러한 경향은 단순히 기후변화관점에서 우려스러울 뿐만 아니라, 증가하는 오염 수준과 교통 혼잡을 해결하기 위한 요구를 포함하는 중대한 지역 현안을 제기한다.

미래에 어떠한 기후 효과가 예상될 수 있는가?

세계 기상 시스템은 대기 중의 온실가스농도 변화에 대해 긴 반응 시간을 가지고 있다. 따라서 이러한 변함없는 온실가스 농도를 유지하기 위한 즉각적인 조치들이 취해진다는 비현실적인 가정하에서도 가까운 시일 내에는 지구온난화가 지속될 것으로 예상된다. 특히, IPCC는 온실가스의 농도가 변화하지 않더라도 지구의 온도는 다음 20년 동안 10년에 0.1℃ 정도 증가할 것으로 예측하였다.

그림 1.3 전 세계 온실가스 배출량의 현재 vs 예상량

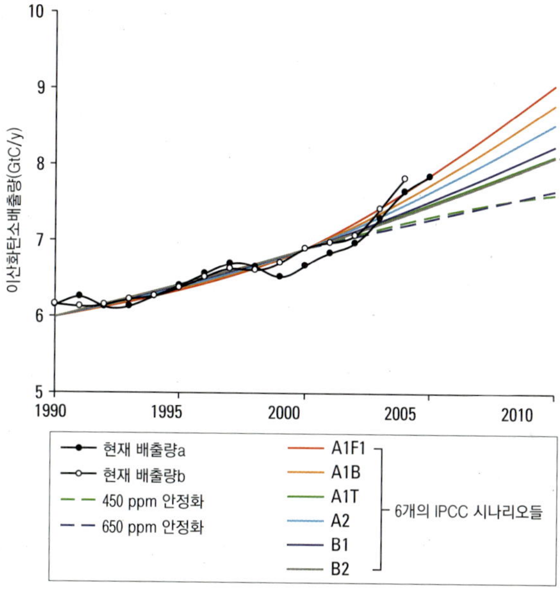

출처 : Raupach et al. (2007) and World Bank staff calculations.
Emissions trajectories corresponding to the main scenarios studies by the IPCC's Special Report on Emission Scenarios (2001).

주 : 미래 배출 연속체는 4개 연속 부문이 포함된다: A1, A2, B1, B2, A1F1(화석연료에 높은 의존성); A1B(화석연료와 대체연료 사이의 에너지 공급균형); A1T(화석연료의 높은 의존도를 대신하는 대체에너지)는 A1의 부문이다. GtC/y = 매년 10억톤; ppm = 백만분율; IPCC = 기후변화에 관한 정부간 협의체, 각각의 부문에 대한 자세한 내용은 미주 13[13]에 있다.

a. 미국이산화탄소 정보분석센터(Carbon Dioxide Information Analysis Center, CDIAC) 참조

b. 환경 영향 평가(Environment Impact Assessment, EIA) 참조

그러나 온실가스 배출은 아직까지 어떠한 하락세도 보이고 있지 않다. 전 세계의 인구학적, 경제적, 기술적 경향에 관해 채택된 명확한 가설들에 기반하여, IPCC는 만약 기후변화의 완화를 위한 추가적인 정책들이 시행되지 않는다면 전 세계 온실가스 배출이 2000~2030년 동안 25%에서 90%까지 증가할 것으로 예측했다. 이러한 결과로, IPCC에 의해 고려된 "배출전망치" 대부분의 시나리오들의 전제하에, 세계 온도는 2025년까지 10년당 약 0.2℃의 비율로 증가할 것이다. 2050년까지, 지구는 20세기 말보다 1.3℃에서 1.7℃ 정도 더 따뜻해질 것이다. 2100년경에는 세계온도는 기준치보다 1.8℃에서 4.0℃더 상승할 것이다.

그러나 위의 예상들이 실제보다 더 적게 잡힌 것일 수도 있다. 사실, 실제 배출량에 대한 최근의 관측결과는 IPCC의 예상치보다 더 높다는 것이 증명되고 있으며, 이는 심지어 가장 비관적인 가정에서조차 마찬가지이다.(그림 1.3.). 예를 들어 스턴(Stern, 2008)은 매년 CO_2e 대비 약 2.5 ppm이던 대기 중 온실 가스량의 증가율이 현 세기에 걸쳐 매년 3~4ppm사이까지 상승할 수 있을 것이라고 예측했다. 따라서, 현재 배출경향에서 지구 대기중 온실가스량은 2100년 즈음 750 ppm에 도달할 것이며, 이는 지구온난화의 정도가 82%의 확률도 4℃를 넘어서고 47%의 확률로 5℃이상 상승할 수 있음을 암시하는 것이다.

전 지구적인 영향

지구온난화의 강도와 결과는 전 세계에 걸쳐 상당히 다를 것으로 예측된다. 일반적으로 더 높은 위도의 지역들과 대륙 영역이 더 따뜻해질 것으로 예상된다. 예를 들어, 스턴(Stern, 2007)은 만약 지구온난화의 정도가 4℃에 이른다면, 대양과 해안 지역은 3℃, 중간위도 지역은 5℃, 극지들은 8℃까지 상승할 것이라 예상했다. 게다가 IPCC는 세계 도처에서 복사열이 더 강력하고, 더 오래 지속되고, 더 자주 발생할 것이라고 예측함에도 불구하고, 극한온난계절의 가능성은 여러 열대지역에서 약 90% 이상으로 예상되는 데 비해, 타 지역에서의 발생할 확률은 약 40%로 비교된다고 지적했다. 강수주기에서 예상되는 전 지구적인 변화들 역시 지역별로 다르게 구분된다. 예를 들어 고위도의 지역에서는 더 많은 강수량, 열대 지역에서는 더 적은 강수량이 예상되는데 후자의 예측은 좀 더 불확실하다. 열대성 사이클론은 더 강해질 것인데, 카리브 해의 경우 더 강력해진 바람과, 더 많은 강수량을 동반할 것이다. 좀 더 보편적으로, 지구 온난화의 결과는 계절변수들의 분포상 변화를 야기하였는데, 과거 "끝부분"중 하나에 위치한 "극한" 기후현상이 더 자주 발생하는 반면 분포도의 다른 끝에 있는 이상기후발생의 빈도수는 감소했다. 예를 들어, 무더운 날씨 기록 건수는 증가한 반면에 추운 날씨 기록 건수는 감소하였다(그림 1.4).

기후변화의 규모와 정도에 따라, 이들의 영향 중 일부는 매우 거대하고, 예측할 수 없거나 혹은 회복 불가능한 잠재력을 가진다. 특히, IPCC는 세계 평균온도가 1℃에서 4℃로 상승하는 데에 50%의 가능성이(중간 정도의 신뢰도) 있을 것이라 평가하고 있는데(1990~2000년을 비교하여), 서쪽 남극지방과 그린란드의 빙상들의 광범위한 퇴빙이 발생할 수 있을 것이다. 이는 순차적으로 해수면의 수 미터 상승을 암시하며, 해안선과 생태계와 저위도 지역, 특히 하천의 삼각주에서의 홍수 등에 있어서 주요한 변화들로 이어질 것이다. 비록 이러한 작용이 매우 장기간(천년)에 걸쳐 발생할 것으로 예측하는 동안, IPCC는 이것이 더 단기간(예를 들어 수백년)에 걸쳐 발생할 가능성을 배제하지는 않았고, 이는 인구, 경제활동 그리고 사회기반시설의 재배치에 매우 심각할 결과들을 수반할 것이다. 게다가, 1.5℃에서 2.5℃로 세계평균온도의 증가로 (1980~99년을 비교한), 20~30%의 광범위한 생물종들이 더 높은 멸종위기에 처하게 될 것이다. 3.5℃를 웃도는 더 높은 온난화율을 가정한다면, 생물종의 40~70%가 위기에 처하게 될 것이다.

그림 1.4 극한기상발생 빈도수에 기초한 기후변화의 영향

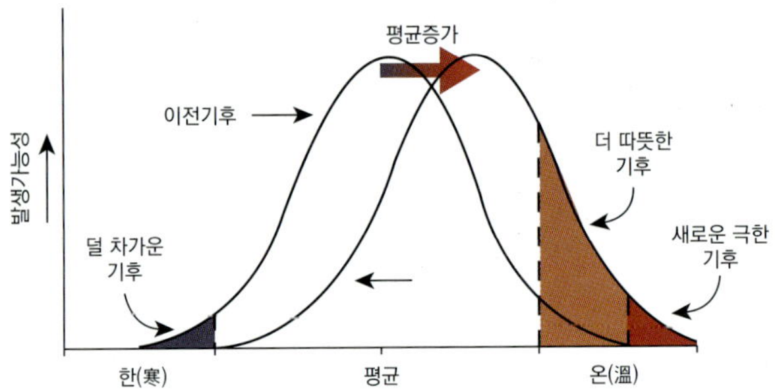

출처 : IPCC

라틴아메리카의 현재 기후 위험

라틴아메리카지역에 대해 예상되는 미래의 변화를 언급하기 전에, 현재 기후 관련 위험의 규모와 위치를 확인하는 것은 유용하다. <지도 1.1>에서 보는 바와 같이, 현재의 기후 조건에서조차도 라틴아메리카의 상대적으로 거대한 부분이 다양한 종류의 기후 관련 위험들에 노출되어 있다. 예를 들어, 멕시코와 브라질은 북쪽 지역에서 공통적으로 심각한 가뭄이 발생한 반면에, 남쪽에서는 극심한 홍수와 산

사태 및 멕시코의 경우에는 사이클론의 위험에 많이 노출되어 있다. 유사하게, 중앙아메리카와 카리브 해 국가들은 모두 홍수와 사이클론의 위험에 많이 노출되어 있고, 또한 해당 지역들은 가뭄도 자주 발생한다(특히 엘살바도르와 과테말라). 안데스 국가들은 가뭄(특히 칠레와 에콰도르의 중부지역), 홍수, 산사태에 높은 확률로 노출되어 있고, 반면에 홍수는 아르헨티나의 북쪽 지역, 파라과이, 우루과이에서 가장 심각한 위험으로 인지된다.

자연재해에 관련된 사망위험 및 경제적인 손실이 이러한 위험에 노출되어 있는 국가들에 달려있는 것이 아니라 국가들의 취약 수준 혹은 사회적 취약성에 의해 결정된다는 것을 주목해야하고, 이것들은 각각 사회, 경제, 정치, 문화적인 변수들의 매우 복잡한 작용에 따른다.[14] 예를 들면, 사이클론과 관련된 사망률은 중상위권 소득수준을 가진 국가보다 하위 그리고 중하위권 국가들이 약 10배나 높다. 그러나 라틴아메리카의 중상위권과 중하위권 소득수준을 가진 국가들 사이에서는 홍수와 산사태 사망률이 각각 가장 높다. 유사하게, 사이클론과 가뭄에 관련된 경제적 손실이 1인당 소득을 감소시키는 경향이 있음에도 불구하고, 홍수와 산사태로 발생한 손실은 하위권 소득수준을 가진 국가들 사이에서는 가장 낮은데, 아마도 재해에 피해받는 것들이 더 적기 때문일 것이다.

높은 위험발생률 혹은 주어진 위험에 관련된 높은 손실율 때문에, 재해방지 및 대비 지역들에서 자연재해로부터 높은 위험에 처해있는 지역들을 확인하는 것은 개발도상국들의 정책을 위해 매우 중요하다. 특히 현재와 미래의 위험에 대하여 확실히 측정하는 것은 위험 감소 노력을 위하여 할당된 자원들에 대한 분야와 우선순위 설정에 있어서의 향상을 가져올 수 있는데, 이러한 목표에는 자연재해 위험 관리를 위한 국가능력을 향상시키고 사회기반시설의 노출과 취약성들의 감소에 도움을 주는 행위들이 포함된다.[15] 특히 반복되는 자연재해가 자연재해관리를 위한 제도적 기본체계와 국가들의 정책 향상, 빈곤감소, 성장에 대해 엄청난 장애물들을 만들어내는 고위험지역들에서, 특히 발전전략에 있어 필수적인 요소가 될 것이다.

지도 1.1 현재기후상태에서 자연재해에 노출되어 있는 라틴아메리카 지역

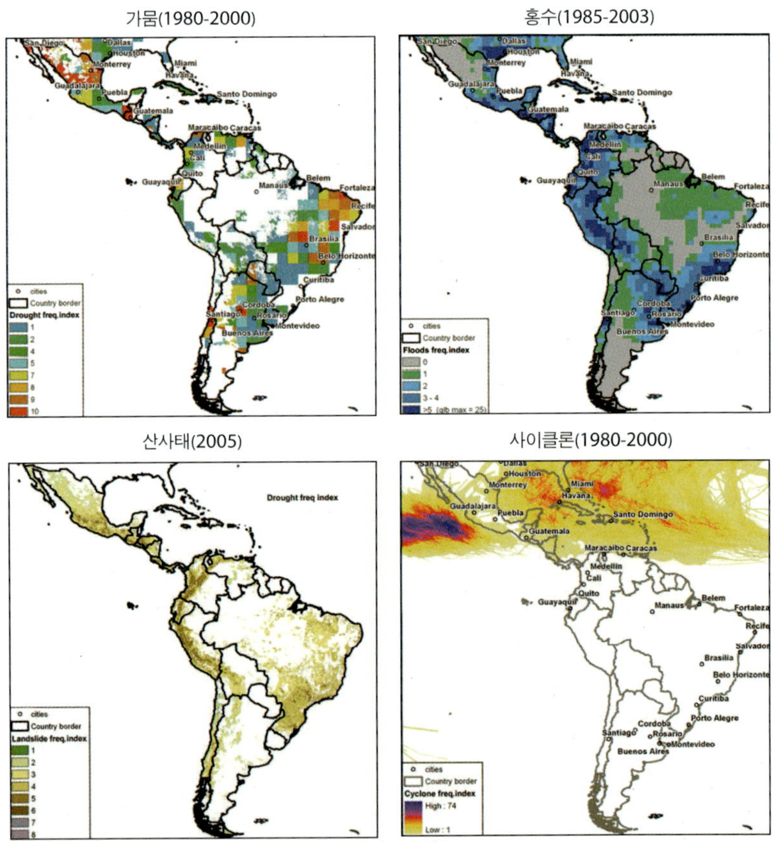

출처 : Constructed by World Bank Staff using date from Dilley et al. (2005)

라틴아메리카에서 기후변화의 영향

앞서 언급했듯이, 만약 현재의 온실가스 배출경향들이 지속된다면, 현재기후상태에서 라틴아메리카지역이 직면한 자연재해 위험들은 증폭되기 쉽다. IPCC의 4차 보고서는 1961~90년 동안 나타난 라틴아메리카의 일반적 기후 상승 추세 하에서, 이 지역의 기온이 2020년까지 0.4℃내지 1.8℃상승할 수 있고, 2050년경에는 1℃에서 4℃까지도 상승할 수 있을 것이라고 예측하고 있다(Magrín et al. 2007). 심지어 전 세계 온실가스 배출에서 라틴아메리카지역 부분이 상대적으로 적음에도 불구하고, 연간 평균 온난화 예상지역의 대부분에서 남미의 남쪽지역을 제외하고 세계 평균보다 더 높을 것으로 보인다(Christensen et al. 2007). 지구 순환 모형에서 파생된 이런 예상들이 또한 지역에 걸쳐 강수량 패턴 변화를 지적했고, 이는 티에라 델 푸에고섬에서 겨울철 강우들의 증가와, 남미의 남쪽 지방에서 더 많은 여름철 강우량을, 그리고 중미와 안데스의 남쪽지역에서 더 건조한 상태를 수반했다.

라틴아메리카의 일부 지역에서, 특히 아마존 지역을 포함한 특히 남미의 북쪽 지역의 경우 미래 강수량 주기들에 관한 높은 불확실성에도 불구하고, 이미 기후 변화가 급격히 확대될 징후가 있음을 나타내는 강력한 지표들이 전 지역에 걸쳐 관측되고 있다. 따라서 현재 기후 경향에서, 일부 현재 기후 "발생 중심지"들은 더 뜨거워질 수 있다. 이것은 <지도 1.2>의 부문들과 함께 <지도 1.1>의 비교를 통하여 밝혀질 수 있다. 게다가 가뭄 혹은 홍수의 위험에 현재 매우 높은 확률로 노출되어 있는 많은 지역들은 상대적으로 미래에 더 강력한 강우와 심지어 더 건조한 상태들을 해결해야 할 것으로 보인다.

지도 1.2 8개의 지구순환모형과 색인별 모형 단계에 기반한 1981~2000년부터 2031~50년까지 라틴아메리카 지역의 기후변화 리스크에서 예상되는 변화들

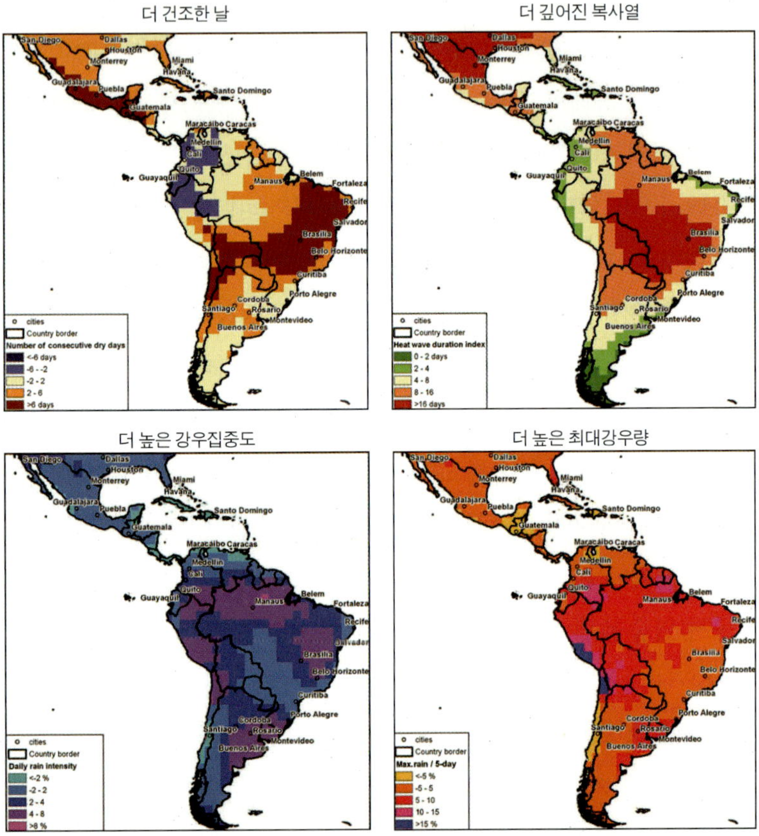

<표 1.1>에서 볼 수 있듯이 최소한 지구 기후 모형의 5/8이 2030년까지 연이은 가뭄일수를 증가시키고 복사열은 더 오래 지속될 것이라 예상되는 칠레, 엘살바도르, 과테말라, 멕시코의 모든 고위험 가뭄 지역들을 포함한다. 유사하게 아르헨티나, 페루, 우루과이의 고위험 범람 지역들은 47%에서 100%의 확률로 극심한 폭우에 더 자주 노출될 것이다. 사실, 다양한 세계 기후 모형들로부터 도출된 특정 지역

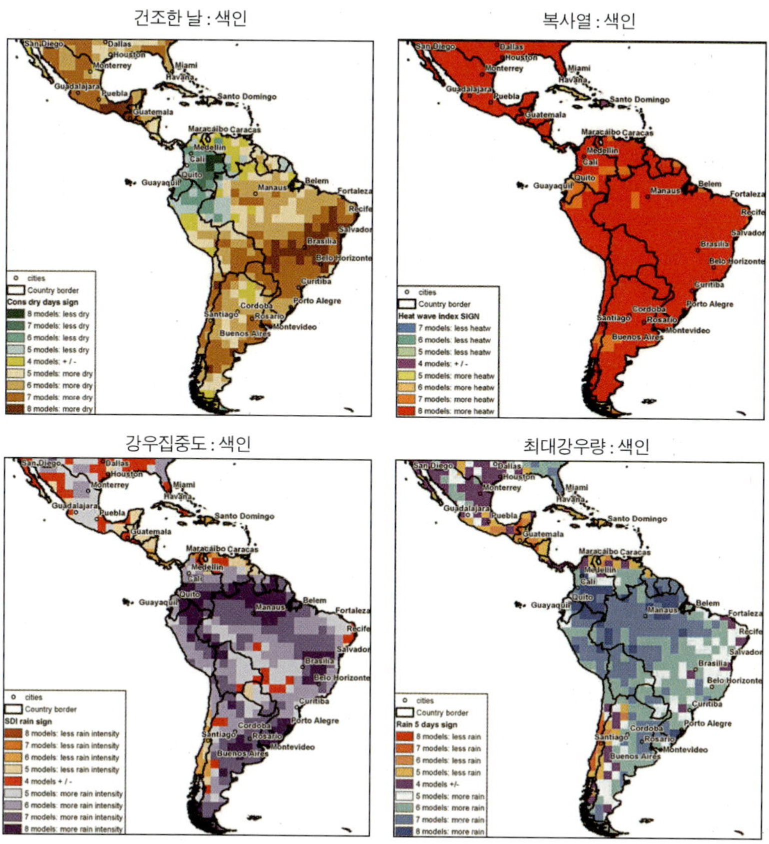

출처 : World Bank Staff calculation using eight global calculation model(표 1.1)
주 : SDI = Simple Daily Intensity

별 예측에는 상당한 차이가 존재한다. 대부분의 이전 사례들에 따르면 모델일치 수준은 <지도 1.2>의 부문별에서 보는 것과 같이 상당히 높다. 라틴아메리카에서 현재 예상되는 강우량 주기와 온도의 변화는 인간 활동과 생태계에 광범위한 영향력을 가지고 있다.[16] 이러한 영향력은 이 책의 2장에 자세히 기술되어 있으며, 그내용에 해당 지역의 많은 국가들에서 발생할 수 있는 가축 및 농업생산량에서 변

표 1.1 2030년 증가하는 기후변화 리스크들과 라틴아메리카 지역 국가들의 영토에서의 비율(%)

	연속건조일수 (CCR)의 증가 : 최소 2일(2030)	폭염지속일 (HWD)의 증가 : 최소 8일(2030)	2030년 높은 CCR 혹은 HWD 수치를 가진 높은 현재 가뭄가능성 지역 부분	간단한 일강우지수 (SDI)의 증가 : 최소 4% (2030)	5일동안 최대강우량(RSD)의 증가 : 최소 10% (2030)	2030년 높은 SDI 혹은 RSD 수치를 가진 높은 현재 가뭄가능성 지역 부분
아르헨티나	52	38	77	28	2	47
벨리세	100	87	n.a.	0	0	0
볼리비아	93	100	100	16	16	28
브라질	71	79	100	39	3	22
칠레	59	26	100	25	19	0
콜롬비아	2	4	56	26	19	21
코스타리카	0	0	0	0	0	0
쿠바	100	0	n.a.	0	0	0
도미니카 공화국	98	0	n.a.	0	0	0
에콰도르	0	0	0	12	0	14
엘살바도르	100	17	100	0	0	0
과테말라	100	96	100	0	0	0
가이아나	76	96	n.a.	0	0	n.a.
기아나	6	6	n.a.	6	49	n.a.
아이티	100	0	n.a.	0	0	0
온두라스	97	56	n.a.	0	0	0
자메이카	100	0	n.a.	0	0	0

	연속건조일수 (CCR)의 증가 : 최소 2일(2030)	폭염지속일 (HWD)의 증가 : 최소 8일(2030)	2030년 높은 CCR 혹은 HWD 수치를 가진 높은 현재 가뭄가능성 지역 부분	간단한 일강우지수 (SDI)의 증가 : 최소 4% (2030)	5일동안 최대강우량(RSD)의 증가 : 최소 10% (2030)	2030년 높은 SDI 혹은 RSD 수치를 가진 높은 현재 가뭄가능성 지역 부분
멕시코	97	87	100	0	0	0
니카라과	66	0	73	0	0	0
파나마	0	0	n.a.	0	0	0
파라과이	100	100	100	0	1	2
페루	21	10	0	62	36	68
푸에르토 리코	100	0	n.a.	0	0	0
수리남	69	80	n.a.	48	17	n.a.
트리니다드 토바고	0	0	n.a.	0	0	0
우루과이	10	0	n.a.	100	0	100
베네수엘라	10	81	100	9	0	0

출처 : World Bank staff calculations using the following models: cnrm: cnrm~cm3, Metero France; gfdl: gfdl~cm 2.0, Geophysical Fluid Dynamics Lab/NOAA; inmc: inm~cm 3.0, Institute Numercial Math, Russia; ipsl: ipsl~cm4, Institute Pierre Simon Laplace, France; mirh: micro3.2(hires), University of Tokyo, JAMSTEC, Japan; mri:mri~cgcm2.3.2, Meteorological Research Institute, Japan; ccsm: ccsm3, National Center for Atmospheric Research USA. Drought and flood frequency indexes from Dilley et al. (2005).

주 : CCR, HWD, SDI, R5D는 기후현상 발생이 전 지구적 기후모델 5 혹은 그 이상으로 예측되는 지역율이다. 가뭄의 높은 가능성은 8 혹은 그 이상의 가뭄빈도지수에, 홍수의 발생은 최소 3의 홍수 발생지수에 기초하여 정의한다. n.a. = 데이터 없음.

화분석 포함된다.

기후변화완화의 비용과 이익

우리는 현재 추세의 온실가스 배출에서 예상되는 지구적·지역적 기후변화로 인한 부정적인 영향의 발생 가능성에 대해 검토해 왔다. 기후변화의 부정적 영향을 경감시키기 위한 이러한 추세에 반하는 것은 광범위한 재화와 서비스의 생산과 소비로부터 비롯된 온실가스 배출량의 감소와 관련된 불분명한 비용일 것이다. 이론적으로 어느 정도의 경감이 전 지구적인 차원에서 이루어져야 할지를 결정하기 위하여, 이러한 비용들은 이에 상응하는 이익들, 즉 기후 피해를 방지하고 기후 조건에 적응하기 위해 필요한 지출을 줄이는 수단에서 생겨나는 이익들과 비교되어야 할 필요가 있다.

완화의 적정량은 무엇인가? 간단한 개념적 체계

기후변화를 완화시키는 한계편익과 한계비용은 모두 실행되어야 할 배출감소량의 규모에 따라 결정된다. 추가적인 경감노력의 비용은 구상중인 배출감소량의 수준에 따라 증가하는 경향이 있다. 비록 온실가스 배출을 감소시키는 데에 많은 비용이 들지 않는 선택들이 몇몇 부문에서는 가능할 수도 있지만(예를 들어, 에너지 효율에서 어느 정도의 개선은 온실가스 배출을 경감하는 동안 실제로 돈을 절약할 수 있다), 더 거시적인 기후변화 완화의 목표는 탄소배출을 줄일 수 있는 새로운 에너지기술들의 채택을 요구하며 이는 사용 중인 현재 에너지 기술보다 더 많은 비용을 요한다. 이와 유사하게, 아마존의 일부 고립지역에서는, 산림 벌채와 산림 황폐화를 방지하기 위한 기회비용이 매우 적을 수 있으며, 산림 보존을 위한 기금을 마련하는 비용도 그러할 것이다. 그러나 산림벌채에서 발생하는 배출감소 측면에서 더욱 야심찬 목표들을 성취하기 위해서는, 상응하는 프로그램들이 더 높은 토지생산성을 가진 지역들을 또한 포함시키도록 해야하고, 이는 추가적인 산림보호노력들의 비용을 증가시키게 될 것이다.

반면에, 기후변화 경감의 한계편익들은 배출감소노력의 규모에 따라 감소하는 경향이 있다. 매우 제한적인 배출감소 노력만이 시행 중인 현행의 시나리오와 지구 대기권의 온실가스가 현재 수준으로 지속적으로 유지될 만큼 배출이 현저히 줄어들 것이라는 대안적 시나리오를 비교해보자. 이전에 언급했듯이, 스턴(Stern 2008)의 예측을 첫 번째 시나리오에 적용시켜 보면 우리는 결국 50%의 확률로 5℃를 뛰어넘는 지구온난화에 직면할 것이고, 이는 이후 재앙과도 같은 피해가 발생할 큰 가능성을 시사하고 있다. 이러한 상황 하에서 배출량을 감소시키기 위한 비용은 커질 것이다. 반면에 온실가스 배출량이 현재의 수준에 머무르게 되는 대안적인 시나리오에서는, 단기적으로 볼 때 지구 온난화가 10년마다 오직 0.1℃씩 상승할 것이라고 한다. 따라서 추가적인 배출 감소의 한계편익들은 아마도 더 적어질 것이다.

우리가 배출감소의 정도에 따른 기후변화완화의 한계비용과 한계편익(피해를 피하기 위한)을 나타내는 곡선을 알고 있다고 가정한다면(위에서 이미 언급되었을 뿐만 아니라 <그림 1.5>에서처럼 각각 위아래로 기울어져 있는), 경감노력의 최적수준을 실행하는 것은 매우 자명해 보인다. 두 곡선의 교차점을 찾고 그 교차점에 도달하기 위해서 두 가지 정책을 교차로 시행하는 것이다. 우선 첫 번째는 "탄소배출권 거래제"로, 이는 정부가 탄소 배출 허가를 분배(또는 경매) 하는 것인데, <그림 1.5>에서 묘사된 OQ* 배출량 감소의 최적량과 함께 전체 온실가스 배출의 상한선을 정한다. 이 범주에 포함된 행위자(예를 들어, 회사, 개인, 국가)는 상응하는 한도까지 그들의 방출량을 감소하거나 다른 참가들로부터 배출할 수 있도록 자유롭게 사고 팔 수 있다. 그 결과, 배출량 감소는 가장 낮은 한계비용에 직면하는 사람들에 의해 실행되고 거래는 한계 완화비용의 수준인 OP*까지 수렴되는 탄소가격으로 이어질 것이다.

그림 1.5 한계완화비용과 회피되는 피해(편익)

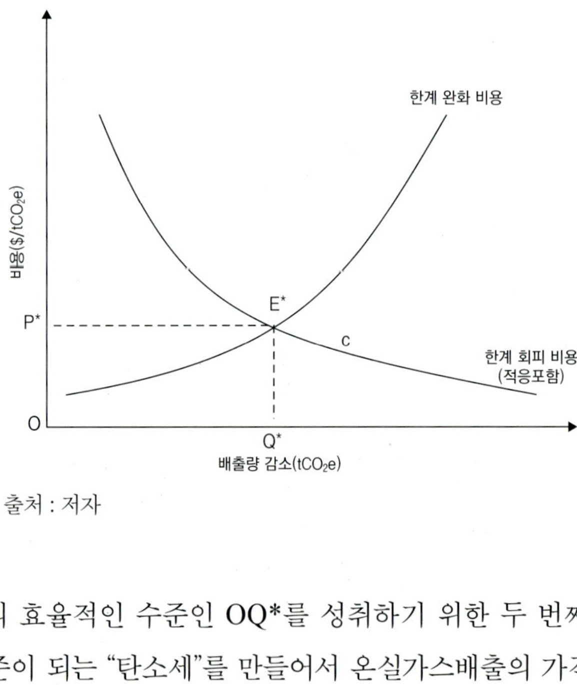

출처 : 저자

완화의 효율적인 수준인 OQ*를 성취하기 위한 두 번째 대안은 OP*수준이 되는 "탄소세"를 만들어서 온실가스배출의 가격을 직접적으로 설정하는 것이다. 탄소세 도입의(혹은 탄소배출거래제를 통한 배출감소 허가증 경매의) 목적은 정부의 수입을 증대시키기 위한 것이 아니라, 온실가스에 의해 야기되는 외부효과를 내부화시키는 것이다. 구체적으로, 탄소세의 도입 목적은 다른 사람에게 영향을 끼치는 한계피해비용과 동일한 금액을 배출업자들이 지불하도록 하는 것이다. 실제로, 한계완화비용과 한계피해비용 곡선의 교차점(E*)에서 정해지는 특징 이외에도 완화노력의 실행은 ~OQ*위의 배출량규제 혹은 OP*

그림 1.6 한계완화비용에서 이변(異變)에 관한 최적정책의 영향

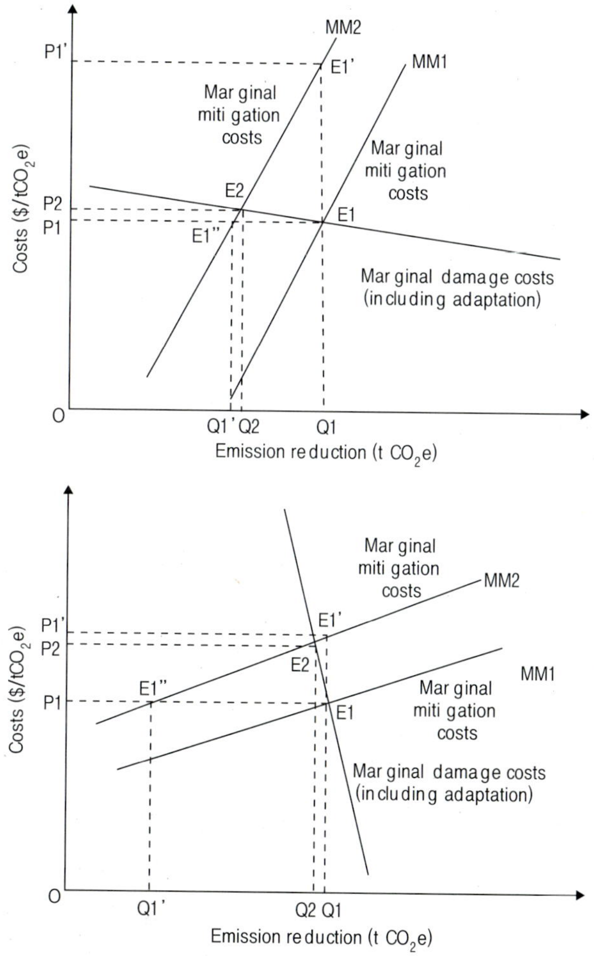

출처 : World Bank Staff

위의 탄소세에 의해서~회피할 수 있는 추가적인 피해의 가치보다 더 많은 비용이 들 것이다. 이와 마찬가지로, OP*보다 아래에서 탄소세를 지정하거나 OQ* 아래에서 배출량의 한계를 정하는 것은 상응하는 기후피해들보다 더 적은 대가를 지불하여 기후변화의 부정적인 영향들을 회피할 수 있는 기회를 허비하게 될 수 있다.

탄소세 대(vs) "배출권 거래제"

이론상으로 잘 설계된 탄소세 혹은 탄소배출권 거래제에 대한 완벽한 정보가 공유되는 세계에서는 기후완화의 최적 수준을 달성할 수 있을 것이다. 그러나 실제로 정책입안자들은 기후완화의 한계비용과 한계편익 곡선들의 기울기와 위치들이 시간의 흐름에 따라 달라질 수 있다는 점과 함께, 온실가스 배출정도와 현재 이용가능한 완화 기술의 진척상황에 대해서도 인지하여야 한다. 게다가 특정한 때에서조차, 한계완화와 피해비용에 대한 정밀한 판단은 지구 기후 변화의 핵심 원인, 시기, 영향력뿐만 아니라, 다양한 완화책들과 대안 조정에 따른 비용에서의 큰 불확실성에 의해 방해받아왔다. 예를 들어, 대기 중 온실가스량의 배증(倍增)에 기인하는 지구 평균기온의 변화로 정의되는 기후감도한계의 추정치는 2℃에서 4.5℃까지 각각 다르게 나타난다(Solomon et al. 2007). 게다가 각각 다른 온난화 정도와 연관된 기후 효과의 유형들에 대하여 더 잘 알게 됨에도 불구하고, 지역 수준에서 예상되는 피해는 온난화로 인한 범지구적 몇몇 효과들의 시기에 대한 우리의 지식과 마찬가지로 아직도 상당 부분 부정확하다. 예를 들어 지구온난화의 높은 가능성과 연계된 재해 발생의 경우, 우리는 그것이 수세기 혹은 천년 안에는 발생할 수 있다는 것을 알고 있다. 마지막으로, 대규모의 배출감소 달성을 위해 효율적으로 사용되어야 할 일부 에너지 기술들의 비용에 관하여서도 아직까지 상당한 불확실성이 존재한다.

불완전한 정보의 존재는 탄소세와 탄소배출권 거래제 간의 선택에 있어서 중요한 영향력으로 작용한다. 실제로 정책입안자들은 탄소세를 도입했을 때(발생할 수 있는) 예기치 않은 수준의 온실가스 배출 감축에 대하여 선호하는지, 아니면 탄소세 대신 배출량 조절책을 선택했을 때 변덕스러운 탄소세에 대처하여야 할 것을 선호하는지를 선택하여야 한다. 배출권 거래제에서, 정책입안자들은 배출 감축량(탄소세에서는 가격)을 조절하지만, 시장은 그에 상응하는 가격(탄소세에서는 배출 감축량)을 결정한다. 웨이츠먼(Weitzman 1974)이 주장하였듯이 한계비용곡선의 기울기가 한계피해곡선보다 커질 때 탄소세가 배출량 조절을 위해 더 선호되는데, 이는 이러한 상황에서 완화비용곡선의 위치가 부정확하게 예상되는 데 대한 비용이 배출권 거래제를 도입했을 때보다 탄소세를 도입했을 때 더 낮기 때문이다. <그림 1.6>에서 다음과 같은 사실을 확인할 수 있다. 정책입안자들이 비용곡선은 MM1으로, 최선의 완화수준은 E1 지점이 될 것이라 믿지만, 실제 감축비용곡선은 MM1이 아닌 MM2와 같이 형성되었으며, 따라서 효율적인 완화책은 E2 지점에서 이루어진다는 것이다. 그들이 배출량 상한선을 OQ1로 선택했다면, 결국 시행단계에는 E1'지점이 될 것이다. 만약 반대로 그들이 OP1을 탄소세로 선택했다면, 결국에는 E1"지점에서 결정되었을 것이다. 위의 그래프에서 E2가 E1'보다 더 E1"에 더 근접했다는 사실에서 볼 수 있듯이, 피해비용곡선의 기울기가 상대적으로 완만하기 때문에 탄소세가 더 선호되어진다. 아래의 그래프에서는 반대의 현상이 발생했는데, 탄소배출권 거래제보다 탄소세를 사용할 때의 오류비용들이 더 크고, 이는 E1"이 현재 E1'보다 E2로부터 더 멀리 떨어져 있다는 사실에서 확인할 수 있다.[17]

한계완화비용곡선은 의사결정이 단기간에 이루어질 때에 그 경사가 더 가파르나, 한계피해비용곡선은 그 반대이다(Stern 2007). 실제로, 단기에는 자본보유량과 사용가능한 기술 수준이 정해져 있으므로, 완화비용은 배출 감소가 가시화될 정도로 빠르게 증가할 수 있다. 그러나 이러한 한계들이 장기간에 들어서면 느슨해져서 상응하는 곡선을 평평하게 만든다. 이와는 대조적으로, 장기정책입안자가 대기권의 온실가스의 양을 변화시킬 수 있음에도 불구하고, 그들의 단기 정책입안수단은 오직 온실가스배출의 유량뿐이며, 유량은 한계피해에 제한적이고 간접적인 영향만을 가진다. 결과적으로 배출감소를 위한 장기적인 정책목표의 변화는 예상되는 한계피해에 더 큰 영향력을 가질 수 있고, 따라서 축의 길이가 더욱 길어지는 상황을 고려한다면, 대응하는 곡선의 경사를 더 가파르게 한다.

이러한 맥락에서, 스턴(Stern 2007)이 주장하듯이, 정책 입안자들은 장기간 총량규제와 단기간의 유연한 정책수단을 이상적으로 결합하는 것을 고려해야 한다. 후자가 단기 배출감소에 관해서 완벽하게 고정적일 수 없지만, 그들은 장기적 정책 목표와 일치하는 탄소 가격을 만들어 내야 한다. 우리의 단순화된 개념적 틀 속에서, 이를 위한 가장 주요한 선택지는 탄소세의 이용일 것이다. 그러나 이후 논의되었듯이, 더 작은 규모의 다른 가능한 대안들은 유연한 배출권 거래제와, 보다 더 작게는, 탄소 가격을 기대치에 절대적으로 통제하는 것을 포함한다. 스턴(Stern 2007)이 시사하는 바와 같이, 물가안정을 목표로 하는 정책들의 측면에서 유사성이 만들어질 수 있는데 단기 조정책이 단기의 정책수단 내에서 만들어지는 것이다. 장기적인 인플레이선 목표를 수렴을 보장하기 위해 이자율 조정과 같은 단기간의 정책 수단내에서 만들어질 수 있다.

그러나 상기 결론들에 미묘한 차이를 줄 수 있는 일부 주의할 점들에 대해 언급할 필요가 있다. 첫째, 지구가 "전환점(tipping point)" 즉, 갑작스럽고 재앙과도 같은 기후변화에서 유발되는 대기 중 온실가스의 임계농도에 근접했다는 점을 과학적인 증거들이 암시하는 상황에서, 정책입안자들은 단기간이더라도 우선적으로 배출량을 조절하는 것을 탄소세보다 선호하게 될 것이다. 이러한 경우, <그림 1.6>의 아래쪽 그래프는 사실 장기간보다는 단기간에 대해 더 나은 설명이 될 수 있다.

둘째, 앞서 언급했듯이, 이론적으로 배출 감소량에 대하여 필요한 단기적 유연성을 포기하지 않고서도 지역 혹은 국가에 걸쳐 통용되는 탄소 가격을 형성하고, 가격보다는 감소량의 확실성을 기하는 데 집중하는 정책에 연계되는 자연스럽게 연관되는 가격 변동성의 규모를 최소화하기 위하여 유연한 탄소배출권 거래제가 탄소세 대신에 사용될 수 있다. 예를 들어, 허용된 범위 내에서 기간별 거래를 허용하는 것은 탄소 가격이 유연해지는 데 도움이 될 것이다. 비록 정책 수정이 투자를 저해할 수도 있기 때문에 지나치게 자주 시행되어서는 안 되지만, 완화비용수준에서 발생하는 새로운 정보에 따라 배출 한도가 주기적으로 조정될 수 있도록 허용하는 것 또한 필요한 정책 유연성을 제공하고 가격변동성을 감소시키는데 도움이 될 것이다. 대안적으로, 가격을 안정시키기 위하여 배출권 시장에 개입하게 될 "기후 연합"의 설립을 통하여 탄소배출권 거래제와 연관된 불가피한 가격변동성에 대처하는 것이 가능할 수 있다(Aldy et al.2008). 탄소 가격이 미리 정해진 수준을 넘어섰을 때 이를 허용하도록 하는 쿼터를 증가시키는 것과, 가격이 특정 수준 아래로 떨어졌을 때 탄소세가 효력을 발휘할 수 있도록 하는 복합적 메커니즘에 의하여 자동적인 가격 상한선과 하한선이 또한 각각 도입될 수 있다. 그러나 이러한 몇몇 제도들은 국제적 정책 공조를 달성하는데 추가적인 어려움을 발생시킬 수 있다는 점에서 아무런 가치도 없다(Stern 2007).

셋째, 각각의 제도가 어떻게 적용되는지에 따라, 탄소세는 탄소배출권 거래제보다 경제적인 왜곡을 덜 발생시킬 수 있다. 특히, 만약 배출허가가 무상으로 배분된다면(경매를 통해 거래되는 것과 반대로) 이는 어떠한 정부수입의 발생 없이 탄소에 동일한 수준의 가격이 책정될 수 있도록 한다. 따라서 두 가지 경우(탄소세 도입과 탄소배출권 거래제 시행) 모두에서, 노동과 자본에 대한 더 낮은 수익에서 파생된 부정적인 경제적 영향과 함께 탄소 가격이 소비자에게 전가될 가능성이 있지만, 그 효과는 탄소세를 도입한 경우에는 부분적으로 보상될 수 있다. 이를 위해, 탄소세의 도입은 세수 총액을 변화시키지 않아야 하며, 그 수익은 다른 세금의 왜곡을 줄이는 방식으로 경제에 환원되이야 한다(예를 들면, 개인 혹은 기업의 소득에 따라 세율을 낮추는 방식으로(Aldy et al. 2008)). 탄소배출권 거래제의 이러한 불이익들은 만약 배출권에 대한 경매가 이루어지고 그로 인한 수익이 "현명하게" 사용된다면 당연히 감소할 수 있다.

넷째, 모든 배출자에게 동일한 탄소 가격이 적용될 때에는, 세금만이(혹은 탄소 가격을 발생시키는 다른 어떤 메커니즘만이) 유일하게 배출 감소를 유효한 수준으로 이끌 수 있다는 점을 중요하게 언급할 수 있다. 이것이 공통된 탄소가격 이하의 한계비용과 함께 비용이 가장 덜 드는 완화정책들이 시행될 수 있도록 보장하는 유일한 방법이다. 국가 범위 내에서 공통된 탄소 가격을 달성하는 것은 각 부문에 걸쳐 다양한 국내의 정부 정책들이 조화를 이루는 것을 의미하며, 따라서 배출상한, 탄소세 및 각종 규제의 복합적 영향이 모든 배출자들에게 동일하게 적용된다. 이는 물론 간단치 않은 일이지만, 국제적 수준의 공동 목표를 달성하는 것은 훨씬 더 어려워질 것이며, 특히 사람들이 협정에 대해 유효한 배출 감소의 달성과 자본금에 대한 고려 모두에 대한 합의를 기대한다면 더욱 그러할 것이다.

이러한 맥락에서, 탄소세와 탄소배출권 거래제 모두 장단점을 가지고 있다. 예를 들어, 만약 탄소세가 광범위하게 도입된다면, 제도의 효율화를 위해 국가 전반에 걸쳐 공통된 세율(다른 정책들의 포함된 영향력이 고려된)을 필요로 할 것이다. 일반연산균형모형을 이용한 모의실험들을 통해 두 가지 가정적 상황에서 주어진 배출감량을 달성하는 국제적 비용을 평가해 볼 수 있었는데, 하나에는 모든 국가에 공통된 탄소세율이 적용되었고, 다른 하나에는 개별 국가별로 동일한 감소량을 달성하기 위한 독자적인 탄소세율이 적용되었다. 전자의 정책을 위한 국제적 비용은 후자의 일부에 지나지 않을 것이다. 그러나 공정한 것으로 간주되기 위해서는 만약 전자가 최소한 짧은 기간일지라도 국제적 기후변화의 완화 노력을 위한 더 큰 공헌에 동의한다면, 합의 사항에는 국제적 수준에서의 일련의 자원이전(예를 들어, 선진국에서 개발도상국으로)이 또한 포함되어야 한다. 이와는 대조적으로 만약 국제적인 배출권 거래제가 도입된다면(즉, 배출에 대한 상이한 한도), 만약 각 국가들이 국제적 노력에 대한 상이한 기여도에 대하여 동의하더라도, 탄소의 공통 가격은 형성될 것이다. 그렇게 되면 자원은 가장 낮은 비용으로 감축할 수 있는 국가들에 자동적으로 밀려들 것이므로, 각 국가들의 책무 이외에도 잠재적으로 완화 노력에 대한 재정지원이 가능할 것이다. 그러나 알디 외(Aldy et al. 2008)에 의해 주장되었듯이, 다른 일면으로는 국가 수준의 배출 감소 목표와 기준치를 협상하는 것이 단순히 탄소세율을 협상하는 것에 집중하는 것보다 훨씬 더 어려운 일일 것이다. Aldy et al(2006)에 의해 주장되었듯이, 그러나, 탄소세에 대한 국제적인 합의에 일단 도달하면, 탄소세의 부담을 감소 및 보호하기 위해 국가들이 보상해주는 세수정책을 받아들이지 않도록 적절한 감시체제가 설립될 것이다.[18] 게다가 대부분의 개발도상국들은 탄소배출권 거래제를 도입하기 위해 배출 감소 목표를 설정·감시·집행할 환경부의 역량을 구축하고 필요한 기반시설을 준비하는 것보다는 재무부를 통해 탄소세를 도입하는 것(각종 에너지세로 축적된 경험을 이용하여)이 더 쉽다는 것을 발견할 것이다.

배출완화를 위한 상호보완적인 접근 : 기술정책과 규제[19]

온실가스 배출로 인해 발생하는 부정적인 외부효과들에 가격을 책정함으로써, 탄소세와 탄소배출권 거래제는 저탄소기술의 발전에 투자하려는 사기업들에 필요한 재정적 장려책들을 만들어낼 수 있다. 유가 혹은 에너지 보조금의 감축이 늘어남에 따라 현행 화석연료 기반 기술들에 점점 더 많은 비용이 들게 된다면, 이러한 과정은 더욱 가속화될 수 있다. 그러나 상호보완적인 기술적 정책과 발전을 장려하기 규제 조치를 위해 그리고 개발도상국의 경우에서 더 중요하겠지만, 새롭거나 혹은 향상된 저 배출 기술의 광범위한 발전 방안 제시를 위해 몇 개의 동기가 부여되어야 한다.

첫째, 민간투자자의 전략기술결정에 영향을 주는 데 필요한 신뢰성을 얻기 위한 탄소가격정책은 어느 정도의 시간을 필요로 할 것이다. 바꾸어 말하면, 탄소세에 대한 장기적인 기대치 주위에 높은 불확실성이 상존하는 상태에서, 민간 기업들은 현재로서는 새로운 저탄소기술들에 대한 연구개발(R&D)에 그들의 투자를 획기적으로 증가시키기 위한 근거로 이러한 정책들을 곧바로 활용하지는 않을 것이다. 기후완화 노력들을 효과적으로 증대하기 위해 긴급하게 요구되는 이러한 기술들의 범위까지, 연구개발을 위한 추가적인 재정장려책이 보장되어야 한다. 통제가 불가능한 기후변화와 관련된 치명적인 가격 하락의 잠재적인 위험을 최소화하고자 하는 필요성에 의해, 위기관리의 관점에서 이러한 연구개발 보조금은 또한 동기부여가 될 수 있다.

둘째, 새로운 저탄소 기술들에 대한 연구개발 투자가 긍정적인 외부효과(예를 들면, 여타 회사들과 각 부문에 대한 이러한 기술의 파급효과)를 발생시키는 범위까지, 그들의 수익은 개별적인 관점에서보다는 사회적인 관점에서 더 높을 수 있다. 이는 특히 지식파급효과가 발견되기 쉬운 연구개발의 초기 단계(예를 들면 응용연구보다는 기초연구 분야에서 더 큰 규모로)에서 공공 지원을 강화하는 것이다. 그러나 새로운 유형의 저탄소 에너지 기술의 경우, 상용화 단계에서 정부 보조금을 가능하게 하는 또 다른 경제적 근거가 있는데, 이는 확장중인 상당한 역동적 경제들이 있다는 것으로부터 제공된다. 특히, 새로운 기술들이 초기에는 경쟁력이 없음에도 불구하고, 그 생산비용은 시간의 경과에 따라 누적 생산량과 함께 감소되는 경향이 있다. 이러한 새로운 기술의 단계에 대한 투자는 민간 부문에서 자발적으로 이루어지지 않더라도, 사회적으로는 바람직한 일일 것이다.

정부가 "승자선택(Picking Winners)"(기술 중립적 정책수단으로 불리는)의 위험과 저탄소기술 선택지에 대한 다각적인 포트폴리오를 충분히 유지하는 것의 필요성 사이에서 완벽하게 균형을 유지하여야 함을 인지하는 것은 중요하다. 만약 그들이 상업적 경쟁력에서 여전히 너무나도 뒤떨어져 있다면, 사실 기술 중립적 보조금은 가장 유망한 일부 기술을 지원하기 위한 실패의 위험을 감수하게 된다. 게다가 특별한 지원은 전략적인 부문에서 상당한 규모의 배출 감소 달성을 위해 중요하게 간주될 수 있는 변환 기술들에 집중될 것이다. 중요한 하나의 사례로 탄소포집 및 저장기술의 발전과 배치를 들 수 있는데, 이는 발전부문에서의 거대한 배출량 감축과 중장기적으로 화석연료의 지속적 사용을 조화시키기 위한 일반적인 주요 대안으로 볼 수 있다.

셋째, 에너지 효율의 측면에서, 배출감소를 위한 비용이 매우 낮거나 심지어는 마이너스인 수많은 미개발 기회들의 존재는 몇몇 시장실패의 사례들이 해당되는 저탄소정책들의 보급을 제한하게 될 것이라 주장하고 있다. 이러한 시장실패의 사례에는 에너지 절약의 편익, 신용거래제한 혹은, 증가한 에너지 효율성의 비용을 지불해야 하는 사람들(예를 들면 주택 건설업자들)이 그들의 투자 수익을 회수(예를 들어, 임차인으로부터)하기에 충분하지 않을 때의 "인센티브 분할"에 대한 소비자 사이의 정보 부족을 포함한다. 이와 같은 문제를 해결하기 위한 선택지로는 건물, 기기 혹은 차량에 대한 의무적인 에너지 효율 기준의 도입, 에너지 절약 모범 사례에 대한 의식을 고양할 목적의 공익 캠페인 혹은 다른 정책들의 시행, 기업 혹은 개인 차원의 에너지 효율에서 선택된 투자를 원활하게 해주는 재정적 장려책, 공공기관 내부에서의 에너지 절약 향상 등이 있다. 이론적으로, 상기 정책들에 포함된 탄소가격은 정부가 의무적인 온실가스 감축에 대한 예상으로 인하여 나뉘는 각각의 새로운 규정들을 준수하는 데에서 발생하는 추가 비용에 따라 계산된, 정부는 상기 정책들에 포함된 탄소 가격에 대하여 판단하여야 한다.

배출량 감소를 위한 국제적 비용의 추산치

범지구적 기후 모형들을 통해 기후변화 완화에 대한 거시경제적 비용을 추산할 수 있다. 추정치는 상이한 온실 가스 안정화의 가정 상황들을 위해 만들어졌고, 이들은 다시 상이한 배출 감소의 단계와 지구 온난화의 가능한 예상수준 범위와 연관되어 있다. 예를 들어, IPCC의 가장 시급한 목표는 CO_2e 445ppm 내지는 535ppm의 범위로의 온실 가스 안정화이다. 이러한 목표점들은 탄소 배출량이 넉넉잡아 2015년 내지 2020년에는 절정에 이를 것임을 암시하고 있다. 2050년까지, IPCC는 배출량을 2000년 수준의 30~85% 사이로 감축시켜야 할 것인데, 이는 GDP 단위당 배출량 비율에서의 대규모 감소를 시사한다. 여기에 예를 더 들자면, 2050년 세계 GDP가 3배 증가할 것이라는 스턴(Stern)의 가정에 따르면, 세계 탄소 배출의 50% 감축은 산출단위당 배출량이 약 85% 정도 감축되어야 함을 나타낸다. 예상되는 평형 온도의 상승은 이러한 목표치가 산업화이전 수준인 2℃내지 2.8℃사이에 부합할 것이다.[20] 이러한 감소목표 달성을 위한 평균비용은, IPCC에 의해 심사숙고된 15개의 기후 모형에 근거하여, 2030년에는 전 세계 GDP의 3%. 2050년까지 5%까지 감소될 것이다.

CO_2e 535ppm에서 590ppm라는 차선의 목표는 최대 2030년까지 정점의 배출량이 요구되고, 2050년까지 2000년 대비 5%, 2000년 이전 대비 30%까지 감소할 것이다. 이러한 시나리오에서 온도는 2.8℃내지는 3.2℃사이로 상승할 것이다.[21] 이러한 목표는 2050년 전 세계 GDP 1.3%의 완화비용총액의 중간 추정치이며, 완화비용의 최대치는 해당 년도의 전 세계 GDP 중 4%, 2030년에는 2.5%에 해당할 것이다. CO_2e 550 ppm와 근접한 안정화목표는 스턴(Stern 2007)에 의해

그림 1.7 맥킨지(McKinsey)의 평상시를 넘어선 전 지구적 온실가스 감소비용곡선, 2030

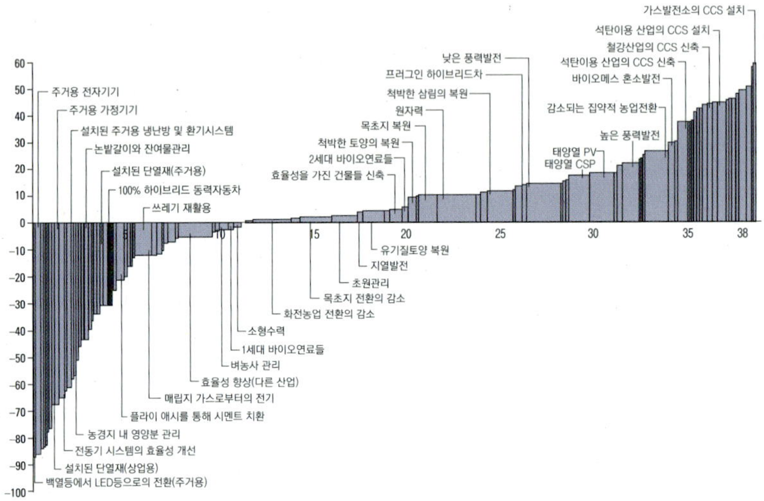

출처 : Reprinted with permission from McKinsey Quarterly (2007).

주 : 각각의 막대가 공격적으로 추진될 때, 곡선은 이산화탄소 1톤당 60유로 이하로 모든 기술적인 온실가스 감축수단의 최대 가능성의 추정치를 보여준다. 상이한 감축수단과 기술이 실행될 역할의 예측이 아니다. CSS=탄소포집저장

제안되었는데, 그는 목표치에 상응하는 기후완화비용이 세계 GDP의 약 1%가 될 것이라고 추산했고, 이것은 IPCC에 의해 발표된 배출량 감소목표인 CO_2e 535ppm에서 590ppm의 중간 값에 매우 근접해 있다. Stern은 상기한 목표치에 도달하더라도 여전히 5℃ 이상 온도가 상승할 가능성이 7% 이상 존재한다고 경고한다. 비록 이는 불확실하지만, 이와 같은 수준의 지구온난화가 세계 빙설의 대부분을 녹일 수 있을 뿐만 아니라, 해수면의 10미터 혹은 그 이상의 상승과 현재 생물종의 50% 이상 멸종시킬 수도 있다는 점에서 이를 상기할 가치가 있다.

온실가스 안정을 위해 탄소 가격은 얼마이어야 하는가?

배출량 감소의 상이한 수준과 관련된 탄소 가격은 "하향식" 혹은 "상향식" 접근방식 중 하나를 통해 계산될 수 있다. 하향식 접근방식 내에서 몇몇 탄소 가격 추정치는 전지구적 기후 모형을 이용하여 만들어져 왔는데, 이는 다양한 온실 가스 감축 목표를 달성하기 위한 것이다. IPCC가 발표한 바대로, 이 방식에서 온실가스 농도를 CO_2e 445ppm~535ppm 범위로 안정화시키기 위해 2030년에 요구되는 탄소 가격은 이산화탄소 1톤당 100US$에 근접할 것이다. IPCC는 CO_2e 535ppm에서 590ppm 사이의 차선의 안정화 목표 달성을 위한 2030년의 평균 탄소가격은 45US$, 그 해의 이산화탄소 1톤당 탄소 가격은 18~79US$이고, 2050년에는 30~150US$가 될 것으로 발표하고 있다.

상향식 연구는 하향식 접근법을 이용하여 획득하는 결과들과 매우 유사하면서 동시에 상이한 탄소가격과 잠재적으로 연관되어 있는 완화총액의 추산치를 만들었다. 예를 들어, 두 연구유형 모두 이산화탄소 1톤당 100US$까지의 탄소가격이 2030년 배출량의 약 30~50%을 감축하게 될 것으로 예측한다. 그러나 하향식 연구는 상이한 탄소 가격에 경제적으로 실현가능할 수 있는 완화기회에 대한 상대적으로 더 자세한 추산치를 내놓았다. 실상 이러한 연구들은 세계 각처에서 시행 가능한 온실가스 배출 감축을 위한 다양한 대안적 기술들을 분석함으로써 시작되었으며, 각각의 완화 잠재력과 회피된 온실가스 배출량의 1톤당 비용을 산출한다. 그 결과들은 그들의 평균 완화비용으로 정리된 다양한 완화 대안들에 순위를 매긴 곡선을 통하여 한눈에 확인할 수 있으며, 이는 세계의 한계완화비용곡선의 근사치를 나타낸다. 온실가스배출 비용-감소 곡선과 같은 사례는 맥킨지 쿼털리(McKinsey Quarterly)가 구성한 <그림 1.7>에서 볼 수 있다.

<그림 1.7>에서 보여진 것과 같이 야심찬 안정화 목표(예를 들어 CO_2e 550ppm)를 달성하기 위해서, 경감노력들이 다양한 여러 부문들에 걸쳐 확산되어야 한다. 건물들의 에너지 효율증대는 더 낮은 비용으로 가장 큰 경감 잠재력의 일부를 제공한다. IPCC에 따르면, 이러한 대책은 이산화탄소 1톤당 100달러 이하의 탄소가격에서 전지구적 완화가능성의 1/5내지는 1/3사이를 차지한다. 게다가 에너지 공급, 제조업 및 농업은 전체 잠재력의 15~20% 사이를 차지하는 반면, 산림은 시나리오에 따라 8~14% 정도에 해당할 것이다. 교통 부문 배출 감소는 10% 이하에 해당하며, 완전한 전지구적완화 가능성의 약 3%를 폐기물 분야가 차지하고 있다.[22] 오직 교통부문만 제외한 거의 대부분의 모든 분야에서 전 지구적 완화 가능성의 50% 이상이 개발도상국들에 달려있다. 특히, 이러한 국가들은 제조업, 농업 및 임업에서 배출 감소를 위한 가능성의 약 70%를 차지한다.

<그림 1.7>은 또한 배출감축의 상당량(이산화탄소 1톤당 100달러까지 탄소가격을 위해 총 완화가능성의 약 25% 혹은 약CO_2e 6기가톤)이 음의 비용에서 달성될 수 있다는, 즉 돈이 절약될 수 있다는 점을 보여주고 있다. 이러한 추정치는 다른 상향식 연구들에서뿐만 아니라 IPCC에 의해 확인된 다른 하향식 연구들에서도 마찬가지로 공유되고 있다. 비용의 경감을 위한 대안들의 약 80%가 상업·주거용 건물의 에너지 효율성 증가와 연관되어 있다. 그러나 만약 IPCC의 가정 상황 대부분에서 예상되는 수준 이상으로 유류가격이 지속적으로 상승한다면, 교통부문에서도 음의 비용으로 경감할 수 있는 큰 기회들이 제시될 수 있다. 사실 연료를 절약하는 것은 저탄소 교통기술의 광범위한 구현에

실행되는 비용보다 더 많은 금액을 보상해줄 수 있다. 앞서 논의되었듯이, "더 쉽고 유용한 대안(Low Hanging Fruits)"을 취하기 위해서는 수많은 에너지~효율 기술들의 발전과 상용화를 지연시키는 시장 실패를 처리할 필요가 있다. 이는 다시 규제 기준 및 다양한 기술 정책수단들의 도입과 함께 탄소가격 책정 정책들(예를 들어 탄소세 혹은 탄소배출권 거래제)의 시행을 필요로 한다.

기후변화 피해비용의 현재 추정치

기후변화 피해 비용의 추정치는 지역들에 걸쳐 존재하는 큰 차이를 모두 고려하여야 하는데, 상기한 온실가스 농도의 상승으로 인해 예상되는 지구온난화의 수준과, 상기한 수준의 기후변화에 대해 상이한 자연 및 인간 체계의 취약성 모두가 이에 해당한다. 예를 들어, IPCC는 1~3℃의 지구온난화로 인하여 여타 지역에서 이득을 보는 동안, 일부지역과 산업부문들은 피해를 입을 것으로 예상하고 있다. IPCC의 3차 평가보고서(2001)는 온실가스농도가 배증(이를 통해 산업화 이전 수준보다 2~4.5℃ 이상의 지구온난화가 초래될 수 있다)함에 따라 발생할 수 있는 예상피해들이 선진국에서는 GDP의 1% 수준이지만, 개발도상국에서는 더 큰 비중을 차지할 것이라고 추정했다. 결과적으로, 이는 국제적 비용이 세계 GDP의 1.5% 내지 3.5% 사이에서 책정될 것으로 예상하고 있다. 이와 유사하게, 최근의 과학적 증거를 이용한 IPCC의 4차 평가보고서는 4℃의 지구온난화로 발생할 세계평균손실은 세계 GDP의 1% 내지 5%에 이를 것이나, 일부 지역에서 손실은 훨씬 더 높을 것으로 예상하고 있다.

그림 1.8 지구온난화의 상이한 수준별 피해비용

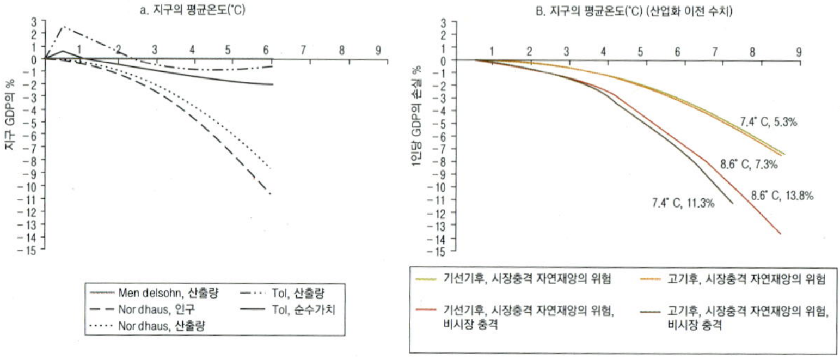

출처 : Adapted from "Climate Change 2007: Synthesis Report. Contribution of Working Groups I, II, and III to the Fourth Assessment Report of the Intergovernmental Panel on Climate Change," figure SPM.4. Intergovernmental Panel on Climate Change, Switzerland(왼쪽 그림), Stern(2007)(오른쪽 그림)

스턴(Stern 2007)은 더 높은 국제적 피해 비용을 산정하여 왔는데, 비록 5℃의 지구온난화가 전 세계 GDP의 약 5%에 해당하는 비용을 발생시키지만, 그는 산업화 이전 수준보다 4℃이상 기온이 상승하면 국제적 비용은 세계 GDP의 3%까지도 이를 수 있다고 평가했다. 스턴(Stern)은 다음 두 세기 동안 경감되지 않은 기후변화의 비용이 지금은 물론이고 앞으로도 세계 GDP의 5~11% 수준에(치명적인 기후현상 비용을 포함하여) 이를 것으로 예상했다. 더 높은 피해비용 추산치는 인류 건강과 환경에 대한 비시장적 영향의 산정을 합산하여 도출되었다. 스턴(Stern)은 온실가스에 대한 기후의 민감도뿐만 아니라, 가난한 국가와 국민들이 기후변화에 의해 영향 받을 가능성이 높다는 사실을 고려한 가중치를 적용한 대안적 가정을 사용할 때, 심지어는 국제 소비의 20%에까지 이를 수 있다는 훨씬 큰 추정치를 제시하였다. <그림 1.8>에서 설명되듯이, 스턴(Stern)의 추산치는 노드하우스와 보이어 (Nordhaus and Boyer 2000)가 5℃의 지구온난화에 대한 세계 GDP의

손실을 각각 5%와 7%로 예측했던 것을 예로 든다면 이보다는 약간 더 낮다. 그러나 스턴(Stern)의 추산치는 멘델슨(Mendelsohn 1998)과 톨(Tol 2002)이 발표한 것들보다 더 높은데, 그들은 손실을 계산하기 위해 인구 기반의 가중치를 적용한다 하더라도, 6℃ 이상의 높은 지구 온난화로 인한 손실은 전 세계 GDP의 2.5% 수준에 지나지 않을 것으로 예측하였다. 그러나 이러한 낮은 예측들은 재해비용은 물론이고 비시장적 영향비용도 계산에 넣지 않았다.

기후변화영향의 비용을 산출하기 위한 또 다른 접근은 탄소의 사회적 비용(Social Cost of Carbon: SCC)의 산정으로, 이는 1톤의 온실가스가 추가적으로 배출됨으로써 장래의 소비의 효용 가치가 하락하는 변화량으로 정의된다. 그러나 다양한 연구 전반에 걸쳐서 SCC의 추정치는 불확실성의 통제와, 장래 피해의 현재 가치를 계산하는 데 쓰이는 하락률뿐만 아니라, 비시장적 영향과 자연재해 등을 고려한 피해의 유형 및 자본과 위험에 대한 처치 등에 따라 달라질 수 있다. 톨(Tol 2005)은 100개 이상의 SCC 추정치를 재검토하였고, 상호 심사 연구를 통해 그 이산화탄소 1톤당 평균 11.80달러로 책정되고 있음을 발견했다. 그는 가치 하락과 총체적인 고려에 대한 표준 가정을 이용하여 탄소의 사회적 비용이 CO_2e 1톤당 14달러를 초과하지는 않을 것으로 주장하였다. 이와 유사하게, 노드하우스(Nordhaus 2007)는 최적의 국제 탄소가격은(이상적으로 SCC와 동일해야 하는) 2015년에는 CO_2e 1톤당 9.50달러일 것이고, 2050년에는 23달러, 2100년에는 56달러로 증가할 것으로 추산하였다. 이와는 대조적으로 스턴(Stern 2007)은 SCC 추정치를 CO_2e 1톤당 85달러로 발표했다. 이는 노드하우스(Nordhaus)의 추산치의 약 10배에 달하며, 톨(Tol)에 의해 검토된 전체 추산치의 95% 이상이다.

할인율에 관한 논쟁

기후변화의 잠재적 피해에 대하여 스턴(Stern)이 산출한 상대적으로 높은 추산치는 지나치게 낮은 사회적 할인율로 미래 통화의 흐름을 평가하였다는 점에서 비판받고 있다. 스턴(Stern)은 사회적 시간선호(Social Time Preference: STP)의 정도를 계산하기 위해 표준화된 개념틀을 사용하고 있다. 그러나, 노드하우스(Nordhaus 2007)와 웨이츠먼(Weitzman 2007)은 합리적인 STP가 5.5~6%[23]이여야 하고, 스턴(Stern)이 그 비율로서 얻어지는 기준 외의 가정을 만들었다고 주장했다. 이와 같이 더 높은 사회적 할인율을 이용하는 것은 온실가스 배출량을 즉각적이고 급격하게 감축하는 필요성에 의한 것으로 스턴(Stern)의 주장들을 급격하게 약화시킨다. 특히 노드하우스(Nordhaus)는 스턴(Stern)이 사회적 탄소비용을 위한 CO_2e 1톤당 310달러로 매우 높게 추정한 수치가 낮은 STP을 상정했기 때문임을 증명했다. 노드하우스(Nordhaus)의 기후와 경제의 역동적 통합 모델(Dynamic Integrated Model of Climate and the Economy: DICE~2007)을 사용하여 스턴(Stern)의 가정하에 그리고 STP율에 대해 보다 표준적인 대안적 가정 하에 각각 탄소의 사회적 비용을 계산한 결과는 각각 CO_2e당 99US$와 10US$로 추산되었다. 두 번째 추산치는 톨(Tol 2005)에 의해 보고된 산출평균에 훨씬 더 가깝다.

반면 웨이츠먼(Weitzman 2007)은 스턴(Stern)이 "잘못된 근거를 올바르게 이해시키려 한다"고 주장했다. STP율을 산출하기 위한 스턴(Stern)의 비전형적인 변수가정에 대한 웨이츠먼(Weitzman)의 비평은 노드하우스(Nordhaus)와 일맥상통한다. 그러나 그는 기후변화로 촉발될 수 있는 가능한 일부 자연재해들 때문에 기대 성장률(δ)이 왼쪽 끝에서 두터운(즉, 상대적으로 심각한 저성장의 높은 가능성) 분포를 보이는 임의 변수라고 주장한다. 이것은 나이트(Knight 1921) 혹은 케인즈(Keynes)가 말한 유형에서, 구조적 불확실성을 불러일으키는데, 특히 기저분포가 기후와 함께 진화하는 경향을 보인 이후로 희소사건들에 상응하는 규모와 가능성이 전산 모의실험 혹은 과거 관찰에 기초하여 산출될 수 없다는 맥락에서 그렇다.

웨이츠먼(Weitzman)은 기후변화에 관련된 불확실성은 일부 가능한 자연재해의 영향과 그것에 결부된 매우 심각한 결과들과 합쳐져서, 온실 가스의 미래 비용을 정산하기 위해 상대적으로 낮은 할인율을 적용하는 것은 위험 회피 가설에 기초해서 정당화 될 수 있고 사람들은 기존의 시계열이 밝힐 수 없는 희귀한 자연재해를 과도하게 두려워하는 경향이 있다고 언급했다. 특히, 웨이츠먼(Weitzman)은 "두터운 끝 부분에서의 상황"에 대한 두려움이(그는 이를 또한 "주식프리미엄 퍼즐"로 설명하는데, 말하자면 사람들에게는 가치의 안전한 저장을 위하여 높은 할증료를 지불하는 경향이 있다는 것이다.) 자연에 대한 우리의 이해와 자연재해로부터 벗어날 가능성 및 그러한 결과들의 개선을 위해 추가적인 자원을 충당하는 것과 관련한 중도적 정책 접근을 정당화할 수 있을 것이라 주장했다.

기후변화 완화를 위한 최적의 탈출구를 찾을 수 있는가?

지금까지 제시된 증거는 최근 스턴(Stern 2008)에 의해 제기되었던, CO_2e 550ppm을 목표로 하는 온실가스 안정화의 실행을 위한 기후변화 완화 비용이 그로 인해 모면된 피해에 상응하는 비용보다 훨씬 낮을 것이라는 점을 시사한다. 특히 IPCC의 평균값 추정치에 따르면, 이러한 목표를 위한 경감비용은 세계 GDP의 약 1.3% 정도이다. 이와는 대조적으로, 이러한 목표가 예상되는 지구온난화의 상당한 감축을 고려할 수 있는 것은, 장담하건대 4℃ 이상에서부터(예를 들어, 만약 온실가스농도가 평상시의 추세 하에 CO_2e 750 ppm에 도달한다면) 산업화 이전 수준보다 약 3℃ 높은 정도로 경감될 수 있을 것이다. <그림 1.8>의 오른쪽 그래프에서 보이듯이, 스턴(Stern 2007)의 추정치에 따르면 이는 세계 GDP의 4% 수준이던 피해비용을 2% 이하로 감소시킬 수 있을 것이고, 노드하우스와 보이어(Nordhaus and Boyer(2000)의 추정치를 따르면, GDP 대비 피해비용은 약 5%였던 이전에 비하여 3% 정도로 감소될 수 있을 것이다.

그럼에도 불구하고, 이전에 설명하였듯이, 기후변화의 완화와 피해비용의 두 추산치 모두는 불확실성을 수반한 다양한 유형들에 의존하기 때문에 아직 상당히 부정확하다. 따라서 기후완화의 일정수준이 일견 분명한 것처럼 보이지만, 한계완화편익들이 항상 한계비용의 상응치를 초과하기 위한 경제적으로 효율적인 배출경로, 혹은 안정화 수준을 분명하게 결정하는 것이 아직도 불가능하다고 주장한다. 그러므로 실제는 온실가스온도에 대한 기후민감도, 기후변화로부터 야기된 피해비용 그리고 완화를 위한 기술적인 선택에 관한 위험관리의 반복적인 과정이 요구될 가능성이 높다. 알디 외(Aldy et al. 2008)에서 주장했듯이, 어떤 일이 있어도 산업화된 세계의 관점으로부터 주어진 현재의 증거들로 인하여 최소한 중간규모의 배출프로그램이 단기에 보장받아야 할 것처럼 보인다.

기후변화 완화의 전략적 측면

많은 경제 분석들이 기후변화를 단일변인 문제로서 취급한다. 이러한 연구들은 국제사회 계획자의 관점을 취하였고, 기후변화와 그에 기인한 결과들을 완화하기 위하여 이론적으로 어떠한 것이 이루어져야 할지를 결정하고자 하였다. 이러한 단일변인적 접근은 비교해봄직한 현행 정책들과 대조적인 "최적"의 기준점을 찾기 위해 유용하다. 그러나 건설적 측면에서, 단일변인 모형은 지구온난화에 대응하는 과정에서 사실상 어떠한 것들이 실현 가능하며 또 어떤 일들이 일어날 수 있을지에 대해서는 전혀 도움이 되지 못한다. 이러한 의문들을 해결하기 위하여, 사람들은 이 세계가 독립적이고 이질적인 국가들로 구성되어 있음을 분명하게 고려해야 하고, 그들의 이익이 각각의 국가들 사이에서도 그러하거니와 실체도 없는 국제 사회 계획에서는 더더욱 일치하지 않는다는 사실을 주지하여야 한다.

당연하게도 전 세계 기후변화 "게임"의 결과는 공통의 감축전략 실행에 이르기 위한 국가 간의 협력여부에 크게 의존한다. 그러나 만약 모든 국가들이 진정으로 협상에 의한 타결을 이끌어내고자 전념하더라도, 합의의 부재로부터 어떠한 일이 발생할 지를 이해하는 것이 필수적 과제로 남아있다. 그 이유는, 협상이 실패했을 경우 발생하는 비협력적인 결과는 공동의 전략이 실질적으로 어떻게 될 것인지를 상당 부분 결정하기 때문이다. 특히, 협동전략의 부재에서, 국가들은 얼마만큼의 돈을 기후완화에 사용할지를 일방적으로 결정해야 한다. 이러한 경우, 전체적 경감 노력은 ① 너무 적어질 것이고, ② 너무 늦을 것이고, ③ 부적합한 국가들에 의하여 착수될 것이다.[24]

첫 번째 결과 즉 불충분한 노력에 대한 직관은 간단한데 온실가스 감축은 공공재이며, 따라서 국가들은 전통적인 무임승차 문제에 직면하게 될 것이라는 점이다. 이와 같은 무대책은 두 번째 결과, 즉 비효율적인 지연에 의해 강화되고 가중된다. 즉, 국가들이 기후변화의 완화를 위해 반드시 행동하여야 한다는 점을 인지하였더라도, 그들에게는 때를 기다리고자 하는 강력한 동기가 있다. 만약 국가들이 서로의 취약성과 완화 비용에 대하여 확신하지 못하거나 확신이 없는 척하게 되면, 다른 국가가 "먼저 행동에 나설 것"이고 그들 스스로가 그렇게 하는 것을 피할 것이다. 개별국가들의 관점으로부터 이는 대기(待機) 비용의 선택지를 만들어낸다. 개별 국가들이 정말로 그들이 실행에 착수해야 할 단계에 와 있는지, 이미 너무 늦어버린 것은 아닌지 따위에 대하여 판단하는 동안, 아주 최소한, 귀중한 시간은 이미 지나가고 있다. 마지막으로 완화 노력이(만약에 있다면) 잘못된 국가들에 의해 착수되는 경향이 있다는 것은 만일 협력과 공조가 없다면 결국 행동을 취하게 되는 쪽은 가장 낮은 "취약성 대 비용"의 비율을 가진 국가라는 것에 기인한다. 그러나 일반적으로 기후변화에 대한 국가들의 취약성이 상당히 다를 수 있으므로, 가장 낮은 비용을 가진 국가가 행동의 주체가 되어선 안 된다. 이와 같이, 재원들은 가장 최적의 방법에 의하여 소모되지 않게 된다.

전 지구적 대처는 실현가능한가?

정리하자면, 이러한 역학 관계로부터 완화 노력의 현저한 공급 과부족이 이어질 것이다. 비효율적이고 다소 우울한 결과로부터 벗어나기 위하여 필요한 것은 공동의 협력전략이다. 이는 이러한 협력 전략이 동의된 것인지의 여부와, 만약 동의가 있다면 어떠한 모습이어야 하는가에 대한 의문을 불러일으킬 것이다. 이러한 사항에 대하여 스턴(Stern 2007)이 제시하였듯이, 기후변화를 완화하기 위한 공조된 국제적 접근을 성공적으로 실행하기 위해 필요한 몇 가지 조건들이 있다.

첫째, 국가들이 장기적 목표에 대한 공동 인식을 공유하는 것이 중요하다. 이러한 조건이 기후변화 완화의 실정에서 가지는 중요성은 지난 20년 동안 틀림없이 상당히 증가하였다. 이는 1990년을 시작으로 기후변화 도전의 심각성에 관하여 수많은 근거들을 생산해 내고 있는 IPCC의 잇따른 보고서(1990년에 시작된)들 뿐만 아니라, 인간이 만들어낸 온실가스 배출량의 급격한 감축을 통한 사태해결의 가능성에 의해서도 입증되고 있다. 게다가 유엔기후변화협약(United Nations Framework on Climate Change: UNFCCC)의 1992년 협정은 189개 국가들에 의해 비준되어 왔으며, 위험한 인위적 기후변화를 피하기 위한 수준에서 온실가스 농도의 안정화 목표를 달성하기 위한 매개체로 확실하게 받아들여졌다. 또한 UNFCCC 하에서 1997년에 합의되고, 이후 162개 국가들에 의해 비준된 교토의정서는 2008~2012년 동안에 1990년 수준에서 5% 정도 온실가스 배출을 감축하기 위한 법적 구속력이 있는 선진국들의 책무를 확립하였다. 스턴(Stern 2008)은 위험한 기후변화를 모면하려는 UNFCCC의 목표에서 대기 중 온실가스농도 안정을 위하여 더 야심찬 양적 목표가 지정됨으로써 감축 노력이 더욱 구체화될 수 있었다고 주장하였다. 특히, 그는 최대 CO_2e 550ppm를 감축 목표량으로 제안하였고, 이것은 적어도 2000년과 비교했을 때, 2050년에는 30%에서 아마도 50%까지의 배출량 감축을 요구하게 될 것이다.

공조된 해결책을 성공적으로 시행하기 위한 두 번째 조건은 참가자들이 합의를 공정한 것으로 바라보는 것이다. 이러한 사항은 선진국들이 온실가스 농도 증가를 가속화시킨 데에 더 큰 역사적 책임을 부담하여야 하며, 이렇게 증가한 온실가스의 부정적 효과에 개발도상국들이 가장 취약하며 또한 필요한 대응 전략을 수립하기가 거의 불가능하다는 반박의 여지가 없는 맥락에서 평가되어야 한다. 이러한 불균형은 공통된 원칙의 근본 원인이지만, 이는 UNFCCC에 의해 확립된 책무와는 별개의 것이다. 공동 원칙에는 두 가지 구성 요소가 있는데, 첫째는 지구 환경의 보호를 위한 국가들의 공동 책무이고, 둘째는 상이한 상황을 고려하여야 할 필요성으로, 특히 개별 국가들의 문제 상황의 해결을 위한 기여도와, 위험의 예방·감소 및 통제를 위한 그들의 능력에 대한 것이다. 국제적 형평성의 관점에서, 선진국들은 그들 자신의 영토내의 급격한 배출량 감축만을 위한 것뿐만 아니라 개발도상국들이 그들 경제에서의 탄소 집약도를 감축할 수 있도록 하는 데에도 기술·재정적인 자원을 제공하여야 할 것이다.

그러나 이러한 선진국들의 배출량 감축만으로 기후 체계의 안정화를 도모할 수 없는 것은 분명한 사실이다. 향후 10년간, 초기에 개발도상국들은 경제협력개발기구(OECD)의 고소득 국가들을 넘어서서 화석연료를 통한 이산화탄소 배출량에 있어서 핵심적인 부분을 차지할 것으로 예상된다(IPCC 2007).[25] 게다가 현재 추세가 이어지는 동안 개발도상국의 1인당 이산화탄소 배출량은 2030년까지 선진국보다 3배 이상 높게 지속될 것이다. 2000년 대비 이산화탄소 배출 증가량의 2/3~3/4사이가 개발도상국으로부터 생산될 것이라고 예상된다. 이러한 맥락에서, 개발도상국에 의한 점진적인 책임 부과 및 공통적이면서 개별적으로 독립적인 책임에 대한 원칙을 수립하기 위해서는 단계적 공조 방식을 도입할 수 있을 것이다.

특히 검증된 역량에 근거하여, 일부 개발도상국들은 완화 책무가 없는 단계에서부터 기후친화적이고 온실 가스 배출 증가를 제한하며 궁극적으로 최소 배출 강화 기준 혹은 배출 감소를 적용하는 정책을 채택하는 단계에까지 점진적으로 시간이 흐름에 따라 움직이게 될 것이다. 그 동안 개발도상국들은 저탄소 정책의 도입을 지원하기 위한 국제 금융 기조로부터의 혜택을 받을 수 있을 것이다(4장 참조). 이를 위하여, 현재의 국제 기후 기본협약들은 배출량 감축의 폭넓은 구축을 지원하기 위한 공조 메커니즘을 가능케 하였다. 산림벌채 제한에 관련된 것들과 기후 친화적 정부 정책과 각종 대처방안들(개별 프로젝트로부터 배출량 감축에 주력하는 것이 아니라, 교토의정서의 현행 청정개발체제 Clean Development Mechanism: CDM)의 단계에서 파생되는 협력들을 사례로 들 수 있다.

셋째, 공동 대책을 효율적이고 또 광범위한 국가들이 참여하는 것으로 만들기 위해서 필요한 것은 협의된 사항이 개별 참가국들의 참여 동기와 양립할 수 있어야 한다는 것이다. 이는 아마도 기후변화에 대한 국제적 계획을 달성하는 데에 있어서 가장 난해한 측면일 것이다. 상기된 협약에 참여하기 위한 국가들의 동기에는 기후변화와 연관된 피해들을 효율적으로 완화시킴으로써 발생하는 중·장기적인 편익들뿐만 아니라, 협약에 참여함으로써 얻을 수 있는 단기간의 잠재적인 공동편익도 있다. 전자의 동기에서 무임승차의 가능성이 발생하였기에 후자의 동기는 특히 중요하다. 이러한 공동편익에는 다른 참가국으로부터 기술의 이전과 재정적 지원을 기대할 수 있다는 것뿐만 아니라, 강화된 환경 방호와 에너지 안보, 에너지효율의 증가와 관련된 경쟁력 수준의 상승, 그리고 점점 더 쓸모없어지는 탄소 집약적 기술로부터의 이행(더 상위 단계의 기술로의)과 같은 개별 국가들의 감축 방안의 부산물 등이 포함된다.

신뢰할 수 있는 국제적 합의는 국내정책수단의 서로 다른 실정(예를 들어, 탄소세, 배출 한도, 기술 프로그램과 규제 등)에 대하여 또한 유동적이어야 하고, 모든 국가들에 걸쳐서 완벽하게 비교하고 기준을 정함으로써 국제적 목표 달성을 위한 개별 국가들의 책무가 정해져야 한다. 이미 언급한 바 있듯이, 기후변화 경감의 효율성을 기하기 위해서는 전 세계의 배출자들이 동일한 탄소가격을 마주하도록 하는 틀을 필요로 한다. 이러한 목표는 탄소가격 책정을 이끌어내는 국내 정책들이 각기 다른 국가별로, 또한 다른 형식으로(예를 들면, 노골적인 탄소세나 탄소배출권 거래제 혹은 규제준수비용과 관련되어 내재된 탄소 가격의 책정) 시행되더라도 기후완화 부담의 형평성 있는 분배를 허용하기 위한 국가 간 자원 이전에 대한 동의가 있다면 달성될 수 있다. 마지막으로, 이전에 합의된 국가별 목표치 불이행의 경우 엄격하지만 신뢰할 수 없는 처벌 위협이 아닌 관련국의 상황에 따라 편의를 봐주는 유연성이 또한 요구되는 바이다.

기후변화완화와 발전사이 상충관계의 최소화

역사적으로 경제성장은 화석연료 에너지소비, 산림에서 농지로의 전용 그리고 다른 생산 활동의 증가로 야기되는 온실가스 배출량의 증대와 동반되어 왔다. 사실, 비록 개발도상국의 성장이 전 세계의 빈곤을 근절하기 위해서 지속적으로 가속화되어야 하지만, 기후 변화와 관련된 위험은 추가적인 개발 과제를 발생시키는데, 다시 말하자면, 성장과 온실가스 배출이 불가분의 관계에 있다는 것이다. 저탄소 정책이 상대적으로 더 많은 비용이 든다는 점에서(예를 들어, 재생 가능한 에너지원이 그에 상응하는 화석연료보다 훨씬 더 비용이 드는 경향), 높은 경제성장률을 추구하는 것과 기후변화완화를 위해 공헌하는 것 사이에는 분명한 상충관계가 있다.

그러나 이러한 상충이 최소한 초기에는 큰 발전의 공동편익(6장)이 수반된 기후완화 기회들에 집중되어 일정부분 경감 될 수 있다. 온실가스 배출량 감축의 효과들을 배제하고 그들의 발전지향적인 공동편익에만 입각하여도 사회적인 수익성이 있음을 보여주는 수많은 사례에서, 상응하는 프로젝트들은 "후회 없는" 기회라고 묘사될 수 있다. 예를 들어서 브라질에서는 2000년에 에너지 절약에 도움을 주는 전력 공급 및 수요의 관리개선과 함께 이산화탄소 배출과 관련된 국가에너지부문에서의 11% 감축을 위해 저렴한 소형차(1,000cc보다 작은) 생산에서의 고용증진을 위한 세금 혜택이 도입되었다(Szklo et al. 2005). 이와 유사하게 2004년에서 2006년 사이에 2,300만 헥타르의 아마존 공유림 보호지역 창출이 지속가능한 발전 목표를 위한 주된 원동력이 되었고, 이는 해당 기간 동안 관측된 산림벌채율의 50% 감축에 지대한 공헌을 하였다(Nepstad et al. 2007). 에너지, 산업, 교통, 농업과 같은 부문에서 대안적인 발전패턴의 비용과 편익을 가늠할 때 기후변화에 고려되는 사항들을 통합하는 것은 발전과 기후변화 완화 목표 간에 상대적으로 적은 상충관계를 가지는 이러한 유형의 기회들로부터 이점을 취하도록 도와줄 수 있다. 후보군에는 음의 한계완화비용이 드는 모든 기술들이 포함된다(그림 1.7).

그러나 "후회 없는" 경우 이외에, 만약 정부가 ① 보조금을 지급하거나 혹은 ② 화석연료를 위한 보조금의 감축을 통하여 경쟁성을 확보하거나 혹은 ③ 명시적이거나 내재적인 탄소 가격(예를 들면, 탄소세, 배출한도 혹은 규제책을 통한)을 책정하지 않는 한, 저탄소기술들은 개발도상국에서는 도입되기 힘들 것이다. 국제 기후 협상에서는 형평성이 고려되기 때문에 대안 ③이 최소한 가까운 시일 내에 개발도상국가들 전반에 걸쳐 적용될 가능성은 더욱 낮아 보인다. 반면에 대안 ②는 많은 국가들에서 진지하게 고려되어야 하는 "후회 없는 기회"와 유사하다. 실제로 저탄소 에너지원의 상용화를 장려하는 동안 개발도상국에서 기존까지 화석연료 소비 산업에 들어가던 많은 보조금을 감축하는 것은 국고를 절약하고 해당 지역의 오염과 교통체증을 감소시킬 수 있는 긍정적인 영향을 가져올 것이다. 대안 ①에서는 CDM의 맥락에서, 배출량 감축을 위한 신용을 판매함으로써 개발도상국의 경제에 추가적인 부담을 주지 않으면서도 시행될 수 있다. 이러한 점에서 확대된 CDM은 국제적 감축노력의 효율성과 공정성을 보장해주는 중요한 역할을 수행할 수 있을 것이다.

CDM의 확장

4장에서 논의되듯이, 기본 가정 상황에 대한 기획 수준에서의 배출량 감축에 주력하는 CDM의 현재 운영에 대한 몇몇 우려가 있다. 첫째, 피게레스(Figueres, Haites, Hoyt 2005) 등이 주장하였듯이, CDM의 단일 기획적 접근은 개발도상국 경제의 전체 온실가스 집약도에서 필요한 지속적이고 완전한 변화를 촉진시키지 않을 가능성이 높다. 더 효율적인 접근에는 경로개발을 좀 더 탄소 친화적으로 만들기 위해 자체적으로 기본 시나리오를 변형시키는 것이 포함된다(Heller and Shukla 2003). 이와 관련해서, 프로젝트 수준의 행동에 주력하기보다는 개발도상국들의 감축노력이 전 부문(예를 들어 에너지, 교통, 농업, 임업)에서 개혁을 촉진하는 방향으로 이동해야 할 것이다. 이러한 목표를 위해 몇 가지 초기 대책들이 2005년 12월 몬트리올에서 체결된 협정에 포함되었으며 이는 CDM의 활동 계획들을 아우르고 있다. 그러나 이러한 대책은 향후 더 발전될 수 있을 것이다.

언급한 바 있듯이, 라틴아메리카와 카리브 지역(라틴아메리카)에는 산림전용 및 산림황폐화로 야기되는 배출량이 특히 집중되어 있다. 기술적 문제에 대한 일부 우려들 때문에 교토의정서의 최초 집행기간 동안 이 분야의 배출량 감축은 포함되지 않았는데, 이러한 문제에는 허용치를 정하고 감시하는 것(즉, 배출량 감축의 영속성(permanence)과 추가성(additionality)을 보장하기 위해)과 누출에 대한 것(즉, 일부지역에서 산림전용 방지가 다른 부문의 증가로 대체될 수 있는 위험요소(Schlamadinger et al. 2007)이 해당된다. 또한, 선진국들의 국내배출량 감축과 이러한 잠재적인 저비용완화선택의 실행 사이에서 야기될 수 있는 상충관계에 대한 우려들도 있다(Sawyer et al. 2008). 그러나 최근 더 많은 국제적인 협상들의 산림 벌채 감소에 대한 인식은 이전의 기준치를 적용하는 것으로부터 2012년 후의 레짐에서는 신용 혹은 보상을 생성하는 것의 방향으로 이루어지고 있다. 특히 교토의정서 당사자들에 의해 2007년 12월 채택된 발리 로드맵은 "산림벌채와 전용으로 인한 배출량 감소에 대한 쟁점들을 위한 정책 접근과 긍정적 장려책"이 필요하다는 것을 명확히 하였다. 최근 이러한 고려사항을 포함한 일부 제안유형이 부각되어 왔으며, 특히 라틴아메리카를 위해서는 CDM에서의 REDD를 완전히 통합하기 위해 실행 가능한 계획을 도입하는 것이 특히 중요하다.

반면에, 코스타리카와 파푸아뉴기니는 기후변화를 구조화하는데 REDD를 통합하는 것을 제안하였는데, 이는 추가로 프로젝트에 신용을 발행하거나 혹은 일부 수립된 기준치에 대하여 산림벌채를 감소시키는 프로그램의 가능성을 감안한 것이다. 다른 한편으로, 브라질은 REDD에 전념하는 특정한 "비시장적" 기금 설립을 제안했다. 이러한 "열대우림기금"은 잠정적으로 선진국들에 의해 분담될 것이지만, 이러한 분담이 이들 선진국의 기후변화 경감을 위한 책무에 가산되지는 않을 것이다. 기금은 수립된 기준치 아래로의 산림전용율의 감축을 위한 재정적인 인센티브를 부여하게 될 것이다. 목적 달성에 실패하는 것이 향후 기준치 아래로의 감축에 불리하게 작용하더라도, 상기한 목적을 달성하지 못한 데 대한 불이익은 없을 것이다 (Saywer et al. 2008).

또 다른 제안들은 시장 지향적 대안과 기금에 기초한 대안의 요소들을 모두 결합하는 한편, 감축되는 이산화탄소 1톤 당 재정적인 인센티브도 설정해 왔다. 그러나 스트라스부르(Strassburg et al. 2008)에 의해 언급되었듯이, 이러한 재정적 인센티브가 산림 벌채의 지역적 동인들에 효과적으로 작용할 수 있으려면, 주권 문제 때문에 산림벌채를 줄이기 위하여 할당되어야 하는 국가 내에서의 자원 분배는 국가적 차원에서 결정되고, 국제적 REDD 메커니즘에 포함되지 않을 수 있다.

기후변화에 적응하기

인간과 생태계가 과거의 기후변화에 적응한 것과 같이, 할 수 있는 범위까지는 다가오는 변화들에 대하여 부정적인 효과는 감소시키고 긍정적인 효과를 증감시킬 수 있는 방법으로 자체적으로 대응할 수 있을 것이다. 그러나 온실가스감축을 측정하는 것과는 대조적으로 기후변화에 대응하여 적응을 위한 행동들의 대부분은 그 행동하는 개개인의 행동에 대한 편익을 취함과 동시에 비용도 지불해야 한다. 다시 말해 이 행동들은 외부효과를 거의 일으키지 않는다는 것이다. 이러한 이유로, 적응은 완화보다 차선책을 야기하는 집단행위의 문제에 덜 취약하다. 이는 공공 정책이 이 지역에서 필요하지 않다는 의미가 아니라 필요한 정책, 제도, 투자의 종류가 정부가 일반적으로 제공하여야 하는 공공재의 제공을 위하여 필요한 것들과 많은 공통점을 가지고 있다는 것을 시사한다.

적응정책과 투자의 시기는 중요하다. 주요 기후변화의 일부 조짐들이 이미 영향을 주는 동안, 대부분의 변화들은 장기간에 걸쳐(수십 년에서 수백 년) 발생될 것이다. 증가하는 가변성과 더 많은 극한현상 모두 혹은 어느 한쪽에 의해, 기후변화는 평균기온과 강수량에서 장기간에 걸친 변화들의 그 자체에서 분명해질 것이다. 어떻게 특정지역의 기후가 변할 것인지, 따라서 어떤 종류의 적응이 필요로 할 것인지에 대한 큰 불확실성이 있다. 온난화정도에 관한 모형들이 강수 패턴의 변화모형보다 더 많이 합의되어 있지만, 최소한 후자는 적응을 위한 계획에서 중요하다. 라틴아메리카와 카리브 해 지역은 아프리카 지역과 함께 다른 모형들로 산출되는 일관된 예측으로부터 판단되는 가장 거대한 불확실성을 포함한 지역으로써 두드러진다. 장기간의 계획기간과 불확실성은 개도국의 정책입안자들이 주어진 그들의 다른 개발우선순위에서 어떻게든 단기간에 적응정책을 착수하는 것으로 고려되는 것과 상관없이 사람들에게 의문을 불러일으킬 것이다.

이러한 믿음은 어느 정도 정확하다. 만약 변화가 예상한 것처럼 구체화되지 않았을 때, 구체적인 기후 영향의 예측에 대한 주요 투자 혹은 정책적인 대응에 착수하는 것은 재원낭비 위험 또는 증가하는 부정적인 영향을 관리할 것이고 혹은 미래에 기술적인 진보가 더 비용

효율적인 대응을 가능하게 할 것이다. 시의적절한 조치들의 불이행은 막을 수 있는 피해들을 발생시키고 일부 투자와 정책들이 결실을 맺기 위해서는 장기간이 필요하다는 위험에 편중되어 있다. 그러나 위에 언급하였듯이, 정부가 그들의 시민들이 기후변화에 적응할 수 있도록 도와주는 많은 것들이(아니면 대부분이) 가장 중요한 1순위의 발전 전략으로 자리매김한 이후로 이러한 상충관계는 그렇게 극명하지 않다. 이러한 종류의 것들을 행동으로 옮기는데 있어 기후변화의 공포는 가장 큰 원동력이 아닌 정치적인 계산을 변화시키는 것뿐이다. 그러나 회복 불가능한 피해를 예방하기 위해 특정지역에 긴급히 필요한 조치들이 있다. 특히 기후와 관련된 스트레스에 놓여 있는 생태계가 그 예이다. 3장에서 논의할 것처럼, 필요한 것은 단기간에 실행해야 할 것과 지연되어야 할 것을 구별하기 위한 분류기준 혹은 활동의 우선순위를 정하는 것이다.

보고서의 개요

보고서의 2장은 라틴아메리카지역에서 발생할 가능성이 높은 기후변화의 물리적 피해를 받은 자연을 탐구하고, 일부 경제적 영향들을 수량화할 것이다. 인간과 생태계 모두가 새로운 기후상태에 적응하는 것이 필요하다. 3장에서는 어떻게 이것이 라틴아메리카지역에서 자체적으로 발생할 수 있는지와 라틴아메리카지역의 국가에서 가능한 이익을 최대로 만들고 손실을 줄이기 위해 어떻게 국제적인 정책과 기관들이 이 과정을 용이하게 할 수 있는지에 대한 증거들을 자세히 볼 것이다. 우리는 그 다음에 이러한 목표를 성취하는데 도움을 줄 수 있는 국내·국제정부 정책들의 종류에 초점을 맞추어 전지구적 기후변화를 완화시키는 것과 관련된 당면과제들을 다시 논의할 것이다(4장). 다음 보고서는 라틴아메리카의 온실가스배출 경향을 재검토하고 이러한 경향이 만들어내는 근본적인 경제적 요인에 대해 논의할 것이다(5장). 마지막으로, 그렇게 실행하면서 다양한 부수적인 편익들을 향유하고 있는 몇 개의 사례들 중에서, 우리는 라틴아메리카 국가들이 비용에 있어서 가장 효율적인 방법으로 배출을 감축할 수 있는 최적의 선택을 찾기 위해 노력할 것이다.(6장)

미주

1. Nagy et al.(2006).

2. Mata, Nobre (2006).

3. Nagy et al.(2006).

4. Magrín et al. (2007).

5. Radaatz (2008).

6. IPCC의 각각의 용어들에 대한 연구가 확신에 이르기까지 주어진 진술서들에 높은 수준의 신뢰를 가질 수 있게 해당되는 결과자료들에서 일어날 수 있는 가능성은 10점 만점의 최소 8점 이상인 기본자료(자료, 모형, 혹은 분석)에 대한 전문가 판단에 기초하였다.

7. Parry et al.(2007).

8. Magrín et al.(2007).

9. Francou et al.(2005).

10. Bradley et al.(2006), Ramírez et al.(2001).

11. 2004년, 화석연료 이용에 따른 이산화탄소배출량은 전체온실가스배출량의 56.6%를 차지했고, 반면에 토지이용 변화에 따른 이산화탄소배출량은 17.3%였다. 농업은 전체 온실가스 배출량의 13.5%에 해당하였고, 아산화질소 배출량의 거의 90%에 해당되고(전체 온실가스 배출량의 8%) 메탄배출량의 40% 이상을 차지한다(전체온실가스배출량의 14%). 메탄의 다른 원인들은 쓰레기매립, 폐수, 바이오에너지의 이용과 생산이다. IPCC (2007).

12. 이후로 이것은 이산화탄소 등가 대비 혹은 CO_2e라고 언급하였다.

13. 라우파흐(Raupach et al. 2007)를 보면, 그림은 (1)등식에서 모든 조건들을 포함한 관측된 전 세계 온실가스 배출량이 미국 에너지관리청(Energy Information Administration, EIA) (1980~2004)정보와 미국 이산화탄소 정보문석센터(Carbon Dioxide Information Analysis Center, CDIAC)(1751~2005)정보를 모두 이용한 정보를 바탕으로 배출시나리오(8)와 안정화궤도(10,11,12)와 비교된 그림으로 묘사되었다. EIA 배출정보는 1990~1999 CDIAC 정보처럼 같은 의미로 규격화 되고, EIA 정보에서 Fcement 배출량 설명이 된다. CDIAC의 자료수집에서 2004~2005 단계는 일시적이다. 6개의 IPCC 시나리오(8)들은 네 개의 같은 범위내의 A1, A2, B1, B2를 위한 가능한 미래 배출의 추정치가 자유곡선으로 되어있고, 이것은 1,2축에 기초한 국제

적인 발전 대(vs) 지역적인 발전, 1,2축에 기초한 경제성장 대(vs) 환경관리를 강조한다. A1(세계화된, 경제지향적인) 시나리오의 3개의 변수는 다른 배출궤도로 이끈다: A1F1(화석연료의 과도한 의존) A1T(대체에너지기술들이 크게 화석연료를 대체함), A1B(화석연료와 대체연료사이에서 균형잡힌 에너지공급). 시나리오들을 위해 보여지는 곡선들은 각각의 같은 범위내의 시나리오에서 가능한 개별 시나리오를 통한 평균이고, "시장" 시나리오와는 약간 다르다. 안정화궤도는 두개의 모형(11,12)으로부터 예상되는 평균값의 자유곡선이고, 그것들이 유사한 결과를 준다. 그들은 불확실성을 내포하는데, 예정된 안정화 목표를 위한 배출경로가 단일하지 않기 때문이다.

14. Diley et al. (2005).

15. Diley et al. (2005)에서 언급하였듯이, 재난위험관리의 개선은 광범위한 정책, 기관개혁, 건축활동의 용량, 재난발생이후 긴급자금조달을 위한 앞선 계획 등 광범위하게 요구되어질 것이다.

16. Vergara(2005), Margrín et al.(2007).

17. 부적절한 한도에 비해 부적절한 세금을 선택하는 것과 관련된 대단히 무거운 손실들의 더 자세한 계산을 위해 스턴(Stern 2007) 혹은 필리베르트(Philibert 2006)을 보라. 한계완화비용에 제공된 새로운 정보들에서, 왼쪽 그래프처럼 탄소배출권 거래제를 사용하고 오른쪽에 그래프에 있는 탄소세를 이용할 때 더 커진 손실들은 발생한다. 만약 완화비용이 확실성과 함께 알려졌다면, 한계완화편익들을 통한 불확실성은 또한 한계편익곡선들의 기울기에도 또한 영향을 끼치지 않는 한 정책도구의 선택에서 문제가 되지 않는다(오직 세금 혹은 한도수준에만 영향을 미친다). Philibert(2006) 참고.

18. 알디(Aldy et al. 2006)등이 주장하듯이, 일단 탄소세에 관한 국제적 합의가 이루어진다면, 각 국들이 탄소세의 부담을 완화하거나 줄이기 위해-예를 들면 추가적인 에너지 보조금과 같은- 재정적 수단을 보충하는 것을 채택하지 못하도록 보장하는 적절한 모니터링 시스템이 만들어져야 할 것이다.

19. 이 부분은 굉장히 많은 부분이 Stern(2007)이 주장한 내용에 기초했다.

20. 이것은 앞서 언급한 매개변수 기후민감도를 위해 IPCC에 의해 보고된 최적 평가치를 기반으로 두었다. 그러나, 만약 이러한 한도를 위해 더 비관적인 추정치가 대신에 이용된다면, CO_2e 445~535 ppm의 안정화목표를 위한 온도증가는 4.2도까지 높아질 수 있다.

21. 증가는 4.9도까지 도달할 수 있다; 매개변수 기후민감도의 높은 추정치는 모형대신에 이용되었다.

22. 그러나 이러한 추정치가 대응하는최종소비부문에서 절전할당에 의존하는 것은 아무런 의미가 없다. 만약 대신에 대응하는 배출감소가 에너지공급부문에서 할당된다면, 전체완화가능성에서 그것의 부담은 35%까지 증가할 것이고 건물의 에너지절약은 약

12%까지 떨어질 것이다. 게다가, 교통부문의 완화가능성은 화물운송과 대중교통은 분석에서 제외된 채 너무 적게 추산되었다.

23. 이 체계는 Ramsey 공식을 이용하여 요약되었다: STP = β + ε * δ, β은 순수한 시간할인율이고, δ는 1인당 산출량에서 예상되는 장기경제성장률이고, ε 소비의 한계사용의 탄력성이다. Stern은 전 세대가 동일하게 다루어져야 하는 철학적인 원칙에 기초하여 β가 0.1, δ가 1.3, ε가 1과 같고, 이것은 1.4의 STP를 의미한다. 노드하우스(Nordhaus), 바이츠만(Weitzman)이 주장하였듯이 순수한 시간율(β)은 일반적으로 1.5~2 사이에 위치한다고 믿어지고; 성장률(δ)은 과거의 경험에 근거하여 매년 2%라고 가정하고 ; 소비의 한계사용 탄력성(ε)은 보통 2와 가깝다고 생각된다.

24. 세부적인 내용은 Vardy (2008) 참고.

25. 그러나 개발도상국들의 역사적으로 축적된 배출량은 세기말까지 선진국들의 배출량 아래로 계속 유지될 것이라고 반드시 언급해야 한다(Figueres 2007).

제2장
라틴아메리카 지역의 기후변화 영향

라틴아메리카지역의 변화에서 기후는 어떠한가?

IPCC(기후변화에 관한 정부간협의체)의 제4차 평가보고서(2007년 9월에 발표된)에서는 "기후체계의 온난화는 명백하다"고 주장한다. IPCC는 "높은 수준의 확신"으로 다양한 인간의 활동(예를 들어 농업과 보건) 그리고 자연체계(예를 들어, 식물 및 동물 종, 해양 생태계, 수문학(水文學)계)들이 지구 온난화에 의해 이미 영향을 받고 있다고 발표했다.[1]

라틴아메리카 또한 전지구적인 추세를 따르고 있다.[2] 특히, 20세기 동안 남미에서 기후변화 모형의 예측과 일치하는 매 십년마다 평균 기온이 대략 0.1%씩 증가하였고 안데스지역에서는 더 빠른 속도로 온난화가 진행되고 있다. 강수량은 아르헨티나 북동부지역, 브라질 남부지역, 파라과이, 페루 북서부지역 그리고 우루과이등 일부지역에서 증가하였고, 아르헨티나 남서부지역, 칠레 남부지역 그리고 페루 남부지역에서는 감소하였다. 해수면의 상승률 또한 증가했고, 남미의 남동부지역은 과거 20년 동안 매년 2~3mm의 증가폭을 기록했다. IPCC에 의해 수집된 증거는 이미 기후변화가 극한기후현상들의 빈도수에 영향을 끼치고 있음을 시사한다. 주된 사례로 브라질 북동부와 멕시코 중부에서 폭우가 더 자주 발생하고, 아마존의 일부 지역에서 홍수발생빈도가 증가했으며 파라과이, 우루과이에 걸친 파라나(Parana) 유량이 50% 이상 증가했다는 점을 들 수 있다. 최근에는 카리브지역에서 허리케인 활동의 증가가 관측되고 있다.

온난화가 몇 년 전부터 가속화됨에 따라, 보다 광범위하고 심각한 결과들이 라틴아메리카지역에서 예측되고 있다. 최근 UNFCCC의 연구와 전지구적 기후모델에서 도출된 미래기후 변화시나리오는 남미의 남쪽지역을 제외하고 라틴아메리카의 대다수 지역에서 온난화가 지구평균보다 커질 것이라고 예측한다(Christensen et al. 2007).[3] IPCC의 제4차 평가보고서는 1961~90년에 걸친 라틴아메리카 지역에서의 일상적인 시나리오에 따라 기온이 2020년까지 0.4℃ 에서 1.8℃로, 2050년까지 1℃에서 4℃까지 상승할 것이라고 예측했다(Magrín et al. 2007). 보다 최근의 자료는 예측되는 온난화가 현재의 예측량을 초과할 것을 암시하면서 현재의 배출비율이 마그랭 외(Magrín et al. 2007)에서 인용된 가장 극심한 시나리오보다 더 빠를 것임을 보여준다. 일본에서 지구 시뮬레이터(Earth Simulator)를 이용하여 착수된 연구는 이러한 추정치들을 뒷받침하고 안데스 산맥에서의 급속한 온난화가능성을 보여준다.[4]

이러한 추정치들은 또한 티에라 델 푸에고와 남미 남동쪽 지역의 폭우 증가, 그리고 중앙아메리카와 안데스 남쪽지역의 건조가 심화되는 상태를 동반하는 이 지역의 강수량 변화 유형을 지적하고 있다

(지도 2.1).

특정 국가들에서의 폭우 유형에 관한 주목할 만한 불확실성에도 불구하고 기후 변화가 더 낮은 강수량을 가진 지역에서 보다 잦은 극한 상태를 가져올 것이며, 건조지대와 반건조지대의 불안정화를 야기한다는 증거가 있다(UNFCCC 2006a).

현재와 미래의 위험 모두에 대해 정확한 지도를 그리는 것은 재해를 예방하고 대비하기 위한 정보를 알려주기 위해 중요하다. <표 2.1>에서와 같이, 현재의 기후상태를 전제할 때, 중앙아메리카의 일부 지역들, 안데스 국가들, 브라질 그리고 멕시코는 가뭄으로 타격을 받을 위험이 가장 높다. 마찬가지로 높은 홍수위험을 가진 거대한 지역들은 안데스 국가들, 아르헨티나, 브라질, 카리브, 중앙아메리카, 파라과이, 그리고 우루과이를 포함한다. 게다가 <지도 2.1>에서 4개의 그래프의 상단에서 나타나듯이, 가뭄 혹은 홍수의 높은 위험에 노출되어 있는 많은 지역들이 미래에는 각각 더 건조한 환경과 더 강한 폭우에 직면하게 될 것이다. 특히, 이것은 칠레, 엘살바도르, 과테말라 그리고 멕시코 등의 높은 가뭄위험에 관한 경우가 될 것이고, 최소한 5/8의 확률로 2030년까지 이 지역의 연이은 건조일수 발생빈도는 증가하고 멕시코 등에서 가뭄 위험이 더욱 증폭될 것이다. 유사하게, 아르헨티나, 페루 그리고 우루과이의 위험성이 큰 범람지역에서 47%~100%의 확률로 한층 더 강렬한 폭우에 타격을 입을 것이라고 예측한다. <지도 2.1>에서 하단의 그래프는 다양한 전지구적 기후모형에서 파생된 구체적인 지역적 추정치들에 관하여 상당한 의견충돌을 나타낸다. 그러나, 이전의 사례 대부분에서 색인별 모형의 단계는 상당히 높다.

열대 태풍의 피해는 카리브해 유역에 있는 다수 국가들에 주된 경

지도 2.1 8개의 지구순환모형과 색인별 모형 단계에 기반한 1981~2000년부터 2031~50년까지 라틴아메리카와 카리브 지역의 기후위협에서 예상되는 변화들

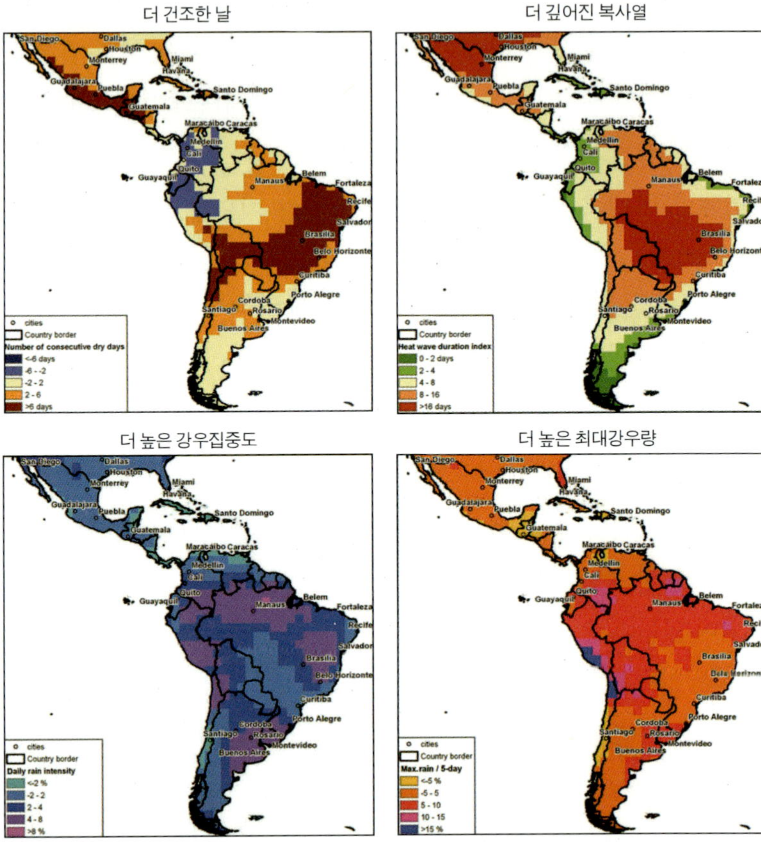

제적 위험 요소이다. <표 2.2>는 1979년에서 2006년까지 해당지역의 국가들에서 축적된 경제적 비용과 인명손실을 나타낸다. 비록 이것이 기상 패턴의 변화라기보다는 부분적으로 증가한 발전의 결과임에도 불구하고, 해당 지역에서 허리케인의 영향으로 추측되는 비용은 1970년 이후 두 자릿수로 증가했다. 2005년에 수많은 허리케인이 북대서양을 14번 강타했고, 최초로 허리케인이 남대서양에서 형

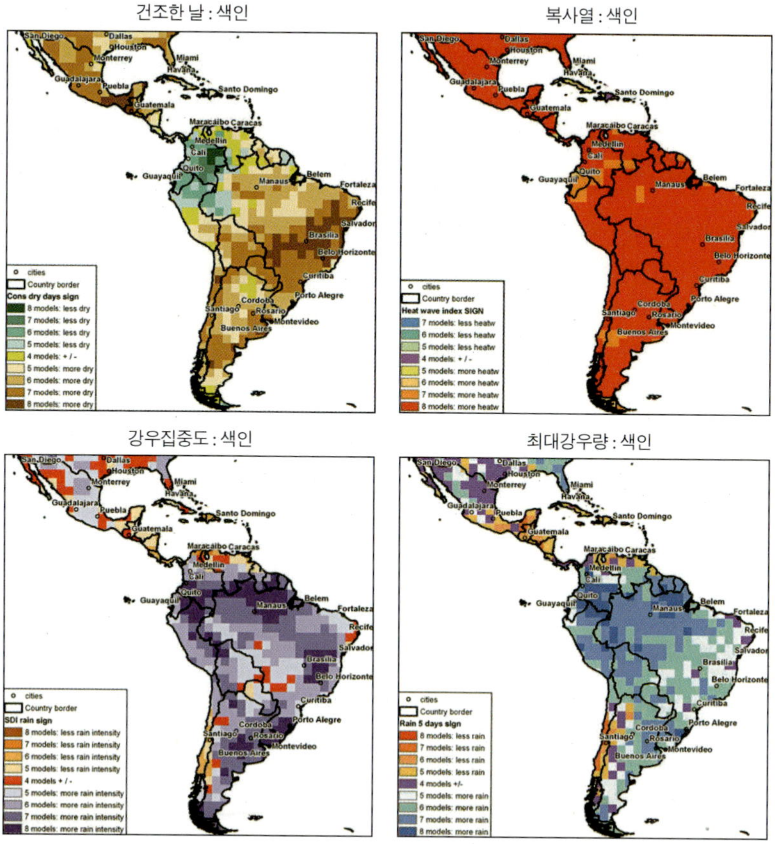

출처 : World Bank Staff calculation using eight global circulation model (표 1.1)
주 : SDI = Simple Daily Intensity

성되어 브라질을 강타했다. 특별한 의미를 가지는 것은 약 40년 동안 조용히 영향력을 확장해온 이후 1995년 이래, 메소아메리카로 상륙한 허리케인이 증가했다는 점이다. 육지에 상륙한 강력한 허리케인의 10개 중 4개가 지난 10년간 발생했다. 2008년에 특히 쿠바, 아이티 그리고 다른 도서들이 다수의 허리케인에 의해 피해를 보았다. 이것은 우리가 이미 기후변화의 영향을 겪고 있는 것인지 혹은 피해가 예상했던 것보다 더 커질 것인지(예를 들어, 발생빈도 증가로 인한)에 대한 의문을 제기한다. 사실, 허리케인 카트리나 이후 미국의 위험 모델링 회사들은 북대서양 수온 온난화의 결과로써 유사한 현상의 발생 확률에 대한 그들의 평가를 40년에 한 번 일어날 수 있으리라는 종전의 수준에서 20년에 한 번으로 격상시켰다. 유사하게, 역사적인 정보들은 카리브 유역을 포함하여, 북대서양 육지에서의 허리케인의 강도가 심화되고 있음을 나타내고 있다.

열대사이클론의 빈도수와 해수면온도의 상관관계는 <그림 2.1>에서 볼 수 있다. 이것은 이러한 폭풍들이 지구가 더워짐에 따라 더 자주 발생할 것이라는 것을 암시한다. 최근의 연구(Curry 2009)는 각 화씨 1도(섭씨 0.6도)의 해수면 온도 상승은 매년 5개의 태풍에 달하는 북대서양의 열대태풍 활동의 빈도를 증가시킬 수 있다고 지적한다. 그러나 이에 대한 과학적인 합의가 여전히 이루어지지 않았는데 이는 다른 자연적 주기들로부터 부분적인 온도의 영향만을 분리하는 것이 몹시 어렵기 때문이다. 반면에, 지구온난화가 해수면 온도 상승의 원인일 것 같다는 데는 더 큰 합의가 존재한다. 시간이 흐름에 따라, 주요 허리케인 활동의 최근 보고서(Hoyos et al. 2006; Curry et al. 2009)는 카리브해 유역에서 허리케인이 증가하는 경향을 지적하고 있다. 사실 커리 외(Curry et al. 2009)에서는 이와 같은 경향이 인위적인 지구온난화에 의한 해수면 온도 상승 때문일 확률이 크다는 것을 보여준다.

그들은 바다의 온난화가 화씨 1도(섭씨 0.6도) 증가할 때마다, 허리케인의 강도는 2~5% 정도로 강력해진다는 것을 발견했다. 이것은 피해가 10%~26%까지 증가하는 것에 해당된다. 심지어 빈도수가 증가하지 않아도, 그들의 강도는 지역생태계와 인간활동에 커다란 영향을 미친다.

기후와 관련된 모든 종류의 재해들(가뭄, 극한 기후, 폭풍, 홍수를 포함하여)을 종합했을 때 다른 국가들에 비해 덜 뚜렷하지만, 라틴아메리카지역에서 재해는 지난 수 세기 동안 증가하는 경향을 보여 왔다. 라다츠(Raddatz 2008)도 비슷하게 기후재해의 발생률이 지난 40년 동안에 걸쳐 전 세계에서 증가하고 있다고 통계상으로 확인했다. 재해의 종류와 소구역을 분류해보면, 폭풍우는 불균형적으로 카리브, 중앙아메리카, 칠레 그리고 멕시코에 영향을 끼친 것으로 보이고 폭풍은 안데스 국가, 중앙아메리카 그리고 남부의 곡식을 강타했으며, 반면 가뭄은 일부 안데스 국가들과, 중앙아메리카 그리고 브라질에서 발생했다.

그림 2.1 북대서양 열대 사이클론(파랑)과 해수면온도(빨강)의 시계열

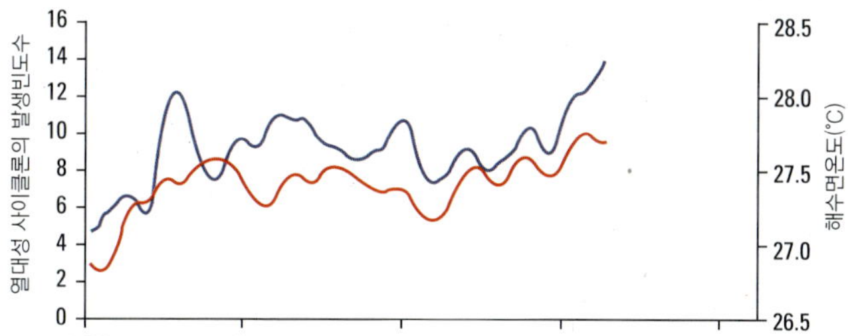

출처 : Adapted from Curry et al. (2009)

표 2.1 건조일, 복사열, 혹은 강우집중도에 있어서 현재의 높은 가뭄, 홍수, 혹은 높은확률로 증감이 예상되는 것들과 라틴아메리카와 카리브해 지역 국가들의 영토에서의 비율 (2030년)

	가뭄의 높은 가능성 (현재기후)	연속건조일수 (CCR)의 증가 : 최소 2일(2030)	폭염지속일 (HWD)의 증가 : 최소 8일(2030)	2030년에 높은 CCR 혹은 HWD 수치를 가진 높은 현재 가뭄가능성 지역 부분	홍수의 높은 가능성 (현재기후)	간단한 일강우지수(SDI)의 증가 : 최소 4% (2030)	5일동안 최대강우량(RSD)의 증가 : 최소 10% (2030)	2030년에 높은 SDI 혹은 RSD 수치를 가진 높은 현재 가뭄가능성 지역 부분
아르헨티나	12	52	38	77	25	28	2	47
벨리즈		100	87	n.a.	14	0	0	0
볼리비아	1	93	100	100	30	16	16	28
브라질	27	71	79	100	13	39	3	22
칠레	62	59	26	100	9	25	19	0
콜롬비아	8	2	4	56	75	26	19	21
코스타리카	20	0	0	0	63	0	0	0
쿠바	0	100	0	n.a.	79	0	0	0
에콰도르	65	0	0	0	85	12	0	14
엘살바도르	100	100	17	100	99	0	0	0
과테말라	100	100	96	100	73	0	0	0
가이아나	0	76	96	n.a.	0	0	0	n.a.
기아나		6	6	n.a.	0	6	49	n.a.
아이티	0	100	0	n.a.	94	0	0	0
온두라스	0	97	56	n.a.	100	0	0	0

	가뭄의 높은 가능성 (현재기후)	연속건조일수 (CCR)의 증가 : 최소 2일(2030)	폭염지속일 (HWD)의 증가 : 최소 8일(2030)	2030년에 높은 CCR 혹은 HWD 수치를 가진 높은 현재 가뭄가능성 지역 부분	홍수의 높은 가능성 (현재기후)	간단한 일강우 지수(SDI)의 증가 : 최소 4% (2030)	5일동안 최대강우량(RSD)의 증가 : 최소 10% (2030)	2030년에 높은 SDI 혹은 RSD 수치를 가진 높은 현재 가뭄가능성 지역 부분
자메이카	0	100	0	n.a.	100	0	0	0
멕시코	43	97	87	100	33	0	0	0
니카라과	17	66	0	73	81	0	0	0
파나마	0	0	0	n.a.	30	0	0	0
파라과이	23	100	100	100	63	0	1	2
페루	4	21	10	0	82	62	36	68
푸에르토 리코		100	0	n.a.	66	0	0	0
도미니카 공화국	0	98	0	n.a.	89	0	0	0
수리남	0	69	80	n.a.	0	48	17	n.a.
트리니다드 토바고		0	0	n.a.	97	0	0	0
우루과이	0	10	0	n.a.	68	100	0	100
베네수엘라	19	10	81	100	26	9	0	0

출처 : World Bank Staff calculations using the following models: cnrm: cnrm-cm3, Meteo France; gfdl: gfdl-cm2.0, Geophysical Fluid Dynamics Lab/NOAA; inmc: inm-cm3.0, Inst. Numerical Math, Russia; ipsal: ipsl: ipsl-cm4, Inst Pierre Simon Laplace, France; mirh: micro3.2(hires), University of Tokyo, JAMSTEC, Japan; mirm: mircro3.2(medres), University of Tokyo, JAMSTEC, Japan; mri: mri-cgcm2.3.2, Meteorological Research Institute, Japan; ccsm: ccsm3, National Center for Atmospheric Research USA.

주 : CCR, HWD, SDI, R5D는 기후현상 발생이 전 지구적 기후모델 5 혹은 그 이상으로 예측되는 지역 비율이다. n.a. = 데이터 없음.

표 2.2 각 국가별 누적 손실, 1979~2006

국가	총 사이클론	피해 (2007 US $)	GDP의 평균피해 %	총 인명피해	10만명 당 인명피해율
멕시코					
걸프만	16	47,315	5.29	380	2.39
중앙아메리카					
벨리즈	3	469	11.71	69	9.81
코스타리카	4	168	0.37	42	0.33
엘살바도르	2	370	2.00	253	2.21
과테말라	1	1,159	3.86	68	0.60
온두라스	3	5,196	32.69	7,042	39.84
니카라과	6	5,176	25.29	3,957	16.22
대 앤틸리스 제도					
쿠바	14	8,042	2.35	38	0.03
도미니카공화국	7	9,439	5.30	2,418	5.58
아이티	7	2,495	22.87	4,721	8.46
자메이카	7	4,675	12.17	72	0.45
푸에르토 리코	12	11,365	0.94	48	0.14
소 앤틸리스 제도					
앤티카 바부다	6	1,753	55.53	4	2.88
바르바도스	5	11	0.09	1	0.35
영국령 버진아일랜드	6	607	179.34	6	37.55
도미니카	3	71	21.46	1	1.45
그레나다	4	1,040	105.37	40	12.39
세인트 키츠 네비스연방	3	1,436	110.05	6	7.19
세인트 루시아	5	14	0.52	22	5.81
세인트 빈센트 그레나딘	4	64	6.96	5	1.43
바하마	11	2,648	7.60	6	0.42

출처 : Curry et al. (2009).

주 : 측정된 표준피해는 2007년에 수백만 달러(미화)에 달했다. 인명피해는 100,000명 단위로 나타내었다.

라틴아메리카지역에서 경제와 생태계에 대한 기후변화의 결과는 무엇인가?

라틴아메리카지역에서 현재 예상되는 기온과 강수량 패턴의 변화는 자연계와 인간활동에 다양한 영향력을 미칠 것이다. 가장 직접적이고 거대한 영향을 받을 가능성이 큰 경제적 부문은 농업이고, 해당 부문에서의 영향은 현재 모든 모형들에서 수량화할 수 있는 경제적 효과들의 전반적인 특징이 될 것이다. 라틴아메리카지역에서 계량화된 부문별 피해에 대한 연구는 농업적 손실의 범위가 2100년까지 매년 351억$(총 490억중, GDP의 0.23%)[5]에서 1,200억$(총 1,220억중, GDP의 0.56%)[6]에 이른다고 밝히고 있다. 지역적으로 확정된 배출수준을 적용한 일반균형모델에 기초한 최근 연구는 만약 온난화가 1900년 대비 약 1.79도에 도달한다면 2050년까지 약 1,110억$(GDP의 1%)의 총 손실이 라틴아메리카지역에서 예상될 것으로 내다보고 있다. 카리브지역에 대해 이후 논의되는 이와 같은 연구들 중 토바(Toba 2008)의 연구를 제외하고는 비경제적인 부문의 피해를 포함시키지 않는데, 예를 들어 생태계에서 그들이 자연재해의 영향 혹은 영구동토층의 해빙 혹은 주요대륙 빙하의 융빙 현상 등의 대재앙적인 사건의 영향을 설명하지 못한다. 그러나 손실 추정치는 농부가 상이한 기후에서 어떻게 반응하는지에 대한 관찰에 근거하였기 때문에 개별적인 적응반응을 함축적으로 설명한다.

클라인(Cline 2007)은 로젠츠바이흐와 이글레시아스(Rosenzweigh and Iglesias 2006)가 발표한 세계식량공급에 있어 기후변화의 결과에 관한 연구에 기초한 농작물 모형의 정보를 재검토하는 데 일관적인 계산법을 사용했다. 그의 결과는 라틴아메리카(4개의 다른 기후 모델을 걸친 평균화) 지역에서 수확량은 더 높은 소득의 "칼로리 수출"국가들에게 19%, 더 높은 소득의 "칼로리 수입" 국가들에게 13.5%, 중간소득과 저소득 국가들에게 17%가 감소할 것이라고 말했다. 또한 클라인(Cline)은 그의 관점에서 그들을 더욱 현실적으로 만들어주도록 조정된 기존 연구에 상당부분 기초해서, 예를 들자면 탄소비옥화의 생산량 증대효과를 인정함으로써 그 자신의 추산치를 발표했다. 이러한

그림 2.2 라틴아메리카 지역의 기후관련재해지수 vs 라틴아메리카를 제외한 나머지 지역의 기후관련재해지수 (1970 = 100)

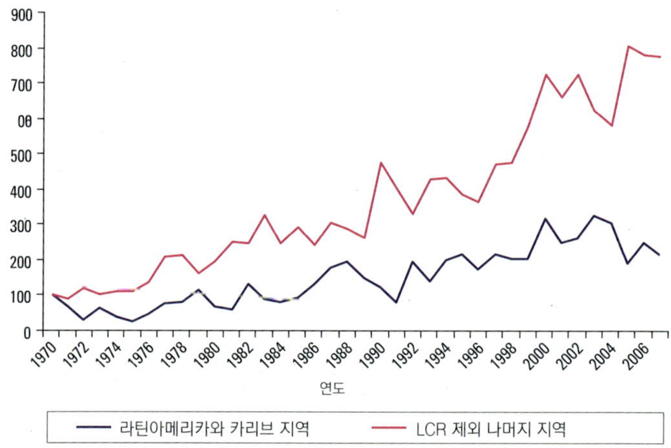

출처 : World Bank staff calculations (based on EM-DAT: The OFDA/CRED International Disaster Database, Catholic University of Louvain).

주 : 해당국가들: 앙귈라; 앤티카 바부다; 아르헨티나; 바하마; 바베이도스; 벨리즈; 볼리비아; 브라질; 케이맨제도; 칠레; 콜롬비아; 코스타리카; 쿠바; 도미니카; 도미니카공화국; 에콰도르; 엘살바도르; 프랑스령 기아나; 그레나다; 과들루페; 과테말라; 가이아나; 아이티; 온두라스; 자메이카; 마르티니크섬; 멕시코; 몬트세라트섬; 네덜란드령 안틸레스제도; 니카라과; 파나마; 파라과이; 페루; 푸에르토 리코; 세인트 키츠 네비스; 세인트 빈센트 그레나딘; 세인트 루시아; 수리남; 트리니다드 토바고; 터크스카이코스 제도; 우루과이; 베네수엘라; 버진아일랜드. 도표화된 자연재해들은 최소한 다음의 4가지 유형에 해당된다. 즉 (1) 10명 혹은 그 이상의 사람들이 죽었고, (2) 100명의 사람들이 영향을 받았다고 보고되었고, (3) 비상사태를 선언하였고, (4) 대외원조를 요청했다.

낙관적인 탄소비옥화 시나리오의 전제하에서, 생산량은 오직 두 국가, 아르헨티나, 브라질에서만 증가할 것으로 예상된다. 모든 다른 국가들의 생산량은 중앙아메리카, 칠레, 콜롬비아에서 12~13%까지, 에콰도르, 멕시코, 페루에서 18~25%까지, 쿠바에서 30%까지, 남미의 다른 지역에서 34%까지 감소할 것이다. 이것은 4%의 전지구적 감소량의 중간 값에 비교된다(지도 2.2).

7개의 남미 국가 농가에 리카도 방법론을 적용하여, 2100년에 기후변화로부터 잠재적인 수입감소의 평균은 심지어 피해를 최소화하기 위해 농부들이 사전대비를 실시한 이후에도 온화한 기후변화 시나리오를 적용한 12%에서 좀 더 심각한 기후를 적용한 50%까지 이를 것으로 예상된다(Seo and Mendelsohn 2008). 멕시코와 같이 심각한

지도 2.2 현재 농업생산량과 2080년까지 예상되는 변화들

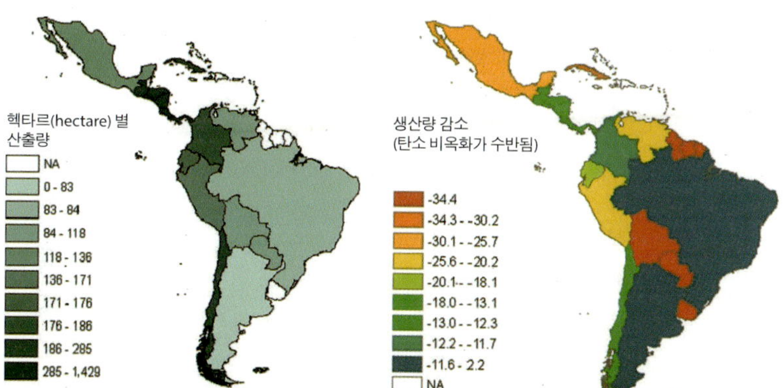

출처 : Cline(2007)의 추정치를 토대로 구성

주 : 클라인(Cline 2007)은 "다른 남미 국가들"에 대한 한 가지 값과 중앙아메리카 국가들에 대한 한 가지 값을 예측했다. 우리는 중앙아메리카의 값을 벨리즈, 코스타리카, 엘살바도르, 과테말라, 온두라스, 니카라과, 그리고 파나마에 적용하였고, "다른 남미국가들"에 대한 값은 볼리비아, 프랑스령 기아나, 가이아나, 파라과이, 수리남 그리고 우루과이에 적용하였다.

피해를 체감하는 국가들에서 지가(생산량에서 감소의 기준으로서) 하락세의 폭은 전체 농가의 30~85%가 현재의 지가보다 더 크고, 이는 모형과 온난화의 심각함에 의해 결정된다(Mendelsohn et al. 2008). 그러나 국가 간이든 국가 안에서든 한 지역에서 인접 지역으로의 영향력은 그 변동성이 매우 크기 때문에 큰 가치는 없다. 심지어 큰 피해를 입은 멕시코에서, 일부지역은 이익을 볼 것이라고 전망했다. 중남미 대륙을 걸쳐 일반적으로 적도에 더 가깝고 고도가 더 높을수록 손실이 예상되고, 태평양의 일부지역과 대륙의 남쪽에서 이익을 취할 가능성이 있다. 이러한 연구들은 또한 큰 농가가 작은 농가보다 더 심각한 영향을 받는다는 것을 발견했고, 이는 아마도 대규모 농가들은 온대(내열성)작물에 더 전문화되는 경향이 있고 따라서 환경에 적응하는 것이 어렵기 때문이라 생각할 수 있다.

생산성에서 이러한 종류의 변화가 농촌 빈곤에 어떠한 영향을 미칠 것인가? 이 질문에 대답하기 위해서는 제대로 된 가계 자료 및 가계의 반응에 대한 적절한 모델링이 필요하다. 이들 쟁점에 관한 브라질의 한 최신연구는 기후 변화의 충격이 가계에 미치는 영향력은 각 가계가 지닌 경제적 유동성에 의해 결정된다고 결론내렸다. 만약 노동력의 유동성이 강요된다면 전체 농촌 빈곤은 3.2% 포인트까지 증가할 것이다. 만약 가정이 이주하는 것을 허용한다면 영향력은 2.5% 포인트까지 떨어진다. 어느 경우에나 생산성 반응과 농지 외의 경제적인 기회에서의 변화뿐만 아니라 기후 그 자체에서 발생하는 지역적인 변화에 의존한 채, 기후변화의 영향은 높은 지역성을 가지고 있다(그림 2.3).

기후변화의 경제적, 사회적 총 비용은 이러한 추정치가 포함된 비용의 종류들을 넘어선다. 증가되는 비용 중 하나는 지구온난화로 발

그림 2.3 빈곤에 미치는 기후변화의 영향, 브라질 자치주들

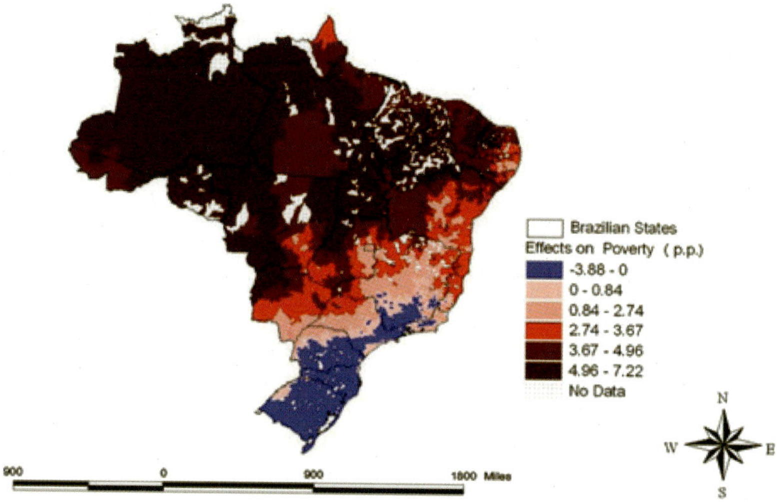

출처 : Assunçao and Feres(2008)

생될 수 있는 극한현상(기후 재해)의 극심함 혹은 빈도수 증가로 야기되는 잠재적인 피해를 들 수 있다. 확실하게, 극한기후현상은 지역에서 이미 다수의 사상자를 만들었다. 예를 들어, 1999년에는 45,000명이 베네수엘라에서 이류(泥流)와 홍수에 의해 사망했다. 1998년 허리케인 미치(Mitch)의 엄청난 충격은 10,000명의 목숨을 앗아갔다(UNFCCC 2007B). 연이은 네 번의 폭풍과 허리케인은 페이(Fay), 구스타프(Gustav), 한나(Hanna), 아이크(Ike)는 2008년 8~9월동안 아이티의 지역들을 휩쓸었고, 엄청난 파괴력을 가진채 기타 도서들도 강타했다. 이미 서반구에서 가장 가난한 나라인 아이티는 훨씬 더 궁핍해지고 있다. 허리케인 미치로 인한 중앙아메리카의 많은 "환경 난민"에 의해 입증되었듯이, 이러한 현상들은 또한 많은 사람들을 유랑민으로 만들었다(Glantz and Jamieson 2000). 언급하였듯이 온난화가 이러한 재

해들을 더 빈번하게 발생시켰는지에 대한 일부 불확실성(비록 최근 경향들을 그럴 것이라고 보임에도 불구하고)이 존재하지만, 최소한 이러한 현상들이 더 강력해질 가능성이 높다.

라다츠(Raddatz 2008)는 상이한 재해들로 인한 영향을 수량화하여 기후재해로 인해 전세계적으로 1인당 GDP가 평균 0.6%까지 감소되었다는 결과를 얻었다. 그의 연구에서는[7] 가뭄과 극한 기후가 유일하게 의미있는 결과를 보여주는데(후자는 소규모 표본에 근거) 농업이 이들의 결과를 전체 경제에 전달하는 주요 통로라고 다시 한번 제기하고 있다. 그는 만약 이러한 추세가 지속된다면, 지난 40년 동안 축적된 정보들에서 발견한 증가하는 재해들의 영향범위는 10년에 걸쳐 1인당 GDP를 2%까지 감소시킬 것이라고 결론지었다. 이것은 GDP 규모(성장률이 아닌)에서 영구적인 감소를 나타낸다.

기후재해의 가혹함과 발생 빈도 증가의 경제적인 영향을 수량화한 라틴아메리카지역의 특정연구는 상대적으로 드물다. 이러한 연구에 관한 소수의 예측 중 하나는 만약 기후변화가 조금도 수그러들지 않고 지속된다면, 기후 관련 재해들이 라틴아메리카지역에 이후 수 십년동안 매년 3,000억 달러의 비용이 들게 할 것이다(CEPAL 2002; Swiss Re 2002). 최근의 다른 연구인 커리(Curry et al. 2009)등은 4개의 시나리오를 통해 카리브해 유역에서 열대성 폭풍으로 인한 경제적인 피해를 추정했다. 이것은 빈도수의 증감없이 폭풍강도의 증감에 상응하는 "낮은" 시나리오 (A1), 35%의 빈도수 증감과 폭풍강도의 2% 증감에 상응하는 "높은" 시나리오 (B2)에 걸쳐있다. 2020~25년의 5년 동안 누적 피해 예측치는 <표 2.3>에 표시되어 있다. 예를 들어, 멕시코 걸프만의 피해액은 2007년 800억 달러에서 1,030억 달러에 이르고 있다. 세로행의 MCE에서 단일 폭풍으로 야기되는 최대한의 피해의 척도는 "최대로 다루어진 현상"의 피해를 나타낸다. Toba(2008)는 기후변화와 관련된 재해에 의해 카리브 지역사회들의 매년 GDP 손실이 더 보수적으로 예상한 추산치보다 2007년 물가대비 2080년 경 50억 달러에 달할 것이다(표 2.8).

생태계영향

그러나 온난화의 중대한 영향과 그에 따른 기후변화는 농업과 거시경제의 영향을 훨씬 뛰어넘었을 정도로 확대되어 있다. 라틴아메리카지역의 가장 고유한 특색들과 소지역들의 일부가 기후변화에 의해 위협받고 있는데, 이는 안데스 빙하, 고산지대 사람들, 카리브 해의 산호초의 생물군계, 아마존, 엘니뇨 남방진동(El Niño Southern Oscillation)현상과 같은 이상기후 현상들에 특히 취약한 지역들을 포함한다(UNFCCC 2007a; Vergara 2005). 주요한 지역적 취약점들의 일부는 <지도 2.3>에서 IPCC(Magrín et al. 2007)에 의해 요약하였다.

생태계에 대한 온난화와 기후 변화의 비가역성(非可逆性)과 경제적인 비용에 기초해 생태계와 관련된 네 가지의 영향이 특히 관심을 받고 있다(표 2.4). 여기에는 (a) 온난화와 이로인한 안데스지역의 산림생태계 기능 변화 (b) 카리브 유역의 산호초 생물군계의 예상되는 완전한 붕괴로 이어지는 산호초의 백화현상 (c) 멕시코 걸프만 연안체계와 연관된 거대한 습지지역의 침하 (d)아마존 유역의 산림의 고사(dieback) 위험이다. 제시한 것들 중 앞의 3개는 진행중이고, 네 번째는 미래의 위협이다.

표 2.3 4개의 시나리오를 위한 약 2020~2025년의 예상되는 피해(2007년 물가대비 100만 달러)

국가	HDI	ELP	A1		A2		B1		B2	
			MCE	CL	MCE	CL	MCE	CL	MCE	CL
멕시코			(1.10)	(1.24)	(1.26)	(1.42)	(1.10)	(1.60)	(1.26)	(1.84)
걸프만	0.792	1.49	15316	79665	15767	79665	15316	102930	15767	102930
중앙아메리카			(1.10)	(1.07)	(1.23)	(1.22)	(1.10)	(1.39)	(1.26)	(1.58)
벨리즈	0.737	1.67	665	209	762	239	665	272	762	309
코스타리카	0.834	1.39	228	63	261	71	228	81	261	92
엘살바도르	0.720	1.33	541	132	620	150	541	171	620	194
과테말라	0.649	1.33	1696	412	1942	470	1696	535	1942	609
온두라스	0.672	1.25	7123	1737	8159	1981	7123	2257	8159	2566
니카라과	0.667	1.86	6012	2575	6890	2936	6015	3345	6890	3803
대 앤틸리스 제도			(1.10)	(1.74)	(1.26)	(1.99)	(1.10)	(2.26)	(1.26)	(2.58)
쿠바	0.809	1.35	3845	4723	4404	5401	3845	6134	4404	7003
도미니카공화국	0.738	1.65	13153	6775	15067	7748	13153	8799	15067	10046
아이티	0.463	1.23	1936	1335	2218	1527	1936	1734	2218	1979
자메이카	0.764	1.24	5747	2522	6582	2884	5747	3275	6582	3739

국가	HDI	ELP	A1		A2		B1		B2	
			MCE	CL	MCE	CL	MCE	CL	MCE	CL
푸에르토 리코	0.942	1.50	9083	7416	10405	8481	9083	9632	10405	10996
소 앤틸리스 제도			(1.10)	(1.19)	(1.26)	(1.35)	(1.10)	(1.53)	(1.26)	(1.75)
앤티카 바부다	0.800	1.33	2003	694	2294	793	2003	892	2294	1020
바르바도스	0.888	1.34	16	4	19	5	16	6	19	7
도미니카	0.743	1.19	93	25	107	29	93	33	107	37
그레나다	0.745	1.39	1407	430	1611	492	1407	554	1611	632
세인트 키츠 네비스연방	0.844	1.46	1036	624	1187	713	1036	802	1181	917
세인트 루시아	0.777	1.56	15	7	18	8	15	9	18	10
세인트 빈센트 그레나딘	0.751	1.54	78	29	89	33	78	37	89	43
바하마			(1.10)	(1.13)	(1.26)	(1.50)	(1.10)	(1.68)	(1.26)	(1.93)
바하마	0.815	1.25	923	985	1057	1241	923	1263	1056	1597

출처 : Curry et al. (2009).

주 : 각 지역에 삽입된 경제적 가치는 허리케인 위험 요소들을 평가한 것이다. MCE = 최대로 다루어진 현상의 피해액; CL = 누적손실액; ELP = 경제손실가능성; HDI = 인간개발지수

지도 2.3 주요 지역별 취약점들

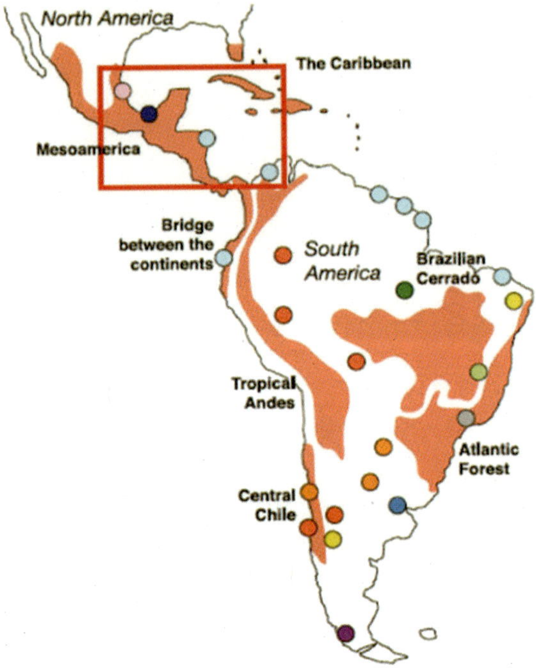

- ● 산호초와 맹그로브는 해수면 온도가 따뜻해짐에 따라 심각하게 위협 받는다.
- ● 최악의 해수면 상승 시나리오 가정하에, 맹그로브는 저지대의 해안지역에서부터 사라질 가능성이 매우 높다.
- ● 아마조니아 : 21세기말 69종의 나무들의 43% 손실; 동쪽 지역의 사바나화
- ● 세라도: 2℃의 온도상승으로 인한 138종의 나무들의 43% 손실
- ● 커피재배를 위한 적합한 경지의 감소
- ● 수자원의 부족함 및 빈약함 증가
- ● 2050년 까지 포유류, 조류, 나비, 개구리, 파충류 멸종의 급격한 증가
- ● 빙하의 감소로 인한 심각하게 감소되는 물의 효용 및 수력발전
- ● 오존파괴와 피부암
- ● 극심한 토영악화 및 사막화
- ● 해수면 상승과 폭풍해일의 증가로 위협받는 리오 데 플라타 해안

□ 이상기후로 인한 증가하는 취약성
지역에 빨간색에 해당하는 장소는 현재 생물다양성이 심각하게 위협받고 있고, 이러한 경향은 미래에도 계속 될 가능성이 높다.

출처 : IPCC(2007).

안데스 빙하 융빙

전지구 순환 모델은 안데스 지역이 인접한 저지대지역보다 더 큰 기온 상승을 경험하게 될 것이며, 그 정도는 평균치보다 최소 2배 클 것임을 시사하고 있다. 이러한 온난화의 가장 즉각적인 영향은 열대 빙하와 고산 생태계에서 볼 수 있다. 현지관찰과 역사적인 기록은 안데스 빙하 급속 융빙현상을 입증한다(Francou et al. 2005). 이러한 경향의 한 두드러지는 실례는 <그림 2.4>에서 보여지는, 볼리비아 차칼타야(Chacaltaya) 빙하의 사진기록이다. 이것은 저고도의 많은 빙하들이 다음 10~20년 사이에 완벽하게 사라질 수 있다고 주장했다(Bradly et al. 2006; Ramírez et al. 2001).

볼리비아,[8] 에콰도르, 페루, 베네수엘라에서 아마 심각한 경제적 영향과 환경적인 악화로 초래된 중요한 빙하들의 소멸은 인간의 소비, 수력, 농업, 위생 시설 그리고 생태계의 통합성을 위한 해당 지역의 물에 대한 접근성과 계절에 따른 해류에 심각한 영향을 미친다. 안데스에서 감소되는 빙하의 양은 2020년까지 7천 7백만 명의 사람들에게 심각한 물 부족을 야기할 것이다(Magrín et al.2007). 안데스 국가들은 수력에 높은 의존도를 보이고(에콰도르에서는 전력공급의 50% 이상, 볼리비아에서는 70% 이상, 페루에서는 80% 이상), 이것이 라틴아메리카지역의 청정에너지 개요를 위해 중요한 이유이다. 그러나 대부분의 수력은 빙하에서 유출되는 물에 의존한다. 페루에 총 2480 메가와트의 설비 용량을 가진 15개의 발전소가 있고, 빙하에 의해 제공되는 수역에 위치해 있다. 결과적으로 이것은 발전용량을 유지하기 위해 거대한 투자가 필요하다. 베르가라 등(Vergara et al. 2007)은 페루의 발전소 부문을 위해 매년 증가하는 비용을 2억 1,200만 달러에서 만약 점진적인 적응이 일어나 배급제가 된다는 가정 하에 15억 달러까지 예측한다. 빙하 소멸은 또한 도시지역, 농업, 생태계 완전성을 위한 용수공급까지 영향을 미친다. 매우 건조한 지역과 반건조지역의 중간지역은 특히 취약하다(UNFCCC 2007b).

안데스에서 환경의 피해는 아마 더 클 것이다. 빠라모(Páramo; 북쪽 안데스 지역에서 발견되는 고유한 습지 유형)와 설산을 포함한 고산 생태계는 기후변화에 대해 가장 민감한 환경 중 하나이다. 이러한 생태계는 독특한 고유 식물상을 가지고 있고 많은 주요 환경재화와 기능을 제공한다. 보고타와 키토의 도시들을 포함한 대부분 인구밀집지역에서의 상수도 공급이 빠라모에 의존하기 때문에, 이러한 생태계로의 잠재적인 피해가능성은 더욱더 걱정스럽다.

산호초의 손실

IPCC(2007)에 의한 예측에 의하면, 카리브해 지역의 온도는 현 세기동안 산호 군계의 붕괴로 이어질 수 있는 한계치에 다다랐다(Christensen et al.2007). 이러한 경제적 손실들이 화폐로 산출하는 것은 본질적으로 어렵지만, 다양한 직접, 간접, 그리고 비사용가치에 관한 가장 최근의 데이터에 기초해서 손실될 수도 있는 산호초들의 가치를 설명하기 위한 시도가 있었다((Toba 2008).[9] <표 2.5>는 산호초 폐사율과 백화산출모형을 기반으로 한 추정치를 나타낸다.[10] 주어진 가정 모형 하에 2도 감온성(感溫性)시나리오를 기반으로 A1B는 2060년과 2070년 사이의 따뜻한 바다와 심각한 온도 상승으로 인하여 이 지역의 산호초가 전멸할 수 있음을 시사했다. 비록 이러한 예상들이 카리브 지역에서 조사된 데이터에 기초했음에도 불구하고, 산호초의

표 2.4 생태계의 가장 중요한 지역

기후변화가 가장 활발한 지역	직접적인 영향	속도	비가역성	물리적 영향규모	경제적결과
안데스 지역의 고산 생태계	온난화	현재	산악 서식지에서 열의 가속성은 산 생태계에서 단일 방향의 주요변화를 이끄는 온도의 증감을 야기할 것이다.	빙하의 소실, 산악 습지의 고갈, 한랭기후 고유종의 멸종	전력과 상수도 공급의 영향, 현재 농업의 혼란
카리브의 산호군계	백화현상 및 광범위한 산호초의 죽음	현재	한번 온도가 내열성의 한계치를 통과하면, 산호는 사라질 것이다.	모든 생태계의 붕괴와 종들과 관련종들의 광범위한 멸종	어장, 관광산업의 영향, 증가하는 해안 지역의 취약성
멕시코 걸프만의 습지	침강과 염류화; 이상기후에 증가되는 노출	진행중; 현세기	해수면의 되돌릴 수 없는 상승은 그들의 생태계에 영향을 미치는 해안 습지가 가라앉을 것이다.	해안습지의 소실, 지역 및 이주 종들의 혼란과 멸종	해안기반시설, 어장 그리고 농업의 영향
아마존 유역	산림의 고사	진행중; 현세기	만약 강우가 아마존 유역에서 감소한다면, 생물군 밀집도 또한 감소할 것이다.	대초원의 가능성으로 이어지는 생태계의 급격한 변화	대륙규모로 농업, 상하수도, 전력에 전지구적인 물순환패턴의 영향

출처 : Vergara (2009).

그림 2.4 볼리비아 차칼타야(Chacaltaya)빙하의 융해

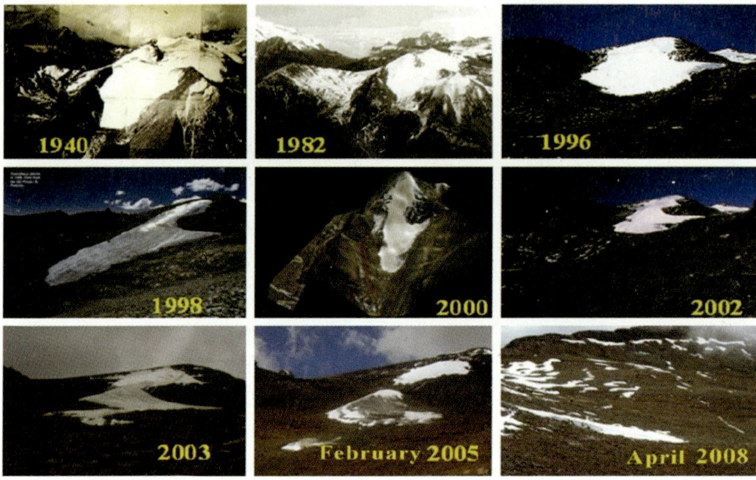

출처 : Photographs by B. Francou, E. Ramirez, and W. Vergara

경제적인 가치, 생태계의 완전성, 다른 종들에 관한 산호초의 복잡한 직간접적인 연관성에 관한 과학적 지식의 한계 때문에 추정된 결과물은 한 사례의 용도로써만 간주되어야 한다.

걸프만과 다른 지역 주위의 습지손실

습지는 이하 언급되는 것들을 포함해 많은 환경적 서비스를 제공한다. 여기에는 수문시스템의 유지, 홍수관리를 통한 인간거주지 및 해안지역의 보호, 태풍의 영향 완화, 침식 통제, 해안 지하수의 충전과 보존; 오염 물질의 정화, 수질 관리와 보호, 영양소, 침전물 그리고 오염방지물질들의 유지, 해안에 따라 자리를 잡은 많은 지역사회에 생계 유지, 물새와 야생동물의 서식지 제공 등이 포함된다.

해당지역의 많은 나라에서 습지들은 해수면 상승에 의해 큰 영향을 받는데, 전체습지 중 1.35%의 지역은 평균 1미터의 수면 상승으로 인한 영향을, 6.57%의 습지는 5미터 수면 상승으로 인한 영향을 받고 있다(Dasgupta et al. 2007). 일부 국가들에게 5미터 상승에 따른 전반적인 영향은 거의 재앙수준일 것이다. 일부지역에서는 감소된 강우량이 이 문제를 더 심각하게 만들 것이다. IPCC 평가의 일부로써 발간된 정보(Milly etal. 2005)들은 멕시코 지역에서 전지구적 기후 변화의 결과로 걸프 해안 습지로 향하는 빗물이 10%에서 20%, 특정 지역은 40%까지 감소할 것임을 드러냈다. 멕시코의 세번째 국가보고서[11] 및 다른 연구들에서 걸프만의 습지들에서 진행 중인 변화들이 기록되고 있고 그들의 보전에 대해 긴급한 우려들이 제기되고 있다. 다른 연구들은 이 지역의 습지가 침강과 염분침투에 특히 취약하고, 이들은 모두 기후변화에 의해 야기되었음을 보이고 있다. 앞서 언급한 위협은 멕시코의 걸프만이 지구에서 가장 풍부한 생태계 중 하나인 나라에서 가장 생산적인 생태계를 소유했기에 특히 우려스럽다(Caso et al. 2004).

아마존 산림의 고사

가장 처참한 생태계 영향 중 하나는, 만약 그것이 발생한다면, 거대한 지역을 대초원으로 전환시키는 아마존 열대우림의 극적인 산림고사일 것이다. IPCC의 배출 시나리오에 의존한 대부분의 전지구적 식생모델(Global Vegetation Model)은 열대지역, 아한대지역 그리고 산지에서 21세기 말로 갈수록 기후로 유발된 산림고사의 엄청난 위험성을 보여주며, 일반순환모델(General Circulation Model)은 아마존 서쪽

표 2.5 COMBO 모형의 결과에 근거한 약 2040~2060년 산호초의 손실된 경제적 편익의 예상가치(2008년 대비 백만 달러)

카리브에서 산호초의 50%가 없어졌다.		
	낮은 추산	높은 추산
해안보호	438	1,376
관광업	541	1,313
어업	195	319
생물다양성	14	19
의학용도	3,651	3,651
합계	4,838	6,678
카리브에서 산호초의 90%가 없어졌다.		
	낮은 추산	높은 추산
해안보호	788	2,476
관광업	973	2,363
어업	351	574
생물다양성	24	35
의학용도	6,571	6,571
합계	8,708	12,020

출처 : Vergara et al.(2009).

지역의 강우량에 있어서 극적인 감소를 예측한다.[12] 아마존 산림고사의 가능성에 대해서 과학계에서의 합의가 아직까지 이루어지지 않았는데, 이는 상이한 가정과 불확실성으로 인해 모형화한 결과들이 매우 다르게 나타나기 때문이다. 그럼에도 불구하고, UNFCCC의 제4차 평가보고서의 기술개요는 유역에서 2~3도 사이의 온도증감으로 야기되는 기후영향의 결과로서 아마존 산림이 20~80% 사이의 손실 가능성이 있음을 보여준다. 아마조니아 서남쪽의 거대한 지역이 지난 100년 동안 가장 극심한 가뭄 중 하나를 경험했기 때문에 이러한 예측은 2005년에 더욱 힘을 얻었다. 가뭄은 아마존 강의 본류와 서부 및 남서쪽 지류를 따라 인간에게 상당한 영향을 끼친다.

아마존유역은 지구탄소순환의 중요한 요소이다. 이 유역의 오래된 열대우림은 그들의 생물량에서 약 1,200억 미터톤의 탄소(카본 페타그램 혹은 PgC*)를 흡수한다. 매년 열대우림은 호흡과 광합성을 통하여 거의 18PgC의 탄소를 처리한다. 최근의 산림벌채로 인한 거대한 이산화탄소 유출에도 불구하고, 아마존 열대우림은 여전히 매년 0.8~11.1PgC의 이산화탄소를 흡수하는 것으로 알려져 있는데, 이것은 아직도 산림의 평균성장률의 산림 벌채율보다 크기 때문이다.

유역은 약 2천만 인구의 보금자리이고 지구 생물다양성의 가장 큰 보고로서, 각각 고유한 토착문화들을 포함한다. 규모상으로 유럽연합 혹은 미국본토(약 8백만 평방 ㎢)보다 더 크고, 바다로 흘러들어가는 전세계 담수흐름의 약 20%를 형성한다.

현재의 기후 추세는 규칙이 잘 지켜지는 이러한 시스템의 평형을 깨뜨리고, 토지이용변화와 연관되어 해당 지역을 탄소 흡수지역에서 탄소발생지역으로 바꿀지도 모른다. 산림구조와 산림의 상호작용을 바꾸는 것은 지역, 지방 그리고 전세계의 탄소 및 물의 순환에 있어 엄청난 영향력을 가질 것이다. 증가하는 온도는 호흡의 빈도수를 가속화시켰고, 그 결과 토양에서 탄소가 배출되었다. 감소하는 강우량과 계속되는 가뭄으로 인한 스트레스는 생물군의 밀집도 감소를 야기할 것이다. 증발산에서의 변화와 대류성 강수들의 변화로 초래된 결과들은 생물군과 탄소운반용량에서 지속적인 감소를 야기하면서 전체적으로 열대생태계를 불안정하게 만들고 가뭄상태를 가속화시킬 것이다.

아마존 지표의 구조 변화 및 이와 관련 물 순환은 매우 중요한 경제적, 환경적인 편익뿐만 아니라 많은 고유종들에게 부정적인 영향을

* 1 Pg(petagrams) = 1015g (역자)

끼칠 것이다. 아마존의 산림고사는 거대한 충격의 사건이 될 것이며, 인간을 포함하여 다양한 생태계에 의존하는 모든 생물 형태와 지구 전체의 기후와 탄소주기에 엄청난 영향을 끼칠 것이다(지도 2.4).

기후변화의 다른 간접적인 영향

경제적인 부문들과 구체적인 생태계에 있어 기후와 강우량 패턴변화의 직접적인 효과뿐만 아니라, 일부 다른 간접적인 영향들은 라틴아메리카지역에서 매우 중요하고 해수면상승, 생물다양성의 전반적인 손실, 물부족, 건강과 관련된 피해 등을 포함한다.

지도 2.4 현재와 미래 기후 조건하에 아마존 유역에서의 자연식생모델

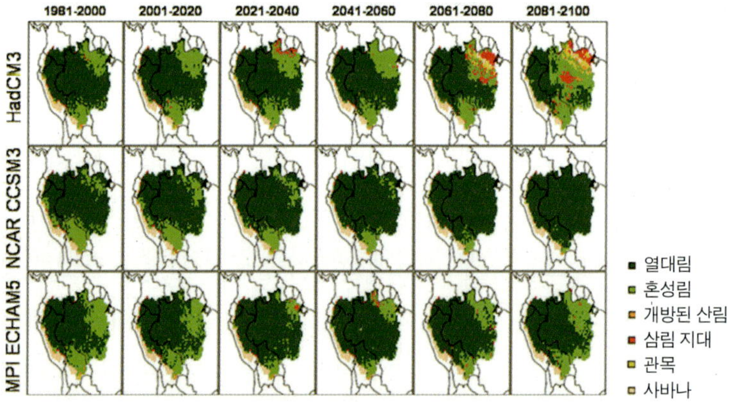

출처 : Special Report on Emission Scenarios (SRES)-A2 scenario as simulated by the Lund-Potsdam-Jean Dynamic Global Vegetation Model for managed land(LPJmL) from the outputs of three Global Circulation Models.

주 : 토지이용 패턴은 포함되지 않았다.

해수면의 상승효과

비록 일부 사람들은 토지상태, 주택구조, 그리고 특히 해발고도 때문에 다른 지역의 사람들보다 더 취약한 지역에서 거주하고 있지만, 라틴아메리카에서 다수의 사람들은 50미터 혹은 그 이하의 낮은 고도에서 사는 사람들이 전 인구의 50% 이상을 차지한다. 국가 내에서 이러한 인구의 비율이 50%가 넘는 곳은 다음과 같다: 아르헨티나(50%), 우루과이(52%), 가이아나(약 70%)(CIESIN 2007). 게다가, 대부분의 카리브 해 군도에서는 인구의 50% 이상이 해안의 2km이내에서 산다(IPCC 2001). 해당 지역의 주민들은 해수면이 상승되면 열대태풍의 강도강화와 그것으로 인한 1차적인 피해뿐만 아니라 해안 범람과 담수 공급 등에 취약하다.

해수면 상승 연구에서는 다음 세기동안에 0~1미터 상승이 예측된다(Church, Gregory 2001; IPCC 2001). 이러한 상승은 대양 열팽창(가장 중요한 원인), 그린랜드와 남극대륙의 빙상 융빙현상(뿐만 아니라 다른 빙상에서 더 작은 원인), 육지의 저장소 변화에 의한 것이다. 그러나 그린랜드와 남극의 융빙율에 대한 새로운 정보는 융빙에 더 큰 중요성을 부여했고 이 국가의 해수면상에 상한선이 변할 수 있음을 제언하였다(Dasgupta et al. 2007). 그린랜드와 남극 빙상이 약 68미터(7미터는 그린랜드에 의한 것)의 해수면을 상승시킬 수 있는 충분한 물을 보유했고, 그들의 용량에서 작은 변화는 엄청난 영향력을 가진다.

해수면 상승은 많은 방법으로 해안지역에 피해를 입힐 것이다. 증가되는 토양 염도에 따른 경작지의 침식 혹은 침수는 지역의 연안지대에서 주민들의 수입원인 농업, 목재, 바나나와 같은 다년생 작물들의 손실로 이어질 수 있다(UNFCCC 2007b). 맹그로브림의 장기적인 건강과 생존은 더 강해진 허리케인, 바다의 산성화 그리고 기온 상승으로 인하여 크게 저해될 것이다(Magrín et al. 2007;UNFCCC 2007b). 바나나 나무와 같은 다년생 작물로 구성된 산림은 물로 인하여 유실되는 토지와 해당 토지의 증가하는 염분으로 인해 큰 피해를 입으며 이는 지역사회의 수입원에 지대한 영향을 미칠 가능성이 높다(UNFCCC 2007b).

전반적으로 라틴아메리카지역에서 해수면 상승으로 인한 전체적인 경제 피해를 정량화하려는 유일한 연구는 지역내의 국가간 큰 차이를 보이지만 1미터 상승했을 때 국가 총생산량의 0.54%, 5미터 상승했을 경우 국가 총생산량의 2.38% 정도의 피해를 입게 될 것이라고 예상하고 있다(Dasgupta et al.2007). 카리브에 한정된 A1B시나리오를 기반으로 카리브공동체(Caribbean Community: CARICOM)에서 2080년 경 0.35미터의 해수면 증가는 2007년 대비 매년 18억 달러의 비용이 들 것이라고 예상한다(Toba 2008). 캐리비안 프로젝트에 있어 기후영향에 관한 주류적인 시각하에 마무리된 최근 연구는 기아나에서 1미터의 해수면 변화로 전인구의 80% 그리고 2/3의 경제활동이 불가능해 질 것임을 시사하고 있다.[13]

일부지역에서 강우량의 감소는 광범위한 영향과 함께 물부족을 발생시킬 것이다. 기후 변화로 인한 영향을 고려하지 않는다 하더라도 1995년에 220만, 2025년까지 360~560만, 2055년까지 600~1500만의 인구가 라틴아메리카 지역에서 물부족 혹은 그 경계부에 위치하여 고통 받게 될 것이다. 4개 중 3개의 모형에서 아르헨티나 건조 및 반건조 지역, 브라질 북동부, 치렐, 멕시코 북부지역의 인구 중 60만에서 최대 200만 명이 물부족 상태에 빠지게 될 것이다. 기후변화는 이러한 물부족을 악화시킬 것이다. 일부 해안지역에서는 물공급의 이상반응을 경험할 것인데, 강우량 감소에 의한 것이 아니라 해수면 상승의 결과로 대수층으로의 염수침투에 의한 것이다.

건강에 대한 영향

기후 변화는 또한 건강에 지대한 영향을 주지만, 그 관계를 증명하는 것은 매우 복잡하다. 전 세계적으로, IPCC에 의해 확인된 가장 중요한 단일 영향은 영양실조의 증가이고, 두 번째는 저소득국가에서 벌어지는 극한기후로 인한 죽음과 수반 되는 질병으로 인한 2차 사망이다(Confalonieri et al. 2007). 확인된 다른 영향들은 공기의 오염으로 인한 호흡기 질환의 증가, 온도와 관련된 건강 영향에서의 변화(열 압박의 증가 그러나 추위와 연관된 질병의 감소), 말라리아를 포함하여 다양한 감염질병 유행의 패턴 변화를 포함한다.

라틴아메리카지역에서 특별한 관심사는 주로 시골지역에서의 말라리아의 영향과 도시지역에서의 뎅기열일 것이다. 질병의 매개가 되는 매개체 및 기생충들은 그들이 번식할 수 있는 최적의 온도 범위가 있고 또한 모기들에게는 알을 낳을 수 있는 고인 물이 필요하다. 또한 강수량의 변화는 두 질병의 확산에도 영향을 미쳤다고 예상된다. 현재 극한 한랭지역에서는 높아진 온도가 전염병의 계절별 전이 가능성 및 범위 모두를 확장시킬 수 있게 해준다. 물론 이미 한계 지점까지 따뜻한 지역에서는 질병 확산의 범위가 줄어들 것이다. 증가하는 강수량을 가진 지역에서는 위험이 증가할 것이다. 증가하는 강수량이 말라리아 전염에 원인이 되는 중요한 변수임에도 불구하고, 콜롬비아에서는 온도가 뎅기열 전염에 있어 중요하다는 증거가 있다. 두 질병의 영향범위를 통계화한 모형과 강수량과 온도에서의 변

그림 2.5 라틴아메리카 지역에서 예상되는 해수면 상승과 그에 따른 GDP 영향

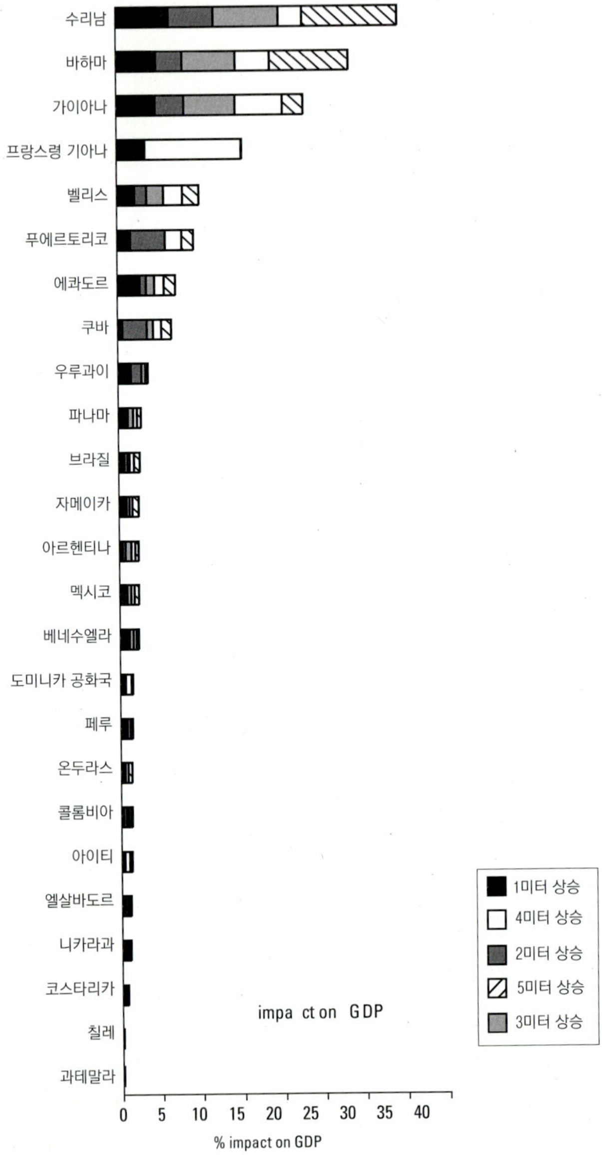

출처 : Photographs by B. Francou, E. Ramirez, and W. Vergara

화 예측(IPCC의 제4차 평가보고서의 8개의 전 지구적 순환모형에서 파생된)을 이용한 결과, 희생자의 총계는 현세기 중엽까지 약 76,641명에서 말엽까지 225,553명으로 증가할 것으로 예상하고(표 2.6), 2055~60년 동안 250만 달러와 2105년[14] 초창기에 5년 동안 750만 달러의 경제적 비용이 들 것이다. 이러한 경제적인 비용은 그리 커 보이지 않는다. 그러나 이는 2000년에서 2005년까지 해당하는 두 질병이 발생했던 지역 사회들만을 계산의 결과에 포함시킨 것으로 새로운 지역으로의 전염가능성을 염두에 두지 않았다.

그러나 중앙아메리카와 아마존지역의 예측과 같이 강우량이 적은 지역에서는 말라리아가 발병할 위험이 감소하는 것을 경험할 수도 있다.[15] 건강에 대해 건조한 기후가 실질적으로 미치는 영향을 예측하는데 있어서 아마존 유역에서 콜레라 발생의 계절적 패턴은 더 건조한 계절에서 더 낮은 유량과 연관되어 있다.[16] 예를 들어, 종합평가들이 라틴아메리카지역 전체에 대한 실질적인 영향에 대해 실행된 것은 아니지만, 볼리비아와 파나마 두 지역에 대한 최근 국가보건영향평가는 모든 조건을 감안했을 때 이러한 국가들에서 감염성 질병들의 위험이 증가할 가능성이 높아질 것이라고 결론지었다.

토바(Toba 2008)는 2007년 대비 2080년 장애보정수명에 기반하여 기후 변화가 야기할 말라리아로 인한 연간비용이 CARICOM 국가들에게 2,600만 달러에 이를 것으로 내다보았고, 이는 A1B가 적용된 카리브 해 지역 시나리오에서 1999년부터 2080년까지 2도의 온도 상승을 가정했을 때 2007년 대비 2080년에 710만$가 될 급성 호흡기 감염, 급성 설사병, 바이러스성 간염, 수두 그리고 수막구균성 수막염으로 인한 비용을 포함한 것이다.

표 2.6 50년과 100년 미래 시나리오를 위하여 말라리아와 뎅기열의 추가적인 경우의 수

매개인자성 감염	2000~05 기간동안 역사적인 총계	50년 시나리오에서 6년동안 추가적인 사례의 수	100년 시나리오에서 6년동안 추가적인 사례의 수
열대열 말라리아	184,350	19,098	56,901
삼일열 말라리아	274,513	16,247	48,207
뎅기열	194,330	41,296	123,445
합계	653,193	76,641	228,553

출처 : Blanco and Hernández (2009)

표 2.7 콜롬비아에서 2000~2005 기간에서 상대적인 기후변화비용(백만 달러)

시나리오	말라리아와 뎅기열의 간접비용	열대열 말라리아의 직접비용	삼일열 말라리아의 직접비용	뎅기열의 직접 비용	두 질병의 총계비용
50년(2055~60)	1.1	0.2	0.05	1.1	2.5
100년(2105~10)	3.3	0.7	0.1	3.3	7.5

출처 : Blanco and Hernández (2009)

종의 멸종과 생물다양성의 손실

아마존 산림고사 등의 대재앙적인 변화들과 같은 생물다양성의 거대한 손실을 제외하더라도, 기후변화는 라틴아메리카지역에서 풍부한 생물다양성을 더 전반적으로 위협할 것이다. 생태계의 주요 피해사례들로는 산호초의 손실, 습지의 침하, 그리고 아마존 산림고사의 영향으로 인한 대다수 종들의 멸종가능성 등이 이미 언급되고 있다. 이러한 손실들은 국가에 필수적인 환경적 서비스의 제공에 커다란 영향을 미친다. 아마조니아의 다른 열대우림들의 외곽지역은 또한 산불에 더 취약하다. 스콜체(Scholze 2005)에 의하면, 지구기온의 3℃ 증가는 남미의 많은 지역에서 산불발생빈도수를 60% 이상 증가시킬

지도 2.5 기후변화민감성과 위협의 수준에 따른 양서류의 높은 집중도 지역

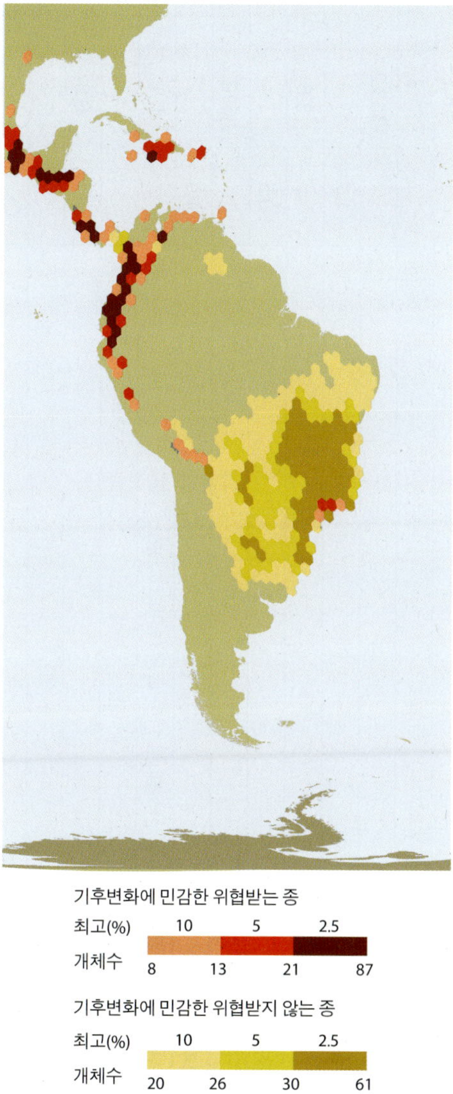

출처 : Foden et al. (2009).

표 2.8 2080년경 CARICOM 국가들에 기후변화의 잠재적인 연간 경제적 영향(2007년 대비 백만 달러)

	소계 전2	소계	총계
기후변화와 연관된 재해로 인한 GDP 총 손실액			4,939.9
관광사업 비용		447.0	
고용손실		58.1	
허리케인으로 인한 정부손실		81.3	
홍수피해		363.2	
홍수피해 중 농업피해	1.7		
가뭄피해		3.8	
가뭄피해 중 농업피해	0.5		
폭풍우피해		2,612.2	
폭풍우피해 중 농업피해	1.9		
증가하는 허리케인 관련 재해들(폭풍우, 홍수, 산사태)로 인한 죽음 (1인당 GDP)		0.1	
홍수로 인한 장애보정수명(1인당 GDP)			
해수면상승		0.8	
토지상실			20.2
생선수출손실(온도, 허리케인, 해수면 상승)			93.8
산호초손실(온도, 허리케인, 해수면 상승)			941.6
호텔객실 교체비용			46.1
여행객들의 감소와 바다와 관련된 관광산업 엔터테인먼트 비용			88.2
주택 교체			567.0

	소계 전2	소계	총계
전기 기반시설 손실			33.1
전화선 기반시설 손실			3.9
송수관 기반시설 손실			6.7
위생관리 연결 기반시설 손실			9.0
도로 기반시설 손실			76.1
철도 기반시설 손실			2.7
기온상승			
여행객 비용의 손실			4,027.4
일반적인 기후변화			
농업손실			220.5
옥수수생산 손실		2.7	
농산물수출 손실		74.4	
수분부족과 추가적인 물 공급 비용			104.0
건강			
말라리아로 인한 장애보정수명(1인당 GDP)			0.003
다른 질병 비용			7.1

출처 : Toba (2008).

주 : 1. 총 20개의 CARICOM국가들이 포함되었다.
2. 소계액 중에 농업피해 비용만을 산출한 것이다.

것이고, 중앙아메리카는 이보다 더 작은 증감률을 갖게 될 것이다.

이러한 영향들은 산란기와 일부 종의 분포가 변함으로써 종의 생존에 급격하게 영향을 미친다.[17] 아르헨티나, 볼리비아, 칠레의 건조지역은, 브라질의 중부지역과 멕시코를 따라, 중기 기후예측을 이용할 때 2050년까지의 심각한 종의 손실을 경험하게 될 것이다(Thomas et al. 2004). 예를 들어, 멕시코에서는 포유류의 8~26%, 조류의 5~8%, 나비목의 7~19%가 사라질 것이다. 온난화가 구름의 기저에 고도 상승을 야기함에 따라 운무림에서 사는 종들은 위험에 처할 것이다. 코스타리카의 몬테베르데의 운무림에서 이러한 변화가 이미 관측되고 있고, 안개가 낀 날의 감소가 양서류 숫자의 감소와 연관되었고 이는 조류와 파충류에게도 영향을 미칠 것이다(Punds et al.1999). 양서류는 특히 기후변화에 민감하다. 위협받는 종들(IUCN의 멸종위기 기준에 따라)과 기후변화에 민감한 종들 모두 브라질 지역, 다양한 카리브 군도들, 메소아메리카 그리고 남미의 북서지역에서 서식한다. 예를 들어 라틴아메리카에서만 발견되는 고유하면서도 매우 민감한 과(科)의 조류들은 참새과(개똥지빠귀, 60%가 매우 민감하게 분류됨), 딱따구리과(개미잡이새, 69%가 매우 민감하게 분류됨), 도요과(도요새와 도요과의 종들, 70%가 매우 민감하게 분류됨), 개미잡이새과(개미잡이새, 78%가 매우 민감하게 분류됨), 무희새과(마나킨새, 81%가 매우 민감하게 분류됨)를 들 수 있다.[18]

생물다양성을 평가하는 경제적 기술이 아직 고도로 발전하지 못했음에도 불구하고, 한 접근법은 "지불용의액"을 이용함으로써 생물다양성의 비이용가치를 포함하고 있다(예를 들어, 잠재적인 어장과 관광수입 모두 혹은 한 쪽을 제거하는 것). 이러한 방법을 이용하여 토바(Toba 2008)는 산호초의 50%가 사라지는 경우 카리브에서 2007년 물가대비 1,400~1,900만 달러로, 산호초의 생물 다양성 가치의 손실을 산호초의 90%가 사라질 경우, 2,400~3,500만 달러로 예상한다(표 2.8).

카리브의 영향들

카리브 지역의 작은 군도들은 특히 기후변화에 취약하다. 토바(Toba 2008)는 카리브 공동체 가맹국에서 기후변화의 잠재적인 연간 경제적 영향들을 예상했고, 기후변화와 관련된 재해들, 해수면 상승, 기온상승, 일반적인 기후변화(즉, 다양한 기후변화 영향의 종합한 것의 발생)를 포함한다.[19] <표 2.8>은 15개국의 CARICOM 가맹국들과 5개의 준 가맹국들에 대해 집계된 추정치를 나타낸다. 2차적인 자료는 카리브지역의 A1B 시나리오 하에서 일치하기 위해 조정되었다. 비록 기후변화는 2007년에 경제적인 변화로 기술되고 표현되었지만 아직 이 기후변화가 문학에서 표현하듯 그 잠재적 최대에 도달하는 것은 매우 먼 일이다. 보수적인 가치는 추산치를 만드는데 이용되었다. 2080년경 CARICOM 국가들에 잠재적인 기후변화의 추정된 연간 총 영향은 112억 달러이다. 20개국의 CARICOM 국가들에게 총 GDP(2007년 기준)는 993억 달러이다. 따라서, 예상되는 총 연간 파급 영향들은 약 모든 20개 CARICOM 국가들의 연간 전체 GDP의 약 11.3%이다. 민감도분석은 IPCC 제4차 평가보고서에 의해 예상된 카리브지역에서 A1B 시나리오하에 최저치와 최고치를 적용하였다. 이것은 최저치 일때 약 72억 달러(20개 CARICOM 국가들의 총 연간 GDP의 7.3%), 최고치일 때 약 180억 달러(20개 CARICOM 국가들의 총 연간 GDP의 18%)로 집계된다. 비록 이러한 예상들이 2차 정보 이용에 기초하였지만, 그들은 여전히 CARIMCOM에 기후변화피해규모의 징후를 보여주고, 기후변화영향을 다루는데 있어 의사 결정자들에게 유용하다.

미주

1. IPCC의 각각의 용어들에 대한 연구가 확신에 이르기까지 주어진 진술서들에 높은 수준의 신뢰를 가질 수 있도록 해당되는 결과자료들에서 일어날 수 있는 가능성은 10점 만점의 최소 8점이상인 기본자료(자료, 모형, 혹은 분석)에 대한 전문가 판단에 기초하였다.

2. Parry et al. (2007).

3. IPCC의 제3차 평가보고서는 지구평균 해수면온도가 2100년까지 6도 만큼 증가할 것이라고 예측했다(UNFCCC 2007b).

4. 세계은행. 2007b. "라틴아메리카에서 미래 기후의 시각화: 지구 시뮬레이션의 적용에서의 결과."지속가능한 발전 조사 보고서 30.

5. Mendelsohn, Williams (2004).

6. Tol (2002).

7. 폭풍우(허리케인과 사이클론)가 카리브의 군도들과 같은 작은 국가에서 높은 영향력을 보임에도 불구하고, 폭풍우와 홍수는 전체예시에서 통계적으로 중요한 영향력을 보이지 않는다.

8. 차칼타야 빙하는 15년안에 완벽하게 사라질 것이다. 그러나 관찰에 따르면, 빙하융해의 가속률이 작은 빙하들에서 더 크다(Francou, Coundrain 2005).

9. 이러한 가치들은 <표 2.8>에서 나타내는 것들보다 훨씬 더 크고, 이것은 이중계산을 피하기 위해 다른 정보출처와 추정을 이용했다.

10. 산호초의 죽음 및 백화 산출량(COMBO) 모형은 해수면 상승과 대기의 이산화탄소집중도의 변화에 따른 산호 성장 반응과 고온과 관련된 백화현상을 모형화한 부드메이어와 동료들(Buddemeier et al. 2008)에 의해 발달되었다. COMBO는 미래기후예측과 지역에서 발생하는 고온과 관련된 백화현상과 단기간 영향 및 가능성에 기반하여 시간의 경과에 따른 산호의 성장률과 사망률을 추산한다.

11. UNFCCC에 국가보고서(2001, 2004, 2007).

12. 세기말까지 강우량의 90%감소까지의 추산치가 있다(Cox et al. 2004, 2008). 그러나 일부 수치는 강우량에서 40% 감소하면 식물의 고사과정이 시작되기에 충분하다고 예상한다.

13. Theo Velloza, Mark Bynoe, 기후변화에 대처하는데 있어 가이아나 농업부문에서의 국가적응계획

14. Blanco, Hernández (발간예정).

15. Van Lieshout et al. (2004).

16. Gerolomo, Penna (1999).

17. IPCC(2007), Thomas et al. (2004).

18. 개미잡이새는 멕시코에서 아르헨티나, 중앙아메리카와 남아메리카의 열대 및 아열대 지방에 걸쳐서 발견되는 철새의 거대한 과(科)에 속한다. 개미잡이새과 혹은 Formicariids는 중앙아메리카와 남아메리카의 열대 및 아열대 지방의 작은 철새들이다. 마나킨새는 멕시코 남부에 아르헨티나 북부, 파라과이, 브라질 남부, 트리니다드 토바고에서 발견되어진다. 대부분의 종들은 습한 열대의 저고도에서 살고, 소수의 종들이 건조림, 하반림, 안데스의 아열대지역에서 산다.

19. Toba (2008).

21세기 **라틴아메리카**
기후변화에 대한 **새로운 도전**

저탄소 성장을 향한 대응과 적응

제3장
라틴아메리카 지역의 기후변화적응

서론

인류는 여타 지구생태계와 마찬가지로, 자신의 삶(wellbeing)이 현재의 기후조건에 맞춰 최적화되도록 특성과 행위를 점진적으로 변화시켜왔다. 따라서 현저한 기후 변화는 불가피하게 긴장(stress)을 초래할 것이다. 결과적으로 보면 온난화가 유익한 효과를 가져 올 수 있는 지역에서조차도 기후변화에 적응하는 데에는 대가가 따를 것이다. 인간과 생태계는 가능한 한 대가나 희생을 줄이고 이익을 향상시킬 수 있는 그들만의 방식으로 반응할 것이다. 정부와 국제사회의 주요과제는 이러한 적응 과정을 용이하게 해줄 수 있는 정책, 제도적 기반, 그리고 공공재를 공급하는 것이다.

적응이론(Adaptation theory)에서는 기후적응(climate adaptation)을 기후변화 예측 및 기후변화에 대응하는 행동양식에서의 변화로 정의하고 있다(IPCC 1996, IPCC 2001). 사람들이 적응할 것이라는 생각은 단순해 보일 수 있지만, 적응은 기후변화에 대한 복잡한 내인성 반응(endogenous response)이라 할 수 있다. 기후가 변함에 따라 변화하는 기후에 맞추어 적응 반응을 변화시켜야 한다. 더욱이 적응은 획일적이지 않다. 예를 들면 한 농부에게 최적의 대응은 그의 외적인 환경뿐만 아니라 재정적, 물리적, 인적 제한요소나 자산 등의 개인적 상황에 따라 달라질 것이고, 따라서 그 대응이 동일 지역에 있는 다른 농부에게도 반드시 최적의 대응이 될 순 없다. 각 장소에서 매우 다양한 반응으로 인해 가지가지의 적응모습들이 경관에서 퀼트(quilt)처럼 나타날 것이다. 따라서 적응을 직접적으로 보조하는 활동은 지역적이고 역동적인 특성을 세심하게 배려해야 한다. 즉 하나의 방법을 모든 곳에 대한 해결책으로 제시하기보다는 다양한 옵션을 제공하는 것을 주요 목표로 해야 한다.

매우 불확실한 기후예측으로 인해 개인 및 정부차원의 적응계획 활동은 더욱 어려워지고 있다. 강수패턴 변화예측 모델은 온난화 예측 모델보다 더 높은 불일치성을 보이지만 적응계획을 수립하기 위해서는 강수패턴 변화를 반드시 고려해야 한다. 여기서, 다양한 모델의 예측 일치성을 검토해보면, 라틴아메리카 지역은 아프리카 지역과 더불어 불확실성이 가장 높은 지역으로 보인다(표 3.1).

라틴아메리카 지역 내의 "셀(cells, 지역)"에 대한 다양한 모델에서 도출된 예측을 비교해보면, 강수패턴변화의 방향성에 대해서 모델 일치가 절반 이하로 나타난 셀(cells)이 15%였으며, 일치수준이 매우 높은 곳은 단지 18% 였다. 라틴아메리카 지역 내에서 강수변화예측에서 일관성이 가장 낮았던 지역은 브라질 건조지역과 적도 남부지역이었다(표 3.2). 적응계획에서는 "평균적인" 예측뿐만 아니라 이러한

표 3.1 빗물유출량에서의 미래 변화 예측

지역	평균 빗물유출량의 예상[a] 변화(21세기 중반)				모델 일치[c]	
	평균변화 (현재 연중 평균 빗물유출량에 대한 비율)	변화가 예상되는 지역의 비율b			모델이 50%이하로 일치를 보이는 cells의 비율	모델이 80%이상 일치를 보이는 cells의 비율
		10% 이상 감소	+/-10% 내에 있음	10% 이상 증가		
라틴아메리카 지역	-3%	27%	56%	17%	15%	18%
아프리카 지역	-1%	25%	60%	14%	15%	16%
중동 및 북아프리카 지역	-30%	58%	40%	2%	8%	37%
유럽과 중앙아시아 지역	14%	11%	25%	64%	3%	79%
남부아시아 지역	11%	18%	22%	60%	4%	31%
동아시아 및 태평양지역	9%	0%	47%	53%	9%	33%

출처 : World Bank Water Anchor의 "Water and Climate Change: Hydrologic Drivers and Potential Impacts." 2007.12.17

a. 빗물유출량에서의 변화추정치는 각 지역에 해당하는 그리드 셀(cell)에 대한 Milley et al. 2005 (2.5°경도×2.0°위도 사이즈의 그리드 결과를 보여주는 IPCC의 SRESA 1B의 12개의 모델의 결과로 본 빗물유출량 분석)의 결과를 평균하여 도출하였다.

b. 빗물유출량 예측은 세 가지 범주로 구분된다. 각 범주에 해당하는 특정지역 내에서 그리드 셀의 비율이 나와 있다.

c. 모델일치는 다양한 모델이 같은 방향의 변화를 예측하는지 여부에 대한 것이다(즉, 빗물유출량에서의 증가와 감소). 밀리(Milly et al. 2005)등은 12개의 상이한 기후모델을 분석에 이용하였다. 각각의 그리드 셀의 경우, 겨우 6개 모델이 변화 방향이 일치(즉, 모델의 절반은 증가를 예측하고, 절반은 감소를 예측) 할 수도 있고, 무려 12개 모델이 일치할 수도 있다(즉, 모든 모델은 증가를 보이거나 모든 모델이 감소를 보임). 여기서 제시된 것은 낮은 모델 일치(12개 중 6개)를 보이고 중간이상의 일치(10개 이상의 모델 일치)를 보이는 지역내 그리드 셀의 비율이다.

높은 불확실성을 고려해야 한다.

기후변화에 대한 적응

기후변화가 갑작스러운 재난을 초래하여 어떤 전환점(tipping points)에 도달할 가능성을 배제할 순 없지만, 대부분의 경우는 수십 년, 심지어 수백 년에 걸쳐 점차적으로 일어날 것이다. 기상패턴(weather patterns)에서의 일반적인 변동 및 불확실성이 결합된 점진적인 변화 속성은 인류가 매우 불확실한 미래의 시그널에 근거하여 행동을 적응시킬 필요가 있음을 뜻한다. 여기에는 두 가지 함의가 있다. 첫째, 불확실성을 줄이는 방법이 있다면 적응에 소요되는 비용을 크게 줄일 수 있다. 둘째, 이러한 높은 불확실성으로 인한 프리미엄(premium)이 매우 높을 것이다.

농업활동 변화를 통한 적응

농업은 기후변화에 의해 가장 직접적이고 큰 영향을 받는 경제의 한 부문일 뿐만 아니라 전 세계 빈곤계층의 75%에 해당되는 사람들의 생활수단이면서 인류의 식량공급원이다. 라틴아메리카 지역 내 농촌인구의 약 21%는 빈곤계층이다. 빈곤을 줄이고 세계 식량공급의 유지와 발전을 위해서 기후변화에 가능한 한 적응하는 것이 중요하다.

농가단위(farm-level)에서 파종과 수확, 작물윤작, 작물 선택, 다양한 관리방법 이용 및 새로운 기술 적응이 점차적으로 이루어져왔다(Adams et al. 1998). 이미 일어난 기후 변화나 예측된 변화에 대한 취약성을 줄이기 위해서, 실제적응이나 의사결정 환경에서의 변수들을 거치면서 기후 변화에 적응하게 된다(Adger et al. 2000). 이러한 적응은 이익추구를 위해 자발적으로 개인차원에서 또는 정부차원에서 생물이 겪게 될 스트레스를 극복할 수 있도록 다양하고 새로운 방법을 적용한다. 새로운 작물 개발, 물 관리와 관개시설에서 대한 투자, 위험 인지 및 인식 제고를 위한 인센티브 메커니즘 이용 등이 그러한 방법들의 예이다.

농업에서의 적응을 연구하기 위해 4가지 접근법이 보완적으로 적용되어 왔다. 즉 ① 작물모형(crop models) ② 리카디언 분석(Ricardian analysis) ③ 이해당사자 상담/전문가 의견, 그리고 ④ 기상과 관련된 이상 현상에 대한 반응에서의 행동양식에 대한 사례연구이다. 작물 시뮬레이션 모형은 환경 및 관리요소에 대한 작물 반응을 평가하기 위해 사용되어왔다. 또한 이 모델은 각기 다른 기후에 대한 각기 다른 품종의 적응가능성을 나타낸다. 라틴아메리카의 작물모형은 선정된 일부국가(아르헨티나, 브라질, 멕시코, 우루과이)의 주요 농업지역에서 생산되는 곡물에 초점을 두고 개발되었다. 이 연구들은 일반적으로 기온 상승 지역에서의 작물 생산성의 변화 증가와 수확량의 감소에 주목한다(Adams et al. 1998). 이러한 변화의 정도는 이 모델에서 이용된 생물 물리학적 시뮬레이션 변수에 따라 다르게 나타나지만, 대개는 생산성에 대한 기후온난화의 부정적인 영향을 강조하고 있다.

또 다른 일반적인 접근법은 기후가 서로 상이한 지역 간의 변화를 토대로, 농업생산성 변화와 농업에 대한 기후변화의 영향을 평가하는데 초점을 둔다(Adams et al. 1998). 농부들이 생산 전략을 변화시켜 적응하는데에는 한계가 있음에도 불구하고, 남아메리카에서의 리카디언 모형 추종자들의 연구(토지가치에 중점을 두는)는 어떻게 농부가 수

많은 영역에서 기후에 체계적으로 적응하는지 조사해왔다. 적응 선택의 예로는 첫째, 농장(farm)유형을 선택하는 것이다. 멘델손과 서(Meldelsohn & Seo, 2007)는 5가지 농장유형, 즉 강우작물전용농장(crop-only rainfed farm), 관개작물전용농장(crop-only irrigated farm), 혼합강우농장(가축과 작물), 혼합 관개 농장, 그리고 가축전용 농장을 고려하였다. 여기서 기후변화에 따른 농부들의 적응 활동을 발견할 수 있었다. 기온이 더 오르면 농부는 경작전용농장에서 혼합농장과 가축농장으로 전환한다. 이러한 양상은 베버(Wehbe et al.2005)의 아르헨티나 꼬르도바(Cordoba)에 대한 연구결과에서도 나타난다. 강수량이 증가하면 농부는 빗물에 의존한 농업을 하고, 관개에 대한 투자를 많이 하지 않는다. 두 번째로 관찰된 적응 선택은 가축 종(species)의 선정이다. 서와 멘델손(Seo & Mendelsohn, 2007)은 기후 외 인자의 영향력을 고려했음에도 불구하고, 각 선택을 설명하는 중요한 기후 변수가 있다는 것을 밝혔다. 세 번째 적응 선택은 농부의 경작물 선정이다(Seo and Mendelsohn 2008). 연구에서는 남아메리카에서 재배되는 7가지 주요 작물인 과일과 채소, 옥수수, 밀, 호박, 쌀, 감자, 대두에 초점을 두고 있다. 남미의 다양한 기후대에서 효과적으로 자랄 수 있는 여러 품종을 고려해보았을 때, 옥수수는 다른 작물과는 다르게 기후에 민감한 것으로 나타나지는 않았다. 남미 전 지역에 걸쳐 자란다는 점에서 "옥수수는 일반종(generalist)"으로 볼 수 있다. 이와는 대조적으로 다른 작물은 기온이나 강우조건에 좀 더 한정되어 있고 특화되어 있다. 농부들은 기온이 온난해짐에 따라 옥수수와 밀을 덜 선택하는 반면, 감자, 쌀, 대두, 과일을 더 선택하는 경향을 보인다. 만약 강수량이 증가한다면 농부는 옥수수, 밀, 과일과 채소 농사에서 감자, 쌀, 호박 농사로 바꿔 나갈 것이다. 이와는 반대로 만약 강수량이 줄어든다면 농부는 감자, 쌀, 호박에서 옥수수, 밀, 과일과 채소로 작물을 변경해 나갈 것이다. 모델을 통하여 기후변화에 대한 초기의 반응에 따라 공간상 적응에 대한 추론을 도출하고자 시도하였다. 즉 기후가 온난해진다면 추운 지역에서는 어떻게 더운 지역의 활동을 택할 것인지에 대한 것이다(Adam et al. 1998). 이러한 정보는 정부가 농부에게 적절한 옵션을 줄 수 있도록 장기적 연구를 지원하거나 기술 이전 방법을 결정하는데 도움이 될 것이다.

사실, 많은 적응방법들을 낮은 비용으로 실행할 수 있다. 많은 대책들이 매우 높은 편익을 가지고 있으나 적응 비용과 편익에 대한 포괄적인 추산을 하기에는 현재로선 미흡한 상황이다(Adger et al. 2002). 하향식 모델링 접근법(작물모델이나 리카디언(Ricardian) 분석)은 적응비용을 과소평가하는 제한된 관점으로 접근하고 있다. 상향식 접근 방법(National Adaption Plans of Action: NAPAs)에서는 투자자 접근법을 이용하여 적응 비용을 추정하는데, 적응활동의 우선순위는 지역사회가 정한다(OECD 2008). 예를 들면 아이티(Haiti)의 경우, 주요 프로젝트들을 모두 수행하는데 소요되는 총비용이 미화 2,450백만 달러인데, 적응 총비용 중 가장 많은 비용이 들면서, 거의 50%를 차지하는 부문은 농업이다. 투자자와 전문가 자문에 기초한 우선순위결정(prioritization) 접근법은 농업체계에서의 취약성을 줄이는 대응방법을 찾기 위한 것으로, 라틴아메리카의 멕시코 소노라(Sonora) 주의 건조한 야키(Yaqui) 분지, 페루의 높은 고지 생산지인 만타로(Mantaro) 분지, 그리고 우루과이의 서부지역 등 일부 지역에서 실시되었다.

사례연구를 통해, 라틴아메리카 농부들이 기상 변화에 적응하기 위해 사용한 특별한 전략을 볼 수 있으며, 이 중 일부는 전통적인 방법에서 그 기원을 찾을 수 있다(box 3.1). 여기에는 파종일 변경, 경작

종 변화, 또는 관개 유형 변경 등이 포함된다. 이는 바스께스 레온(Vasquez-Leon et al. 2003), 그리고 콘데와 에아킨(Conde & Eakin 2003)이 확인한 멕시코의 경우와 같다. 즉 투입요소 이용의 변화, 생산기술의 변화(예를 들면 더 적은 횟수의 경간이나 아예 무경간(no-tillage) 생산과 다양한 곡물 건조기법), 가축사육에 대한 의존 확대, 또는 산림에서의 개선과 기타 자연자원 관리(Reilly and Schimmelpfenning 1999; FAO 2005) 등이다. 관개기술의 변화에 따라, 미국과 멕시코 접경지역의 농부들은 더 오랫동안 지속되는 가뭄을 잘 견뎌낼 수 있었고, 농업생산 활동을 계속할 수 있었다. 이와 마찬가지로 니카라과의 소규모 농가는 다양한 토지관리 접근법을 채택해왔는데(예를 들면, 등고선울타리(contour barriers), 윤작(crop rotation), 경작종 다변화(diversification)), 이러한 방법들은 1998년 니카라과에 닥친 허리케인 미치(Mitch)의 영향을 극복하는데 도움이 되었으며, 향후에도 강수패턴의 구조적 변화를 극복하는데 도움을 줄 것이다. 에콰도르와 가이아나의 농부들은 생산량을 더 늘릴 수 있는 경작종 도입, 적절한 비료 시비, 빗물과 하수의 재활용을 통해 기후변화의 영향을 줄이는데 도움을 얻었다(IPCC 2007).

위험(risk)을 공간적으로 배분하는 것은 복합적인 결과를 가져오는데, 이는 농부들이 지역에서 이용하는 또 다른 전략이기도 하다. 아르헨티나와 볼리비아의 경우를 보면 경작과 방목 장소를 지리적으로 분리하는 것은 이 지역 농부들에게 리스크 노출을 다변화시키는데 효과가 있었다. 그러나 공간적인 적응 전략은 한계를 가질 수 있다. 페루 남부지역의 경우, 공동의 리스크 완충전략인 소규모로 분산시킨 경지, 즉 경지 분산(field scattering)은 평균 산출량을 7% 감소시켰다(Goland 1993).

상대적으로 보통(또는 낮은) 비용이 드는 적응 방법, 예를 들면 농가

단위의 적응은 기후변화의 결과로 예상된 산출량에서 감소를 상당히 상쇄할 수 있다(OECD 2008). 그러나 농가 규모에서 조정의 적응 편익이 모든 지역이나 경작물에 대해 동일한 것은 아니다. 열대지역에 위치한 많은 국가에서 파종날짜를 바꾼다던가, 농작물을 혼합한다던가, 품종 변경 등의 저렴한 적응 방법이 가져올 잠재적 편익이 기후변화에 의한 상당한 피해를 상쇄할 만큼 충분하다고 기대하기는 힘들다(Adger et al.2002). IPCC의 예측에 의하면, 라틴아메리카 지역의 저위도 지역은 기후변화로 인해 가장 심각한 영향을 받을 것이다. 저위도의 경우, 약간의 온도 상승만으로도 산출량은 감소할 것으로 보인다. 예를 들면, 밀과 옥수수의 경우 1℃ 온도 변화, 쌀의 경우 2℃ 온도 변화는 산출량을 현저히 감소시킬 수 있다(Eastering et al. 1993; Schneider et al. 2007). 이 지역에 살고 있는 라틴아메리카 지역 인구의 1/4(138백만 명)에게는 이 영향이 매우 심각하게 다가올 것이다. 그들 대부분이 가난하고(약 2천 4백만 명, 하루에 1달러 이하로 살고 있음), 그들 중 많은 인구(약 1천 3백만 명)가 농업으로 생계를 유지하고 있다.

Box 3.1 지역의 해결전략 : 장기간 경험에서 얻은 교훈

라틴아메리카에서 위기에 대응한 지역전략에는 농업전략, 생태계 보호, 그리고 극심한 기후 사건에 적응하는 다양한 방법이 있다. 페루에서 농부는 전통적인 관개와 배수체계인 "와루와루(waru waru)"을 이용해왔는데, 이는 홍수가 나기 쉬운, 배수가 불량한 알티플라노(Altiplano) 지역의 토지에서 생산을 가능하게 했다. 낮은 운하는 가뭄 동안에는 물을 제공하고, 우기 동안에 배수로 역할을 했다. 여기에 물이 차오르면 미기후를 형성하였으며, 야간에 발생하는 서리에 완충역할을 한다. 와루와루(waru waru) 시스템은 농부가 더 많은 수확을 하도록 도움을 주었고, 서리 및 가뭄 관련 영향을 줄이는 역할을 하였다.

멕시코에서 카헤테(Cajete Terrace) 농업생태계는 틀라스칼라(Tlaxcala)의 경사면지역에서 3천년동안 유지해왔다. 천수(빗물)에 의존하여 옥수수, 콩, 호박 농사를 짓는데, 이러한 농작물은 침식에 취약한 급경사면에서 자란다. 강우는 5월에서 9월 사이에 집중되며, 종종 갑작스런 폭우가 내린다. 경사진 테라스에서 범람한 물은 카헤테(cajetes)에 저장된다. 카헤테가 없었더라면, 토양에 흡수되지 못하고 떠내려갔을 물이 카헤테에 집수되어 비가 그친 후에 토양으로 천천히 스며든다. 또한 침식된 토양이 카헤테 안에 쌓여 경사면 아래로의 토양 유실을 예방할 수 있다. 카헤테 내의 모인 비옥한 토양은 이후에 경작지에 뿌려진다.
볼리비아의 아이마라족(Aymaran) 원주민은 "qhuthañas"라 불리는 소규모 댐을 지어 가뭄을 극복해왔다. 댐 안에는 50~10,000㎥의 강우가 저장된다. 가뭄 강도에 대한 예측은 "yatitis(현인 또는 조언자)"의 지식과 관찰에 근거한다.
엘살바도르의 지역사회는 반복되는 가뭄을 극복하기 위해 수많은 토양 보존 방법들을 이용하였는데, 예를 들면 돌이나 소나무 빨판으로 된 장벽을 만들어, 먹을 수 있는 과일이나 추가적인 수입을 얻는다.

적응전략으로서의 이주

어떤 가정에게는 기후변화에 적응하는데 있어서 농업에 대한 경제적 의존을 줄이는 기타 방법이나 이주(migration)가 도움이 될 수 있다. 에아킨(Eakin 2005)에서는 멕시코 중부에서 이러한 방법이 중요 전략이 될 수 있다고 밝혔다. 많은 농촌가구들은 이미 자녀 중 일부를 도시로 이주하도록 권하고 있고, 이 자녀들이 도시에서 농촌으로 송금하고 있다(Adger et al. 2002). 대부분의 도시 활동은 기후변화에 덜 민감하므로, 이러한 방법은 자활하는데 주요 소득원이 되고 있다.[1] 브라질과 멕시코의 각기 다른 지방에서의 이주흐름을 비교한 연구를 통해 이주 행위가 기후상태에 영향을 받는다는 것을 밝혀냈다. 이주가 기후요소에 민감하게 반응하긴 하지만, 그 영향은 일반적으로 미미하다. 이주동기를 부여하는 기후 특성의 역할은 장거리이주에 훨씬 더 중요하게 나타나지만(예를 들면 브라질의 경우 지자체간(municipalities) 이동이나 멕시코의 경우 국제 이동), 그 영향은 지역적이고 지역마다 상이하다. 이러한 연구의 데이터가 장기적인 균형에서 수집되었기 때문에, 그 결과는 우리에게 하나의 평형에서 다른 하나로의 변천(추이) 이상을 보여주지 않을 뿐만 아니라, 갑작스런 변화에 의한 영향에 대해 알려주지 못한다. 중앙아메리카와 카리브해안 국가에서 허리케인 이후의 난민 이동은 갑작스런 기후변화가 대규모 이주를 촉발할 수 있음을 보여주는 극난적인 예이다. 또한 반복적으로 발생하는 허리케인은 영구적인 인구 이동을 야기할 수도 있다. 그 예로 브라질의 북동부 지역은 엘니뇨-남방진동(El Niño-southern oscillation: ENSO)[2] 현상에 의해 영향을 받은 지역인데, 수년 동안의 심한 가뭄으로 인해 국내 농업 총생산(GDP) 감소율이 25%에 이르렀으며, 결국 수백만 명의 저소득 계층 농부들이 이주하였다(Mata and Nobre 2006).

충격과 경향에 적응하기

농부들이 이용한 많은 적응방법들은 대개는 해마다의 기상 변동에 따른 농업생산량의 리스크를 최소화하는 조치이다. 여기서 기상의 연변동을 극복하는 방법을 습득하는 것이 중요하다.

해마다 기상변화에 적응하기 위해 농부들이 취하는 농업활동에서의 변화는 기후변화에 대비하기 위하여 취하는 반응 변화와 유사할 수도 있다. 어떤 연구자들은 기후변화(climate change)를 준비하는 가장 최선의 방법은 단순히 기후편차(climate variance), 즉 매년의 기상에서의 변화에 적응하는 것이라고 제안했다(Burton 1997; Leary et al. 2007; Smit et al. 1996). 그들은 적응이 곧 자산(stock)이라고 강조한다. 기상 변화를 다루는 다양한 자산(stock)을 쌓는 것이, 곧 기후에서의 변화를 극복할 준비를 하는 것이다. 예를 들어, 만약 농부들이 비정상적으로 고온 건조한 해에도 생산성이 높은 농작물과 가축 종을 선택할 수 있다면, 이는 고온 건조한 기후에 대비하여 자신의 생계를 보호하기 위한 선택을 준비하는 것이 된다.

그러나 기상과 기후 적응 사이의 완벽한 균형은 존재하지 않는다. 만약 변화가 영구적이라면, 어느 해에는 통하던 특정 적응방법이 더 이상 통하지 않을 수도 있다. 그 예로 상황이 좋지 않은 해에 가축을 싸게 팔아치우는 것은, 기상쇼크(weather shock)에 대비해 소비의 변동성을 축소하는 데에는 효과가 있을지라도, 기후변화에 대응하는 장기적인 전략으로는 접합하다고 할 수 없다.

마찬가지로 보험은 날씨 변화를 대비하기 위한 좋은 방법이며 지구온난화에 의해 초래될 많은 변동성에 대한 적응방법으로 고려될 수 있다. 그러나 기후변화에 의한 장기적인 경향을 극복하는 데에는 도움이 될 수 없다. 예를 들면, 매년 발생하는 수확량 감소에 대해 보조금 보험으로 농부들에게 보상해준다면, 농부들은 기후변화에 적응할 동기부여를 갖지 못할 것이라는 점에서, 장기적 관점에서 보면, 심지어 농부들이 기후변화에 적응하는데 방해가 될 수 있다. 자본 투자에서의 장기적 변화는 기후변화(climate change)에 적합하겠지만, 단기간의 기상쇼크(weather shock)에는 적합하지 않다. 분명한 것은, 현재 기후의 일부분인 기후편차(climate variance)에 적응하는 방법을 학습함으로써 즉각적인 편익을 얻을 수 있다는 것이다. 이러한 적응은 앞으로 일어날 기후변화를 기다릴 필요 없이 바로 지금이라도 시작할 수 있다.

그러나 농부 개인의 자율적인 적응만으로 가구(householder)에 미치는 기후변화의 부정적인 영향을 상쇄할 수는 없을 것이다. 기상변동 증가를 극복하는 과정에서, 선택할 수 있는 범위가 제한된 취약 가구는 현재 또는 미래의 생활수준에 부정적이고 때로는 불가역적인 결과를 초래할 수도 있는 적응 전략을 따를 가능성이 있다. 이러한 차선(suboptimal)의 조치를 선택하는 것은 라틴아메리카 지역의 농촌 가구에서 흔히 있는 일이다. 바에스와 메이슨(Baez & Mason 2008)에서는 1990년대 말 커피산업위기(coffee crisis)로 인해 부정적인 영향을 받았던 중앙아메리카 4개국의 농촌 가구가 수용한 주요 방법을 조사하였다. 사실, 농촌 가구들은 쇼크를 극복하기 위해 다양하게 대응하였다. 이들이 택한 대응 방법 중 일부는 사회·경제적 관점에서 보면 매우 바람직하지 않은 것으로 나타났다. 예를 들면 식량과 비식량 소비는 감소하고, 아이의 학교 등록 건수는 줄어드는 한편 아이들이 노동에 투입되었다. 니카라과, 특히 커피를 재배하는 가정에서의 아동 노동은 1998년에서 2001년 사이에 24% 증가하였다(World Bank 2005a). 가구들은 기후관련 쇼크에 대하여 이와 유사한 방법으로 대응하였다. 니카라과에 대한 최근 연구에 의하면 가구소비, 교육유지(shool retention) 및 진학, 그리고 아동 노동은 모두 1998년의 허리케인 미치가 강타한 지역에서 부정적인 영향을 받은 것으로 나타났다(Ureta 2005; Baez and Santos 2007). 이 밖에도 기상 변화 및 쇼크가 늘어나면서, 어떤 지역에서는 건강상의 위해가 발생하기도 하였다. 극심한 강우에 뒤이은 홍수에 의해 볼리비아, 콜롬비아, 에콰도르, 니카라과,

그리고 페루 지역에서 말라리아와 뎅기열과 같은 전염성 질병이 유행하였고 영양부족이 보고되었다(Bouma et al. 1997 b; WHO 1999; Vos et al. 1999; Baez 2007).

사실, 어려움에 처한 사람들이 취한 단기적인 대응책으로 인해 결과적으로는 장기적으로 가난에 빠질 위험이 있다. 기후 리스크의 장기적인 영향에 대한 모든 것이 아직 알려지지는 않았지만 부정적인 영향이 지속될 경우의 심각성을 보여주는 일부 연구가 있다. 최근 연구에서는 1980년대 중반에서 1990년대 중반 사이 기후쇼크 때문에 농업활동에서 벗어나 영구적으로 이주한 브라질 내 가구들의 장기적 소득 변화를 조사하였다. 뮐러와 오스굿(Muller & Osgood 2007a)은 강수변화에 의한 복합적인 문제 때문에 농촌에서 도시로 이주한 신용제약(credit constrained)을 가진 가정의 수입에서 기후관련 장기적 악화 영향을 알아내기 위해 과거 강수량의 상세기록과 함께 횡단면 변화를 이용하였다. 뮐러와 오스굿(Muller & Osgood 2007b)은 관련논문에서

그림 3.1 브라질에서 가뭄이 장기적인 소득에 미치는 영향

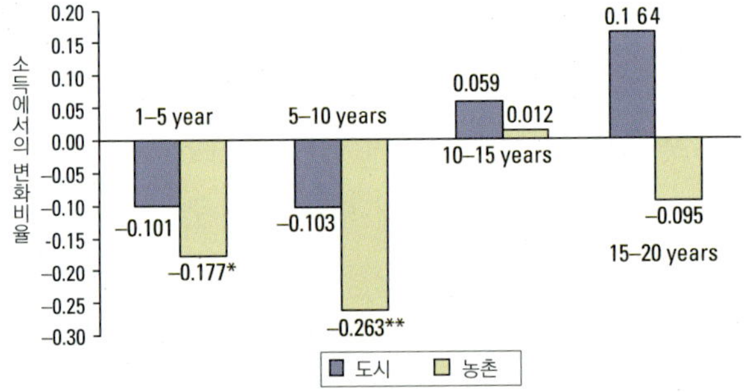

출처 : Mueller and Osgood (2007b), with data from Pesquisa Nacional de Amostra Domicilios (1992, 1995).

주: (*)과 (**)는 유의수준 0.10과 0.05를 나타낸다. 추정치는 성별, 나이, 교육 주별 고정효과를 통제한 결과이며 쇼크에 의 한 평균적인 영향을 나타낸 것이다.

극심한 가뭄이 브라질 노동시장에 미치는 장기적인 결과를 조사하였다. 연구에서는 평균강수량 미만의 평균표준편차의 증가로 인해 이후 5년 동안 농촌 소득의 17.7%가 줄었고, 5번째 해에서 10번째 해 사이에서는 농촌 소득이 26.3%까지 줄었다고 밝혔다(그림 3.1).[3] 사실, 이 보고서에 따르면 피해를 입은 노동자들이 피해를 입지 않은 이들의 임금을 따라잡는 데에는 10년 이상의 기간이 소요되었다.[4] 기후리스크-단기적 리스크 극복-자산 회복 방안들 간의 부정적인 상호작용도 있다. 예를 들면 온두라스의 경우 자본 배분의 하위층에 있는 가구들은 기상쇼크에 의해 피해를 받은 후 얼마 안되었던 자산을 다시 형성하는 것이 중장기적으로도 힘들었다는 것을 미시적 차원에서 증명하였다(Cater et al. 2004).

빈번히 일어나는 기상변화에 대처하는 것 외에도 농부들은 장기적인 기후 변화추이에 대응할 필요가 분명히 있다. 일반적인 경험으로 보면 가난하고 기술수준과 교육수준이 낮고, 신용 제약이 있는 가구는 새로운 농경제 환경으로 경제적 전환이나 장기적 적응이 다른 가구에 비해 더 어렵다. 농부들이 기존 생산 활동에서 생산성 향상이나 이윤이 많이 나는 작물로 전환하거나 이주하는 등의 경제적 적응 수단이 부족하다면 소득이 줄어들 수밖에 없다. 무엇보다도 그러한 장기적인 경제적 전환은 빈곤 가구들이 일반적으로 선택하는 단기적 위기대응방법과 차선의 정책들이 초래하는 부정적이고 지속적인 영향에 의해 더욱 방해를 받게 된다. 이후 논의한 바와 같이, 성공적인 적응을 지원하기 위한 정책을 추진하는 주된 목표 중 하나는 단기적 또는 장기적이든 간에 이러한 비생산적인 방법으로 사람들이 적응하는 것을 피하도록 돕는 것이다.

수자원 이용가능성 변화에 적응하기

물은 인간과 생태계에 중요한 역할을 한다. 지구온난화의 많은 부정적인 영향은 수자원 가용성의 변화로 인해 일어날 것이다. 수자원 관리는 과거의 정기적인 수문학적 패턴을 가정하여 이를 토대로 계획되었다. 농업에서 강수 예측은 경작과 토양 선택과 관련하여 매우 중요한 역할을 해왔다(IPCC 2007). 그러나 불행하게도 기온의 변화보다는 강우량의 변화를 예측할 때 불확실성이 더 크며, 세계 어느 지역보다 라틴아메리카 지역에서 이러한 불확실성이 더욱 두드러지게 나타난다. 물부족으로 고통을 받고 있는 메소아메리카와 남아메리카의 인구수는 3천5백7십만 명(2025년), 5천4백만 명(2050년)에 이를 것으로 예측된다(Mata and Nobre 2006). 그러나 강수변화의 패턴은 절대 균일하지 않을 것이며, 어떤 지역은 지금보다 더 많은 변화를 겪을 수 있고, 어떤 지역은 현재보다 더 적은 변화를 겪을 것이다. 칠레와 같이 비교적 작은 면적에서조차도 강수패턴이 매우 다양할 수 있다. 이는 각각의 유역에서 매우 특화된 모델링과 수용계획이 필요함을 의미한다(Bitran 2008).

개인적 및 제도적 차원에서의 적응전략은 이용가능한 옵션들에 대한 물리적·경제적 타당성을 반영할 것이다(IPCC 2007). 농부들은 개인적인 차원에서 물 부족 문제에 대해 다양한 방법으로 대응한다. 이에 대해서는 농업부문에서 이미 일부분 기술하였다. 강수패턴이 변함에 따라 고부가가치를 창출하는 경제활동 및 지역에서 물이 적절히 이용되도록 제도가 변해야 할 것이다(box 3.2). 사실 세계 도처의 분석결과를 보면 막대한 양의 물이 경제적 가치가 낮은 작물을 재배하는데 이용되는 등 비교적 부가가치가 낮은 활동에 이용되고 있음을 알

Box 3.2 물 적응 전략의 효율성과 비용: 브라보 강(Rio Bravo)의 예

멕시코의 브라보 강(Rio Bravo) 유역에서 물 유출량 감소로 인한 영향이 평가되었다(Mendelsohn 2008). 효율적·비효율적 적응 전략들의 상대적인 비용은 2010년까지 예상되는 물 부족의 경제적 비용을 수량화하는 단순시뮬레이션을 통해 제시하였다. 물 이용자에는 농부, 거주민, 그리고 산업체들이 포함되었다. "바람직하지 않은 적응"시나리오의 예는 농업, 산업, 생활용 물 이용에서의 일률적인 감축을를 통해 물부족을 조정하는 것이다. 타 시나리오에서는 물을 가장 높은 이용가치를 가진 곳에 할당하였는데, 이러한 할당은 가격이 효율적으로 정해질 수 있을 때에 가능하다. 이전의 시나리오 하에서 경제적 비용은 후자의 수백배에 달했으며, 이는 기후변화의 비용을 줄이는 효율적인 적응 정책이 얼마나 중요한가를 보여주는 것이다(Mendelsohn 2008).

수 있다(Howitt and Pienaar 2006; Hurd et al.1999; Lund et al. 2006; Strzepek et al.1996 사례 참고). 도시 및 산업적 이용이나 경제적 가치가 높은 작물에 물이 할당되도록 함으로써, 복리에서 최소한의 손실로 기후변화에 따른 수자원 변동에 적응할 수 있다. 이러한 효율적인 물 이용은 적절한 재산권과 가격체계를 통해 달성될 수 있다.

많은 국가에서 물 이용의 효율성을 향상시키기 위해 제도적인 혁신을 실행하였다. 이러한 제도적 혁신에는 물 이용자 조직, 수권(water rights) 거래를 허용하는 법제도, 그리고 물의 희소가치를 반영하는 물 이용 요금 등이 있다. 이는 제도적인 적응 방법으로 볼 수 있으며, 물 부족이 첨예해지는 지역에서 만들 수 있다. 일부 경우에 유역간 이동(transbasin transfer)은 지역의 물부족 문제를 해결하는데 유용하다. 라틴아메리카 지역에서 이러한 유형의 옵션에 대한 시행가능성은 야깜부 유역(Yacambu, 리바르 베네수엘라), 까타마요와 치이라 유

역(Catamayo and Chira Basins, 에콰도르와 페루), 알토 삐우라와 만타로 유역(Alto Piura and Mantaro, 페루), 그리고 상 프란시스쿠 유역(São Francisco, 브라질)에서 볼 수 있다(Magrin et al. 2007).

물 관리 문제는 가뭄에 취약한 지역뿐만 아니라, 해수면 상승영향으로 대수층으로 염수가 들어올 수 있는 해안에서도 일어날 수 있다(이 문제는 2장에서 논의하였다).

서인도제도에서 해안지역의 적응대책들을 수행하고 있는 카리브 지역 기후변화센터(Caribbean Community Climate Change Center: CCCCC)가 진행하고 있는 지역 이니셔티브는 도미니카, 세인트 루시아, 세인트 빈센트 그레나딘 등의 국가들이 특정(통합)시범 적응 조치들을 계획하는데 도움을 주고 있다. 여기에는 베키아(Bequia)섬의 물에서 염분을 제거하기 위해 풍력발전시설에서의 역삼투시설 설치와 발전, 강력한 허리케인을 견뎌내기 위해 세인트루시아 내 중요 기반시설 및 수리설계가 포함된다. 또한 이 프로젝트는 세인트 빈센트와 그레나딘 제도의 작은 섬들에서 담수를 보존하고 공급하는 것과도 관련이 있다. 이 프로젝트의 목적은 강우량이 감소하고 대수층으로의 염수 침입이 증가한다는 시나리오에 섬이 적응하도록 하는 것이다. 적응 방법에는 물 수요관리와 효과적인 빗물 집수 등이 포함된다.

산림

산림은 라틴아메리카 지역의 전체 토지 면적에서 큰 부분을 차지한다. 남미의 경우 48%, 중미의 경우 44%, 카리브해 지역의 26%가 산림피복으로 덮여있다. 산림은 이 지역의 많은 사람들의 중요한 생계 유지수단이다.

기후변화는 이미 산림생태계에 실질적으로 스트레스를 주고 있다(Fischlin et al. 2007; Eastering et al. 1993). 한 예로, 수분의 이용가능성이 줄어들면서 식생이 메말라 가는데, 이는 화재 발생을 부추기는 역할을 하고 있다. 또한 기온 상승은 다양한 방법을 통해 곤충의 출현을 증가시킨다. 첫째, 많은 지역에서 최저기온의 상승함에 따라 곤충들은 개체수를 제한하는 기능을 하던 추운 계절을 무난히 버티고 살아남는다. 둘째, 더 길어진 하절기는 곤충이 더 빠르게 성장하도록 해준다. 셋째, 더워진 환경은 그들이 더 높은 고도와 위도로 영역을 확장할 수 있도록 해준다. 넷째, 가뭄스트레스는 곤충의 공격에 대응하는 나무의 저항력을 떨어뜨린다.

산불의 발생과 피해를 줄이는 효과적인 전략 중 하나는 산림 자원에 대한 통제권을 산림을 모니터할 수 있는 지역사회에 더 많이 부여하는 것이다. 곤충 피해를 통제하기 위한 적응 방법에는 곤충 출현증가에 대한 산림의 취약성을 줄이기 위한 사전입화(prescribed burning), 비화학적 곤충 통제, 그리고 곤충 고엽작전에 가장 취약한 임분(stands)을 우선적으로 수확하도록 스케쥴을 조정하는 것 등이 포함된다. 이러한 사전대책 방법을 통해 기후변화로 인한 부정적인 경제적 영향을 줄일 수 있다. 그러나 산림 로테이션(forestry rotation) 동안에 다양한 시간대에서 적응이 일어나기 때문에, 산림 식재와 수확 사이의 긴 시간차는 결정을 어렵게 한다.

산림에 적용할 수 있는 일련의 제한된 적응 옵션과는 대조적으로, 산림과 서식지를 공유하고 산림을 채취하는 인간은 직면한 기후변화를 극복하기 위한 폭넓은 옵션을 가지고 있다. 식재된 산림에 대해서는 정부 개입을 최소로 하는 많은 적응 전략이 제시되어 왔으며, 여기에는 관리 강도 변화, 경재(hardwood)와 연재(softwood) 혼합, 지역내 또는 지역간 나무 성장과 벌목 패턴, 로테이션 시기, 죽은 나무의 처리, 새로운 기후조건 하에서 좀 더 생산성을 낼 수 있는 식물종이나 지역으로의 이동, 화재와 곤충 피해를 최소화하는 경관계획, 변화된 나무 크기와 질적 변화에 적응 및 화재관리체계에 적응 등이 포함된다(Fischlin et al.2007).

적응(adaptation)전략은 산림벌채와 산림황폐화를 줄이고자 하는 완화(mitigation)전략을 통해 강화될 수 있다. 산림 보존은 생물다양성 보존과 기후편익(climate benefit)을 준다. 이는 생태계의 적응력을 향상시킬 수 있고, 역으로는 기후변화에 대한 생태계의 취약성을 줄일 수 있다. REDD와 A/R활동에 의한 배출 감축은 기후변화에 대한 단기적인 적응에 기여하고, 변화하는 기후에 대응하여 지속가능한 발전을 가능케 해준다. 예를 들면 수분 유지, 유량 조절, 토양 안정화 및 침식 방지, 토양 지력 회복, 그리고 목재 및 기타 임산물 보호와 공급 증가를 통해 변화하는 기후에 대응한 지속가능발전을 가능하게 한다. 영국 산림조사프로그램(Forestry Research Program)의 조사는 A/R활동이 수자원이 풍부한 지역에 토양보존 및 홍수 조절과 같은 많은 편익을 가져온다는 것을 보여준다. 뿐만 아니라, 산림은 수자원이 별로 없으며 집중강우 또는 오랜 갈수기를 겪은 지역에서 물 이용 가능성을 대체적으로 증가시킨다(UK FRP 2005).

이는 완화와 적응 사이의 균형(trade-off)이 REDD와 A/R활동에서 일어나지 않는다고 말하는 것은 아니다. 수자원을 생각해보면 A/R 완화 프로젝트의 적응 효과는 이용할 수종의 신중한 선택과 구성뿐만 아니라 프로젝트를 시행할 지역의 기후특성에 달려있다. 예를 들면 필요한 물과 토지를 대상으로 임업 플랜테이션과 농업 사이에 경합 사례들이 있다. 건조 또는 반건조 지역에서 A/R활동은 물 생성량

(water yields)을 줄일 수 있다. 이러한 결과는 A/R활동을 계획할 때 고려되어야 하는 긍정적인 완화 및 적응 효과를 혼합시키는 시도라는 점에서 중요한 발견이라고 할 수 있다(UK FRP 2005).

건강상 위협

초기발전단계의 모델이지만 기후요소와 관련된 질병이 전염성질병 및 영양실조 증가의 형태로 저소득 국가에 상대적으로 더 큰 부담을 줄 것이라는 점은 일치한다. 불행히도 높은 질병발생률 및 사망률은 가난한 농부가 기상이변에 적응할 수 있는 역량을 감소시키고, 동시에 건강상 불균형을 증가시키기 때문에, 이러한 경향은 농촌 가정의 복지에 부정적인 영향을 부가적으로 초래할 것이다.

지구온난화는 필연적으로 열에 의한 스트레스를 증가시킨다. 장기간에 걸친 혹서는 점점 일반적인 현상이 되고 있다(Stott et al. 2004). 기온상승과 강수증가는 경제적으로 유용한 서비스를 넘어서 자연계와 인간에게 큰 영향을 줄 것이다. 이러한 영향은 이미 인간이 생물학적 최대 내성 단계에 도달한 지역에서 가장 심각하게 일어날 것이다. 그러나 2003년에 있었던 유럽에서의 혹서기간 동안에 더위로 인해 3만 명이 사망했다는 보도가 보여주듯이 온난한 기후지역에서도 문제를 야기할 것이다(UN Foundation 2007). 이러한 혹서를 겪은 후에 프랑스에서는 초기경보시스템과 대비프로그램을 실시하였다. 기존의 자료를 검토해보면, 실제로 극심한 더위는 건강에 부정적인 영향을 줄 수 있다. OECD국가에서 대부분 나온 데이터들은 혹서와 심혈관 및 호흡기 질환, 사망률 사이의 강력한 조건부 상관관계를 보여주고 있다(Martens 1998). 혹서 증가에 대한 적응에서 한 가지 과제는, 대응이 잠재적인 문제를 악화시키지 않도록 하는 것이다. 예를 들면, 냉방전력 수요를 증가시킴으로써 기존의 문제를 악화시키지 않도록 해야 한다는 것이다.

기후변화에 의해 악화될 것으로 예상되는 보건상의 기타 주요 문제는 라틴아메리카 지역의 말라리아와 뎅기열과 같은 매개인자성 질병과 수인성 질병 위험의 증가이다(Githeko and Woodward 2003). 브라질 자료에 의하면, 더 온난해지고 비가 더 자주 오는 겨울 때문에 말라리아와 뎅기열이 많이 유행했으며, 여름 기온 상승으로 영아사망률이 직접적으로 영향을 받았다. 특히 브라질의 북동부지역에서 그러한 현상이 두드러지게 나타났다(Timmins 2003). 특히 현재 전염성 질병 분포지 주변에 위치해 있지만, 이전에는 전염병 영향을 받은 적이 없는 빈곤계층은 이러한 유행병에 매우 취약하다.

일반적으로 이러한 집단은 관련된 질병에 대한 면역을 거의 가지고 있지 않으며, 매우 열악한 공공보건체계 하에 놓여 있다. 지금까지 개인적인 차원에서 현재의 대응 행위를 분석하거나 기록을 목적으로 한 연구는 거의 없는 반면에, 볼리비아(Aparicio 2000)와 콜롬비아(Arjona 2005)의 분리된 정부계획에서 이러한 질병의 확산을 통제하기 위한 시도의 일환으로 연구, 질병 매개체 통제, 커뮤니티 교육과 참여 등 시범 프로그램이 시작된 바 있다. 향후 전략의 중요요소는 의학적 연구 조정, 지역사회수준에서의 정보 향상, 범미주보건기구(Pan-American Health Organization)와 같은 지역 조직을 통한 커뮤니케이션 제고일 것이다(Magrin et al. 2007). 이는 또한 보건부문 전략의 하나로서 출현하고 있는 공공보건상 요구와 기후변화로 인한 질병의 변화를 다루기 위해 국가 보건체계가 충분히 준비되었음을 보여주는 중요한 요소이기도 하다.

생태계

기후가 변함에 따라 각 지역에 자생하는 식물과 동물들은 점차적으로 스트레스를 받게 될 것이다. 그러나 동시에 인접한 다른 지역은 좀 더 쾌적해질 수도 있다. 이러한 경우, 생물체가 살아가는 지리적 영역의 변화를 통해 적응이 일어날 수 있다. 기온이 올라감에 따라 이러한 영역은 일반적으로 적도에서 멀리 떨어질 것이며, 더 높은 고도 지역으로도 이동할 것이다. 일부 대형 포유류 동물, 새, 곤충과 같이 날 수 있는 동물은 이주를 통해 비교적 쉽게 영역을 바꿀 수 있다. 이외의 다른 동물종과 식물들에게는 이러한 이주 및 점유 과정이 더 느리게 일어날 것이다. 이러한 종들은 더 더워지는 일부지역에서 점점 영향을 받게 되고, 결국은 온난화로 인해 죽어갈 것이다. 반면 이전에는 너무 추웠지만 점차 쾌적해지는 인근지역에서는 번성할 것이다. 온난화에 대한 대응은 이미 나비의 이동영역과 새들의 둥지변화 및 이주패턴에서 목격되고 있다(Parmesan 1996; Bradley et al. 1999; Brown et al. 1999; Dunn and Winkler 1999).

그러나 많은 생물체의 경우, 이러한 자동적인 적응 과정은 원활하게 일어나지 않을 것이다. 어떤 생물체들은 기온 외에도 다른 이유로 인해 특정한 장소에서 살아가도록 고도로 분화되어왔으며, 온난화는 그 장소에서 그들의 생리적 내성의 한계를 벗어나게 할지도 모른다. 또 다른 경우로는 기후변화가 그들의 현재 서식지 인근지역에 쾌적한 환경을 조성하지 않을 수도 있다는 것이다. 예를 들면 생물체들이 이미 산에서 높은 지역에 살고 있는 경우, 온난화를 피해 더 높은 고도로 올라갈 수는 없다. 또한 극지역에 서식하는 경우와 점유에 부적합한 넓은 지역에 둘러싸여 있는 서식지에 살고 있는 경우도 마찬가지이다(예를 들면, 산호초 또는 인간의 개발에 의해 고립된 서식지를 갖는 경우). 이러한 경우는 멸종위험이 높다.

적응 정책과 우선사항

관련 연구에서는 적응을 통해 실질적 손실(losses)을 감소시킬 수 있기 때문에 적응이 중요하다고 제시하고 있다(Mendelsohn and Dinar, 1999; Winters et al. 1998). 대부분의 가구들은 위험을 관리하고 적응하기 위한 방법에 착수하지만, 실증연구를 살펴보면 아주 가난한 농촌 가정은 그들 자신에 닥친 쇼크에 대해 제한적으로만 "보장(insure)"할 수 있다고 제시하고 있다. 그 외에도 가난한 농촌 가구는 대개는 생산 유형 및 생산부문 간의 경제적 이동을 용이하게 해주거나 적응하도록 해 줄 인적 자본과 물리적 자산이 부족하다. 더욱이 위험에 처한 환경에서 보험 체계마저 없는 상황이라면, 위험을 기피하는 생산자들은 설사 덜 생산적인 배합일지라도 덜 위험한 성장 수준을 택할 것이다. 기존의 지원 체계를 가진 민간 적응은 라틴 아메리카 농업에서 기후변화로 인해 예측되는 해로운 변화를 충분히 제거하지는 못할 것이다. 리카도의 방법을 이용하여, 연구자들은 농부들이 자율적인 적응 활동을 한 이후에도 기후 시나리오에 따라 헥타르 당 순수입이 약 10%에서 50%까지 줄어들 가능성이 있다는 결론에 도달했다(Seo and Mendelsohn 2008). 중앙정부와 국제사회에 의한 조치는 비용효과적인 방법으로 이러한 피해를 최소화하도록 해야 한다. 배출 감축 목표와 같이 적응을 지원하는 정책들은 효율성과 형평성 촉진의 필요성을 염두에 두고 계획되어야 한다.

시장은 세계적 규모에서나 개별적 규모에서 적응 비용을 줄이는

데 있어서, 중요한 역할을 할 것이다. 첫째, 가격은 개인이 적절한 적응을 하도록 정보를 전달한다. 만약 기후변화로 인해 농작물의 공급이 줄어들게 된다면, 농작물의 가격은 오를 것이고, 이는 농부들이 좀 더 많은 양을 파종하도록 유도할 것이며, 결국 공급 초기의 감소를 완화해줄 것이다. 마찬가지로, 국제 무역은 특정지역의 가격변동과 농작물량의 변동을 완만하게 해주는 역할을 한다(Reilly et al. 1999). 기후변화가 전 세계 생산에서 각기 다른 유형의 변화를 초래하므로(여러 생산물 생산이 어떤 지역에서는 증가되고 어떤 지역에서는 감소됨) 무역패턴 역시 이에 맞추어 변화해야 한다. 물론 여전히 손실이 있을 것이지만, 무역을 통해 손실을 줄일 수 있고, 지구의 총 공급이 줄어드는 상황에서조차도 무역은 이러한 위험을 분산시키는데 도움이 된다.

또한 시장의 작동과 소유권은 쇼크 적응에 드는 비용을 최소화하는 데 필요한 투자에 적절한 인센티브를 제공한다. 이는 자원이 한 활동에서 다른 활동으로 흘러가는 것을 전제로 한다. 특히 토지와 물 시장의 개선이 중요하다. 공유자산이나 정부 소유의 토지에서 개별적인 농업은 장기적으로 자연자본이나 물리적 자본의 투자를 이끌어낼 인센티브가 부족하고, 결과적으로 효율적인 적응 선택을 만들어낼 가능성이 적다. 또한 자본시장으로의 접근이 어려운 농부는 적절히 기후변화에 적응하는데 있어 어려움에 부딪힌다. 마지막으로 많은 국가에서의 물 시장의 부재는 물이 종종 허술하게 할당되고 있다는 것을 의미한다. 이러한 모든 제도적 실패는 효율적인 적응을 방해할 것이다.

적응을 돕는 정책 설계

가장 기본적인 수준에서 보면 개개인 특유의 적응 속성이 있고 이 영역에서 개인에 의해 가장 많이 취해지는 조치는 다른 이에게 최소의 외부효과를 가진다고 한다. 이러한 사실은 최선의 정부정책은 개인이 취하는 효율적인 적응 노력을 지원하고 "촉진하는"것이라는 주장을 뒷받침한다(Tol 2005). 즉, 이러한 정부정책은 개인이 적응하도록 프레임을 만드는 비처방적인 조치로서써 개인에게 행동을 바꾸는 방법을 지시하지도 않으며, 민간 투자에 보조금을 주지도 않는다. 불확실성이 높다는 것은 정책이 시간에 따라 유연해야 하고, 이용할 수 있는 새로운 정보에 따라 쉽게 업데이트 되어야 함을 강조하는 것이다. 여기서 주요 목표는 옵션을 증가시키는 것이어야 한다. 좋은 개발정책이 좋은 적응정책이라는 것이 요점이다. 소득과 인적 자본이 많을수록 모든 유형의 쇼크에 대한 회복력이 향상되며, 가구들이 변화에 잘 대응할 수 있는 역량을 부여해준다(Callaway 2004b). 이러한 기준에 부합하는 정책의 중요 사례는 다음과 같다.

a) 기상모니터링 및 예측 방법 강화

기상과 작물 예상산출량 예측과 같이, 사전 리스크 규명은 농촌 가구의 복지(wellbeing)에 대한 기상 변수의 부정적인 영향을 제한하는데 중요한 역할을 할 수 있다. 그러나 라틴아메리카 농촌지역은 일반적으로 합리적인 오차범위내의 기후예측이 이루어지지 않고 있으며, 사전에 지역의 기상 위험을 알고 그들 자신이 경보체계를 개발할 수 있는 수단이 부족하다. 이러한 정보를 생성하고 배포하고, 커뮤니티에 권한을 주는데 필요한 자원은 지역이 특정 재해와 관련하여 리스크를 평가할 수 있도록 해주고, 지역의 리스크 감소전략이 실행될 수 있도록 해주며, 개별적인 차원에서도 적응 행동을 유도해낼 것이다.

불확실성을 줄이는데 가장 귀중한 정보의 유형은 과거 기후 데이터베이스, 기상 모니터링 툴, 기후데이터를 분석하는 시스템으로, 연중 또는 계절별 변동과 극한의 패턴, 시스템 취약성에 대한 데이터 및 적응 효과성을 측정한다(예를 들면, 회복력, 중요 임계점 등)(FAO 2007). 그러한 개입은 기상 불확실성이 높고 ENSO 사례 및 기상변동과 관련된 과거 경험이 미래를 대비하는데 강조되었던 라틴아메리카 지역에 있어서 중요하다(box 3.3). 그러나 많은 국가들이 기본적인 기상학적 기반조차 갖추지 못하였고, 현재의 투자 부족은 문제를 더욱 어렵게 만들고 있다(box 3.5).

Box 3.3 엘니뇨-남방진동(ENSO)과 라틴아메리카와 카리브해 지역: 기후변동에 대응하기 위한 기후예측 활용

ENSO는 라틴아메리카 기후변동의 주요 현상으로 기온과 강수에 현저한 변동을 일으키고 사회경제적으로 가장 큰 영향을 초래하는 자연현상이다. 라틴아메리카에서 엄청난 강도의 엘니뇨(El Niño)현상은 지난 30년 동안 2회 일어났으며(1982~83년, 1997~98년), 인간이 만든 체계가 이러한 극단적인 기후사건(예를 들면, 홍수, 가뭄, 산사태 등)에 얼마나 취약한지를 여실히 보여주는 계기가 되었다(Magrin et al. 2007). 1982~83년의 엘니뇨의 영향은 라틴아메리카 지역에서 신뢰할 수 있는 계절 기후 예보체계가 절실히 필요함을 보여주었다. 기후예보는 수많은 분야에서 이용되었다. 1980년대, 동태평양에서 어업에 이용된 것을 시작으로 페루에서는 경작 그리고 브라질 북동부에서는 1990년대 초반 이후로 자급농업에 이용되어 왔다(Magrin et al. 2007). 농경제적 조사와 함께 신뢰할 수 있는 예보는 브라질과 페루지역의 가뭄기간동안에 농작물의 피해를 줄이는 결과를 가져왔다(Charvériat 2000). 농장에서의 토지배당에 대한 계절 기후 예보 적용에 대한 아르헨티나 사례연구를 보면, 농부들은 신뢰할 수 있는 예보가 있는 경우, 그들의 작물 혼합을 다양화하여 파종결정을 선택한다는 것을 알아냈다. 옥수수, 대두와 수수의 수확량은 라니냐(La Niña) 동안에 일반적인 수확량 수준보다 낮았고, 옥수수 수확량은 엘니뇨(El Niño) 동안에 강우 증가에 가장 민감하게 반응하였다(Hammer et al. 2001).

최근 연구에서는 ENSO에 기반한 기후 예보의 잠재적인 경제적 가치를 정량화하였고, 경작관리가 적정화되면(예를 들면, 파종날짜, 비료, 관개, 작물 종 다양성), 칠레에서 감자와 겨울 잡곡에서 10%, 아르헨티나의 옥수수에서 6%, 대두에서 5%, 그리고 멕시코 옥수수에서 20~30%의 순증가를 낼 수 있다고 결론내렸다. 경작혼합을 조정함으로써 아르헨티나에서 거의 9%의 잠재적인 이익을 가져올 수 있는 것으로 나타났다(Magrín et al. 2007).

라틴아메리카 지역에는 계절적 기후 및 극단적인 기후를 예측하는 몇몇 네트워크가 있다. 그러나 농업부문에서 예보를 해석하는 지식요건이 한정되어 있기 때문에 적용 범위는 여전히 제한적이다. 기후정보 접근에 있어서 사회적인 불평등과 기후변화 대응 자원의 부족은 라틴아메리카와 카리브해 지역에서 사전 적응력을 현저히 제한할 가능성이 있다(Adger et al. 2002).

b) 가구의 경제적 유동성과 사회보호 프로그램 강화

장기적인 극심한 환경변화에 직면하여 각 가구들이 복지를 향상하기 위해서 경제적 이행력을 높이는 것이 중요하다. 인적자본, 훈련, 그리고 보건과 정보체계에 대한 투자를 통해 경제적 기회를 제공하여, 경제적 이행을 하는 사람들의 능력과 노동유동성을 강화시키는 것은 가구들이 장기적으로 구조적 기후변화에 적응하는데 도움을 줄 것이다. 그러한 방법들은 농부들이 기상 리스크를 관리하는데 투자하고, 기후저항성이 강한 농업 기법을 적용하고, 수입원을 적절히 다양화하고, 첨단농업이나 농업 외의 기회를 이용하는데 도움이 되어야 한다. 사실, 최근 연구에서는 노동 유동성이 없이는(즉 적응없이), 2030~2049년 동안 브라질에서 기후변화로 인해 농업생산성이 18%까지 감소되고, 빈곤은 3.2%까지 증가될 것으로 예측했다. 이 분석에서 이주를 포함한 적응방법들을 고려하는 경우, 빈곤에 대한 기후변화의 영향은 대체적으로 더 낮아졌다(2%)(Assuncao and Feres 2008).

가구(households)들이 교육, 보건 및 영양공급부문에서 소비와 투자를 지속할 수 있도록 하기 위한 방법으로는 목표가 잘 설정되어 있는 조건부 또는 무조건부 현금지급, 노동에 대한 식품 및 현금 지급 등의 근로복지프로그램, 사회적 기금(기반시설, 사회 서비스, 교육, 소액사업 등에서의 지역사회 기반 프로그램)및 시설에서의 조정(학교 및 보건 비용 면제) 등이 중요하다. 이러한 방법들은 신축적이고 유연한 공공 안전망의 역할을 할 것이며 또한 중장기적 유동성을 유지해주기도 할 것이다. 이러한 사회 안전망은 기후변화에 대한 정책대응에서 형평성 측면이다. 안전망은 빈곤층이 "영구적으로 빈곤의 덫"에 떨어지지 않게 하도록 도움을 줄 수 있으며 "어쩔 수 없이 리스크가 낮은 방법으로 적응하여 보상이 적은" 생산전략을 선택하는 것을 피하게 해주며, 기상쇼크에 대응하여 생산자산이 파산되지 않도록 해준다. 라틴아메리카 지역의 몇몇 국가는 사회안전망 수단으로서 조건부 현금 지급(conditional cash transfers)을 나서서 개발해왔다. 여기에는 브라질의 볼사 파밀리아(Bolsa Familia), 콜롬비아의 파밀리아스 엔 악시온(Familias en Acción), 엘살바도르의 레드 솔리다리아(Red Solidaria), 그리고 멕시코의 오포르투니다데스(Oportunidades)를 들 수 있다. 니카라과의 프로그램인 아텐시온 아 크리시스 파일럿(Atencion a Crisis Pilot)은 특히 기상쇼크에 대응하기 위해 계획되었다. 연구에 의하면 이러한 프로그램들은 쇼크에 직면한 빈곤층에게 리스크 완충역할을 하는 효과적인 수단이 될 수 있으며, 쇼크 이전에 리스크를 적절히 관리하여 행동상의 변화 또는 쇼크 후 대응에서의 변화를 유도하는 인센티브를 도입할 수 있다. 또한 사회적 기금은 기후 쇼크, 특히 허리케인이나 홍수에 의한 물리적 자본이나 기반시설 피해가 있을 때, 이에 대응하기 위한 좋은 제도임이 증명되었다. 향후 기후변화에 따라 새로운 요구들이 등장하면 이러한 유형의 제도는 조정될 수 있다(box 3.4).

Box 3.4 안전망으로서의 보험 역할: 니카라과와 온두라스의 사례

대다수의 사회안전망은 저소득계층의 가구가 인적 자본, 보건, 그리고 생산적인 기업에 투자하도록 촉구하는 특정 목표를 가진 개입이라고 할 수 있다. 이러한 프로그램은 비상시기 동안에 빈곤층 가구의 복지수준을 방어할 목적으로 쇼크에 대한 사후 대응으로써 마련되었다.

조건부현금지급(conditional cash transfers : CCT)은 리스크로 인해 생활수준이 저하되지 않도록 하는 방편이지만, 이 방법은 리스크에 처한 가구들이 기상쇼크 후 관리(예를 들면, 아동 노동을 막거나 소득원의 다양화를 촉진하는 워크샵)와 쇼크 전 효율직인 리스크 관리에 참여하도록 유도하는 특정 인센티브를 도입하지 않았다.

니카라과의 사례는 농촌 소득에 영향을 주는 자연 재해 등의 일시적인 쇼크에 대한 보험을 직간접적으로 제공하는 유연한 CCT 프로그램의 예를 보여준다. 사회보호네트워크(Red de Proteccion Social)는 가구 소득을 보완해주기 위해 2000년에 시작한 CCT 프로그램이다. 이 프로그램은 소득 감소에 처한 가구들의 취약성을 상당히 줄이는 역할을 해왔다. 한 예로 2000~2003년 동안에 니카라과는 극심한 경제침체를 겪었으며, 특히 커피재배 가구는 더욱 혹독한 경험을 했는데, 이 프로그램에 참여한 커피재배자의 경우, 소비는 2% 만큼 감소한 반면에, 이 프로그램에 참여하지 않은 사람들의 경우는 30% 이상 소비가 감소한 결과를 보였다(Vakis et al. 2004).

좀 더 최근에는 니카라과 북부의 가뭄취약 지역에서 시범사업(사회보호네트워크 Red de Proteccion Social에 기반한)이 계획·시행되었다. 시범사업의 주요 목적은 농촌지역에서 기상과 관련된 비보장 리스크에 대한 소득 취약성을 줄이는 것이었다. 이 외에도 아텐시온 아 크리시스 파일럿(Atencion a Crisis Pilot)에서는 사전 및 사후의 리스크 관리방법의 비효율적인 이용을 줄이고자 하였고, 가구의 경제적 유동성 증가를 개선하고자 하였다. 쇼크에 대한 단기적 취약성 관련 프로그램에 대한 영향 평가를 보면, 수익자의 소득과 소비는 가뭄, 기타 자연적 쇼크, 가격 상승 그리고 보건 쇼크에 상당히 탄력적임을 보여주고 있다. 그뿐만 아니라 이러한 프로그램은 저축이용을 개선해왔고, 부정적인 대응 전략(예를 들면, 아동 노동, 물리적 자산 매각 및 소비 감소)을 줄여왔으며, 인적 및 물적 자본에서 투자를 선호하는 개인적 행동과 태도의 변화와 농업 이외의 다양화를 통해 사전 리스크를 좀 더 효율적으로 관리하도록 촉진해 온 것으로 나타났다.

또한 시범 프로그램에는 니카라과 동부의 산사태로 인한 진흙더미 이동에 대한 대응이 포함되었다. 이는 인도주의적인 구제활동 이후에 피해를 받은 모든 가정에 빠른 현금지급(대략 자연적 재해 후 3개월)과 종래의 CCT에 그러한 피해 가정을 결과적으로 통합(6개월까지)시키는 것을 포함하였다.

아텐시온 아 크리시스 파일럿(Atencion a Crisis Pilot)은 쇼크에 맞서 가구들을 보호하기 위해 특정 패키지를 포함한 CCT의 구성과 시행방법에 대한 운영교육을 한다. 접근할 수 있는 자원을 구축하기 위해서, 이는 기존의 조건부 현금 지불시스템과 통합될 수 있다. 이를 통해 프로그램을 확장하고, 조건을 완화하고, 적격하게 유도할 수 있도록 목표설정 및 유연성을 향상시킬 수 있다. 지속가능성 관점에서 보면, 그러한 통합을 통해 쇼크기간 동안에 지불 정도에 대한 조정 및 펀딩 속도를 향상시킬 수 있다. 결과적으로 이 프로그램은 운영상의 과제를 해결하는데 있어서 통찰력을 제공한다. 예를 들면 쇼크사건에 특히 중요한 프로그램에 관여하고 있는 다수의 대리인 사이에서 역량과 제도를 조정하도록 해준다(www.worldbank.org/atencionacrisisevaluation and Macours and Vakis 2008).

온두라스에서, 허리케인 미치로 인해 수천 명이 사망하고, 백만 명이

집을 잃었으며, GDP의 2/3에 상응하는 피해를 입었음에도, 그 이후 빈곤은 일반적 수준에서 증가하였을 뿐이다. 이러한 주목할 만한 결과는 빈곤한 지역사회에 소규모 투자 자금을 공급하기 위해 1990년에 만들어진 공공프로그램인 온두라스 사회투자기금(Honduras Social Investment Fund: FHIS)의 효율성 덕분이라고 할 수 있다. 온두라스를 완전히 파괴한 1998년 허리케인 미치 이후, 본래 구조적 적응정책이 초래하는 부정적인 사회경제적 영향에 대응하기 위해 구상된 FHIS가 긴급사태에 대한 대응 프로그램으로 재빠르게 바뀌었다.

FHIS는 경제에 활기를 불어넣고 기본적인 사회서비스를 복원함으로써 재해로 인해 빈곤이 악화되는 것을 막았다.이 프로그램은 허리케인이 발생한지 100일 이내에 2,100개의 지역사회 프로젝트에 4천만 달러의 자금지원을 승인했다. 1999년 말까지 FHIS는 3,400여개의 프로젝트에 자금을 지원했는데, 이는 허리케인 이전의 수와 비교해볼 때 4배였다. 나무파편을 제거하고 수도관, 하수체계, 도로, 다리, 보건센터 및 학교를 보수하거나 새로 지었다. 이로 인해 위기 이후에 석 달 동안 월 10만 명의 고용이 이루어졌고 국가적 재건을 촉진하는 성과를 가져왔다.

FHIS의 탈 중심화된 구조와 제도적 유연성으로 인해 빠르고 효과적인 대응이 가능하였다. 지자체와 지역사회의 강한 연대감을 토대로, FHIS 관리자는 11개의 임시지역 사무소를 개설하고 자원과 책임을 즉시 위임하였다. 관리자는 하위프로젝트 사이클의 단계를 50개에서 8개로 줄여서 책임소재와 투명성을 확보할 수 있도록 안전망을 만들고 국제개발협회(Internatioal Development Association) 기금에 효과적으로 접근할 수 있도록 하였다. 몇 년 후에 이 프로그램의 결과를 회고하는 기사에서는 "사회투자기금(FHIS)은 사회적 기금이 자연재해시 사회적 안전망의 한 부분으로서 귀중한 역할을 할 수 있음을 증명하였다"라고 결론 맺었다.

Box 3.5 기상보험 제도

국제기증단체(international donor community)는 이 지역 내 많은 국가가 인덱스 기준의 기상 보험 시장을 개발할 수 있도록 적극적으로 기술을 지원하고 있다. 인덱스에 기준한 기상보험은 전통적인 보험에 비해 많은 이점이 있다. 거래비용이 더 저렴하다는 점과 도덕적 해이 가능성이 낮다는 점이다. 이러한 이유는 국제적인 보험회사들은 더 적극적으로 재보험을 하려한다. 그러나 풀어야할 난관들이 많이 있기에 시장의 개발은 아직 더딘 편이다. 난관들 중 하나는 라틴아메리카 지역이 전체적으로는 아직 보험시장이 활성화되지 않은 지역이라는 점이다. GDP의 퍼센트로 프리미엄을 비교해보면, 라틴아메리카 지역은 아시아, 아프리카, 동부유럽의 개발도상 지역보다 뒤쳐져 있다(Swiss Re 2003). 또 다른 점은 대부분의 라틴아메리카 국가들에서 이러한 유형의 보험을 촉진시킬 수 있는 운영 프레임이 미비하다는 점이다. 또한 기상데이터의 수집 인프라가 악화되면서 점차 발생하는 기상데이터의 공백의 문제는 심각하다. 이 지역 대부분의 국가의 경우, 기상 관측소 분포의 밀집성은 점차 낮아지고 있다. 이는 부분적으로는 장비를 유지하는데 드는 재정적인 부담 때문이기도 하고, 교육을 받은 전문가의 부족 때문이기도 하다. 예를 들어 볼리비아의 경우, 불과 몇 년 전에는 1천여 곳에 이르던 관측소 중에서 현재 운영 중인 관측소는 약 3백여 곳이다. 이와 마찬가지로, 자메이카는 2004년 총 4백여 곳의 관측소를 운영하였었는데 현재는 2백여 곳의 관측소만을 운영하고 있으며, 과테말라와 온두라스도 비슷한 상황이다.

출처: Arce (2008).

c) 리스크 관리 능력 강화

가구(households)와 정부의 리스크 관리능력 강화, 특히 기상쇼크에 대한 관리능력강화는 리스크 분담체계에 달려있다. 여기에는 특정 기상쇼크를 관리할 수 있는 민간 보험시장과 정부의 능력을 강화하는 노력들이 포함된다. 전세계적으로 모든 유형의 농업보험 시장은 협소하며, 보험료로 보면 개발도상국 지역에서는 아시아 다음으로 라틴아메리카 지역이 두 번째 규모이다(Swiss Re 2003). 라틴아메리카 지역의 정부들은 기반시설에 적절한 투자를 유치하고 제도적 장벽을 처리하여 지표에 근거한 기상보험시장을 개발하도록 지원할 수 있다. 멕시코 정부가 재해리스크 관리와 적응전략을 개발하는데 지원한 연구(EU 2006)에서는 사후대응보다는 자산보호와 예방을 통한 위험관리에 중점을 두어야 함을 강조하였다. 이는 정부예산에 따라 영향을 받는다. CDM은 기술 원조를 제공할 수 있고, 필요하다면 재정적으로 지원할 수 있다.

기상데이터 수집에 대한 투자는 보험시장을 개척하는 과정에 토대를 제공할 것이고, 장기적으로 기후변화를 모니터하면서 계획이 개입할 수 있도록 기상 예측 역량을 개선시킬 것이다. 그러나 보험은 단기적인 기상 쇼크를 극복하는데 도움을 줄 수는 있지만, 장기적인 기후 현상의 경우에는 보상할 수 없다. 물론 보험시장은 스스로 적절한 시그널을 보낼 것이다. 즉 위험이 높은 지역에 있는 건물에는 높은 보험료가 부과될 것이고, 이는 그러한 위험지역에 건축하지 않도록 하는 인센티브로 작용할 것이다. 시간이 흐르면서 기후가 변함에 따라 보험료 체계는 상황에 맞게 조정될 것이다. 그러나 정부는 이러한 메커니즘이 기능하도록 해주어야 하며, 정책 조정을 해야 할 것이다. 위험성이 높은 지역의 보장을 위한 정부보조금이나 활동은 개개인이 위험지역을 피하려는 인센티브를 감소시킬 것이고, 이 지역의 피해에 대한 추가적인 보상을 감소시킬 것이다.

d) 시장 강화

정부와 국제 거버넌스의 가장 중요한 역할 중 하나는 시장이 적절한 가격 신호를 계속적으로 보내도록 하는 것이다. 한 국가에서 두 가지 종류의 시장이 우선적으로 필요하다. 왜냐하면 이 두 가지 시장이 기후변화에 대한 적응에 있어서 특히 중요하면서도 대부분의 개발도상국에서 현재 미흡하게 발전되어 있기 때문이다.

① 물시장. 기후변화의 영향 중 많은 중요한 부분이 물 이용과 관련되어 발생할 것이다. 2장에서 본 바와 같이, 현재 라틴아메리카 지역 중 건조한 일부지역은 더 건조해질 것이고, 물 부족 현상이 없는 지역에서도 향후 50년에서 100년이 지나면 물 부족을 겪게 될 수 있다. 물을 통해 가장 높은 경제적 가치를 창출할 수 있는 지역과 활동에 물을 할당하는 문제는 지금도 중요하지만 앞으로는 점점 더 중요해질 것이다. 그러나 현재 수권(water right)이 명확히 정의되지 않았으며 대부분의 국가에서 물은 가치 절하되어 있다. 사실상 세계 도처에 있는 모든 물 시스템 중,[5] 현재 엄청난 양의 물이 저가치 작물을 재배하는데 사용되고 있다. 라틴아메리카 지역 중, 칠레와 멕시코는 상당한 진전을 이뤘다. 그러나 이 두 국가에서조차도 가장 높은 가치를 지닌 활동에 물이 할당되도록 시장이 적절하게 계획되지는 못했다. 물시장의 물 배분에 대한 단순시뮬레이션을 이용한 배경연구에서는 2100년까지 멕시코의 리오브라보(Rio Bravo) 유역에서의 물 부족 예측에 대한 경제적 비용을 정량화하고자 하였다.[6] "부적응"시나리오에서는 농업·산업·가정용 등의 물 이용에서의 일률적인 사용률 감소를 통

해서 물 부족을 극복하려 하였다. 또 다른 시나리오에서는 가장 이용가치가 높은 곳에 물을 할당하였는데, 이러한 할당은 물 가격을 효율적으로 정할 수 있는 경우에 가능하다. 전자 시나리오에서 경제적 비용은 후자 시나리오의 경제적 비용보다 수백 배 컸으며, 후자 시나리오에서는 적응 비용과 할당의 영향을 조정하는 보완적인 절차를 배제하지 않으면서, 한편으로는 기후변화에 적응하는데 드는 비용을 효과적으로 줄이는 적응 정책을 수립할 수 있는 역량이 강조되었다. 위에서 본 바와 같이, 일부의 경우 캘리포니아에서처럼 유역 간 이동(transbasin transfer)이 지역 내의 물부족을 해결하는데 유용할 수도 있다. 그러나 유역 간 이동을 조직화하는 데에는 상당한 계획, 투자, 그리고 어떤 경우에는 국제적 협조가 필요하다. 국경을 초월하는 물 거래를 용이하게 하고, 물 이용가능성의 변화로 인해 촉발될 수도 있는 갈등을 조정하기 위해 국제기구가 필요하다(UN Foundation 2007).

② 금융시장. 금융시장은 기후변화 적응 측면에서 두 가지 역할을 한다. 단기적으로 금융시장은 소비가 완만히 유지되도록 지출과 저축을 통해 개인이 쇼크에 효과적으로 적응할 수 있도록 해준다. 장기적으로 금융 제도는 재정 적응 비용에 충당될 투자자본 재원을 대주는 역할을 한다. 라틴아메리카 지역 많은 국가의 도시지역에서는 금융서비스를 용이하게 이용할 수 있는 반면, 농촌지역이나 소규모 농가는 높은 거래 비용과 농촌지역 소규모 농가들이 신뢰할만한 담보물을 제공할 능력이 낮다는 이유로 대체적으로 서비스를 잘 이용하지 못하고 있다. 그러나 이러한 장애물을 극복할 수 있는 좋은 예도 있다. 사회 자본과 동료모니터링(peer monitorning)이 이용될 수 있다. 예를 들면 가치사슬접근법(value-chain approach)을 이용하여, 과테말라에서 FUNDEA(Fundación Para el Desarollo Empresarial y Agricola, 법인체로

서 과테말라 시티에 사무실을 두고 있다. 주로 농촌지역에 주거 및 농업 등에 대출해주며, 2012년 말 현재 대출고객은 33,060명, 농촌 대출비율은 77%임(http://www.fundea.org.gt 참고)는 자라고 있는 식물을 담보로 하여 소작농에게 자금을 지원하였다. 이밖에도 공공정책을 통해 농촌지역의 소작농에게 금융제도를 제공하는데 수반되는 리스크와 비용을 줄일 수 있는 새로운 시범사업을 지원할 수 있다. 핸드폰이 시장과 가격정보를 생산자에게 빠르게 전달해줄 수 있듯이, 이른바 "모바일 뱅킹"이 현재 브라질에서 시범으로 진행 중인데, 이는 농촌가구의 금융거래 비용을 획기적으로 줄일 수 있다.[7] 필요하다면 금융 규제 개편을 통해 농촌의 금융 거래를 위한 루트로서 기존의 우체국, 기타 소매 아울렛을 이용하여 은행없이도 뱅킹업무를 볼 수 있도록 하여 저축예금을 유통시키는 제도를 허용하고 이자율 한도를 없애도록 재편할 필요가 있다. 신용정보업체를 통한 데이터 수집을 통해 잠재적인 대출 고객의 행동리스크(behavioral risk)에 대한 정보를 수집하여 농촌지역 대출관련 리스크 보험료를 줄일 수 있다. 소작농에 대한 농촌금융은 또한 보험제도의 구축 및 확장에서 손실 담보에 이르는 다양한 혜택을 줄 수 있으며, 일부 국가의 경우 보험은 개인에 대한 소액 및 단기 자금 대출제도와 일괄적으로 묶여진 경우도 있다.

신용대출시장의 소비평탄화(consumption smoothing)역할과 관련하여 기상과 관련된 쇼크의 속성은 중요한 정책적 함의를 갖는다. 기상쇼크는 아주 넓은 지역에 걸쳐서 밀접하게 상관되는 경향이 있다. 특히 직간접적으로 농업에 의존하고 있는 농촌지역의 경우, 한 지역 중심의 금융기관으로는 쇼크를 처리하는 데 미흡할 수 있다. 왜냐하면 일시에 모든 예금자가 저축을 철회할 수도 있기 때문이다. 이를 해결하는 한 가지 방법은 기상리스크에 대한 융자를 보증하는 것이다. 다른 전략은 금융기관의 대상을 한 지역이 아닌 여러 지역으로 다양화하는 것이다. 자본 타당 비율을 계산할 때 이미 보장된 융자에 프리미엄을 보태어 보험에 의지하도록 촉진할 수 있다. 이는 대안적으로(또는 부가적으로) 농촌보다는 기상 리스크에 심하게 노출되지 않은 고객 대상의 금융기관을 발전시킬 가능성이 있다. 작은 국가에서 특히 외국 은행은 이러한 역할에 적합할 것이다. 그러나 어떤 경우에서든 규제 정책은 농촌 고객을 기반으로 하여 광범위한 외부연계를 개발하도록 설계될 수 있다.

③ 국제무역 시장. 국제적 규모에서 무역체계는 글로벌 시장이 다양한 방법으로 기후변화에 의한 영향을 줄이는 역할을 하도록 개방을 보장하는 것이 중요하다. 세계무역기구(WTO)의 모든 회원국이 각자의 역할을 하겠지만, 고소득국가가 주도하는 리더쉽은 지구촌 모두가 기후변화관련 과제들을 해결하는데 협력하여 국제적 합의에 도달하는데 결정적인 역할을 할 것이다.

첫째, 식량 무역에 대한 모든 유형의 장벽은 효과적으로 통제될 필요가 있다. 이는 기후변화가 단기적으로는 공급쇼크의 효과를 분산할 뿐만 아니라 장기적으로는 생산유형을 변화시켜 식품무역패턴의 변화를 용이하게 해주고, 소비자와 생산자가 적절히 반응하도록 해준다. 라틴아메리카 지역은 세계 농업수출량 중 약 11%에 담당하는 주요 식량 수출지역이다. 그러나 일부 국가는 생산성 감소로 인해 큰 손실이 나면서 이 지역의 대내외적인 식량무역패턴에서의 급격한 변화로 인해 어려움을 겪고 있다. 따라서 이러한 문제는 라틴아메리카 지역의 중요한 관심사이다. 최근 식량가격 폭등으로 얻은 교훈은 식량부족이 발생할 때, 국제 가격 움직임과 국내 소비자 및 생산자를 분리시키는 "근린궁핍화(beggar thy neigher)" 무역정책으로 대응하는 경향이 있다는 것이다. 이렇게 함으로써 적응 비용이 다른 국가로 전가된다. 여기에는 임시적으로 수입 장벽의 감축과 수출 장벽의 증가가 포함되었으나, 둘 중 어느 것도 현재의 WTO 규정 하에서 효과적으로 통제되지 못하고 있다. 또한 많은 정부들은 식량 생산에서 자급도 증가를 강조함으로써 식량 위기에 대응해왔다. 일부 국가에서는 기후변화로 인해 향후 식량 생산 비용이 많이 증가할 수 있으므로, 자급자족의 수준을 유지하려는 시도는 비용을 증가시킬 수도 있다. 따라서 모든 국가가 필요한 식량을 공급하기 위해 무역에 의존할 수 있다는 확신을 심어주기 위해서 무역개방이 중요하다.

둘째, 배출 감축에 도움이 되는 상품 및 서비스에 대한 무역 장벽은 원칙적으로는 제거될 것이다. 이에 대해서는 도하라운드에서 협의되었으나, 그 성과는 제한적이다. 라틴아메리카 지역의 주요 관심사 중 하나는 에탄올 무역에 대한 장벽 축소이다. 이에 가장 큰 관심을 보이는 브라질은 에탄올을 세계에서 가장 저비용으로 생산하고 있다. 그러나 사탕수수로부터 에탄올을 효과적으로 생산할 수 있는 다른 나라에도 에탄올 무역 장벽의 제거는 중요하다. 배출감축에 있어서 효율성과 효과성의 두 가지 측면에서 보면, 전 세계의 관심은 많은 보조금과 높은 무역 장벽이 있는 국가보다는 가장 효율적으로 생산될 수 있는 곳에서 에탄올이 생산되도록 하는데 있다. 고소득 국가에서 보조금과 현재의 무역정책은 농업시장에서 큰 왜곡을 초래했으며, 세계도처의 빈곤한 식량 소비자에게 좋지 않은 영향을 주었으며 이산화탄소 배출에서도 고작 미미한 감소를 가져왔을 뿐이다.

마지막으로 WTO의 무역기술장벽위원회(Committee on Technical Barriers to Trade)는 이미 에너지 효율이나 배출 통제를 목표로 하는 많은 기준과 라벨링 증가를 검토하는데 관여하고 있다. 이는 한 국가의 배출감축 공약이나 환경규제 기준으로 부과된 요금 및 기타 무역정책이 차별적으로 혹은 불필요하게 무역을 제한하지 않아야 함을 보장하는데 있어서 중요한 역할을 한다.

비촉진적(nonfacilitative) 적응 정책

모든 적응정책이 촉진적 속성을 가진 것은 아니다. 생태계를 포함한 공공재의 편익이 모든 이에 의해 공유되는 반면에, 그 비용을 개인이 지불하도록 체계화할 수 없기 때문에 직접적인 정부 개입이 필요하다.[8] "기후에 영향을 받지 않는(climate proof)" 공공 기반시설에 대한 투자, 홍수 통제, 해수면 상승위험 해안지역의 보호 또는 전염병으로 인한 공공 보건 위협 방지가 이러한 유형에 속한다(box 3.6).

규제력을 지닌 일부 수단들 또한 이 카테고리에 해당되는데, 여기에는 자연재해 위험이 있는 지역의 토지이용 제한이 포함된다. 이밖에도 홍수 피해에 대한 보험 프리미엄이나 농업생산에 대한 보조금 제거와 같이 직접 규제보다 좀 더 효율적인 대처방법이 있다. 기후변화 대응과 관련된 이러한 유형의 두 가지 정책으로 자연자원 관리와 기술개발 및 보급을 들 수 있다.

a) 자연자원 관리의 강화

유량 변화를 관리하는데 각자 개인도 많은 투자를 해야 하지만, 공공측면에서 정부의 개입 역시 중요하다. 기후변화로 인해 특정지역의 유량이 증가되거나 감소될 수 있으므로 정부는 이 두 가지 가능성에 대비하여 계획에 착수해야 한다. 홍수 및 해설(解雪)을 관리하기 위해 신규 댐이 필요할 수도 있다. 그러나 이와 반대로 물 흐름이 확연

Box 3.6 비촉진적인 적응: 일부지역에서 직접적인 정부조치가 필요하다.

라틴아메리카 지역에서 몇몇 정부들은 이미 발생한 기후와 예상되는 변화에 도로, 철도, 다리 등 주요 연결망과 농업 및 어업 생산기반시설을 점차적으로 적응시켜야 할 필요성을 인식하고 있다. 2003년 이후 아르헨티나는 연방 홍수통제계획을 통해 부에노스아이레스(Buenos Aires), 코르도바(Cordoba), 라 빰빠(La Pampa), 산타페(Santa Fe) 주에서 농촌과 도시 주변의 도로 및 철도망의 보호뿐만 아니라 생산토지의 수문 복원, 농촌지역의 홍수완화를 포함한 기반시설 프로젝트 개발에 8억 페소의 예산을 지원하였다. 1980년대 이후 아르헨티나의 델 쁠라타(Del Plata) 지역의 경우, 바다와 강의 수위 상승에 대한 대응책으로 홍수에 대한 적응 및 기반시설에서의 조치를 취했다. 수위가 낮아질 것으로 예측되는 경우를 대비하여 빠라나(Parana)강을 따라 수송수로를 더 깊게 건설하는 계획도 세웠다. 아르헨티나의 연이은 홍수프로그램에서는 도시 보호 및 복원에서 중요한 우선적 요소들에 대해서 주로 대응책을 세웠다. 기반시설 조치에는 강수량 초과분(precipitation excess)의 저류와 재 유도장치(re-conduction)를 통한 홍수 방지가 포함되어 있다. 그러나 델타섬(Islas del Delta)의 수문학적 보호계획(Plan of Hydrologic protection)뿐만 아니라 엘 차코(El Chaco)와 산타페(Sants Fe)의 농촌지역 프로그램은 홍수에 의해 영향을 받는 농업피해를 완화하는 기능을 해왔다.

또한 멕시코 정부는 기후변화에 따라 물을 관리하기 위해 공공 전략을 수행해왔다. 특히 농촌지역에서 농업 및 어업분야에서 절수시스템을 개발하였다. 알토 메스끼딸(Alto Mezquital)과 북부 믹스테카(Mixteca)와 같은 매우 취약한 지역에서의 적응전략 평가에는 이 지역의 물관리 전략 계획에 다양한 사회적 행위자를 포함했다. 도시지역의 물 집수 및 통제 시스템은 물 절약을 적정화하고 유량을 정상화하는데 도움이 되었다. 에르모시오(Hermosillo), 소노라(Sonora)에서 적응 프로젝트는 잠재적인 적응 방법을 계획할 때 물부문에서의 주요 행위자를 포함하는 것을 우선적인 조치로 취해왔다.

우루과이 정부는 동부지역 습지를 자연보호지역으로 지정하여 새 규정을 만들어 관리하고 있다. 도시계획입법 및 실행으로 해안으로부터 350미터까지의 개발에 대한 셋백(setback) 요건이 변경되었다. 우루과이 정부는 해안생태계 보존을 위해 불법 건축물을 제거하고(Department of Rocha), 통합 적응 전략을 수립하였다(Punta del Diablo). 그리고 토지계획프로젝트에 대한 가이드라인과 가이드 방안을 정했다(Atlantic coast). 생태 쁠라타(Eco-Plata) 프로그램은 우루과이 해안 지대 중 두 지역의 관리를 위한 시범 적응 방법을 담고 있다. 또한 주요 6개 해안관련 부서가 연대해서 조치를 취하기로 한 "해안선언(Coastal Declaration)"에 서명함으로써 기후변화에 대비한 해안지대 적응을 위한 제도적 프레임을 구성하는데 기여했다. 프로그램에 재정을 지원한 지구환경기금(Global Environment Facility(GRF))은 특히 대서양 해안지대를 대상으로 한 통합관리전략을 개발해왔다. 아르헨티나와 우루과이는 리오 데 라 쁠라타(Rio de la Plata) 강하구 지역에서 공동의 전략 및 관리 계획을 수월하게 진행하기 위해서 환경, 사회, 법에 대해 공동으로 검토를 진행 중이다.

Box 3.7 가뭄극복 : 브라질 북동부 지역에서의 정부의 역할

브라질의 반건조지역인 북동부 지역은 국토의 18% 이상을 차지하며 브라질 인구의 1/3이상이 그 지역에 거주하고 있다(Lemos 2007). 지방 및 연방정부는 이 지역에서 반복적으로 발생한 가뭄으로 인하여 기후쇼크 피해를 완화하기 위한 정책을 수립하는데 어려움을 겪고 있다. 더욱이 반복적인 가뭄으로 인해 이 지역에서 경기가 후퇴하고 경제적 불균형이 악화되는 것으로 나타났다(Chimeli et al. 2008).

세아라(Ceara) 주는 브라질의 대표적인 반건조 지역으로 주 면적의 95%가 반건조지역이며 대다수의 인구가 농업에 종사하고 있어 가뭄에 매우 취약하다. 세아라 주는 가뭄관련 정책입안과 거버넌스 혁신 및 개선의 좋은 사례이다. 기후정보를 효과적으로 이용하여 복지를 개선하는 정책을 실행한 사례이기도 하다(Chimeli et al. 2008).

100년 이상 동안, 지방 및 연방정부는 가뭄에 대한 취약성의 원인을 심층적으로 다루기보다는 지역에서 리스크를 관리함으로써 가뭄에 의한 부정적인 영향을 경감시키고자 하였다. 공무원들이 초기에는 가뭄과 물 부족을 동일시했기 때문에, 대응에 있어서 주안점은 주로 두 가지에 집중되었다. 즉, (1) 기후관련 데이터의 수집 및 과학부문에 대한 투자뿐만 아니라 저수지와 댐 등의 수공장치(water works) 및 물 저장 공간에 대한 투자 (2) 주의 기금으로 가뭄 희생자를 위한 프로그램뿐만 아니라 식량과 물 배분 프로그램에 투자함으로써 재난 이후의 긴급구호에 대한 투자가 그것이다.

그러나 이러한 두 가지 접근 방법은 가뭄에 대한 취약성을 장기적으로 줄이는데 별로 효과적이지 않았으며, 주의 가뭄대응과 관련된 불합리한 파벌주의적 정책이 순환되는 결과를 초래하였다(Lemons 2007).

1987년 주정부는 긴급조치보다는 지역사회와 관련된 장기적 프로젝트에 중점을 두기로 결정했었다. 주정부는 새로운 가뭄 통합구제관리방안을 세웠고, 결정과정에서 이해당사자를 포함시켰다. 또한 단체 및 공공부문 행위자에게 좀 더 책임이 부과되도록 제도적으로 정비하였고, 가뭄에 대한 대응을 지원하는 체계적인 정보를 이용하여 비효율성 및 부패문제를 해결하고자 하였다.

이밖에도 주정부는 가뭄에 대응하는 접근방법으로써 가뭄으로 인해 50% 이상의 작물손실을 본 농부들에 대한 소규모 농장 작물 보험, 소작농에게 광범위한 서비스 접근성 제공, 그리고 수출시장을 겨냥해 좀 더 돈벌이가 되는 작물 선정 등의 새로운 이니셔티브를 시도하고 있다. 또 다른 이니셔티브는 기상예보 이용과 관련된 것이다. 1992년에 세아라(Ceara) 주는 건조 예보에 근거하여 가뭄 조건에 좀 더 알맞은 작물을 심도록 권고하였고 이를 통해 곡물 수확량 손실을 줄였다(기후예보 없이 비슷한 강수량을 보인 1987년의 경우에 67%의 손실이 기록됨). 자생식물로부터 식물성 오일을 생산(예를 들면, 피마자)하여 바이오디젤 산업에 공급하는 것 또한 적응 방법의 하나로 제안되었다(Magrin et al. 2007).

최근, 브라질 정부는 세아라(Ceara) 주에서 가뭄적응을 위한 상세계획(Action Plan for Adapting to Drought)을 발표하였는데, 이는 이 주의 지자체 177곳 중에서 152곳의 지자체를 대상으로 한 것이다. 국가민방위조직(National Civil Defense)이 지자체 경보지표(Municipal Alert Indicator: MAI)를 토대로 지자체를 선정하였다. MAI에서는 수확량 손실, 생산성, 기후, 강수 배분, 물 저장, 토양 건조도, 그리고 사회적 프로그램으로 지원하고 있는 가구 등이 지표로 고려되었고 이를 통해 우선순위지역을 선정하였다 상세계획에는 가뭄에 대한 좀 더 중기적인 대응뿐만 아니라 즉각적인 대응 방안이 포함되었다. 이는 식량 및 물 안보를 보장해주었고 152곳의 지자체에 필요한 운하, 우물, 물탱크와 댐의 건설 및 확장, 그리고 수리부문에 필요한 재원을 공급하였다.

히 줄어든다면 기존 댐이 더 이상 필요하지 않게 되어 해체해야 될 수도 있다. 이러한 지역은 완화와 적응 아젠다가 교차하는 지역으로, 한 예로 청정전력을 생산하면서 홍수를 관리할 수 있는 다목적 댐이 있는 지역을 들 수 있다. 위에서 언급했듯이, 가장 중요한 것은 정부가 제도적으로 물 시장 개발이 용이하도록 토대를 제공해야 하고, 국제기구는 물 가용성 변화에 의해 초래된 초국경 분쟁을 해결하기 위해 제도를 개선해야 한다(UN Foundation 2007). 예방차원의 방법이나 대응차원의 방법에 대한 투자는 국가마다 처한 사정과 우선순위에 달려있다(box 3.7). 그러나 대부분의 경우 수자원관리를 위해서 전체 강 유역에 대한 통합적인 계획이 필요하고, 이에 상당하는 규모의 정부개입이 필요할 것이다.

또한 기후변화 영향에 직면하여 생태계 서비스를 보존하기 위해 투자가 필요하다. 마그랭(Magrin et al., 2007)에서는 “기후변화에 직면하여, 생물보존지 및 생태회랑은 생태계를 보호하기 위한 적응 수단으로써 기능할 수 있다"고 제안한다. 생태계 적응을 돕는 어떠한 유형의 노력이든 중요한 첫 단계는 현재의 상황과 경향성을 면밀히 모니터하는 것이다. 카리브에서 산호초를 보존하고 메소아메리카 생태회랑(Mesoamerican Biological Corridor)을 보전하기 위한 최근 프로젝트는 이러한 노력의 한 예이며, 이는 앞으로 확대되어야 할 것이다(box 3.8).

Box 3.8 모니터링은 생태계적응을 위한 지원방법을 설계하는데 있어서 첫 단계이다.

스트롱과 코지(Strong and Causey, 2007)는 백화현상(coral bleaching, 코럴블리칭)의 예를 들면서, 산호초의 관찰에서 현장관측과 원격탐사를 통합시키는 것이 중요하다고 강조했다. 일부 현장감지소에서는 실시간 데이터를 제공하고 있다. 진행 중인 프로젝트의 일부로서, 미국해양대기국(NOAA)과 세계은행의 협조로 카리브해공동체 기후변화센터(Caribbean Community Climate Change Center: CCCCC)는 산호초조기경보시스템(Coral Reef Early Warning System: CREWS)스테이션[9]과 몇몇 사이트를 설치했고, 여기서 기준 프로토콜을 이용하여 산호초를 관찰하고 있다. 자메이카에 산호초 조기경보시스템 스테이션이 설치되어 있으며, 이 스테이션은 카리브해 공동체 기후변화센터와 자메이카 해양자원센터(Center for Marine Resources of Jamaica)가 운영하고 있다. 이곳에서의 관찰과 다른 기기를 통한 관찰을 통해 카리브해 유역(Caribbean Basin)에서 산호생태계의 위기에 대해 신뢰할 만한 데이터를 얻고 있다. 현재 백화현상의 경제적·생태적 결과 분석이 진행 중에 있다.

또한 GEF에서 재원을 지원받아 모니터링 수행력을 개선하는 타 이니셔티브도 있다. 여기서는 안데스산맥에서 녹고 있는 빙하문제와 그로 인해 영향을 받는 국가인 볼리비아, 에콰도르, 페루에 초점을 두고 있다. 9개의 빙하 모니터링 스테이션 네트워크는 대륙관측기술위성(Advanced Land Observation Satellite: ALOS)을 이용하여 인공위성 영상을 보완하고 있으며, 이를 이용하여 빙하의 역동성을 분석하는데 활용하고 있다. 필드 스테이션에서는 날씨와 수문상황을 계속적으로 모니터한다. ALOS는 동일의 빙하지역을 방사선 및 사진 촬영을 하기 위해 센서(PRISM, ALVNAR, PALSAR)를 이용한다. 네트워크는 주요 도시에 물을 공급하거나 농업 또는 에너지 공급과 주요 관련성이 있는 빙하를 주요 대상으로 한다. 이 시스템은 국제부흥개발은행(International Bank for Reconstruction and Development: IBRD)에서 그동안 시도해 온 지역차원의 노력을 도와줄 것이다. 이와 기타 정보는 선정 유역에서의 급속한 빙하후퇴로 인한 주요영향을 다루기 위해 지역적·전략적 적응 시범사업 시행과 빙하후퇴의 지속적인 관찰 및 평가, 그리고 그 영향을 모니터하는 적응절차의 세부 설계에서 통합 이용될 것이다.

Box 3.9 라틴아메리카 지역에서 생태계관리: 진행 중인 프로젝트

이 지역에 위치한 국가들은 기후변화에 의한 생계 위협과 생태계의 반응에 잘 대처하기 위해 몇가지 적응 프로젝트를 진행 중에 있다. 이 프로젝트들은 지구환경기금(Global Environmental Facility)을 통해 UNFCCC의 재정지원을 받고 있을 뿐만 아니라, 국가 및 국제기구의 지원을 받고 있다. 라틴아메리카 지역에서 영국 해들리기후변화센터(Hadley Centre)는 쿠바, 멕시코를 포함한 중미지역 국가에서 기후 변화 적응력을 향상시키기 위해 역량구축프로젝트(Capacity Building Project)를 진행 중에 있다.

라틴아메리카 지역에서 배출 감축과 적응 목표의 융합 가능성의 예는 나리바(Nariva) 습지생태계의 재식림과 복원을 통해 탄소를 상쇄시키고자 한 프로젝트에서 볼 수 있다. 이 프로그램은 식생피복의 자생적 복원이나 인위적인 복원뿐만 아니라 자연배수체계를 복원할 것이다. 이 프로젝트에서는 나리바 습지지역의 지형 구성요소를 확인하고, 복원 지역의 우선순위 선정 기준을 만들어 이 지역 생태기능을 복원하고 자연적인 배수가 이루어지도록 물관리 계획이 수립되어 있다. 또한 복

원 프로그램에서는 나리바의 자생종만을 이용하여 1,000ha~1,500ha를 복원할 것이다. 일단 조사를 통해 토양 정보를 얻고, 수문 상황이 회복된다면, 수위와 홍수정도에 따라 습지 식물이나 열대우림 식물을 적절히 선택한다(Vergara 2005).

콜롬비아는 국가 통합 적응 프로그램(Integrated National Adaption Program)을 통해 고산지역 생태계와 섬지역에서 기후변화 영향에 대응하기 위해 특수한 적응 시범 방법을 도입하고 있다. 이는 이 지역에서의 적응활동에 대한 표준이 되고 있으며 다른 이니셔티브 하에 있는 적응 방법 계획에도 영향을 미치고 있다. 프로젝트에서 산출한 데이터를 이용하여 산악지대에서부터 흘러내려오는 물에 의존하는 도시의 물 공급 및 전력생산에 있어서 적응력을 탄력적으로 강화하는 방안을 개발하고 있다.

멕시코 걸프(Gulf) 습지에서의 기후변화에 대한 적응은 해안 습지 및 이와 연관된 내륙 유역에 주요 중점을 두고, 기후변화에 의해 예상되는 멕시코 수자원에서의 취약성을 줄이기 위해 계획되었다. 특히 프로젝트에서는 멕시코 걸프만 습지의 안정성과 통합성에 대한 기후변화의 현재 및 향후 영향을 평가하고 기후변화 영향으로부터 습지가 제공하는 환경서비스를 보호하기 위한 시범 방법을 적용하기 위해서, 그리고 기후변화에 의한 수자원 영향 문제를 해결하기 위해서 국가 수준의 정책을 수립하고자 하였다.

콜롬비아 안데스 중앙지역의 황야지역에 있는 라스 에르모사스 마시프(Las Hermosas Massif)가 제공하는 환경서비스를 보호하기 위한 적응 대책에서는 라스 에르모사스 마시프 국립공원의 완충지역을 증가시키고 수변식생 보호를 강화하고 지표수로 들어가는 오염물질을 줄이기 위해 농업방법을 변화시키는 방법을 택하고 있다. 또한 자연서식지를 복원하기 위해 경제적 유인책을 도입하는 한편, 이 지역의 대형동물군의 보호 및 강화에 중점을 두고 있다.

향후 수십 년 동안, 기존 생태계가 기후변화에 적응하는 데에는 일반적으로 생태계를 복원하고 스트레스를 줄이는 노력이 있어야 한다. 기존 스트레스를 줄이는 방법은 현재를 위한 합리적인 전략이며, 미래를 위해 잠재적인 다른 전략도 규명할 수 있다(box 3.9). 이러한 전략은 생태계 관리 담당 기관이 기존보다 더 범위가 큰 지역적 전략에서 협력하는데 있어서 중요하다.

나리바(Nariva) 프로젝트 접근법(box 3.9)에서 볼 수 있듯이, 어떤 경우에는 생태계 적응과 탄소상쇄를 가져오는 프로젝트를 통해 동시에 두 문제를 처리하는 것이 가능할 것이다. 이러한 시너지효과의 중요성(특히 산림 보존에 있어서)은 칠레의 적응 필요성에 대한 사례 연구에서 강조되었다(Bitran 2008). 이 논문에서는 강수량의 현저한 감소로 인해 특정지역의 빽빽한 산림지역이 영향을 받을 가능성이 있고, 주로 임업지역인 300,000ha 이상의 산림지역이 취약하다고 지적하고 있다. 비트랜(Bitran, 2008)은 라틴아메리카 전체지역의 5년 치에 해당하는 자생산림의 손실이 발생할 것이고 이에 따라 탄소배출이 증가할 것이라고 지적하고 있다. 따라서 가능한 한 임업을 유지하는 방법을 모색하는 것이 중요하며, 여기서는 가뭄에 내성을 가진 형질전환 종의 도입이 그 해결책으로 제시되었다.

b) 기술적인 연계 및 지식 흐름 강화

자연자원을 잘 관리하고 많은 산출량을 안정적으로 얻기 위해 체계적인 기술과 지식을 이용할 수 있다. 이 두 가지 모두 장기적인 적응을 위해 필요하지만, 우호적인 생산 환경과 강력한 지원제도 및 양호한 거버넌스를 갖춘 지역에서나 이러한 기술과 지식을 적용하고 지속적으로 이용할 수 있을 것이다. 일반적으로 환경적으로나 경제적으로 한계에 처한 건조지역에서 기후 리스크에 잘 적응하도록 지원하는 혁신적인 농업기술 및 지식을 활용하기에는 어려움이 있었다(World Bank 2008).

온난한 지역에서 농부는 열대지역에서 현재 자라고 있는 기존의 종을 이용하여 더 온난해진 기온에 적응할 수 있어야 한다. 기존 환경에서 서식하던 종들은 낮은 위도에서 더 높은 위도로 이동하면서 온난해지는 환경에 적응할 수 있다. 이는 무역과 규정체계가 그러한 기술을 이전시킬 수 있을 만큼 개방되어 있다는 것을 전제로 한다. 정부가 고려해야 하는 한 가지 문제는 새로운 종(유전자 변형농산물(GMOs) 및 비(非) 유전자 변형농산물을 포함)의 도입에 관한 규제를 해외 기술 "도입(spill ins)"에 의한 가치 증가라는 측면에서 개정하여야 하는지 여부이다.[10] 이러한 규정이 기반으로 하고 있는 비용-편익 계산은 기후변화에 따라 크게 달라질 것이다. 그러나 일반적으로 기존의 종(種)이 작물 내성의 극단적인 범위에 들지 않아서 그 지역 농부들의 필요를 만족시킬 수 있는 상황에서는 새로운 종에 대한 연구 및 개발에 초점을 두어서는 안 된다.

그러나 온도저항성의 임계치에 다다른 지역에서는 현재 자라고 있는 작물 생산성의 한계를 극복하는 것이 시급한 과제이다(box 3.10). 라틴아메리카 지역의 대다수 작물은 매우 한정된 온도와 강수 범위에서 자라고 있으며, 이러한 한계에 민감할 수 있다(Baez and Mason 2008). 이러한 사례 연구는 임계에 초점을 두어야 한다. 그러나 기술적 개선을 현실화하는 데에는 많은 비용과 시간이 소요될 것이다.

기술변화는 농가에서의 기술 적용에 따른 비용뿐만 아니라 연구개발비용을 의미하며, 여기에는 자본 및 인적 투자가 필요하다. 새로운 종이 개발되고 출시되는데 5~10년 사이의 시간이 소요되며, 아마도 이러한 새로운 종이 특정 농업생태환경에 적응하는 데에는 더 많은 시간이 걸릴 것이다.(box 3.10 참고)

Box 3.10 기후변화와 농업기술 사이의 간격(Gap) 메우기: 브라질 농업연구청(Embrapa)

브라질 농업연구청(Embrapa)은 질병과 해충(카사바와 바나나 잡종)뿐만 아니라 높은 기온과 물 부족에 좀 더 내성을 지닌 유전적 다양성을 가진 작물(대두, 옥수수,광저기(cowpea bean), 커피, 카사바, 열대과일)을 개발하고 있다. 이러한 시도는 특히 자연적으로 환경스트레스에 대한 저항력이 있고, 연중 재배 가능하며, 적응을 잘 하는 카사바와 같은 작물에 집중되었다. 작물이 기후스트레스와 2℃의 기온증가를 견딜 수 있도록 하는 데 바이오기술을 이용할 수 있다. 그 이상의 기온상승이 일어나면, 유전적으로 종을 개선한다 하더라도 광합성 작용에 문제가 발생할 수 있기 때문에 바이오 기술은 제한될 것이다(Assad and Pinto 2008).

세하두(Cerrado) 지역의 생물다양성 보존을 위해 적응력을 높여줄 수 있는 유전자를 분리하기 위해서 먼저 세하두 지역의 생물군 중 특유의 식물 5종을 확인했다(Assad and Pinto 2008). 유닛(unit)은 기후변화로 인한 수확의 손실을 줄이기 위한 방안으로 방목지를 복구하기 위해 농업과 가축 사육을 혼합했다.

또한 브라질 농업연구청(Embrapa)은 호라이마(Roraima) 지역의 농업 관개체계가 가뭄 및 화재 증가에 적응할 수 있도록 돕고 있다. 아크레(Acre) 지역 연구 유닛은 아마존 지역에서 농업과 가축농업, 농업 산업, 산림 벌목 활동에서의 대안적인 생산체계를 발전시킴으로써 농업의 지속가능한 재정착을 위한 절차를 개발했다. 혼도니아(Rondonia) 지역의 연구 유닛은 악화된 지역의 복원과 농임업체계의 개발을 위한 기술을 생성, 적응, 확산시키고 있다. 수많은 연중 및 다년생 가축사료 재배 변종을 도입했고 농업과 가축 사육을 위한 지속가능한 관리 기술을 개발했으며 토양, 식물과 씨앗 분석에 대한 지역 수요를 제공했다.

기후변화는 특히 높은 가치의 생산품에 대한 기존 투자를 계속할 것인지 결정하는데 부정적으로 작용한다. 콜롬비아에서 최고급 커피를 생산하는 일부 지역은 2020년 이후에는 생산에 적합하지 않은 지역이 될 것이고, 2050년경에는 현재의 주요 커피 재배지역에 많은 변화가 나타날 것이다. 기후예측모델은 기후가 변함에 따라 커피의 질이 달라질 것이고 생산성에서의 손실이 뒤이을 것이라고 예측하고 있다(Lane and Jarvis 2007). 따라서 기술이 생산 패턴을 유지하지 못한다면, 변화하는 생산 패턴에 마케팅 채널이 적응할 필요가 있다.

세계개발보고서(World Development Report, 2008)에서는 라틴아메리카 지역의 국가가 생산시스템의 생산성, 안정성, 회복력을 향상시키고 기후변화에 맞서기 위해서는 지속가능한 기술이 필요하다고 강조하고 있다.

이 지역의 많은 국가에서 다양한 기술을 이용할 수 있지만, 그러한 기술은 종종 시장의 수요 또는 사용자의 필요를 부분적으로만 만족시킬 뿐이다. 연구개발 분야에 대한 수요를 촉진하는 한편, 시장 경쟁을 촉진시키고, 기술개입으로 농촌 빈민 가정이 이익을 얻도록 하기 위해서는 연구 및 개발 분야에 대한 공공재정 지출과 민간 투자가 증대되어야 한다. 또한 민간부문과 시민사회, 그리고 농업종사자 사이의 파트너쉽을 강화시켜야 한다. 낮은 생산성을 가진 전통적인 농업에서 현대적인 상업 영역으로 효과적으로 변화하기 위해서는 농업분야 연구개발에서의 더 다양화된 대규모 투자가 반드시 필요하다(World Bank 2006).

적응정책 우선순위

기후변화를 고려하지 않는다 하더라도, 이러한 많은 정책과 투자(시설과 비시설부문 포함)는 광의의 개발목표를 지원한다는 의미에서 보면 어찌되었든 "후회없는 전략(no regrets)"이다. 시장이 더 잘 기능하도록 하고 쇼크에 대한 개인의 대응 능력을 증가시키고 리스크를 효과적으로 관리하도록 하거나 자연자원의 관리를 향상시키는 정책과 투자의 경우는 분명 후회없는 전략이다(box 3.11). 전 지구적인 기후변화로 인해 이러한 대책으로 얻을 수 있는 이익이 커질 가능성이 높아지면서 이러한 대책은 점차 정책의 우선순위를 차지할 것이다. 그러나 기후변화 예측에 따라 달라지는 대책들은 더 신중하게 접근해야 할 것이다. 평가분석에서, 이는 리얼옵션 분석으로서 그러한 수단을 이용하여 대기(waiting)의 가치와 불확실성에 대하여 명확히 설명하는데 유용하다.

Box 3.11 기후변화에 대한 농업부문의 취약성을 줄이기 위한 대응 전략 개발

농업에 대한 기후 영향 예측과 계획정책 개입 사이의 관련성은 분명히 밝혀지지 않았다. 그러나 이러한 관련성은 농업에 의존하고 있는 농업 종사자에게는 빈곤을 줄이고 개발을 하는데 중요할 뿐만 아니라 투자 전략 계획과 효과적인 실행에서도 중요하다. 적응 전략을 구성하거나 완화 접근방법을 설계하기 위해서, 기후 요소와 농업체계 및 공공 대응의 변화사이의 연관성에 대한 면밀한 평가가 필요하다. 여기서는 기후가 변하고 선호 정책 대응이 변할 수 있는 특정 농업생산 환경에 초점을 둔 평가가 필요하다.

지역의 농업기관과 협력하여 진행 중인 분석 연구는 기후변화에 대한 농업의 취약성의 범위를 평가하기 위해, 그리고 라틴 아메리카내 세

가지 농업 생산시스템에서의 최소비용 대응 전략을 구성하기 위해 방법론의 개발을 강조하고 있다. 라틴 아메리카내 세 개의 대표적인 농업 생산 시스템은 가뭄 취약 지역(예를 들면 멕시코 북부의 소노라(Sonora) 주에 있는 야끼 계곡(Yaqui Vally), 고산지역 시스템(예를 들면 페루의 안데스 지역에 있는 만타로 계곡(Mantaro Valley)), 기후가 좋은 지역(예를 들면 우루과이의 남서부지방)의 기상변화에 대한 각기 다른 대응력을 가지고 있다. 이러한 "상향식" 방법은 지역의 기후변화 정보에 대한 검토, 지역 워크샵에서의 전문가 의견, 확인된 대응 옵션의 체계적 순위부여 및 기후변화와 관련하여 지역 행위자의 수요 및 주어진 농업생활환경의 특성을 반영하는 세부 계획 설계에 기초하고 있다.
세 개의 각기 다른 생산 환경에서 나타난 대응 옵션들은 매우 유사하다. 그 중에서도 그들은 아래 분야에서의 투자에 주목하고 있다
① 물관리기술(예를 들면, 물집수/저수, 배수, 배분 등), ② 기후정보기술(예를 들면 조기경보시스템, 장기 예측력 개발, 농업기후학적 정보와 생산자의 접근 가능성과 같은 기후예측 체계), ③ 기술 혁신(가뭄, 해충, 질병 저항력을 위한 바이오 기술과 전통적인 가축사육방법을 이용)과 기후리스크를 최소화하는 생산체계 계획(예를 들면, 보존농업, 작물과 방목지 윤작, 파종일의 조정 등), ④ 농업기상보험, 즉, 농업생산에 영향을 주는 재난사건과 기상변화와 관련된 다양한 보험 구조 설계. 범주는 비슷하지만, 각 지역에서의 특정한 개입은 지역의 특성에 따라 다를 수 있다.
출처 : World Bank. 2009. "Building Response Strategies to Climate Change in Agricultural Systems in Latin America." World Bank, Washington, DC.

정부의 적응 전략 개발에서 첫 단계는 필요한 투자와 정책을 세 가지 범주로 분류하는 것이다.

1. "후회없는 전략(No regrets)"옵션: 즉각적으로 착수하도록 한다. 물론 이러한 "후회없는 전략"에 아직 착수하지 않았다는 사실은 그러한 방안이 기득권의 이해와 상반되고 정치적으로 민감한 사항이라는 것을 의미할지도 모른다. 그러나 기후변화의 공포는 이

러한 문제를 수면 위로 떠오르게 하면서 정치적으로 어려운 결정을 용이하게 해 줄 것이다.

2. 장기적인 혹은 불가역적인 결과를 가져오기 때문에 빠른 결정이 필요하거나 또는 장기적인 입안기간을 가지기 때문에 빠른 결정이 필요한 것들(예를 들면, 장기적인 시설 건축에 착수, 취약이 예상되는 지역에서 계속된 건설 중단, 기본 조사 착수, 생물다양성 조사).[11] 만약 현재 충분한 정보를 이용할 수 없다면 가까운 미래에 대한 결정입안을 목표로 즉시 그방안에 대한 연구를 시작한다.
3. 위의 범주에 속하지 않는 다른 경우: 결정이 연기될 수 있다. 장기간에 걸쳐서 점차적으로 최악의 기후변화 영향이 발생한다면, 적응에 대한 큰 투자의 경우 계획기간이 길어질 수 있다.

적응을 촉진하는 지불 메커니즘 설계

적응에는 비용이 들게 마련이다. 톨(Toll, 1998)은 다양한 연구를 검토하여 기후변화에 의해 지불된 총비용에서 적응을 위한 비용은 7~25%에 해당된다고 추정하였다. 효과적으로 재원을 사용하기 위해서 시기(timing) 선정은 적응 정책과 투자에 있어서 중요한 요소이다. 적응은 기후변화의 방향과 속도를 고려해야 한다. 만약 투자를 너무 일찍 한다면 비용이 더 많이 들거나(즉, 필요하기도 전에 돈이 지출되거나), 비효율적일 것이다(일어나지 않은 영향에 적응 등). 컬러웨이(Callaway, 2004a)는 이에 대해 "예방조치 비용(cost of precaution)"이란 용어를 사용했다. 만약 투자가 너무 늦는다면, 기후변화로 인한(피할 수 있는) 피해, 즉 컬러웨이가 "경계비용(cost of caution)"으로 부른 비용이 발생할 수 있다. 시간이 지나면서 더 많은 정보를 이용할 수 있게 되므로, "예방(precautionary)" 실수(mistake)는 결정이 지연되는 문제를 발생시키지는 않지만, "경계(cautionary)"실수는 좀 더 많이 일어날 것이다. 장기간에는 많은 불확실성이 있고, 더욱이 다른 지역에서보다 라틴아메리카 지역에서 더 많은 불확실성이 있다는 사실은 유연성을 유지하는 것이 중요함을 강조하는 대목이다. "리얼옵션방법론" 또는 다른 비전통적인 투자 및 전통에 대한 비용 편익 분석평가 방법은 불확실성을 충분히 고려하여 향후에 더 유용해질 수 있다(box 3.12).

Box 3.12 리얼옵션 방법론

리얼옵션분석은 경제학, 오퍼레이션리서치, 통계에서 최근 개발 중인 조사분야이다. 리얼옵션방법론은 투자가 불확실한 상황에서 불가역적인 방법으로 희소자원을 실행하기 때문에 프로젝트를 일련의 복합옵션(compound options)으로 평가할 수 있다는 생각에 기초하고 있다.

최근 국경하천이면서 건조지역이 크게 확장되고 있는 멕시코 북부에 있는 콘초스(Conchos) 강 유역의 농업 및 관개용수 관리에서 기후변화에 대한 적응을 평가하기 위해 이 방법을 적용하였다. 이 프로젝트의 주요 활동은 현재 많은 비용이 소요되는 관개시스템을 좀더 효율적인 시스템으로 교체하는 것과 수익성이 높은 작물로 대체하는 것으로 구성되어있다. 그러나 두 가지 변화 모두 경제적 관점에서 보면 타당성이 없으며, 일반적인 비용·편익 분석에서 프로젝트 적용을 위해서는 물 비용 및 산출가격 측면에서 상이한 환경(상황)이 필요할 것이다. 우리는 리얼옵션방법론을 이용하여 기후변화에 대한 적응 방편으로서 프로젝트의 부수적인 가치를 고려할 수 있다. 만약 지역기후의 건조정도와 물 희소성 그리고 물 오염의 위협증가가 중요한 임계치에 다다른다면, 이러한 변화 때문에 분명히 프로젝트를 착수할 것이다. 우리는 리얼옵션분석을 통해 프로젝트의 유무와 관련된 부채와 부수적인 자산(contingent asset)을 결합한 확대 비용-편익 테스트를 이용하여 문제점을 사전에 고려할 수 있다.

출처 : Scandizzo(2008)

몰론 프로젝트 선정이 중요하고, 경제적 최대 효과를 얻을 수 있도록 이전 체제(transfer mechanisms)를 계획하여야 한다. 앞서 서술한 바와 같이, 적응적인 대응방법에서 대부분의 민간 투자들은 비교적 외부성이 적고, 따라서 적응에서의 많은 투자에 대한 민간 인센티브는 사회에 맞춰 광범위하게 조정된다. 개인이 부정확한 정보나 유동성 제한을 가지고 있을 때, 또는 정부가 인센티브를 변경하는 정책절차를 시행할 때는 위의 결과가 달라질 수도 있다(예를 들면, 만약 정부가 홍수 피해에 대한 보상을 준다면, 보호대책에 대한 투자 인센티브는 이에 상응하여 줄어들게 된다). 그러나 광범위한 민간 적응 활동에서 개인적인 경제적 동기를 사회적인 경제적 동기에 맞추기 위한 보조금보다는 완화시키는 활동이 더 필요하다는 기본 원칙은 변하지 않는다. 이는 적응에 대한 투자가 경제적으로 효율적인 수준을 넘어서 "과잉적응(overadaption)"을 촉진하면서까지 보조금으로 지급되어서는 안된다는 것을 의미한다.

적응 지원을 위한 국제적 이전(transfer)

동일한 원칙이 국제적인 차원에서도 적용된다. 한 국가 정부가 취한 대부분의 적응 조치는 다른 국가나 넓게는 세계에 외부효과를 거의 주지 않는다. 이는 개발도상국에서의 개별적인 적응 조치들은 외부의 재원으로 진행해서는 안된다는 것을 의미하는 것은 아니다. 위의 논리는 이렇게 하는 것에 대한 논리적 근거와 이를 관리하기 위한 메커니즘에 관한 함의를 가진다. 지구온난화를 야기한 온실가스에 대한 초기의 책임이 있는 선진국은 개발도상국에서 발생하는 적응 비용을 원조해야 한다는 형평성에 초점을 둔 논쟁들이 있다. 그러나 이러한 재원 이전(transfer)이 민간 투자 비용을 감소시키는데 이용되어서는 안된다. 오히려 기후변화의 영향에 가장 취약한 사람들에게 총액 이전(lump-sum transfer)과 같은 방법을 통해 공공재 및 사회안전망에 대한 투자에 이러한 재원이 효과적으로 이용될 수 있다. 또한 재원 이전(transfer)은 지구적 차원에서의 생물다양성 보존과 생태계 적응을 위해 필요해질 것으로 보인다.

기술 이전(technology transfer)은 자원 할당에 중요한 역할을 할 수 있다. 기술 이전은 "하드(hard)"형태의 기술(새로운 관개체계, 가뭄에 강한 종자 등) 또는 "소프트(soft)"형태의 기술(작물윤작패턴에 대한 보험설계 등)을 포함하거나 이 두 가지의 조합을 수반할 수 있다(예를 들면, 적절한 조치를 유도하고 인식을 고취할 수 있는 소프트 지식 및 기술과 함께 하드측정장치(hard measuring devices)를 결합하는 초기경보체계). 멕시코는 리스크 아틀라세(risk atlase)와 초기경보체계를 개발하면서 소프트와 하드 기술을 결합하여 리스크 예방부문에 더 많은 관심과 자원 배분을 가져 왔다(UNFCCC 2006a).

또한 리서치와 같은 국제적인 공공재(public goods)를 만들거나 기후변화에 의해 초래된 국제 문제를 해결하는 데 투입할 필요가 있다. 국제적인 조사에 대한 지원은 많은 지역에서 기후변화 그 자체와 농업생산성을 유지하기 위한 대응 분야에 중요해질 것이다. 후자의 경우, 민간 종자회사는 변화하는 기후조건을 극복하는데 필요한 특성을 가진 유전자조작유기체(GMOs)를 포함, 다양한 종자를 개발하는 데 많은 투자를 하고 있다. 그러나 민간회사는 개발도상국에서 소규모 생산자에게 가장 유용한 방임수분품종(open-pollinated varieties)에 초점을 두지는 않을 것이다. 따라서 개발도상국의 소작농을 위한 품종연구를 위해서는 국제농업연구 자문그룹(Consultative Group on International Agricultural Research: CGIAR)센터가 필요하다(box 3.13).

어떤 지역에서는 물 가용성이 줄어들면서 용수 등 강의 이용권에 대한 분쟁빈도와 강도가 증가할 것이고 이를 중재하기 위해서는 유능한 국제기구가 필요할 것이다. 기존 기구가 이러한 업무에 적절할지 여부는 CDM에서 검토하여야 한다. 기후변화는 또한 허리케인 미치가 중앙아메리카에 미친 영향과 같이(Glantz and Jamieson 2000), 수많은 "환경난민"을 초래할 가능성이 있으므로 이에 대해서는 국제적인 규모에서 해결하도록 해야 할 것이다.

CDM은 글로벌 보험시장에 대한 리스크 전이를 중재함으로써 쇼크에 대한 정부의 회복력을 강화하는 메커니즘 개발에서 제 기능을 할 수 있다. 이는 이미 최근에 만들어진 카리브 재난리스크 보험기관(Caribbean Catastrophe Risk Insurance Facility: CCRIF)(box 3.14 참조)에 의해 시행되고 있으며 중앙아메리카에 제공하는 유사 기구의 실현가능성이 검토되고 있다.

Box 3.13 기후변화에 대한 민간 및 공공 농업연구소: 시간 소요

기후변화의 영향에 대한 예측에 따르면 라틴아메리카의 전반적인 지역에서 농업생산 적합성이 증가하거나 감소하는 변화가 발생할 것이다. 그러나 새로운 농업기술을 통해 부정적 영향을 경감시키거나 기후변화에 의한 새로운 기회를 적절히 포착할 수도 있다. 다양한 새로운 작물의 개발과 경작은 기후변화에 대한 농업의 적응 예이다. 민간 및 공공부문(국제 연구기구를 포함)은 기후변화에 대응하는 변화를 가져오는데 중요한 역할을 한다. 민간회사(예를 들면, 몬산토(Monsanto), 바스프(BASF), 파이오니아(Pioneer))는 물 부족을 겪는 환경에서 8~10%의 수확개선을 가져올 수 있는 형질 전환 및 가뭄내성이 강한 옥수수 품종을 개발하고 있다. 국제 옥수수·밀 개선센터(International Maize and Wheat Improvement Center)에서는 사하라 사막 이남의 생산성 낮은 지역에서 민관의 연합으로 아프리카 가뭄내성옥수수프로젝트(Drought Tolerant Maize for Africa Project)를 실시하였고 이를 통해

20~50% 정도 수확량을 개선할 수 있었다.
라틴아메리카 지역에서도 이와 유사한 프로젝트가 있었고, 이를 통해 소작농들은 실제 옥수수 산출량을 증가시키는데 성공하였다(연간 ha당 100킬로그램). 이는 아프리카 지역에서와 마찬가지로 라틴아메리카 지역에서도 품종개량 접근법이 필요하다는 것을 보여준다. 따라서 라틴아메리카에 적응된 여러 종의 옥수수에 투자를 해야 한다. 그러한 투자가 현실화되기까지 오랜 시간이 걸릴 것이다. 새로운 옥수수 품종의 개발에서 출시까지는 5~10년이 걸린다. 실제로 열대농업국제센터(International Center for Tropical Agriculture)가 중앙아메리카에서 가뭄내성이 강한 콩 종류를 개발하고 출시하는 데에는 20년 이상이 걸렸다. 그러므로 향후 기후변화에 성공적으로 적응하기 위해서 진행하는 농업연구부문의 경우, 이 부문 투자자들은 투자와 결과 사이의 긴 시간을 고려해야 한다. 따라서 품종개량 프로그램에 의해 변종이 출시될 때 여전히 효용성이 있기 위해서는 향후 10~15년 내에도 개량될 종자가 유효하도록 신중하게 계획되어야 한다.
출처 : Zahniser(2008); Baenziger et al.(2004); Lane and Jarvis(2007)

Box 3.14 카리브 해 재난리스크 보험 기관(The Caribbean Catastrophe Risk Insurance Facility: CCRIF)

보험적용범위를 정하기 위해서 매개변수기법(parametric techniques)을 이용한다. 각 정부의 예산에서 부정적인 자연재해의 영향을 추정하여 지불금을 산출한다. CCRIF는 맞춤 개발된 확률 재난리스크 모델로 예상되는 영향을 추정했다. 참여 국가는 보험계약에 의한 적용범위 정도에 따라 사전에 한정한 사건에 대해서 손실에 비례하여 보상받게 된다.
CCRIF는 참여국과 국제 금융시장 사이에 중개자로서 활동하는 독립적인 법인체이다. CCRIF는 지역에 등록되어 있으며 참여하는 기증자와 수혜 국가의 감독하에 있다. CCRIF의 일반 운영에서 모든 기능은 보험료 규모의 5% 이하 일반운영비용(재보험 활동 이외의)으로 운영되며, 이는 특정회사에 하청한다.

CCRIF에 대한 기증자의 지원은 재정적 가능성과 장기적인 지속성을 담보하는데 중요하다. 기부금으로 초기 운영기간 동안에 자본과 그 운영비용을 충당한다. 세계은행은 기증 단체로부터 CCRIF로 기금이 용이하게 전달될 수 있도록 다자간 신탁기금(multidonor trust fund)을 만들었다. 세계은행은 다자간 신탁기금의 관리자로서 CCRIF와 승인협정에 들어갔다.

CCRIF는 국제 재보험 및 자본 시장에서 미화 1억1천만 달러의 청구권 지불능력을 확보할 수 있었다. 재보험은 4개의 단계로 구성되어 있다. 먼저 CCRIF는 미화 1천만 달러의 첫째 단계를 유지한다. 재보험자는 둘째(미화 1천5백만 달러)와 셋째(미화 2천5백만 달러) 단계에 가입한다. 가장 최상층(미화 7천만 달러)은 IBRD와 CCRIF사이의 재난 스와프를 통해 미화 2천만 달러와 재보험으로(미화 5천만 달러) 지원된다. IBRD는 뮌헨 재보험회사와 동반 재난 스와프를 통해 리스크에 대비한다. IBRD와 CCRIF사이의 미화 2천만 달러의 스와프는 신흥국가가 국가 재난을 보장하는 자본시장에 접근하는 디리버티브거래(derivative transaction)를 이용할 수 있도록 한 첫 계약이다. 또한 이는 다양한 신흥시장 국가의 재난 리스크들이 자본시장에 처음으로 등장한 것이기도 했다.

2007년 6월 1일 현재, 15개국의 카리브연안 국가들이 총 보험금 미화 1천7백만 달러 및 총 보상범위 미화 4억4천4백만 달러의 재난 보험에 가입하였다. 이러한 높은 등록 수준으로 인해 CCRIF는 포트폴리오를 다양화할 수 있었고 더 나은 조건으로 재보험에 가입할 수 있었다. 미화 1억1천만 달러의 재보험 담보(reinsurance capacity)는 초기의 미화 1천만 달러 보유를 가지고 CCRIF가 1000년에 1번 발생하는 사건을 버틸 수 있도록 재보험시장에서 거래되었다.

출처 : http://www.ccrif.org

표 3.2 라틴아메리카와 카리브 지역의 빗물유출량 현황 및 변화 예측

지역	평균 빗물유출량에서 예상되는[a] 변화				모델일치[c]	
	평균변화 (현재 평균 빗물 유출량)	변화가 예상되는 지역 비율[b]				
		10%이상 감소	+/-10%내에 유지	10%이상 증가	모델 중 50%가 일치하는 셀 비율(%)	모델 중 80%가 일치하는 셀 비율(%)
북부의 따뜻한 온대	381	1.63	-6%	51%	49%	0%
적도 북부	1224	0.70	-9%	83%	16%	1%
브라질-건조	13	2.23	-9%	4%	96%	0%
건조(Arid)	6	6.42	-1%	52%	34%	14%
극(Polar)	183	1.19	-2%	35%	60%	4%
적도 남부	1003	0.62	-1%	16%	80%	4%
남부 따뜻한 온대	311	1.14	7%	21%	46%	33%
전체지역[d]	729	1.00	-3%	27%	56%	17%

출처 : 2007년 12월 17일 World Bank Water Anchor "Water and Climate Change: Hydrologic Drivers and Potential Impacts"에서 표 인용

주 : a. 빗물유출량에서 예상되는 변화량에 대한 추정은 각 지역을 구성하는 그리드 셀들에 대한 밀리외(Milly et al.(2005))의 결과를 평균하여 결정하였음(2.5°경도×2.0°위도 규모의 그리드된 결과로 나왔으며, IPCC의 SRESA 1B 배출시나리오에서 12개의 기후모델을 돌린 결과에 대한 빗물 유출량 분석).

b. 빗물유출량에서 예상되는 변화는 세 개의 범주로 나누어진다. 각 범주에 해당하는 지역의 그리드 셀 비율이 나와 있다.

c. 모델 적합은 다양한 모델들이 동일 방향의 변화를 예측하고 있는지 여부를 나타낸 것이다(즉 빗물유출량에서의 증가 또는 감소). 밀리(Milly et al. 2005)는 12개의 각기 다른 기후모델을 이용하여 분석하였다. 각 그리드 셀의 경우, 6개의 모델만이 변화의 방향에서 일치를 보였다. 즉 모델의 절반이 증가를 예측했고, 모델의 절반이 감소를 예측했다. 여기에 제시된 것은 낮은 모델 일치를 보인 지역(12개 중 6개 일치)과 중간 이상의 일치를 보인 지역(모델 중 10개 이상이 일치) 내 그리드 셀의 비율이다.

d. 지역의 모든 그리드 셀에 대해 전체 지역의 평균 수치를 계산하였다. 이는 2002년 12월 17일 World Bank Water Anchor "Water and Climate Change : Hydrologic Drivers and Potential Impacts"에서 발제한 7개 하위지역의 평균과 같지 않음을 밝힌다.

미주

1. 북부 국경지역의 한 멕시코 농부는 가장 신뢰할 수 있고 기후변화에도 변함없는 수입을 제공해주는 생산물은 그가 "심은" 아들이라고 인터뷰하기도 하였다.

2. http://en.wikipedia.org/wiki/El_Ni%C3%B1o-Southern_Oscillation

3. 내인성 이주에 대한 회귀 계정, 농업부문에서의 자본강도, 자산, 그리고 매개변수 추정치에 근접한 크레딧 접근

4. 흥미롭게도, 논문은 이러한 한계영향이 자본을 좀 더 집중적으로 쓰는 농촌지역에서 덜 심각하다는 것을 보여준다. 기상리스크의 영향을 완화하는 농업 기술 출구가 있다는 것을 나타낸다.

5. 예를 들면 Howett and Pienaar(2006); Hurd et al.(1999); Lund et al(2006); 그리고 Strzepek et al.(1996) 참고

6. Mendelsohn(2008b)

7. Bresnyan and Werbrrouck(n.d.).

8. 여기서 "공공재"는 그 속성에 의해 이익을 공유하는 재화 또는 서비스를 뜻하는 경제적 의미에서 이용되었다. 이러한 특성 때문에 공급자는 개별적인 수혜자에게 비용을 부과할 수 없다. 공공재정에 의해 공동으로 재원을 대는 재화는 이러한 의미에서 "공공재"가 아니다.

9. 미국해양대기국(NOAA)은 산호초 백화현상(coral reef bleaching)을 모니터하기 위해 인공지능소프트웨어를 이용한 기상 및 원지(in situ) 해양 기기배열(부표와 동력 철탑)의 결합인 산호조기경보시스템(Coral Reef Early Warning System(CREWS))을 개발하였다.

10. Gisselquist et al.(2002)에서는 과도한 종자 제한 규정이 기술 유입을 방해한다고 밝혔으며, 특히 일부 개발도상국에서 그러한 현상이 나타난다고 하였다.

11. Smith, J. 1997의 "Setting Priorities for Adapting to Climate Change," Global Environmental Change 에서 유사한 지적을 하였다.
http://www.sciencedirect.com/science/artical/B6VFV-3SX4MFH-4/1/dd1ab9c8cc98880fc248b4348af1ec58

제4장

향후 배출감축 노력

비록 기후변화를 완화하는데 드는 비용과 그로 인해 얻을 수 있는 편익을 평가하는 데 많은 불확실성이 있음에도 불구하고, 기후변화에 대한 과학적인 증거들을 살펴보면 기후변화를 완화시키는 노력을 빠른 시일 내에 한 단계 더 발전시켜야 할 필요성을 느끼게 된다. 현재의 배출 경향이 지속될 경우, 현 세기 동안 부정적인 리스크 발생율이 매우 높을 것이며, 이는 결과적으로 인간과 자연계에 재난을 초래할 것이다. 1장에서 논의한 바와 같이, 기후변화 완화 노력이 효과적이고 효율적이기 위해서는, 산업국과 개발도상국의 온실가스(GHG) 배출 감축이 있어야 한다. 또한 기후변화에 대한 전 지구적인 딜(deal)은 배출감축이 일어나는 장소뿐만 아니라, 감축에 대한 지불의 형평성까지 고려하여야 한다.

이 장에서는 이러한 다양한 과제를 검토한다. 특히 우리는 기후협약의 형평성과 효율성 과제에 대하여 논의하고, 이러한 도전에 직면하여 기후 재정의 역할을 조명한다. 또한, 전 지구적 차원의 완화책임에서 개발도상국의 참여에 대한 점진적 접근법의 적용가능성을 검토한다. 지난 9년 동안 CDM에서의 라틴아메리카 지역의 참여를 평가하고, 정책 기반의 여러 부문을 포괄하는 2차 공약기간에서는 추가적인 재정 제도가 필요함을 주장하고자 한다. 마지막으로 라틴아메리카 지역의 온실가스 배출 감축가능성을 충분히 실현하기 위해 주요 에너지 및 교통 부문에서의 변화를 위한 인센티브와 산림파괴 및 산림악화에 의한 배출 영향을 중점적으로 다루고자 한다.

글로벌 협정의 필요성

현재 전 지구에서 필요한 배출감축수준을 감안해 본다면 기후변화를 완화하기 위한 효과적인 전 지구적 합의에는 산업국뿐만 아니라 개발도상국이 반드시 포함되어야 할 것이다. 이러한 개발도상국의 참여 필요성은 현재 상황을 대입하여 단순 수식을 통해 얻어진 결과를 보면 알 수 있다. 예를 들어 적극적인 배출 감축 시나리오를 적용하여 2℃ 임계치 이상의 전지구적 기온 상승 가능성을 낮게 유지한다고 가정해보자. 스톡홀름환경연구소(Stockholm Environment Institute: SEI 2007)는 이 시나리오를 "2℃ emergency pathway"라고 명명했다. 이 시나리오를 유지하기 위해 산업국(Annex I)과 개발도상국(non-Annex I) 뿐만 아니라 전세계에서 필요한 배출감축 예상량은 <그림 4.1>에 있다.

빨간선은 지구의 이산화탄소 추이를 나타낸다. 2015년에 이산화탄소 배출량은 최고점에 도달하여, 2050년 즈음에는 1990년 수준의 80% 정도까지 감소할 것이다. 이산화탄소의 최고점에서의 농도는

그림 4.1 기후안정화를 위한 출구

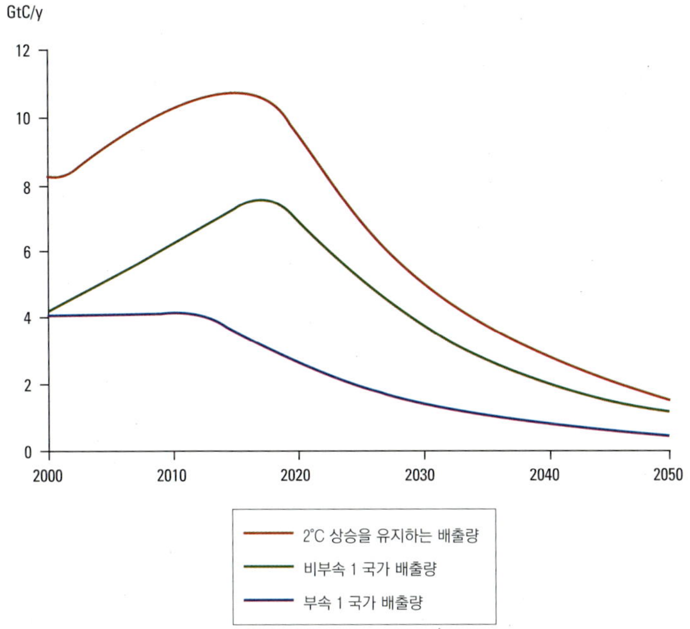

출처 : Reprinted with permission from the Stockholm Environment Institute (2007)

약 $470CO_2e$ ppm에 달할 것이다. <그림 4.1>에서 파란선은 산업국의 경우로, 2010년에 이미 배출량의 최고점에 도달했고, 매년 6%씩 감소하여 2050년에는 1990년 수준의 90%를 감소하는 배출추이를 나타낸 것이다. 이러한 추이는 최근 일부 산업국이 검토한 완화제안서보다 좀 더 강화된 것이다. 예를 들면, G-8국가는 2007년 6월에 온실가스의 배출을 2050년까지 50% 감소하기로 합의했다. 따라서 이는 스톡홀름 연구소(stockholm institute)가 판단하기에는 "가까스로(just barely)" 정치적으로 설득할 수 있는 수준으로 비춰졌다.[1] 녹색선은 이 목표(빨간선)를 충족시킬 필요가 있는 세계 최대 배출과 산업국(파란선)에 의한 배출사이의 산술적인 차이를 보여준다. 즉, 이는 개발도상국이 배출하는 여분의 "양(budget)"이 될 것이다. 따라서 빈곤국들은 현재의 개발 과제, 예를 들면 전력을 공급받지 못하는 15억 명, 담수를 이용할 수 없는 10억 명, 그리고 만성적으로 영양실조에 걸려있는 8억 명을 위한 현실적인 과제 외에도, 2020년 이전에 온실가스 배출 최고점에 도달한 후 감축시켜야 하는 추가적인 벅찬 문제에 직면하게 될 것이며, 1인당 온실가스 배출량뿐만 아니라, 절대적인 양에서도 획기적으로 줄여야 할 것이다.[2]

위의 시나리오가 너무 엄격하지 않은가라고 주장할 수 있다. 그렇다면 535~ 590CO_2e ppm 사이에서 온실가스 농도를 안정화하는 좀 더 낮은 목표의 가정을 생각해보자. 이 시나리오에서 기온은 산업화 이전보다 약 3℃ 상승할 것이다.[3] 이러한 안정화 목표를 달성하기 위해 어떤 조치가 필요할까? IPCC는 2050년 즈음에는 세계의 온실가스 배출량을 2000년 수준의 30%~5%로 떨어뜨려야 할 것으로 예상하고 있다. 전세계 1인당 기준으로, 2000년 배출량 약 6.9tCO_2e에서 2050년에는 3.2~4.8tCO_2e 사이까지 줄여야 할 것이다. 개발도상국의 경우, 2000년 5tCO_2e p/c를 배출했는데, 위의 시나리오에 따른 목표치에 도달하는 데 필요한 1인당 평균 수준에 수렴한다는 것은 결국 현재의 1인당 배출수준에서의 안정화를 의미하거나, 최악의 시나리오에서는 2050년까지 배출을 약 36%까지 줄이는 것을 의미한다. 더욱이, 전세계 인구규모에서 개발도상국이 차지하는 비율이 이 시기동안 80%에서 90%로 증가할 것이라는 점에서, 개발도상국에 요구되는 배출감축은 산업국의 엄격한 배출감축 목표와는 크게 다를 것이다. 예를 들면, 부유한 국가가 현재 14.3tCO_2e p/c에서 제로(0)로 배출을 줄인다 하더라도, 개발도상국은 2050년까지 28% 정도 배출을 줄여야 한다.[4]

형평성 과제

개발도상국이 스스로 재정을 조달하여 기후변화를 완화하려는 전지구적인 노력에 기여하는 것이 형평성 차원에서 옳은가? 이에 대한 대답은 분명 "아니오"이다. 여기에는 세 가지 이유를 들 수 있다. 첫째, 산업국은 기후변화를 야기한 대기 중의 온실가스의 축적에 역사적 책임이 매우 크다. 둘째, 빈곤을 줄이는 과제에 우선적으로 대응해야 하는 개발도상국은 기후변화의 해로운 영향에 가장 취약하면서도 그 변화에 적응하는 것이 쉽지 않다. 빈곤국들이 온실가스 배출을 줄이는 추가적인 의무를 질 것으로 기대하기는 힘들다. 셋째, 현재 산업국이 지난 100년 동안 어떠한 구속도 없이 개발할 권리를 누려왔던 것처럼, 개발도상국도 그러한 권리를 가진다.

1850년에서 2004년까지 에너지 관련한 배출 축적량을 1인당 기준으로 살펴보면, 부유한 국가(664tCO_2 p/c)가 개발도상국(52tCO_2 p/c)의 12배 이상이라는 사실만으로도 기후변화에 대한 개발도상국의 책임은 작다는 것을 알 수 있다.[5] 산업국의 인구가 세계 인구에서 차지하는 비율이 단지 약 20%임에도 불구하고, 1850년대 이후로 축적된 전세계 에너지 관련 이산화탄소 배출의 75%에 대해 책임이 있다. 산업국과 개발도상국 집단별 차이는 미미하지만, 상대적으로 짧은 기간인 1950~2000년을 보면, 에너지로 인한 배출뿐만 아니라 토지이용변화로부터 나온 배출량은 의미하는 바가 크다. 이전에는 토지이용변화 관련 배출량을 이용할 수 없었다. 이 경우에도 산업국의 누적된 온실가스의 배출량은 457tCO_2 p/c로 개발도상국의 103tCO_2 p/c과 크게 차이난다. 따라서 부유한 국가가 전지구의 온실가스 배출 감축과 관련된 비용의 상당부분을 조달해야 할 것으로 기대하는 것은 당

연하다.

이 외에도, 개발도상국은 빈곤을 퇴치하기 위하여 높은 경제성장을 달성하고 유지해야 하는 대단히 중요한 과제에 직면해 있으며, 산업국의 소득 수준에 수렴해야 하는 과제를 안고 있다. 이러한 점에서, 기후변화는 두 가지 추가적인 복잡한 문제를 만든다. 기후변화의 다양한 영향에 적응하는 한편, 기후변화가 초래하게 될 부정적이고 지속적인 피해를 피하기 위해서는 추가적인 자원이 필요한데, 이는 개발 목표와 타협할 가능성이 있다. 다른 한편으로는 위에 서술된 온실가스 농도를 안정화하는데 필요한 배출감축을 보면, 개발도상국이 전례 없는 방법으로 온실가스의 배출 성장과 소득의 패턴을 급속히 탈동조화(decoupling)하는 방법을 찾아야 한다는 것을 의미한다.

소득이 높은 국가는 과거 개발 과정 동안 배출감축에 대한 제약을 받지 않았다. <그림 4.2>와 <그림 4.3>에서 보는 바와 같이, 적어도 산업혁명 이후로 온실가스 배출은 경제성장과 밀접한 연관성을 보였다. 특히 첫 번째 그림은 오늘날 산업국의 1인당 배출량이 1850년대에서 1970년대 사이에 1인당 소득과 함께 꾸준히 증가해 온 것을 보여준다. 더욱이 이 시기동안 산업국의 1인당 배출 증가율은 20세기 동안에 브라질, 중국, 인도, 멕시코의 비슷한 소득 수준에서 관찰된 배출 증가율보다 훨씬 높다. 즉, 과거 산업국이 현재의 개발도상국의 1인당 소득 수준을 가졌던 때, 1인당 이산화탄소 배출의 규모와 증가율은 오늘날의 개발도상국에서의 수치보다 훨씬 높았다는 것이다.

GDP 에 따른 배출량의 변화에서도 비슷한 패턴을 볼 수 있다(그림 4.3). 오늘날의 산업국의 소득수준과 가장 큰 개발도상국의 소득수준을 비교해보면, 오늘날의 산업국에서 GDP 한 단위당 배출이 훨씬 빠르게 증가해왔음을 볼 수 있다. 20세기 초에 프랑스, 일본, 영국, 미국

그림 4.2 주요국별 1인당 GDP 변화와 에너지 사용에 기인한 이산화탄소 배출량 추이

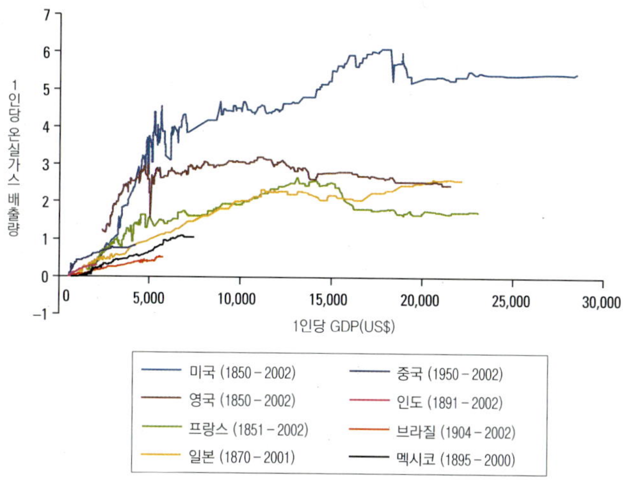

출처 : World Bank staff calculations using data from Angus Madison and World Resource Institute.

그림 4.3 주요국별 1인당 GDP변화와 GDP당 에너지 사용 관련 이산화탄소 배출량 추이

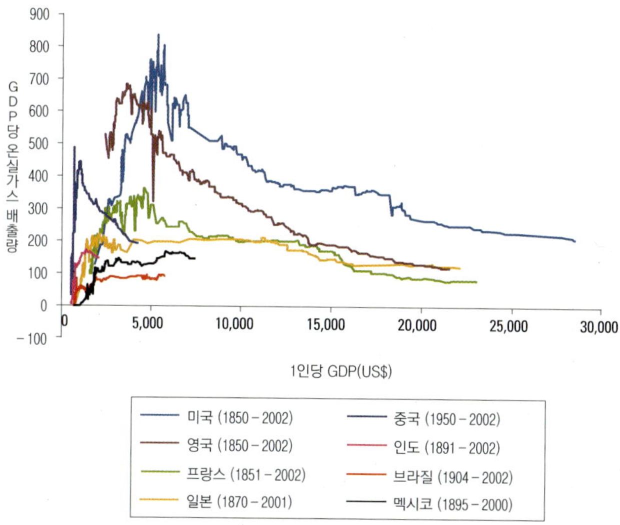

출처 : World Bank staff calculations using data from Angus Madison and World Resource Institute

에서 GDP 한 단위당 배출이 절정에 달했고, 그 이후로 감소해왔다고 할지라도 이 국가는 인구 당 소득의 수준이 현재의 브라질, 중국, 멕시코의 2~4배에 도달했을 때가 되어서야 비로소 오늘날 개발도상국의 GDP 단위당 배출과 비슷한 수준에 도달했을 뿐이다.

이는 부유한 국가의 역사적 경험과 비교해보면, 오늘날의 개발 방식은 이미 상대적으로 "더 청정해졌다"는 것을 나타낸다. 여기에는 아마도 여러 가지 요소들이 작용했을 것이다. 첫째, 지난 150년 동안의 기술발전 덕택에 세계는 비교적 더 청정한 에너지원으로 전환하고 있다. 예를 들면 석탄의 대체에너지원으로 가스와 오일을 들 수 있다. 둘째, 산업국의 경우에는 에너지소비가 현저히 감소하였다. 이는 오일 가격의 상승으로 인한 것으로 1970년대 오일쇼크 이후에 나타났다(5장 참고). 마지막으로 세계무역의 확대는 많은 에너지 및 탄소 집약 산업들이 산업국에서 개발도상국으로 이전해 가는데 일조했다. 그 대신 산업국은 더 청정한 지식기반 재화 및 서비스 생산 부문으로 전문화하였다.

개발도상국이 당면할 과제는 그들의 경제적 개발 목표와 절충하지 않고, 그동안의 경제성장과 이에 따른 온실가스 배출증가와는 달리, 비교적 짧은 시간 동안에 경제성장과 온실가스 배출증가의 정관계를 탈피해야 한다는 것이다. 사실 비교적 저렴한 비용으로 편익을 가져오는 많은 배출감축 방법이 있지만, 저탄소에너지 기술을 빠른 시일 내에 개발하는 데에는 엄청난 비용이 들 것이다. 이 비용을 최소화하기 위해서 효율성을 최대화하는 방법과 각기 다른 발전 수준 및 온실가스 누적에 대한 책임을 가진 국가에게 어떻게 "할당분(bill)"을 나눌 것인가는 이후에 우리가 다루어야 할 과제이다.

효율성 과제

1장에서 본 바와 같이 형평성을 고려하지 않는다면 적정한 감축 비용 수준은 온실가스를 추가적으로 한 단위 줄이는 데 드는 비용이 기후변화로 인한 한계 피해액과 같아지는 지점이다. 물론 이는 다양한 배출 감축 수준에 대해 이에 소요되는 한계 비용과 한계 편익이 정확히 알려진 이상적인 상황에서 가능하다. 이러한 이상적인 상황에서 정책입안자는 가장 낮은 비용으로 적정한 배출 감축 규모에 도달하기 위해 경제적 수단을 이용할 것이다. 즉, 전 지구적 "탄소배출권거래제" 또는 "탄소세(carbon tax)"체계[6]는 이른바 "탄소의 사회적 비용"이라 불리는 한 단위 배출증가에 의한 한계피해에 해당하는 탄소 배출의 가격을 등장시켰다.

그러나 실제 기후변화를 완화시키는 데 드는 비용과 이로부터 발생하는 편익을 정확히 알기는 어렵다. 이러한 현실적인 문제는 청정에너지를 생산하는 고정자산에 대한 투자 및 온실가스의 스톡(stock)에서의 증가와 관련된 비가역성 문제뿐만 아니라 위의 단순한 프레임에서 제시된 적정 감축량보다 더 적거나 많은 감축량을 초래할 수 있다. 또한 특정정책을 선호하여 균형점을 놓칠 수도 있다(Pindyck, 2008). 더욱이 배출권거래제 또는 "탄소세(carbon tax)"제도의 상대적인 장점은 정부가 탄소세 또는 배출허가 옥션에서 얻은 수입을 어떻게 이용하느냐에 달려 있다(Aldy et al. 2008). 줄여서 말하면, 이러한 두 가지 접근 방법에 대한 찬성과 반대에 가중을 두는 방법에 대한 견해가 다르고, 아직은 합의가 이루어지지 않았다. 결국은 정치적으로 협상이 가능한가에 따라 채택 가능한 것이 결정될 것이다.

그러나 예상 온실가스 감축규모나 배출 가격을 도출하는 데 이용한 특정체계의 규모와 관계없이, 공통의 “탄소가격”이 모든 배출 당사자에게 적용될 때만 배출 감축 노력은 효과를 볼 것이다. 사실 대부분의 경우 공통의 탄소가격은 시장메커니즘을 통해 각 배출수준을 결정할 때 모든 가능한 완화 기회를 고려하도록 하는 역할을 한다. 또한 탄소에 대한 공통 가격은 이 가격 하에서 최소 한계 비용이 드는 완화 방안이 실행될 수 있도록 해주는 기능을 한다.

예를 들어 보자. 최근 연구에 의하면, 공통의 탄소세를 이용하여 2050년에 전세계 배출의 55%를 감소시키는 데에는(기본시나리오에 비해) 전세계 GDP의 1.7%에 해당하는 비용이 든다고 한다. 이와는 대조적으로, 공통의 탄소 가격이 없다면 위와 같은 배출감축량을 달성하는 비용이 약 50% 더 높을 것이다. 특히, 만약 각국이 동일의 55% 배출감축을 달성하기 위해 국가 내 특정세를 적용한다면, 전세계 GDP의 약 2.6%의 비용이 들 것이다(Medvedev and van der Mensbrugghe 2008). 첫 번째의 경우에서, 저감 비용이 낮은 이유는 국가마다 배출감축 할당량이 다르기 때문이다. 낮은 비용으로 온실가스 배출을 저감할 수 있는 곳에서 더 많이 저감 노력을 하게 된다. 이와는 반대로 두 번째 대안에서는 각국이 동일의 배출량을 줄이는데 드는 상이한 경감 비용을 고려하지 않는다.

한 국가 내에서 공통의 탄소가격이 있다는 것은 국내 다양한 부문의 정부정책을 조화시키는 것을 의미한다. 이를 통해 배출한도, 탄소세, 그리고 기타 정부 정책과 규제의 영향(온실가스의 그림자가격(shadow price))이 모든 배출 당사자에게 동일하게 작용한다. 이는 간단한 것이 아니며, 전 지구적 수준에서 동일한 목표에 도달하는 것은 분명 많은 어려움이 있고, 특히 형평성을 위해서 이에 상응하는 전 지구적인 합의를 기대하는 경우는 더욱 그러하다.

형평성과 효율성 조화 : 기후재정에서의 결정적인 역할

위의 논의는 기후변화 완화를 위한 전 지구적 합의의 두 가지 바람직한 특성을 의미한다. 첫째, 형평성을 고려하면, 개발도상국은 기후변화 완화에 소요되는 비용을 적게 부담해야 한다. 둘째, 효율성은 탄소의 획일적 가격 등을 구성하기 위한 메커니즘을 필요로 할 것이며, 이는 가장 싼 가격으로 배출 감축을 할 수 있는 지역에서 특정방법을 통해 실행될 것임을 의미한다. 따라서 만약 개발도상국이 온실가스배출을 줄일 수 있는 활동에서 비교적 이점을 가지고 있다면 비용-효율성 면을 고려하여 전 지구적 온실가스 감축 노력에서 상대적으로 많은 배출감축량을 이 지역에 할당할 것이다. 예를 들면 비교적 신재생에너지의 생산 비용이 낮다거나 낮은 기회비용으로 산림 벌채를 줄일 수 있다면 개발도상국에 배출감축량을 더 많이 할당하는 것이 비용 효율적이라고 할 수 있다.

UNFCCC의 투자 및 재정흐름연구(Investment and Financial Flow Study)에서는 2030년까지 필요한 감축량 31GTCO$_2$ 중 68%는 개발도상국이 담당하여, 전 지구적 경감비용의 46%로 달성할 수 있다고 추산하고 있다(UNFCCC 2007).[7]

효율성과 형평성 고려를 만족시킬 수 있는 "전 지구적 딜(global deal)"이 가능한가? 대답은 분명 가능하다는 것이다. 스펜서(Spence et al., 2008)가 주장한 바와 같이, 중요한 것은 완화의 장소(site)로부터 완화의 비용(cost)을 분리시키는 것이다. "공통의, 그러나 현저히 상이한 책임과 각각의 능력"의 원칙에 대해 일반적으로 해석해보자면, 경제적 역량(wealth)과 기후변화의 책임소재에서 극단적인 불평등을 다루는 유일한 방법은 상대적으로 더 가난한 국가에서의 기후변화에 대한 공격적인 조치를 뒤로 미루는 것이다. 모든 국가가 배출 감축 비용을 지불해야 한다고 가정하는 한, 개발도상국은 당연히 불공평하고, 다른 선결과제 때문에 기후변화에 대한 조치에 많은 노력을 할애할 수 없다고 주장할 것이다. 그러나 기후를 안정화하기 위해서 우리는 모든 곳에서의 긴급한 조치가 필요하다. 이러한 딜레마를 해결하는 유일한 방법은, 배출량 감축이 일어나는 지역에 관계없이, 공평성과 역량이라는 자명한 원칙에 따라서 전세계에 의무를 할당하는 것이다.

배출감축의 장소와 그들의 비용 지불을 분리하는 몇 가지 방법이 있다. 한 가지 방법은 국제적인 한도(cap)와 거래체계를 채택하는 것이다. 이를 통해 각국이 전세계적인 온실가스 배출 감축 노력에서 각기 다른 수준의 기여에 합의한다 할지라도, 이산화탄소에 대한 공통의 가격이 출현할 것이다. 낮은 비용으로 저감할 수 있는 국가에 배출감축비용을 지불하기 위하여 자본이 자동적으로 흘러들어갈 것이고, 이에 따라 상당한 수준의 저감 노력에 재정지원이 이루어질 것이다.

탄소세 메커니즘으로도 유사한 결과를 달성할 수 있다. 어떤 저자들은 이 메커니즘은 개발도상국이 관리하는데 용이하고 협상하는데도 더 용이하다고 주장한다(Aldy et al. 2008). 그러나 탄소세를 가지고 형평성을 얻기 위해서는 일련의 국제적 자원 이전(transfers)에 관한 협정이 필요하다. 이 협정은 각국에 의해 지불되어야 하는 기후변화 완화의 전 지구적 "빌(bill)"의 몫이 기후변화를 초래한 책임에 비례하며, 기후변화 문제 해결에 대한 각국의 실제 기여와는 비례할 필요가 없음을 명확히 하기 위한 것이다.

그러나 국제적인 탄소배출권거래제 또는 탄소세 협상과 관련된 과제를 고려하면서 배출감축에 소요되는 비용을 지불하는 장소와 배출

감축이 일어나는 저감 장소를 분리하는 방안을 고려해 볼 만하다. 일부 대안은 복잡하고 번거롭지만, 어떤 점에서는 정치적 관점에서 수용이 용이한 방안일 것이다. 첫째, 산업국(미국 포함)이 배출을 더 많이 감축한다는 공약을 제시한다면, 시장기반의 확대제도는 중요한 역할을 할 수 있다. 이는 CDM의 확대 및 향상된 가능성을 내포한다. 둘째, 상호보완적인 비시장 재정 제도는 재정을 제공하는 쪽에게 배출권을 이전하지 않는다 할지라도 개발도상국에서 배출 감축 비용의 일부를 지원하는데 도움이 될 수 있다. 각기 다른 제도 유형의 적절한 조합을 찾는 것은 기술 측면에서나 관련 협정의 협상측면에서 복잡할 것이다. 특히, 시장메커니즘 내에서 수요와 공급의 적절한 균형뿐만 아니라, 비 시장 메커니즘에서 개발도상국의 배출감축을 촉진하는 유효성(effectiveness)과 산업국의 지불용의액 사이의 균형을 맞추는 협정이 필요하다.

만약 협상이 이루어진다면, 기후재정 제도는 시장의 지속적인 호스트 국가로서 소규모 개발도상국을 확인하는 글로벌 협정을 제공할 수 있다. 그러나 동시에 큰 개발도상국이 배출 감축에 대한 책임을 점차적으로 수용하도록 하는데 필요한 인센티브를 제공할 것이다. 경제개발과 기후변화 완화라는 서로 대립적인 목표사이에서 균형을 찾기 위해, 일부 개발도상국은 명확한 책임을 명시하지 않고 "기후-친화적인"개발정책에 초점을 두기 시작할 수 있다. 시간이 지나면서, 국제사회에서의 경제적 역량 크기에 근거하여(예를 들면 1인당 소득을 토대로) 온실가스 배출 증가를 제한하고, 어느 시점에서는 결국 배출감축을 채택하거나 적어도 배출 원단위 감축목표로 이행할 수 있다(그림 4.4).

그림 4.4 개발도상국을 점진적으로 배출 감축체계에 통합시키는 방안

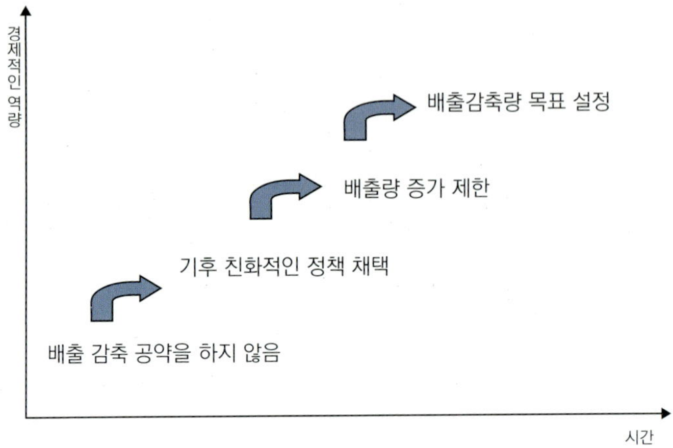

출처 : Figueres(2008)

배출감축체계의 완결성을 높이기 위해서 배출감축를 위한 모든 시도는 궁극적으로 기후친화적인 목표 또는 정책에 근거하고 있는지에 관계없이 측정 및 보고하여 국제적 검증과정을 거쳐야 한다. 공정성과 공평성을 확보하기 위해서, 배출감축체제에 개발도상국을 점차적으로 포함시키는 문제는 산업국의 검증된 수행력에 달려있다. 여기서 수행력은 개발도상국의 완화 노력에 대한 재원 공급 및 자국의 배출감축 달성과 관련된 수행력을 의미한다. 협정 내용은 개발도상국의 협력을 증가시킬 수 있는 임계치를 정하는데 있어서 실현가능한 목표 범위에 대한 것이어야 한다. 이러한 관점에서 부유한 국가와 빈곤국뿐만 아니라 개발도상국 그룹의 다양한 국가 상황을 인식하는 것이 중요하다.

특히, 야민(Yamin et al. 2006)등이 주장하였듯이, 기후변화를 다루는 각국의 상이한 역량뿐만 아니라 기후변화에 대한 상이한 책임을 고

려하는 것이 중요하며, 기후변화 완화 활동을 수행하는데 있어서 가능성을 고려하는 것도 중요하다. 오뜨 등(Ott et al. 2004)은 북 -남 대화(North-South Dialogue)에 대해 특별한 틀을 제안하였는데, 여기서는 ① 완화 노력은 배출감축에 있어서 중간 또는 높은 가능성을 가진 국가에 집중하고 ② 각국은 책임과 역량에 따라 전 지구적 노력에 재정적으로 기여하며 ③ 기후변화에 대한 책임이 상대적으로 적은 국가는 자발적으로 기여하며 ④ 기후변화에 대해 중간 수준의 책임이 있거나, 중간이하의 경제적 역량을 가진 국가는 경제적 역량이 큰 국가로부터 재정적·기술적 이전을 받아 감축을 진행한다는 것이다.

이러한 체계가 운영되기 위해서 적절한 변수를 측정하는 방법에 대해 동의가 도출되어야 한다. 여기서 기후변화에 대한 책임은 그동안 각국이 배출한 온실가스 누적 양으로 표시할 수 있다. 예를 들면 19세기 중반 이후 처음으로 전 지구적으로 인위적인 온실가스 배출이 현저한 경향을 보였다거나, 또는 그보다 좀 더 최근으로 기점을 잡자면 온실가스 배출이 미친 기후 영향에 대한 과학적인 합의로 출간되었던 1990년 IPCC의 첫 보고서를 기점으로 얘기할 수 있다.[8] 각국의 경제적 역량 수준은 기후변화 적응 및 완화활동에 재원을 공급할 수 있는 능력을 일컫는 것으로, 1인당 GDP 수준이나 유엔의 인간개발지수를 토대로 도출할 수 있다. 각국의 완화 가능성에 대해서는 인구 및 GDP 대비 온실가스 배출성장률 및 수준 등 절대적인 값으로 구할 수 있다. 사실 엘리스와 카멜(Ellis & Kamel, 2007)이 주장한 바와 같이, 배출정도 또는 성장률이 이미 낮은 국가는 그 국가 내에서 배출을 감축시킬 수 있는 여지가 상대적으로 적다.

<표 4.1>에서 본 바와 같이, 산업국과 개발도상국의 협력에서, 라틴아메리카 지역 국가는 기후변화를 완화하는데 있어서 중간수준의

잠재성, 책임, 역량을 가진 국가로 분류될 수 있다. 그러나 오뜨(Ott et al. 2004)의 ①, ② 범주에 해당되는 지역은 토지이용변화로 인한 배출을 분석에서 고려했는가에 따라 결정된다. 만약 고려하지 않았다면, 배출감축 활동 수행에 있어 잠재적 가능성 및 중간수준의 책임을 가진 지역으로 기술될 수 있다.

CDM에서 라틴아메리카 지역의 활동

CDM사업은 UNFCCC에서 승인한 개발도상국의 배출 감축를 위한 유일한 재정적 동력이다. CDM은 1차 공약기간 내 개발도상국에서의 완화 시도라 할 수 있다. CDM은 화석연료 에너지를 재생에너지로 바꾸는 등의 좀 더 탄소 집중의 대안이나 매립식 쓰레기처리에서의 메탄 포집, 에너지효율성 증가와 같은 "탄소업그레이드(carbon upgrade)"등의 단일 프로젝트를 통한 배출감축을 촉진시켰다. 그러나 아래에서 논의한 CDM의 단점과 배출감축의 확대 필요성에 직면하여, CDM을 보완하거나 확장할 필요가 있다. 지구적 배출 감축노력의 1차 공약기간이 끝나는 시점에서, 2차 공약기간에 각국이 더 다양한 범위에서 더 많은 양을 감축하도록 촉진하기 위하여 시장 또는 비시장에 기반한 다른 체제를 만들 수도 있다. 이는 이 장의 마지막 부분에서 논의하겠다. CDM사업은 강점과 약점을 가지고 있지만, 라틴아메리카 지역 및 기타 지역의 개발도상국에서 시장기반의 완화 활동을 활성화하는데 성공적으로 기여했다는 데에는 의심의 여지가 없다.

여기서는 배출감축에 대한 2차 공약기간동안 개발도상국의 배출감축을 더욱 촉진하는 방법을 모색하기 전에, 라틴아메리카 지역의 CDM 참여에 대해 우선적으로 검토하고, 참여를 제한하는 장벽에 대해 규명하고자 한다.

CDM은 1997년 교토의정서 채택이후로 급속히 발전되어 왔다. 거래된 배출감축량은 1998년 20MtCO_2e에서 2004년 100MtCO_2e으로, 그리고 2007년에는 537MtCO_2e로 증가하였다. 그 해의 1차 CDM 배출권(primary Certified Emission Reductions)* 가치는 미화 74억 달러에 달했다. 더욱이 2007년에는 2차 시장(secondary markets)이 출현했고, 미화 54억 달러치의 240MtCO_2e 배출감축량을 거래하였다.

2008년 중반, 라틴아메리카 지역은 전세계 CDM의 약 20%인 3,498개 프로젝트를 진행하고 있었다. 만약 CDM 프로젝트들로부터 배출될 것으로 예상되는 모든 배출권(Certified Emission Reductions: CERs)을 산출한다면, 배출감축량은 2,640MtCO_2e에 이를 것이고, 이 중 약 15%는 라틴아메리카 지역의 프로젝트에서 나온 것이다. 톤당 평균가격을 미화 15달러로 가정한다면, 이 지역의 배출감축에 대한 투자는 2012년에 미화 58억 달러에 이를 것이다. 그러나 배급 실패, CDM 검인증기관(Designated Operating Entities: DOEs)에 의한 부정적인 판정, CDM사업의 감사, CDM 집행위원회(Executive Board: EB)에 의한 거부 등과 같은 다양한 리스크와 새 프로젝트에 대한 향후 자금 흐름 및 등록 연기 등의 변수를 고려하면, 대부분의 시장 참여자들은 2012년까지 배급예정인 CERs이 더 적을 것이라고 예상한다. 예를 들어 유엔환경계획 RISOE 에너지센터(UNEP Risoe Centre on Energy), 기후 및 지속가능발전기구(Climate and Sustainable Development(URC))는 2012년 말 이전에 1,568MtCO_2e 정도 발행될 것으로 추정하고 있다.

표 4.1 온실가스 감소 가능성, 책임 그리고 역량

국가구분기준	AnnexI(*)	라틴아메리카와카리브지역	브라질	멕시코	기타	중국	인도
배출 감축가능성							
온실가스／GDP, 2000 (tons CO2/Mill. US$-PPP)							
그룹 범위	239-2,446	203-16,486			352-35,632		
그룹 평균	759	2,477	1,876	752	3,619	975	655
그룹 총계	643	1,425			1,395		
이산화탄소배출량 (토지이용제외)/GDP, 2000 (tons CO2/Mill. US$-PPP)							
그룹 범위	208-1,583	177-2,166			0.1-3,310		
그룹 평균	561.5	460	280	436	511	686	434
그룹 총계	535	377			630		
1인당 온실가스, 2000 (1인당 tons CO2e)							
그룹 범위	5.5-26.6	1.3-93.4			0.7-53.8		
그룹 평균	12.3	12.2	13.4	10.0	7.7	3.8	1.5
그룹 총계	14.3	10.0			4.4		
이산화탄소배출 증가율, 1990-2000 (%)							
그룹 범위	-6.8-4.3	-5.5-8.1			-11.3-17.4		
그룹 평균	-0.44	0.30	-2.3	0.8	2.35	2.2	5.2
그룹 총계	0.07	-1.60			2.51		
완화에 대한 책임1인당 누적 이산화탄소의 양, 1990-2000 (tons CO2)							
그룹 범위	32.5-241.8	-75.1-1,009.3			-12.4-373.4		

국가구분기준	AnnexI(*)	라틴아메리카와카리브지역	브라질	멕시코	기타	중국	인도
그룹 평균	100.9	107.5	117.0	51.5	53.3	27.2	8.6
그룹 총계	121.1	82.4			33.5		
배출을 완화할 수 있는 역량1인당 GDP, 2000 (US$-PPP)							
그룹 범위	4,037-50,564	1,499-16,958			226-42,166		
그룹 평균	20,446	6,442	7,142	9,262	4,994	2,371	1,517
그룹 총계	22,170	7,026			2,399		
인간개발지수(HDI)							
그룹 범위	0.75-0.96	0.67-0.86			0.92-0.32		
그룹 평균	0.89	0.76	0.79	0.81	0.61	0.732	0.587
온실가스배출 총합, 2000 (MtCO2 equiv.)							
합계 (국가 그룹별)	17,583	5,166	2,333	682	18,777	4,850	1,574
가장 많이 배출하는 5위 국가	미국 6,611	브라질 2,333			중국 4,850		
	러시아 1,991	멕시코 682			인도네시아 3,068		
	일본 1,406	베네수엘라 384			인도 1,574		
	독일 1,044	아르헨티나 353			말레이시아 861		
	캐나다 751	콜롬비아 274			한국(남한) 547		

출처 : 2000년도 인구 및 2천달러의 구매력 대비 GDP는 세계개발지수(WDI)의 경우 ; 배출: Climate Analysis Indicators Tool Version 5.0., (Washington, DC: World Resources Institute, 2008, Human Development Index UNPD.

주 : (*) OECD 회원국 및 체제전환국을 포함하여 UN 기후변화협약에서 Annex 1 로 정의됨.
온실가스= 이산화탄소(CO_2), 메탄(CH_4), 아산화질소(N_2O), 과불화탄소(PFCs), 수소불화탄소(HFCs), 육불화황(SF_6) (토지이용변화와 국제 벙커를 포함), 이산화탄소(CO_2) 배출성장(이산화탄소, 토지이용변화 및 국제 벙커를 포함), 이산화탄소 누적량. 이산화탄소(에너지). 이산화탄소(토지이용변화)

시장점유율 감소

CDM에서 분명 초기의 행위주체는 라틴아메리카 지역이었다. 1990년대 초, 이 지역에서 공동이행(Activities Implemented Jointly(CDM에 앞서 진행됨))을 시험적으로 시도했다. 1999년에 안데안개발협력(Andean Development Corporation)은 지역개발은행이 만든 첫 탄소 기금 프로그램인 라틴아메리카 탄소프로그램(Programa Latino Americano del Carbono: PLAC)을 내놓았다. 이는 마라케쉬 합의문이 CDM에 대한 양식과 절차를 수정하기도 전에 이미 만들어진 프로그램이었다. 1999년부터 2002년 사이, 호스트 국가의 CDM사업 승인 과정을 관리하는 기관인 국가승인기구(Designated National Authorities: DNAs)가 세계에서 가장 많았으며, CDM관련 능력배양 부문에 미화 18백만 달러를 지원받았다.[9]

기술훈련에 대한 투자는 즉각적인 결과를 가져왔다. 2001년에서 2004년까지 이 지역은 CDM 전체 사업 중 62%에 해당하는 사업을 집행위원회에 제출했다. 집행위원회가 등록한 첫 프로젝트는 2004년 브라질의 노바제라르(NovaGerar) 매립식 쓰레기처리 메탄포집 프로젝트였으며, 배출감축에 대한 첫 인증서는 2005년 온두라스의 블랑코 강(Rio Blanco)과 라 에스페란사(La Esperanza) 물 프로젝트에서 발행되었다.

그러나 2006년 중반에 인도와 중국이 훨씬 더 많은 수의 프로젝트와 배출권을 내면서부터 라틴아메리카 지역은 시장에서 우위를 잃었다. 라틴아메리카 지역은 2004년 총 61개 프로젝트 CDM 포트폴리오에서 68%를 차지하였던 것이, 2006년에는 1,387개 프로젝트의 32%, 그리고 2008년 6월초에는 3,498개의 프로젝트 중 단지 20%를 차지하였다(그림 4.5 참고). 이와 마찬가지로 CERs의 거래 총량 중 라틴아메리카 지역이 차지하는 비율은 2003년 72%에서 2007년 11%로 떨어졌다. CERs의 거래 총량 중에서 브라질 6%, 중국 74%, 인도 6%였다(그림 4.6).

그림 4.5 주요국 및 지역별 CDM 파이프라인 프로젝트 누적수

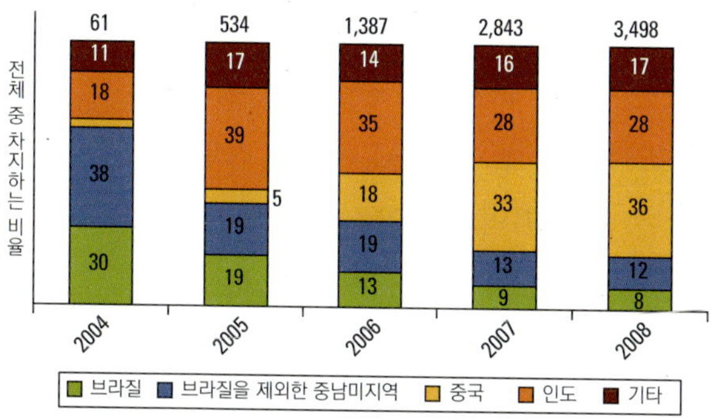

출처 : World Bank staff calculations using data from the Clean Development Mechanism Pipeline database published by UNEP Riso, June 2008.

그림 4.6 컴플라이언스(의무)시장에서 주요국 및 지역별 1차 CDM 거래량

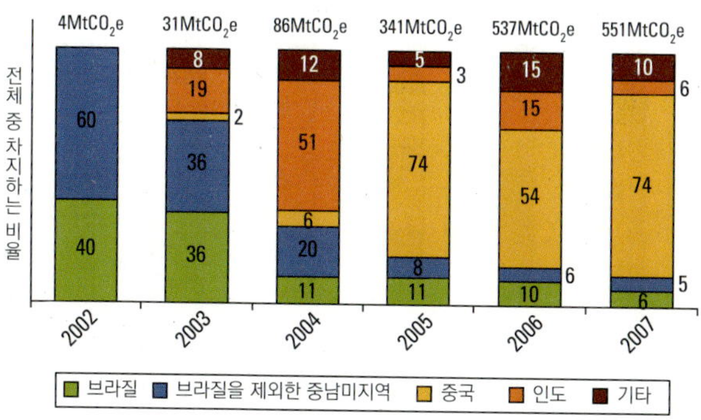

출처 : World Bank staff calculations using data provided by Philippe Ambrosi of the World Bank.

주 : Mt CO_2e = million tons of CO_2 equivalent

탄소 시장에서 중국과 인도가 급속히 성장할 수 있었던 요인은 많은 양의 CERs을 내는 수소불화탄소(HFC-23)감축 프로젝트에 의한 것으로, 이는 수소불화탄소(HFC-23)가 이산화탄소(CO_2)에 비해 승온 효과가 높게 평가되었기 때문이다.[10] 그러나 전세계적으로 이러한 유형의 프로젝트는 감소하고 있으며, 지난 10년 동안 중국과 인도는 신재생에너지, 산업부문에서의 에너지효율성 개선, 그리고 메탄의 기타 부문으로 CDM 포트폴리오를 확장시키고, CERs 공급을 다양화시켜서 기존의 높은 시장점유율을 유지하고 있다.

이와는 대조적으로, 초기 CDM 이후로 라틴아메리카 지역에서 나온 프로젝트는 다른 지역의 CDM 프로젝트보다 규모가 작았다. 한 예로 리스크가 없다고 가정했을 때에도, 이 지역의 CDM 파이프라인으로부터 예상되는 2012 CERs 비율은 프로젝트 비율보다 항상 적었다. 예를 들면 2004년 라틴아메리카 지역은 전체 프로젝트의 68%였던 반면에, 그에 상응하는 2012 CERs는 단지 50%였다(그림 4.7).

그림 4.7 주요국 및 지역별 CDM 파이프라인에서 나온 CERs 누적량

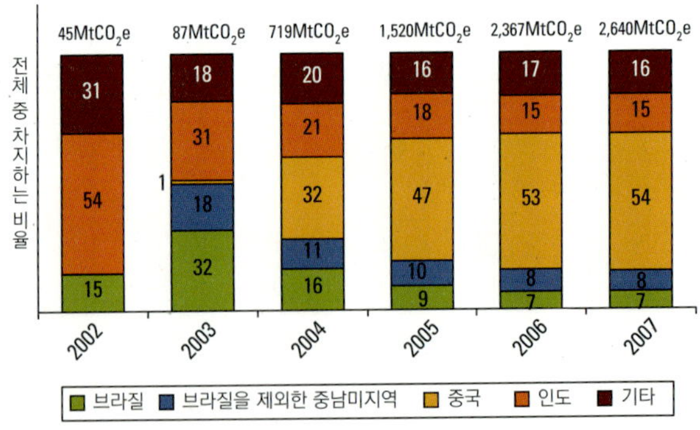

출처 : World Bank staff calculations using data from the Clean Development Mechanism Pipeline database published by UNEP Riso, June 2008.

주 : Mt CO_2e = million tons of CO_2 equivalent

2007년 파이프라인에서 이 지역 비율이 22% 로 떨어졌을 때 예상되는 2012 CERs의 비율은 단지 15%이다. 이와 대조적으로, 2007년 프로젝트의 33%를 차지한 중국은 2012년 예상되는 CERs의 53%를 공급할 것이다.

라틴아메리카 지역의 배출권 공급

CERs 공급국으로서 라틴아메리카 지역 국가가 가진 우위는 중국과 인도에 의해 추월당했는데, 이는 중국과 인도가 온실가스 배출 규모가 더 크기 때문이라고 생각할 수 있다. 만약 배출규모가 큰 국가가 배출감축량이 큰 국가라면 놀랄 일은 아니다. 따라서 해당국가가 CDM 프로젝트 파이프라인에서 얻은 2012 CERs 양과 비부속 I 국가그룹의 온실가스배출량에서의 상대적인 몫을 비교해야 한다. 토지이용과 산림으로 인한 배출은 포함되지 않는데, 이는 이러한 배출감축의 대부분이 CDM에 포함되지 않기 때문이다. <그림 4.8>은 이러한 접근법을 이용하여 만약 배출수준이 CDM에 대한 잠재적 공급 지표로 해석될 수 있다면, 브라질, 멕시코 등 라틴아메리카 지역의 나머지 국가는 대부분 "목표대상국"임을 보여준다. 브라질 경우, 약간 과잉공급하고 있으며, 이 지역의 타 국가는 CDM 프로젝트를 덜 수행하고 있다. 그러나 인도와 특히 중국은 분명 과다 수행하고 있으며, 아시아와 아프리카 국가는 탄소시장에서 덜 수행하고 있다.

온실가스를 가장 많이 배출하는 국가가 가장 많은 배출권을 공급하는 국가인 것은 지역수준에서도 확인할 수 있다. CERs의 양과 CDM 프로젝트의 절대적인 수로 보았을 때, 라틴아메리카 지역내 시장에서 브라질과 멕시코의 지위는 지배적이다. 어느 측면에서 보나,

그림 4.8 주요국 및 지역별 토지이용, 토지이용변화 및 산림(LULUCF)를 제외한 배출량 비율(2000)과 CDM에서 생산된 CER의 비율(2012)

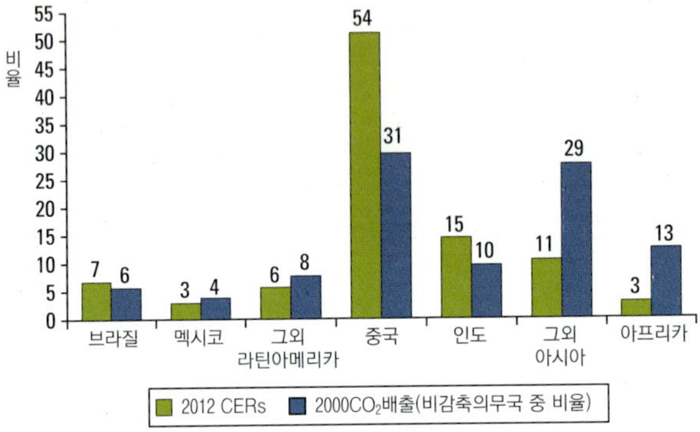

출처 : CO_2 배출량(토지이용 및 토지이용 변화 및 산림(LULUCF)을 제외함): CAIT; 2012 CER: World Bank staff calculations using data from the Clean Development Mechanism Pipeline database published by UNEP Riso, June 2008.

주 : LULUCF = Land use, land-use change and forestry.

이 두 국가는 라틴아메리카 지역에서 나오는 총 공급의 60% 이상을 차지하고 있으며(그림 4.9), 이 지역 배출의 55%를 차지하고 있다. 이 양은 토지이용변화를 배제한 것이다. 브라질과 멕시코의 이러한 과잉 수행력은 규모(size)에 주로 기인하며, 큰 규모의 이점은 CDM 관련 거래비용을 충분히 감당할 수 있는 대규모 프로젝트를 지원받을 수 있도록 해준다. 초기에는 이러한 프로젝트 유형이 주로 수소불화탄소(HFC-23) 배출을 줄이는 프로젝트였다. 그러나 최근에는 점차적으로 라틴아메리카 지역에서 재생에너지, 매립식 쓰레기처리로부터의 메탄 포집, 그리고 농산업이 유망한 CDM 프로젝트 유형이다(그림 4.9 참조).

요약하자면, 탄소시장에서의 과잉 또는 미달(온실가스 배출량에서의 국가별 몫에 따른) 공급패턴은 대규모, 저비용, 그리고 낮은 리스크의 감축

그림 4.9 라틴아메리카 지역의 국가별 CDM 포트폴리오 및 2012 배출권(CERs)의 비율

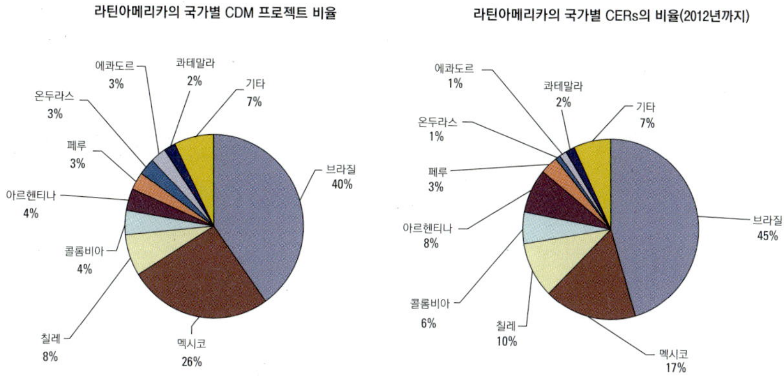

출처 : Clean Development Mechanism Pipeline database published by UNEP Riso, June 2008.

프로젝트가 가능한가를 상대적으로 반영할 것이다. 예를 들면, 개발도상국의 배출 비율과 비교하여 탄소시장에서의 중국의 큰 역할은 결국 앞서 말한 프로파일을 충족시키는 국가가 중국이기 때문에 수많은 프로젝트를 수행하고 있다는 것을 반영한다. 사실 아래에서 논의하였듯이, CDM에서 중·소규모 국가의 제한적인 참여는 이들 국가의 감축프로젝트가 대부분 소규모이기 때문으로 볼 수 있다. 이러한 참여제한 현실은 단일 프로젝트와는 다른 이른바 프로그램 청정개발체제(programmatic CDM: pCDM)라는 활동 프로그램 등록 옵션을 도입하는 계기가 되었다.

라틴아메리카 지역의 부문별 CDM 포트폴리오

현재 라틴아메리카 지역의 부문별 CDM 포트폴리오를 분석한 결과, 몇 가지 우려되는 요소가 있다. 산업체에서 배출하는 수소불화탄

소(HFC-23)와 아산화질소(N_2O) 등의 온실가스 관련 프로젝트는 이 지역 CDM의 단지 2%를 차지하는 반면, 2012 CERs에서는 17%를 차지한다(그림 4.10). 그러나 이러한 프로젝트의 전망은 그리 밝지 않다. 현재 대부분의 주요 산업 배출가스 프로젝트 한도가 정해져 있으며, 점차적으로 다른 프로젝트 유형과 균형을 모색하고 있다. 오늘날의 라틴아메리카 지역의 프로젝트 포트폴리오에서 재생가능에너지 부문은 54%를 차지하며, 이는 2012 CERs 중에서는 34%에 해당했다. 라틴아메리카 지역의 포트폴리오에서 재생에너지 비율은 아시아와 비슷하며, 적어도 대규모 수력발전 프로젝트를 제외한다면, 이 지역에서 이 부문의 완화 가능성에 상응할 것이다.[11] 수력발전을 제외하면, 사탕수수 산업에서 바가스(bagasse) 이용은 이 지역에서 CDM 재생에너지 프로젝트의 나머지 대부분에 해당되며 이러한 추세는 계속될 것으로 보인다.

기타 배출감축 주요 프로젝트로는 매립식 쓰레기처리, 농업, 하수처리 메탄 포집부문이 있다. 매립식 쓰레기처리가스 포집을 목적으로 하는 프로젝트는 라틴아메리카 지역의 포트폴리오에서 단지 14%를 차지하였지만, 이는 이 지역에서 나온 2012 CERs의 31%에 해당한다. 이 프로젝트들의 일반 규모는 아시아보다 크다. 아시아 지역에서 이 프로젝트에 대한 비율을 보면 2012 CERs의 양과 프로젝트 수에서는 비슷한 수준이다. 농업부문에서의 CDM 프로젝트의 경우, 라틴아메리카 지역 포트폴리오에서는 22%인 반면, 아시아 지역 포트폴리오에서는 단지 1%이하로 나타났다.

이 지역의 매립식 쓰레기처리와 농산업부문에서 아직 많은 기회와 가능성이 개발되지 않은 채 남아 있다. 그러나 쉽게 개발할 수 있는 것처럼 보이는 지역도 여러 가지 기술적 이유에서 기대치의 감축량

그림 4.10 라틴아메리카 지역 및 아시아에서의 부문별 CDM 포트폴리오(2012)

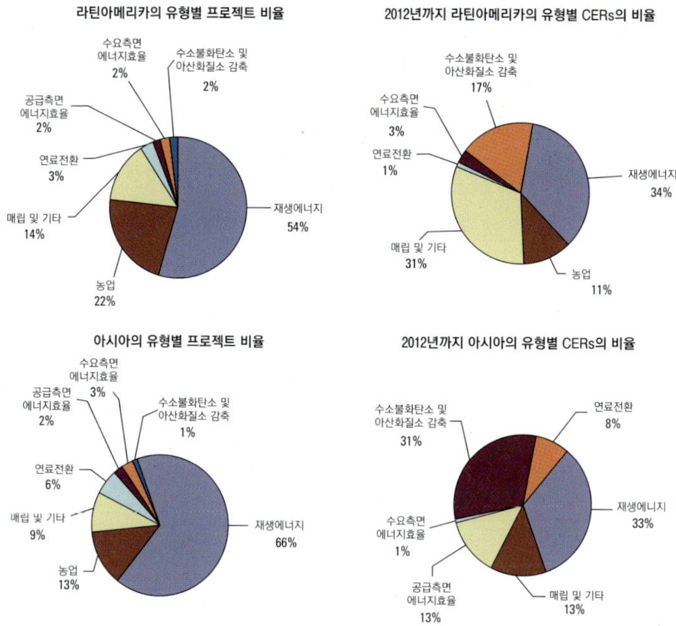

출처 : Clean Development Mechanism Pipeline database published by UNEP Riso, June 2008.

을 달성하기 힘들 수 있다. 예를 들면 파이프라인이 연결되지 않았다면 메탄의 누수를 초래할 수 있으며, 매립식 쓰레기처리에서 부적절한 선별로 인해 메탄생산에 부적합한 유기물질의 함량 미달 문제가 있을 수도 있다(Zeller 2008). 농산업부문에서 메탄포집성공은 수소이온농도, 온도, 그리고 배설물의 수분함유량에 달려있고, 또한 이는 프로그램 개발자와 수의사, 농부의 관계에 의해 결정된다(Lokey 2009). 이러한 이유로, 지구 온난화에 대한 메탄의 높은 승온 효과에도 불구하고, 급증하는 도시폐기물관리 문제에 대해서 CDM은 지속가능한 해결책을 제공하지는 못했다.

라틴아메리카 지역의 포트폴리오 분석에서 가장 두드러진 특징은 이 지역에서 높은 배출을 초래하는 두 가지 요소를 고려하지 못했다는 점이다. 첫 번째는 산림파괴로 인한 배출의 감소이다. 지구적 완화 노력에 대한 이 지역의 주된 기여 중 하나는 분명 삼림 파괴율의 감소를 들 수 있다. 그러나 산림 파괴로 인한 배출을 감소시키는 활동이 현재는 CDM에서 제한적이다. 현재 CDM에서 토지이용변화와 산림은 조림과 재식림으로 한정되어 있다. 2012년 이후에나 산림파괴로 인한 배출에 대해 논의가 진행되기 때문에, 그 때까지 이 지역에서 모든 부문 중 가장 큰 완화 가능성인 산림은 탄소재정 영향 하에 놓이지는 못한다.

이 지역의 CDM 포트폴리오에서 비율이 낮은 두 번째 부문은 교통이다. 아래에서 논의한 것처럼, 교통은 라틴아메리카 지역의 에너지 관련 배출에서 가장 큰 몫을 차지하는 부문이다. 그러나 CDM에서 이 항목의 잠재성은 절차의 미비로 인해 축소되어 있다. 현재, 교통부문에서 승인된 CDM 절차가 한 가지 있다(콜롬비아 보고타의 트란스밀레니오(Transmilenio) 프로젝트에 의해 수행된 급행교통차선). 몇 가지 다른 유형의 교통 관련절차를 준비 중에 있으나, 승인되기 이전에는, 실제로 가장 주요한 배출원 중 하나임에도 불구하고 이 지역의 CDM 포트폴리오에서 저평가된 채 있을 것이다.

마지막으로, 앞에서 얘기한 바와 같이, CDM 프로젝트에 참여하는데 제한요소로 작용하는 높은 거래비용 문제는 특히 중소규모 국가에서 에너지효율성 부문의 프로젝트를 위축시키는 결과를 가져온다. 사실, 이러한 프로젝트들은 속성상 많은 소규모 사업부지로 분산되는 경향이 있다. 국토면적이 큰 국가에서 사업부지는 대규모일 가능성이 크고, 규모의 이점을 가진다. 따라서 에너지 효율성 프로젝트는 아시아의 CDM 파이프라인의 20%를 차지하는 반면, 라틴아메리카 지역에서는 5% 미만을 차지하고 있다.

라틴아메리카 지역에서 CDM 확장에 대한 장벽

CDM에서 라틴아메리카 지역의 참여가 감소하는 요인으로 몇 가지를 들 수 있다. 2006년 초, 시장 참여[12]에 대한 조사에서는 세계의 다른 지역과 비교하여 라틴아메리카 지역의 강점을 다음과 같이 확인하였다. 즉, CDM 프로젝트 사이클에 대한 더 나은 이해, 좀 더 견고한 프로젝트 설계 서류(Project Design Documents: PDDs), 민간부문의 많은 참여, 지역 자문가의 PDDs 준비, 그리고 CDM에 활발히 참여하기 위한 각 정부로부터의 분명한 위임 등이 이 지역의 강점으로 들 수 있다. 그러나 동 조사에서는 이 지역이 탄소시장의 선도지역으로서의 이점을 잃고 있으며, 라틴아메리카 지역이 관련정책과 규제에서 몇가지 약점을 가지고 있다고 지적하였다. 즉, 이 지역 DNAs에서 주요 절차상 차이, 타 지역보다 더 많은 주최국의 요건 제시, 그리고 느린 승인과정 등을 약점으로 꼽을 수 있다. 동 조사에서는 이 지역의 배출감축 잠재성이 아시아 지역보다 낮다고 결론을 내었다.

CDM에서 라틴아메리카지역 국가의 시장 비율이 쇠퇴하게 된 또 다른 주요 요인은 포스트 2012 체제와 관련된 불확실성이었다. 탄소시장을 유지하기 위해서는 산업국의 장기적 위임이 필요하다. EU 배출거래제도(European Trading Scheme: ETS)의 세 번째 단계에 대한 유럽연합의 최근 제안을 보면, 수용 가능한 다자간 합의에 도달하지 않는 한, 유럽 규정에 따르기 위한 CDM의 이용을 엄격히 제한하고 있다. 더욱이 그러한 합의가 구체화된다고 할지라도 배출권거래제(ETS)의 세 번째 단계는 CDM의 이용을 제한적으로나마 확장할 뿐이다. 이 제안서는 유럽의회에 의해 아직 비준되지 않았으나, CERs의 수요에 대해 잠재적인 최고치(ceiling) 제시는 이미 시장낙관론을 어둡게 하고 있다. 이것이 시행된다면, 리드타임(lead time)이 짧은 프로젝트와 재정봉쇄로 인해서 향후 배출권 거래에 크게 영향을 받지 않는 프로젝트 위주로 CDM을 촉진하는 결과를 가져올 것이다. 이는 CDM의 미래 불확실성이 현저히 줄어들 때까지는 많은 양의 배출감축을 가져올 잠재성을 있으나, 긴 기간이 소요되는 대규모 하수 프로젝트 등에 대한 탄소 재정의 투자 결정을 제한할 것이다. 라틴아메리카 지역에서, 장기적이고 많은 투자를 필요로 하는 CDM 프로젝트는 탄소시장의 시그널 부재로 인해 이미 CDM 거래 감소로 반영되었다.

라틴아메리카 지역에서 CDM 프로젝트의 개발에 대한 세 번째 중요한 장벽은 합의된 CDM 전략이 부족하다는 것이다. 이 지역에서 일부 국가만이(예를 들면 브라질, 멕시코) 합의된 완화전략을 가지고 있고, 대부분의 경우 이 전략은 CDM 이용을 촉진하는 특정 절차를 포함하지 않고 있다. 그러나 지난 10년 동안 세계은행의 국가전략 연구프로그램(National Strategy Study Program)과 관련하여, 일부 라틴아메리카 지역 국가는 CDM 프로젝트를 실행하는 최선의 방법을 찾는데 외국의 기술원조를 이용해왔다. 초기의 많은 CDM 포트폴리오는 이 이니셔티브와 추후 보완을 통해 작성되었으며, 일반적으로 공공 및 민간 부문의 상충된 공약은 포트폴리오가 앞으로 나아가는데 방해물이었다. 여기서 대표적인 예외지역은 칠레로, 민간영역과 정부사이의 특이한 시너지로 인해 제조업협회(Manufacturers Society)와 칠레투자촉진(Chilean investment promotion) 에이전시와 같은 비즈니스 조직을 통해 CDM 프로젝트를 촉진하였다.

네 번째 문제는 적절한 CDM 절차가 부족하다는 것이다. 앞서 논의한 바와 같이, 지역의 온실가스 감축 가능성이 큰 주요 범주들이 CDM에 포함되지 않았다. CDM에서 토지이용변화와 산림 항목은 조림과 재식림 활동에 제한되어 있고, 심지어 규모와 유형에서도 제한적이다. 유럽연합이 유럽배출권거래체제 내에서 산림프로젝트를 상쇄항목에서 배제하였기 때문에 수요가 없었다는 것이 문제를 더욱 악화시켰다. 앞서 언급하였듯이 교통부문에서는 단지 한 가지 승인된 절차가 있을 뿐이다. 교통부문에서는 화석연료로부터 액체 바이오연료로의 전환뿐만 아니라, 대중교통부문에서 더 광범위하고 부담이 덜 되는 절차를 개발하여야 한다.

다섯 번째 문제는 라틴아메리카 지역에서 공기업이 탄소시장에 참여하는데 있어서 가장 덜 자발적이고 가장 인식이 부족한 집단으로 남아 있다는 것이다. 공기업이 직면한 이러한 한계는 데이터 공개와 기타 절차적 제한요소와 관련이 있다. 예를 들면 국가소유의 공공시설에서는 최소 비용 계획과정에서 CDM 재원을 고려하는 것이 일반적으로 허용되지 않는다. 결과적으로 재정 추가 논의를 초래할 CDM 프로젝트는 추진할 수 없도록 한다(Mayorga 2007). 더욱이 국가 공공시설은 미래 확장 계획에서 수용력 추가를 명시해야하는데, 이는 추가성(additionality) 논의를 어렵게 만든다. 왜냐하면 확장 계획은 배출전망치(business-as-usual) 시나리오에 대한 토대가 되기 때문이다(Mayorga 2007). 마지막으로 조정자가 국가 운영 시설에 대한 이윤을 고려하여 요금을 결정하므로 복잡한 CDM 과정에 참여할 동기를 거의 갖지 않고 있다. 사실, 콜롬비아의 메델린(Medellin)의 공공시설은 CDM에의 참여를 감사받았다. 감사에서는 왜 시설이 CERs의 판매로 얻은 가격이 많이 낮은지, 왜 그 과정이 오래 걸렸는지에 대해 질의를 받았다(Vélez 2007).

또한 CDM 배출권 시장에서 국내 금융 부문은 별로 기여하지 못하고 있다. 시중 은행들은 신재생에너지와 에너지 효율관련 프로젝트에 융자를 기피할 뿐만 아니라 CER로 벌어들일 수 있는 수입이 돈벌이가 된다고 생각하지 않고 있다. 은행들은 탄소 수익 흐름을 상당히 평가절하하고 있다. 그 이유는 부분적으로는 탄소시장과 관련된 불확실성과 정보 부족에 기인한 것이고 배출감축 구매협정(Emission Reduction Purchase Agreements: ERPAs)을 기후친화적인 기술 프로젝트에 재원을 보증하거나 담보하는 것으로 여기지 않았다. 따라서 대다수의 CDM 프로젝트에는 대차대조표에 근거하여 자금을 공급하거나 잠재적인 탄소 재정 수입을 고려하지 않고 재원을 공급하였는데, 이는 탄소시장에서 프로젝트의 규모를 직접적으로 제한하는 결과를 가져왔다.

마지막으로, 앞서 언급하였듯이, 라틴아메리카 지역에서 CDM 개발에 대한 장벽은 집합가능성이 미흡하다는 것이다. 이러한 문제로 인해 개별적이고 소규모이면서 많은 지역에 분산되어 있는 배출감축 프로젝트들은 CDM으로 진행될 수 없다. CDM 양상과 절차는 비교적 배출감축을 대량으로 하는 단일의 완화 장소를 기반으로 구성되었다. 이로 인해 큰 국가와 다(多)배출 부문은 유리하지만, 반대로 완화 잠재성이 분산된 부문, 완화 잠재성이 낮은 소규모 경제에는 불리하게 작용했다. 그러나 다음에서 논의한 바와 같이, 새로 도입되는 프로그램 CDM은 많은 소규모 완화 노력을 집합시켜서 구성할 수 있는 가능성이 있다. 이를 통해 소규모 국가는 대규모 배출시설이 없이도 수많은 소규모 프로젝트를 단일의 프로그램에 집합시켜서 CDM을 이용할 수 있고, 이를 통해 배출량을 상당히 감축할 수 있다.

라틴아메리카 지역의 탄소 시장에서 개발은행의 역할: 세계은행

다자간 개발은행(Multilateral Development Bank)은 라틴아메리카 지역이 CDM에 참여하도록 촉진하는데 활발한 역할을 해왔다. 세계은행은 1999년에 초기 탄소펀드(Prototype Carbon Fund)로 탄소재정활동을 시작했고, 이후로 그 펀드 관리를 확대하여 9개의 펀드와 기금(facilities)으로 확대하였다. 이 펀드들은 공공 또는 공공-민간 파트너쉽으로 세계은행의 탄소재정유닛(Carbon Finance Unit: CFU)에 의해 관리되고 있다. CFU는 타 은행 개발 상품과는 달리 프로젝트에 재원을 할당하거나 빌려주지 않지 않고, 오히려 배출감축을 구매하는 계약을 한다. 일단 이러한 구매가 제3의 감사관에 의해 입증이 된다면, 이는 매년 또는 정기적으로 배출감축에 지불하는 상업적인 펀드거래와 유사하다.

이러한 탄소펀드와 기금(facilities)은 배출감축공약을 통해 진행되고 탄소시장의 확대에 관심이 있는 산업국의 정부 및 민간 투자자가 이용한다. 세계은행이 관리하는 기금은 미화 총 20억 달러이며, 이 중 대부분은 CDM을 통해 전달된다. 이 가운데서 약 5%에 해당하는 미화 9천6백만 달러는 라틴아메리카 지역 국가의 배출감축 프로젝트에 투자되어 왔다. <표 5.1>은 펀드에 의한 구분을 나타낸다. 라틴아메리카 지역의 할당분이 낮은 특별한 이유는 없다. 그러나 라틴아메리카 지역이 세계의 에너지 관련 배출의 5%를 차지(CDM으로부터 토지이용으로 인한 감소는 사실상 배제)한다는 것은 흥미로우며, 배출수준과 완화 가능성 사이에 대해 이전에 논의된 관계를 상기시키고 있다.

세계은행은 전 지구적 배출 감축 확대에 대한 IPCC 4차 평가 보고서에 대한 요청에 부응하여, 최근 개발도상국에서 2차 공약기간을 여는 일련의 새 금융기구를 출범시켰다. 이 기구들은 다양한 다자간 은행이 참여하며, 내용은 아래와 같다.

안데안 개발 협력(The Andean Development Corporation)

1999년 안데안개발협력은 PLAC을 설립하여 라틴아메리카 지역의 잠재적인 CDM 프로젝트 개발을 지원하고 모든 출자국에서 기후변화 기관의 역할을 강화하고자 하였다. 또한 이 프로그램은 신재생에너지와 에너지 효율성에 초점을 둔 혁신적 재정 기구를 개발하기 시작하였다. PLAC은 네델란드 정부에 대한 총 77백만 유로의 배출감축 계약을 관리했고 8.7백만톤의 CER을 얻는데 성공했다. 이는 라틴아메리카에서 19개의 완화 프로젝트에서 나온 것으로 CDM을 통해 얻어졌다.

이 외에도 PLAC은 스페인 정부로부터 총 9백만 톤의 배출감축 구매를 계약하였고, 이 중 3백만 톤은 라틴아메리카 지역 프로젝트에 할당되었다. PLAC은 이 지역에 미화 150만 달러를 기술협력과 역량강화 부문에 투자했다.

미주개발은행(Inter-American Development Bank)

2007년 3월, 미주개발은행은 초기자본 미화 1천만 달러로 지속가능한 에너지와 기후변화이니셔티브(Sustainable Energy and Climate Change Initiative: SECCI)를 창설했다. 이니셔티브의 목표는 라틴아메리카 지역에서 환경적·경제적으로 건전한 에너지 해결방법을 모색하도록 지원하는 것이었다. SECCI는 재정문제를 해결하는데 중점을 두며, 재생에너지 및 에너지효율관련 프로젝트에 자금이 조달될 수 있도록 돕는 역할을 한다. 여기서는 제도적인 장벽 제거, 독창적인 정책 아이디어 촉진, 지속가능에너지에 대한 투자와 자금조달 방법의 접근가능성을 꾀하는 한편, 탄소금융시장을 이용하고, 적응 수요를 해결하며, 민간과 공공부문의 새로운 파트너십을 구축하는 등의 조치를 취하고 있다.

1차 공약 기간의 완화 노력을 넘어서

기타 개발도상국과 마찬가지로 라틴아메리카 지역의 경우, 포스트 2012 기후협약은 중요하다. 현재 설계된 CDM으로는 라틴아메리카 지역에서 비용효과적인 방법으로 온실가스 배출을 줄일 수 없다. 완화를 위한 새 인센티브를 적절히 계획하여 이를 해결해야 할 것이다. 라틴아메리카 지역에 두 가지 중요한 문제가 있다. 첫째는 비용효과적인 완화방법으로 대량으로 온실가스감축이 가능하면서 생물다양성 보호의 측면에서도 장점이 있는 산림부문은 협약의 새로운 장이라 할 수 있으며 이는 REDD와 통합되어야 한다. 둘째, 장기적 저탄소(지속가능한) 경제성장의 관점에서, 이 지역은 향후 수십년 동안 에너지관련 배출(예를 들면 전력 및 수송분야)에 직접적인 함의를 가지면서 탄소강도(carbon intensity)를 현저히 변화시킬 수 있는 인센티브가 필요하다. 앞서 논의한 바와 같이, 적어도 배출전망치(business-as-usual) 시나리오에서는 이러한 경제적 유인책이 라틴아메리카 지역의 에너지 관련 배출에서 현저한 투자 증가를 가져올 것이다. 라틴아메리카 지역에서는 기술관련 배출 증가를 피하는 것이 중요하다.

포스트 2012 기후협약이 개발도상국의 배출감축을 증가시키기 위해 시장기반의 재정 기구에 배타적으로 계속 의존할 것인지, 아니면 앞으로 논의될 감축펀드와 같은 비시장기반 메커니즘이 추가될지는 아직 알 수 없다. 그러나 두 가지 분명한 것이 있다. 완화는 프로젝트별 기준으로만 계속 진행될 수 없으며, 또한 기후 친화정책은 미래의 재정 메커니즘으로 합병되어야 한다.

첫째, 이제는 프로젝트를 기반으로 한 CDM의 한계를 넘어서야 한다. 그동안 단일 지점으로부터의 배출감축으로 CDM을 한정함으로써 향후 필요한 부문확장 변화를 촉진할 수 있는 잠재성을 위축해왔다. 부문확장 변화는 에너지, 교통, 기반시설과 같은 탄소 집중 부문을 탈 탄소화하는 방법과 비용효과적인 자본 투입을 통해 얻을 수 있다. 프로젝트 접근법은 기술개발을 촉진할 수 없고 저탄소 및 제로 탄소 R&D을 확대하는데 따르는 리스크를 감당할 수 없다. 재정적 측면에서 보면, 프로젝트에 기반한 CDM은 전체 경제규모에서 필요한 정책(인센티브 등)과 기술변화에 재정을 댈 수 있는 적절하면서도 믿을 만한 새로운 리스크 자본(risk capital)이 공급되도록 촉구할 수 없다. CERs의 자금 예측 흐름이 특정 프로젝트에 재원을 댈 수 있는 담보가 되기 위해 필요한 사업리스크 관리 및 규제 확실성 등의 실질적인 투자 환경이 아직 조성되지는 않았다. 이러한 상황에서는 비록 이미 상업성이 입증되어 급속히 성장하고 있는 최첨단 저탄소 전력 및 기반시설관련 기술이라 할지라도 재원을 마련할 수 없다(Figueres and Newcombe 2007).[13] 또한 프로젝트 접근방법과 관련된 거래비용은 소규모의 감축 성과의 이용을 어렵게 하며, 소규모 프로젝트를 집합시켰을 때 상당한 양의 감축을 가져온다 할지라도, 그로부터 이익을 얻는 것을 어렵게 만든다.

둘째, 주요부문의 탈탄소화는 필요한 규정체계 없이는 발생하지 않을 것이며, 따라서 향후 탄소재정메커니즘은 기후 친화적인 정책을 명시적으로 촉진해야 한다. 정책의 중요성이 최근에 밝혀진 것은 아니다. 2004년 국제에너지기구(International Energy Agency: IEA)에서 출판한 세계에너지전망(World Energy Outlook)에서는 "만약 정부가 2004년 중반 현재 시행중인 정책을 고수한다면, 2030년에는 전 세계 에너지수요가 지금보다 약 60% 더 높을 것(IEA 2007)"이며, 이는 개발도상국으로부터 배출될 것으로 예상되는 증가분의 2/3보다 훨씬 큰 것이라고 경고하고 있다. 그러나 정책 시나리오 대안에 따르면 "만약 모든 국가가 현재 고려중이거나 수용할 것으로 예상되는 일련의 정책과 조치를 수행한다면" 전 세계 에너지 관련 배출 경향은 현저히 향상될 수 있다(IEA 2007). 정책은 CDM 내에서 발전해왔으며, 포스트 2012 협약이 성공하기 위해서는 기후 친화적인 정책이 분명 중요하다.

CDM에서 왜곡된 인센티브와 추가성 문제

CDM이 개발도상국의 온실가스 배출에 현저히 영향을 미치기 위해서는 개발도상국의 전체적인 개발 정책을 변화시키는데 도움이 되어야 하고, 개발정책이 기후친화적으로 확립되도록 기여해야 한다. CDM을 통해 이러한 목적을 달성하는데 있어서 주요 장애물은 CDM 내에서의 프로젝트 기준선에 관한 모호성이다. 만약 프로젝트 제출시기에 개발도상국이 이미 공표한 기후친화적인 정책이 배출전망치(business-as-usual)시나리오 또는 기준선의 일부로 고려된다면, 잠재적인 프로젝트에 의해 달성될 배출감축은 프로젝트를 실행불가능하게 만드는 지점까지 축소될 수 있다.

환경건전성(environmental integrity)은 유지되어야 하지만, 몇 가지 문제가 있다. 첫째, 헬러와 슈클라(Heller and Shukla, 2003)가 언급하였듯이, 기준선 시나리오는 아직 충분히 정해지지 않은 정책결정의 범위에 따라 달라지는 경우가 많기 때문에 결정하기가 어렵다. 결과적으로 이러한 정책이 수행될지는 불확실한 경우가 많기 때문에, 기준선 시나리오에서 그러한 정책까지 포함한다면 논쟁이 될 수 있다. 또한 이러한 이유로 CDM을 통해 프로젝트에 지원받지 못하게 된다면, 향후 각국은 기후친화적인 정책시행을 할 인센티브를 잃게 될 수 있다. 많은 기후스마트 발전 정책은 오로지 국내 편익을 근거로만 실현될 수 있지만 기후변화 완화에 대한 그 국가의 기여를 분명히 인정하는 것은 추가적인 정치적·재정적 지원을 모으는데 유용할 뿐만 아니라 궁극적으로는 배출 감축를 강화하는데 기여할 것이다.

적어도 2005년까지 CDM의 추가성 요건이 호스트 국가 정부에 왜곡된 인센티브로 작용했으며, 일부 사례에서는 기후친화적인 정책 안건들이 지체되는데 결정적인 역할을 했다(Ellis 2006). 즉, 최소의 기후친화적인 정책을 가지고 있는 국가에게 은연중에 보상이 주어졌고, 반면 자국의 완화 프로젝트 대부분이 리스크를 가지고 있는 것을 알면서도 주도적으로 앞서서 나아가던 국가는 오히려 CDM에서 배제되었다(Figueres 2004). 결과적으로 각국은 CDM 계획과 프로그램의 영역 내에서 기후친화적인 정책을 유지할 경제적 동기를 가지게 되었고, 공식적인 규제 체계에 해당 국가의 기후친화적인 정책을 포함시키는 추가 절차를 취하지 않을 동기도 갖게 되었다. 이러한 예로 2003~2004년의 콜롬비아 정부의 결정을 들 수 있는데, 수송, 에너지,

그리고 임업에서 가능한 CDM 프로젝트와 저탄소 정책 옵션 확인을 목적으로 하는 국가전체의 협의가 있었다(Hinostroza et al. 2007). 이와 관련된 또 다른 예는 1995년 코스타리카의 필요 요건에 대한 것으로, 민간에서 재생가능한 에너지원으로부터 전력을 생산하는 것과 관련된 것이었다. 이러한 절차는 코스타리카의 에너지 메트릭스의 탈 탄소화에 기여한 반면에, CDM 방법론 위원회(Methodology Panel)는 민간의 수력발전소의 추가성(additionality)에 의문을 제기했고, CDM에서 코스타리카의 참여를 엄격히 제한했다.[14]

다행히도, 2005년 11월 CDM의 행정위원회는 CDM 프로젝트의 기준선을 계산할 때 국가정책을 고려하는 방법에 대한 새 가이드를 제시했으며, 이는 왜곡된 인센티브를 대규모로 줄여 호스트 국가가 탄소 친화적인 정책을 수용할 수 있도록 하였다. 새 가이드에서는 기준선 시나리오에서 1997년 12월의 교토의정서 채택이후에 나온 기후에 해로운 정책과 규제를 배제함으로써 배출집중적인 기술이나 연료를 장려 또는 묵인하는 정책시행을 통해 배출감축에 대한 성과를 부풀려왔던 일부 호스트 국가에 대한 인센티브를 제거하였다.

이 외에도, 새 가이드에서는 만약 2001년 11월에 CDM 절차와 양식의 채택 이후에 저배출기술(예를 들면 재생가능한 에너지 또는 엄격한 에너지 효율기준 등)에 보조금 등의 이익을 주는 규제 또는 정책을 시행했다면, 이러한 정책의 결과로 달성된 감축효과는 기준선시나리오에 포함하지 않도록 하였다.* 그러나 다양한 정책의 효과 구분과 관련된 방법론적 문제로 인해 기준선 시나리오의 정의에 대한 새 가이드라인의 적용이 어렵게 되면서 기존의 문제는 해결되지 않았다. 더욱이, 엘리스(Ellis, 2006)가 지적한 바와 같이, 새 가이드에서는 기준선 시나리오

* 이는 기후친화적 또는 환경친화적 정책시행으로 불이익을 받지 않도록 하기 위한 시도였다.

에서 최근 정책과 규제에 대해 배제 또는 포함의 양자택일을 분명히 허용하고 있다.

결론적으로, CDM의 추가성 요건에 의해 제기된 균형문제가 많이 해결되었지만, 라틴아메리카 지역 국가는 이 메커니즘이 본래 의도했던 기후친화적 발전에 기여할 수 있도록 발전상황에 대해 좀더 면밀히 모니터할 필요가 있다.

CDM에서의 지속가능개발과 기후변화 완화

개발도상국에서 CDM을 통해 기후친화적인 프로젝트에 상당한 자원을 투입하였음에도 불구하고 현재의 거버넌스 체계가 지속가능발전목표에 기여하고 있는가에 대해서는 이 체계의 역량과 관련하여 몇가지 우려점이 있다. 2000년 마라케쉬 합의에서 정의된 CDM 방식과 절차에서는 지속가능발전목표를 위한 CDM 프로젝트의 평가 기준을 언급하지 않고 있으며, CDM 프로젝트를 평가하고 국가승인문서를 발행하기 위해서 개발도상국으로 구성된 DNAs가 그 방식과 절차를 정의하였다. 개발도상국 입장에서 보면, 지속가능발전기준에 대한 표준화가 이루어지지 않았다는 것은 개발도상국의 개발 우선순위와 전략을 결정하기 위한 주권을 명시할 수 있다는 이점이 있다고 볼 수도 있다. 그러나 합의문이 구체화되지 않았다는 것은 CDM의 지속가능한 목표달성 방법과 모니터 방법에 대한 국제적인 가이드라인이 없다는 것을 의미한다. 실제로 모든 호스트 국가가 CDM 프로젝트를 평가하는 지속가능발전 기준을 명확히 하지는 않았으며, 혹여 기준을 확립한 국가가 있다하더라도 기준의 엄격성 정도는 국가마다 상당한 차이가 있다. 더욱이 DNAs에서는 기존의 탄소친화적이지 않은 거의 대부분의 법체계 및 부문별 가이드라인과 프로젝트의 부합이라는 측면에서 CDM 프로젝트가 지속가능발전을 달성하는데 도움이 되어야 한다고 요건을 설명하고 있다(Figueres 2004).

CDM의 기본적인 두 번째 취약성은 온실가스 배출 감축을 지원하는 메커니즘으로서의 주요장점과 관련이 있다. 즉, 이 체제에서는 가장 낮은 감축 비용을 제시하는 프로젝트에 자원을 할당하는 시장을 이용한다는 것이다. 사실, 엘리스와 코르페(Ellis & Corfee-Morlot, 2004)와 엘리스와 카멜(Ellis & Kamel, 2007)이 제시하였듯이 온실가스를 줄이는 다양한 유형의 프로젝트들이 있으며, 시장은 다양한 유형의 프로젝트들 중에서 리스크가 가장 적고 회수기간이 짧은 것을 선호할 뿐만 아니라, 가장 낮은 비용과 자본 요건을 제시하는 곳으로 자원이 자연히 흘러들어가게 한다. 문제는 시장에서 가장 매력적인 프로젝트, 예를 들면 수소불화탄소(HFC), 아산화질소(N_2O), 또는 메탄(CH_4) 감축 등 사후 프로젝트 분야가 그 지역에 더 큰 개발 편익을 제공한다고는 할 수 없다는 점이다. 이와 반대로로 더 중요한 편익을 가져오는 프로젝트, 예를 들면 재생가능 에너지, 에너지 효율성, 수송 등의 기술 이전을 포함하는 프로젝트는 리스크가 많고, 비용이 많이 들며, 대개는 선불투자가 필요하기 때문에, CDM 투자자를 끌어들이기는 어렵다.

프로젝트에서 부문별 접근법까지: 계획에 따른 CDM

전세계적 배출 감축 노력에서, 프로젝트 중심의 현 CDM의 배출감축 방법이 과연 개발도상국의 참여를 이끌어내는데 충분한가에 대해서는 많은 이들이 우려하고 있다. 피게레스 등(Figueres, Haites, and Hoyt,

2005)이 논의하였듯이, CDM의 개별 프로젝트 접근법으로는 "현 경제상황에서 개발도상국의 현저하고 지속적인 온실가스 농도 변화를 촉진할"것 같지 않다. 좀 더 효과적인 접근법에서는 개발도상국의 성장이 탄소친화적이도록 하기 위해 기저선(baseline) 변경을 포함할 것이다(Heller and Shukla 2003). 따라서 개발도상국에서의 완화 노력은 프로젝트 수준에서의 활동에 중점을 두기보다는 에너지·교통·농업·산림 등과 같이 부문별 정책에 기반한 개혁을 촉진하는 방향으로 변해야 한다.

이러한 부문별 접근법을 실행하는 한 가지 방법은 개발도상국이 기후친화적으로 "개발우선"정책을 추구하는 한편, 이 과정에서 달성된 감축을 시장메커니즘에 포함시키도록 확대하는 것이다. 이는 산업국의 국내배출감축이 교토의정서의 공약하에 감축원(source)에 상관없이 포함되는 방법과 다르지 않다. 여기서 가장 중요한 조치는 몬트리올에서 열린 교토의정서 당사국회의 첫 세션(COP/MOP1)에서 활동프로그램을 CDM에 포함한다는 결정이었다(2005년 12월). 피게레스(Figueres et al., 2005)[15]의 제안에 따라, 이른바 pCDM 프로젝트 활동을 CDM에 포함시킴으로써 교토의정서의 기본 골격에 대한 재협상이 없이도 저탄소-개발 방법을 지원하도록 CDM 메커니즘의 역량을 향상시켰다.

몬트리올에서의 결정에 의하면 정부정책, 규제, 또는 기준 자체는 CDM 프로젝트로 제출될 수 없지만, 정책/방법 또는 언급된 목표를 수행하는 "활동 프로그램하의 프로젝트 활동"은 단일의 CDM 프로젝트 활동으로 등록될 수 있다. 피게레스(Figueres et al. 2005)등이 주장한 바와 같이, 정책 채택 그 자체를 CDM에 통합시키지 않는다는 결정은 CDM을 프로젝트 기반의 메커니즘으로 정한 마라케쉬 합의문의 제약에 들어맞는다. 더욱이 정책이 공식적으로 채택된 이후일지라도 재정적 또는 기술적 장벽이나 법과 규정을 시행하는 정부의 실패로 인해 종종 정책이 시행되지 못하기도 한다.

그러나 COP/MOP1 결정에 따르면 정책부문에도 가능성이 열려있다. 만약 정책이 CDM 규정하에서 배출감축이 측정 및 평가될 수 있는 활동 프로그램이나 그룹을 통해 시행된다면, 전체 프로그램 활동(program of activities: POA)은 하나의 프로젝트로 제출될 수 있다. 2007년 6월 CDM 집행위원회에서 발행한 상세 가이드에서 정의한 바에 의하면, CDM 프로그램 활동은 민간 및 공공 독립체를 통해 조정될 수 있고, 제한되지 않은 수의 자발적인 활동을 수반할 수도 있다. 후자는 POA가 없었을 때와 비교하여, 결과적으로 배출감축 또는 흡수를 통해 온실가스를 제거해야 한다. POA가 집행수준을 증가시킨다면, 정부 위임 정책에서 나온 프로그램들이 가능하다(Hinostroza et al. 2007).

프로그램CDM(pCDM)

전통적인 CDM 양식에서는 독립형 프로젝트의 번들링(bundling)을 이미 허용했고, 2005년 12월 CDM가이드에서는 대규모 프로젝트의 번들링 가능성을 포함하고 있다(Ellis 2006). 그러나 등록 옵션으로 "번들링(bundling)"을 이용할 때, 모든 프로젝트의 장소는 사전에 명확히 적시되어야 하며, 동시에 동일 지점에서 일어나야 한다(Figueres and Philips 2007). 그래서 이러한 번들링 방법은 시간이 지나면서 많은 결정이 일어나고, 활동이 분산된 경우에는 부적합하다. 예를 들면 가정, 사무실, 사업체에 대한 에너지효율 인센티브가 이에 해당된다. 특히 사업초기에는 특정 공공부문 인센티브 계획이나 민간 이니셔티브를 통해 달성될 온실가스 배출 감축 수준을 정확히 예측하는 것은 불가능할 것이다. 전통적인 CDM 하에서는 가능하지 않았지만, pCDM에서는 프로그램의 조정기관이 에너지관련 프로그램의 경우 28년까지, 그리고 조림 및 재식림의 경우 60년까지, POA의 지속기간동안 후속적인 배출감축을 추가할 수 있도록 조정가능한 등록을 허용한다. 즉, pCDM을 이용할 때 사전에 모든 POA의 구성활동을 지정할 필요는 없다는 것이다.

피게레스 등(Figueres et al.,2005)이 언급한 바와 같이, 프로그램 접근법은 특히 에너지 효율과 화석연료 전환 부문과 관련이 있다. 사실 이 부문에서 탄소친화적 기술은 개별적인 토대보다는 시간이 지나면서 다양한 조정에 의해 전개되며, 정부 조치 또는 자발적인 프로그램의 결과로써 많은 가정이나 사업체에서 종종 진행된다. 더욱이 소규모 개별 프로젝트는 CDM 제출과 관련된 거래비용 때문에 CDM에 통합될 수 있는 가능성이 줄어들 수 있다. 그러나 프로그램 제안은 많은 프로젝트에 걸쳐서 진행되기 때문에 거래비용을 줄여줄 수 있고, 상대적으로 저개발된 중·소규모 국가에서도 부문별 또는 국가 프로그램의 시행과 관련하여 배출감축 가능성의 이점을 취할 수 있다.

2008년 9월 현재, 방글라데시의 가정용 태양광 시스템 프로그램, 브라질 돼지 농장에서 메탄 포집, 멕시코에서 컴팩트 형광등, 남아프리카의 태양열 온수기 등 단지 4개의 POAs가 진행 중이다. 새로운 등록이 이렇게 느리게 진행되는 이유는 양식과 절차에 익숙하지 않고, 의무사항이 과하다는 인식 때문에 POAs에 참여하는데 DOEs가 소극적이기 때문일 것이다. 예를 들면 프로젝트 계획문서에서 규정되어 있는 포함 기준에 맞지 않는 프로젝트 활동의 경우, "포함 오류"로 책임져야 할지도 모른다는 우려 등이다. pCDM 접근법이 정착하기 위해서는 pCDM 프로젝트 과정에서 방법론상의 복잡한 문제를 다루어야 할 것이다. 예를 들면 유출(leakage), 기저선, 중복계산, 그리고 모니터링(Ellis, 2006)등이다. 그러나 일단 초기의 장애물을 넘어서면, 단일의 방법론에 대한 현재의 제한요소들에 의해 pCDM의 범위는 제한받게 된다. 사실 이러한 요건은 대규모 이니셔티브의 가능성을 제한하는데, 이러한 이니셔티브는 몇 가지 CDM 방법론의 조합을 필요로 하는 체계전반의 개선과 관련된다.

라틴아메리카 지역에서 pCDM의 실행가능성

세계은행이 수행한 연구에 따르면, 이러한 어려움에도 불구하고 라틴아메리카는 pCDM을 수행할 수 있는 많은 잠재성을 가지고 있다. 그 예로 이노스트로사(Hinostroza et al. 2007)는 페루의 공공부문에서 에너지효율, 소규모 매립 프로그램, 고지에서의 태양열 에너지, 그리고 산업용 보일러가 가장 유망한 옵션임을 보여주었다. 예를 들면, 후자 프로젝트로 매년 600,000t CO_2e이상의 온실가스 배출 감축을 얻을 수 있는 것으로 예측되었다. 일반적으로 pCDM 방법은 에너지효율 프로그램의 진행을 제한하는 일부 장애물을 제거할 수 있게 해준다. 에너지 효율 프로그램은 향후 수십 년 동안 저비용으로 온실가스배출을 감축할 수 있는 대규모 단일 감축원(sources)으로 평가되고 있다(IPCC 2007). 특히 최종에너지 이용효율성 개선으로 얻을 수 있는 감축량은 에너지 관련 감축 가능성의 2/3에 해당하는 양이다(EIA 2006). 한 가지 예는 많은 개발도상국의 대도시에서 비효율적이면서 오염을 유발하는 대중교통체계의 전환이며, 이를 통해 비효율적이고 과도한 개인 차량 이용을 감소시킬 수 있을 것이다(Figueres 2007).

에너지효율 프로그램을 지원하기 위하여 pCDM을 이용하는 장점 중 하나는 온실가스 배출량을 감소시키는 설비와 장치에 투자하는 가구(households) 및 사업체에 금전적인 수입을 보장할 수 있다는 것이다. 따라서 이러한 접근 방법은 에너지효율 프로그램에 대한 "스프릿 인센티브"장벽을 극복하도록 해준다. "스프릿 인센티브"는 기술 비용을 지불하는 사람과 기술로 인한 이익을 얻는 사람이 종종 일치하지 않다는 것이 문제이다. 예를 들면 가능한 한 낮은 비용으로 건축 비용을 들이고자 하는 토지주인과 에너지 사용료를 지불해야 하는 임차인의 경우가 이러한 비용과 편익의 수혜자가 다른 경우이다(Figueres and Philips 2007). 좀 더 효율적인 기술에 대하여 지불하는 사람, 예를 들면 토지소유자나 개발자에게 보상하는 프로그램으로 앞으로 생성될 CERs의 판매하여 얻을 수 있는 수입을 이용하여, pCDM 접근법은 소유자 및 개발자의 인센티브와 에너지 절감으로부터 이윤을 얻는 이용자의 인센티브가 동일하도록 해줄 수 있다. 이 외에도, 에너지효율 프로그램에서 pCDM의 이용은 온실가스 배출을 DNAs에 보고하는 국가 절차를 표준화하는데 기여할 수 있다. 표준화는 프로그램에 더 많은 가구와 사업체가 참여하도록 유도하는데 필요하며 주최국의 환경거버넌스를 강화하는데 기여한다(Hinostroza et al. 2007).

pCDM에서부터 광의의 부문 및 정책 기반 감축까지

pCDM은 개발도상국에서 정책 기반의 부문별 배출감축을 향한 첫 단계였다. CER의 가치를 활동 프로그램 하에 달성된 감축량에 할당함으로서, 이 체제는 비록 불충분한 인센티브이지만, 개발도상국이 기후친화적인 정책과 절차를 채택하고 수행하는데 필요 부분을 우선 제공한다. 그러나 완화 확대라는 긴급한 필요성 측면에서 보면, 프로젝트별로 계획된 양식과 절차로 운영되는 재정제도로는 현시점에서 요구되는 전환점에 도달하지 못할 수 있다. 시장메커니즘은 민간 투자에 영향을 주고 투자 패턴을 변화시키는 정책을 활발히 촉진하는 방향으로 발전해야할 것이다.

2012년 이후 기후 재정

지난 수년 동안 포스트 2012의 시장 및 비시장체계에 대한 많은 제안들이 있었는데, 이는 개발도상국에서의 기후변화 완화와 지속가능한 저탄소 발전이라는 두 가지 목적을 공유하고 있다. 이 제안들은 향후 체제에 대한 공식적인 협상 절차와 방대한 연구, 분석, 그리고 비공식 논의의 결과로 최근에 나타났다.[16] 특히 유망한 제안을 두 개의 그룹별로 묶어보면 정책기반과 부문별 접근 방법이다.

정책 기반 접근법

이 접근법은 비록 해당국가가 지속가능발전 목표에 주로 주안점을 두고 있다고 할지라도 온실가스배출을 줄이는 자발적 또는 의무적인 기준, 구속력 또는 비 구속력 있는 정책을 채택하는 국가에 감축기금을 제공하는 것에 중점을 둔다. 다른 한편으로 개발도상국은 남-북 대화에 의한 프로포절에서처럼(Ott et al. 2004) 배출성장 조절에 대한 자발적인 서약이나 바우메르트와 빈클러(Baumert & Winkler, 2005)가 제안한 지속가능발전정책과 방법(Sustainable Development Policies and Measures: SD-PAMs)에서와 같이 실행에 대한 서약의 형태로 비구속적인 서약을 할 것으로 기대되고 있다.

SD-PAMs의 목적은 지역의 지속가능발전의 잠재적인 공동 편익을 파악하고 이를 다자간 기후 체제를 통해 촉진하는 것이다. 또한 SD-PAMs을 향후 개발 계획으로 재구성하고, 개발 목표에 부합되도록 좀 더 지속가능한(배출을 적게 하는) 방법을 찾아내는 것이다. 여기서 중요한 것은 개별 프로젝트가 아니라 대단위 정책과 방법이다. 배출권 거래 방법이 포함될 수 있지만, 전형적으로 SD-PAMs은 저탄소 및 기후변화 완화 목적을 위해 특별히 만들어진 국제기금을 기반으로 하는 비시장 접근방법이다. 산업국은 재정적으로나 기술 이전을 통해 개발도상국의 자발적인 노력을 지원한다. SD-PAMs은 지속가능발전에 중요한 부문(에너지효율, 교통)과 다량의 소규모 배출원을 가진 배출부문(예를 들면, 가구, 빌딩 등)에 적합하다.

SD-PAMs에서 몇 가지 이슈가 논의 중에 있다. 즉, 각국이 선택한 정책을 제안하는 것이 허용되어 있는가, 또는 국제적으로 지원되는 적합한 정책 리스트가 있는가? 특히, 시장 메커니즘으로서 이용되는 것이 아니라면 배출감축에 대해 어느 정도 자세히 추적하고 보고해야 하는가? 코스비(Cosbey et al., 2007)가 주장한 바와 같이, 정책기반 접근법에 대한 주요 우려 중 하나는 추가성(additionality)을 증명해야 하는 어려움이다. 이 문제의 해결을 위해서는 탄소기금 지원이 없었더라면 아마도 시행되지 않았을 정책들을 구분하기 위한 구체적인 기준이 합의되어야 한다. 그렇지 못한다면 추가성 증명이 어려운 경우 해당 배출감축량은 저평가 될 수 있다.

부문별 접근법

사마니에고와 피게레스(Samaniego & Figueres, 2002)가 원래 제안한 부문별 접근법은 구체적인 부문에 대해 자발적으로 엄격한 목표를 채택했거나 배출감축에서 초과성과를 올린 개발도상국에게 CERs이 주어진다는 점에서 시장 메커니즘의 확장으로 볼 수 있다.[17] 부문별 접근법은 앞서 기술한 바와 같이 프로젝트 기반의 전통적인 CDM의 한계에 대한 인식과 지역 또는 국가의 특정 완화와 관련한 경쟁의 부정적 영향과 누출(leakages)에 대한 우려로 시작되었다(Sawyer 2008). 부문별 접근법에서 한 버전(version)에서는 이러한 우려를 고려하여 각국 특유의 일방적 배출감축 공약에 중점을 둔다. 이러한 프로포절의 평가는 패널티 없는 부문별 목표(Sectoral No-Lose Targets: SNLTs)에 중점을 둔다. SNLTs는 비구속 배출 목표의 형태이며, 이에 따르면 개발도상국은 논의가 진행 중인 공약과 "관리"기간에 대해 부문별 국가배출목표를 자발적으로 제출한다. 목표치는 배출전망치(business as usual)이하로 국제적으로 협상된 것이다. 국가는 자국 내 노력으로 크레딧 기준선에 도달하고 이후 크레딧 기준선을 초과하여 달성한 잉여 배출 감축에 대해서 판매가 허용된다. 그러나 그러한 기준선을 달성하지 않는 것에 대한 패널티는 없다.[18]

일반적으로 국가는 국내 개발 우선순위와 기후변화관리 둘사이에 조정이 잘 되어 있는 부문별 접근 방법을 선택할 것이다. 원칙적으로 국가는 민간 부문의 투자 규모를 현저히 확대시킬 수 있는 부문과 현재 탄소금융이 부적합한 부문에서 SNLTs를 고려하고자 할 것이다. 몇 가지 생각해 볼 수 있는 후보로는 전력생산(생산된 MWh당 CO_2e 톤으로 측정), 시멘트, 알루미늄, 또는 철 생산(생산된 톤당 CO_2e톤으로 측정), 그리고 오일과 가스 생산의 "업스트림(upstream)"배출, 예를 들면 가스 벤팅(venting)이나 플레어링(flaring) 등이 있다. 여기서는 정제시설이나 수출시설로 운반된 오일의 배럴당 또는 운반 가스양 당 CO_2e톤으로 측정한다.[19]

부문별 접근법의 두 번째 변형에서는 국가간 경쟁에서 규제 차익(regulatory arbitrage)으로 인해 이윤이 발생되지 않도록 하기 위하여, 특정 산업에서 공정하게 경쟁이 이루어질 수 있도록 국제적인 합의를 한다. 이는 시멘트, 알루미늄, 철강 등 무역에 노출된 에너지 집약 산업에 대한 특별한 우려이기도 하다. 산업국과 개발도상국간의 동종 산업체 사이의 배출권 거래를 생각해 볼 수도 있다. 이러한 유형의 이니셔티브는 일반적으로 산업이 주도하고, 국제적으로 기반을 둔 부문(sector)에 참여하는 것을 목표로 한다. 이는 세계적으로 몇 개 되지 않는 회사들에 집중되어 있으면서, 단독으로도 상당한 양을 배출하고 있는 집약적인 에너지 이용 산업 부문을 목표로 한다(Egenhofer et al. 2007).[20] 최근 사례로는 지속가능발전 기업협의회(World Business for Sustainable Development)의 지원 하에 구성된 시멘트 지속가능성 이니셔티브(Cement Sustainability Initiative: CSI)이다. CSI는 국가수준에서 협상될 산업 기준선을 제안 하였다.

부문차원에서 완화와 관련된 많은 다른 개념들이 연구되었다(Bodansky 2004; Baron and Ellis 2006; De Coninck et al.2007; Fischer et al. 2008). 공통의 중점사항은 비규제로부터 규제로, 또는 적어도 부문간 협정을 통해 부문별 탈탄소화를 가속화하도록 국제 협약을 이용하는 것이다. 그러나 현실적인 많은 문제 때문에 부문별 접근법을 시행하는 것이 매우 복잡할 수 있다. 에겐호퍼와 후지와라(Egenhofer & Fujiwara, 2008)는 벤치마킹이 매우 데이터 집약적이고, 일부 국가나 특정 부문에서는 비현실적일 수 있다고 강조하였다. 코스비(Cosbey et al., 2007)는 무임승차 리스크와 탄소에 해로운 정책에 보상하는 왜곡된 인센티브를 피하고 국가 상황을 고려하는 적절한 국제적인 기준선을 협상하는 과제를 지적했다. 무엇보다도 협상 당사자들은 산업국이 완화 공약을 지키기 위해 개발도상국에서의 부문별 프로그램 실행에 대한 기여분을 이용할 수 있는지 여부와 대량으로 배출하고 있는 개발도상국이 실행가능한 미래완화 공약에서 부문간 달성분을 이용할 수 있는가 여부에 대해 합의해야 한다.

부문별 접근법은 10~20년이 소요되는 부문이전의 재정을 감당할 수 있는 중간규모의 소득을 지닌 큰 국가인 동시에 세계에서 손꼽히는 탄소 집중 산업이 위치한 경우, 예를 들면 중국과 인도에서의 철강과 시멘트산업, 브라질에서의 펄프와 제지산업과 같은 경우에나 가능할 것이다. 그러나 부문별 접근법이 발리액션플랜(Bali Action Plan)에서 옵션으로서 명백히 언급되었던 반면, 일부 개발도상국은 이것이 개발도상국을 감축 공약에 밀어 넣으려는 "은밀한(blackdoor)"전략으로서 이용될 수 있다고 우려를 표했다.

기후재정 옵션에 대한 고려사항

여러 가지의 2012 기후재정옵션들이 어떻게 계획될 것인지, 옵션들이 어떻게 서로 관련성을 가질지, 옵션간의 차별화에 대한 결정이 있을 것인지에 대해 아직은 알 수 없다. 완화시도를 구성하는 방법에 대한 대부분의 정치적 지원은 현재 산업국에서 나오고 있는 반면, 개발도상국은 적절하고 예측할 수 있는 기후 재정 수입이 협상테이블에 오를 것인가에 대해 우려하였다.

검토 중인 모든 옵션이 시장에 기반을 둔 메커니즘은 아니지만 만약 수요가 있다면 효과적일 수 있다. 만약 기존의 청정개발 체제 프로젝트에서 배출권이 나올 수 있다면, EU-ETS 3단계(2013~20)에서의 수요는 한정된 여분의 수요를 공급할 것이다. 만약 다자간 협상이 이루어져서, 유럽연합이 2020년으로 제안되었던 30% 배출감축 목표를 떠안는다고 할지라도 말이다. 수요를 증가시키기 위해서는 모든 산업국의 야심찬 감축 목표가 필요하다. 이러한 감축목표는 전 지구적으로 2020년까지 감축해야 할 상당한 배출량에 대한 과학계의 요구와 겨우 일치하는 것이다.

공급측면에서 CDM 프로세스는 수소불화탄소(HFC) 제거 프로젝트와 같은 이미 대규모의 크레딧을 생산해 온 프로젝트의 자동적인 연장에 대해서는 신중할 필요가 있다. 개발도상국은 현재 다양한 산업가스를 기술적 측면이나 비용 측면에서 효과적으로 제거하고 있는데, 앞으로는 지속적인 감축을 생산 기준으로 취하도록 기대될 수도 있다.[21] 컴플라이언스 에셋(compliance asset)으로서 산업 가스를 계속적으로 인정하면, 중간 소득의 산업화 단계중인 국가로 탄소 재정 흐름이 들어갔던 기존의 편향을 더욱 심화시킬 것이고, 에너지 공급과 기반시설을 탈 탄소화하는 부문에 자본의 유입을 막는 결과를 가져올 것이다.

마지막으로, 협상이 성공적으로 이루어진다 해도, 만약 배출감축에 도달할 수 있는 다양한 부문이 있고 각국이 상이한 환경에 처해 있다면, 이전에 기술했던 기후재정 접근법 중 어떤 것도 단독으로는 개발도상국에 요구되는 양을 감축할 수 없다. 국가마다 좀 더 현실에 적합한 완화 활동 유형을 목표로 하면서 해당 국가는 이러한 조합을 이용해서 상호 강화 효과를 얻을 수 있다.

산림파괴 감소 관련 세부 과제

산림파괴 감소는 특히 고려해야 하는 완화 활동 유형 중 하나이다. 교토의정서 첫 공약 기간에는 산림벌채방지의 수단으로 달성한 배출감축을 포함시키지 않았다. 이는 기준선 설정과 모니터링에 대한 기술적인 문제, 그리고 특정장소에서의 산림파괴 방지가 다른 지역에서의 산림파괴 증가로 나타날 수 있다는 위험성을 우려한 이유도 있었다(Schlamadinger et al.(2007)). 더욱이 부속 1국가에서의 국내 완화 감축의 실행과 잠재적으로 저비용의 완화 옵션을 이용하는 것 사이의 상쇄(trade-off) 가능성에 대한 우려 때문이기도 했다(Sawyer 2008). 그러나 최근의 국제협상을 살펴보면 포스트 2012체제에서는 크레딧 생성과 보상으로서의 산림파괴 감소에 대해 새롭게 인식하고 있다. 특히 발리액션플랜(Bali Action Plan)에서는 분명히 "개발도상국에서의 산림황폐화와 산림파괴로 인한 배출감소 관련 이슈에서 긍정적인 인센티브와 정책접근법"을 다룰 것을 요청하고 있다.

넵스타드(Nepstad et al., 2007)는 브라질 아마존에서 산림파괴를 줄이기 위한 체계적인 틀을 제안하였다. 이 제안에서는 산림을 기반으로 살아가는 원주민 집단, 전통적인 방식으로 살아가는 농촌 주민과 일부 소규모 토지소유자 및 법적으로 민간 소유자에게 "산림관리협의회(forest stewardship council)"역할과 산림 보존 노력에 대해 일부 보상하는데 금전적인 인센티브를 이용한다는 것이다. 더욱이 "정부기금"은 공공산림의 관리와 지역 주민에게 서비스 공급 및 민간소유 산림(환경라이센싱 확장을 포함한)의 모니터링을 포함하여 현재의 경비규모를 넘어서는 지출을 위해 필요하다. 30년이 지나면 산림이 파괴된 지역은 490,000㎢ 더 축소될 것이고, 소아레스 필리오(Soares-Filho et al.,

2006)[22]가 제시한 배출전망치(business-as-usual) 시나리오에서보다 탄소배출을 63억 톤 낮출 것이다. 그러한 프로그램을 진행하는데 드는 총비용은 약 미화 82억 달러이고 탄소배출회피 비용은 톤당 약 미화 1.3달러가 된다.

아마존 산림지역을 경작지나 방목지 등 타 토지이용으로 전환하는 대신에 산림을 유지하는 기회비용을 어떻게 산출하는가? 넵스타드 등(Nepstad et al., 2007)은 브라질 아마존 산림유지를 보존하는 것으로 3.3백만 ㎢에서 470억 톤 탄소를 감축할 수 있으며 이는 미화 2,570억 달러의 가치라고 추정했다. 이는 산림유지로 탄소배출을 회피하는 기회비용이 탄소 1톤당 약 5.5달러임을 의미한다. 그러나 이러한 결과는 연구지역 총면적의 6%에 해당하는 지역에서의 산림유지 기회비용이 나머지 94%에 해당하는 지역에서의 기회비용보다 약 17배 높게 추정되었다는 것을 감안해야 한다. 연구에서는 경작지와 경계에 매우 가깝게 위치한 면적을 제외하였다. REDD 프로그램에서 산림유지를 통해 배출을 피하는 기회비용은 탄소 톤당 약 2.8달러이고, 배출회피를 통해 얻을 수 있는 가치는 미화 약 180억 달러에 달한다(약 탄소 60억톤). 넵스타드(Nepstad et al., 2007)는 REDD프로그램의 추정비용과 그에 대응하는 배출회피의 기회비용의 차이 부분은 기후변화 완화를 넘어 브라질 사회에 가져올 수 있는 산림파괴회피의 실질적인 이익을 고려하면 줄어들 수 있다고 주장한다.

최근의 기후협상에서는 지구적 수준에서 산림파괴 및 산림황폐화로 인한 배출을 줄일 수 있는 몇 가지 방안이 제안되었다. 다양한 프로포절의 주요 차이점은 산업국이 개발도상국에서의 REDD 노력 및 기여에 대해 크레딧을 얻는 것을 허용할 것인가에 대한 것이다. 이러한 접근법을 이용하여 코스타리카(Costa Rica)와 파푸어뉴기니(Papua

New Guinea)는 REDD를 CDM에 통합시킬 것을 제안했고, 이에 따라 몇몇 정해진 기준선에 관해 산림파괴를 줄이는 프로젝트 또는 프로그램에 크레딧 발행을 허용하고 있다.

한편, 브라질은 REDD 프로그램 내 특정 "비시장"기금을 설립했다. 열대우림기금(Tropical Forest Fund)은 부속 1국가들로부터의 기부금으로 열대 산림파괴를 줄이는 활동을 하여, 열대 산림파괴를 줄일 것이다. 그러나 달성된 감축량은 부속 1국가들의 완화 공약에는 포함되지 않을 것이다. 이 기금은 지불, 기술 이전 또는 역량제고 등의 형태로, 설정된 기준 비율이하로 산림파괴 비율을 낮추는 국가에게 재정적 인센티브로 제공될 것이다. 이에 상응하는 목표치를 달성하지 못하면 기준선 이하의 미래 감축량에 불리하게 작용할 수 있지만, 미달성에 대한 패널티는 없다(Sawyer 2008). 2021년까지 대략 미화 210억의 기금이 모아질 것으로 기대하고 있다. 노르웨이는 이미 이 기금에 10억 달러를 약속했다. 다른 프로포절은 시장지향인 것과 펀드(기금) 지향의 성격을 결합해왔다. 모든 프로포절에서 산림파괴를 줄이는 활동에 할당된 자원은 회피된 이산화탄소 톤당 재정적 인센티브로 어느 정도는 이전된다. 그러나 스트라스부르(Strassburg et al., 2008)가 언급한 바와 같이, 국가(country) 수준에서 그러한 재정적 인센티브를 통해 산림파괴를 유도하는 지역 내 요인을 효과적으로 처리할 수 있도록 자원을 배분하여야 하며, 이러한 사항은 국제적인 REDD 체제 내로 포함되지는 않을 것이다. 국가 내 결정은 주권(sovereignty) 문제이기 때문이다.

미주

1. G-8은 선도적인 경제 그룹으로 캐나다, 프랑스, 독일, 이탈리아, 일본, 러시아, 영국, 미국이 포함된다.

2. 이 추세는 비 부속1국가들이 2000년에 토지이용으로부터 약 1.5GtC의 배출량을 포함하여 배출한 이산화탄소 양이다(탄소 1톤은 이산화탄소 약 3.7톤에 상응한다). 이산화탄소가 아닌 온실가스로 인한 복사강제력(radiative forcing)은 21세기 중반까지 약 50% 감소할 것으로 예상된다.

3. 그러나 이러한 비교적 엄격한 목표치일지라도 온난화가 더 높게 일어날 가능성을 배제할 수 없다. 이러한 목표치를 만족시키는 가정에서도 예상되는 온난화 수준은 다르게 예측될 수 있기 때문이다. 이른바 "기후민감도"파라미터라고 불리는 온실가스 2배농도와 관련된 온난화 예측을 측정하는 방법 대신에 하이엔드(high end)를 적용했을 때 3도에서 4.9도까지 오른다. 한 예로 스턴(Stern 2008)은 매우 유사한 목표치인 550CO_2e를 이용하여, 섭씨 5도 이상 온도가 증가할 가능성이 7%이며, 이렇게 될 경우 지구상 대부분의 빙하와 눈이 녹을 뿐만 아니라 해수면은 10미터이상 상승할 것이고 현재 생물종의 50% 이상이 감소할 것으로 보고 있다.

4. 그러나 두 개의 그룹 내에 속하는 국가들에서도 상당한 차이가 있음을 주목하라. 예를 들면 일본과 대부분의 유럽 국가는 인구 당 10~12t CO_2e를 배출하고 있는 반면 미국과 캐나다는 이보다 약 2배를 더 배출한다. 인도의 인구 당 배출량은 2t CO_2e이며, 중국은 거의 5t CO_2e이다.

5. WRI(2008)에서 나온 데이터 http://cait.wri.org/cait.php(September 9, 2008)

6. 저탄소 기술의 확산을 제한할 수 있는 다양한 유형의 시장실패, 예를 들면 정보부족, 배출권 제약, 또는 스플릿 인센티브(split incentives) 등을 시정하기 위해 정책을 추가할 수 있다.

7. UNFCCC(2007), Investment and Financial Flows to Address Climate Change

8. 인구당 누적 배출량만을 조사할것인지, 또는 그 대안으로 배출의 절대적인 총 수준을 고려할 것인지에 대한 합의 또한 필요하다. 후자는 엄격한 안전화 목표치라는 측면에서 특히 적절하며, 이는 개발 수준과 상관없이 세계적으로 가장 큰 규모로 배출하는 국가가 반드시 참여해야 한다(Ellis 2006).

9. Figueres, C. 2004. "Institutional Capacity to Integrate Economic Development and Climate Change Considerations: An Assessment of DNAs in Latin America

and the Caribbean." Inter-American Development Bank.

10. 지구온난화지수로 보면 수소불화탄소(HFC) 1톤은 이산화탄소(CO 2) 117,000톤에 해당한다.

11. 현재 시장에서 주요 구매자인 유럽연합은 20MW이상의 수력발전 프로젝트에서 나온 CERs이 World Commission in Dams(WCD)의 가이드라인을 준수해야 한다고 요구하고 있는데, 이는 프로젝트 등록을 복잡하게 할 뿐만 아니라 실제적으로 프로젝트의 등록을 방해한다. 따라서 CDM 프로젝트에 대규모 수력발전사업을 포함시키는 것은 주로 소규모 플랜트에 제한되어있다. 그러나 부속국가 1 DNAs는 해당 수력발전 프로젝트가 WCD를 준수하는지 여부에 대한 기준을 적용하는데 적극적이다. CDM 프로젝트에 대한 WCD 준수 기준을 동일하게 따르기 위해서, 유럽연합위원회는 이 문제에 대한 유럽연합 가이드라인을 도입할 것이다.

12. Figueres, 2006

13. Figueres and Newcombe, 2007

14. 마찬가지로 마라케쉬 합의문의 원문에서는 만약 한 국가가 에너지효율성 기준을 강화시키는 규정을 내놓는다면, 새로운 기준을 충족시키기 위해 기존의 기술을 향상시키려는 목적의 프로젝트들은 CDM 파이낸싱의 대상이 될 수 없다고 CDM 이해당사자가 믿도록 유도하고 있다. 결과적으로 국가는 계획과 프로그램의 범위 내에서 기후친화적인 정책을 유지하는 동기를 가질 수 있고, 굳이 공식적인 규제 체제로 끼워 넣는 추가적인 단계를 거치지 않을 동기를 가질 수 있다. 그 예는 2003~2004년 콜롬비아에서 교통, 에너지, 산림분야의 잠재적 CDM프로젝트와 저탄소 정책 옵션을 확인한 국가자문회의에서의 결정이었다(Hinostroza et al. 2007).

15. 그들의 제안에 대한 다양한 선례 중에서, Figueres et al.(2005)는 Samaniego & Figueres(2002)가 제안한 "부문적 접근법", Bodansky(2004)가 제안한 "프로그램 배출권 체제", 그리고 Cosbey et al.(2005)와 Sterk & Wittneben(2006)이 제안한 "정책 기반"메커니즘을 언급하였다.

16. Cosbey et al.(2007)는 공식적인 UNFCCC 과정 안팎에서 구성된 44개의 프로포절을 기술하였다. 이 프로포절 중 일부는 2012년"의정서 트랙" 이후의 미래 공약에 대해 교토의정서 하에서의 공식 협상과 UNFCCC-"Convention Track"의 실행을 향상시킴으로서 기후변화대응을 위한 협력조치에 대한 비구속적인 담화에서 진행되어 왔다(Figueres 2007).

17. Bodansky(2004), Bosi & Ellis(2005), Figueres et al.(2005), Schmidt et al.(2004), Cosbey et al.(2005), Sterk and Wittneben(2006)을 참고한다. 이 접근법에 대한 정치권의 관심은 기후정책, G-8 Gleneagles Plan for Action, 그리고 주요경제회의를 위한 국가간 부문적 합의에 대한 2005년 OECD 고위급 원탁회의에서 볼 수 있듯이 대단

히 높다.

18. SNLTs개념의 두 가지 변형이 출현하였는데 그 중 하나는 청정대기정책센터(Center for Clean Air Policy: CCAP)에서, 다른 하나는 Ecofys/GtripleC에서 만든 것이다. CCAP 버전에서 국제적 벤치마크는 분명히 협상의 매개변수로서의 특징을 가지는데, 즉 이는 경쟁력을 이유로 산업국에서 이러한 부문의 수행과 연계를 이끌어내기 위한 것이다. Schmidt et al.(2006)와 CCAP의 2006년 8월 International Future Action Dialogue를 참고하라. 한편 Ecofys/GtriplC 는 부문별 프로포절 태블릿을 만들었는데, 이의 목적은 국제적인 벤치마크를 언급하지 않고도 국가가 배출권 기준선을 준비하고 제안할 수 있는 표준화된 틀을 제공하는 것이었다. www.sectoral.org 참조.

19. Ward(2008). SNLTs 체제를 지지하는 사람들은 배출권 기준선은 부속1국가가 2012년 이후의 목표치에 대해서 합의하던 시점에 협상된 것이고, 따라서 추가성은 배출감축 목표를 가진 산업국에 의해 취해진 활동이 아닌 한 더 이상 문제가 될 필요가 없다고 주장한다. SNLTs의 이러한 특징적인 양상은 주요 강점이자 동시에 근본적인 결점이기도 하다. 추가성 기준이 없다는 것은 적어도 특정부문에서 투자가 확대될 수 있다는 것을 의미한다. 그러나 데이터에 대한 중요한 전제조건과 제도준비는 일부 개발도상국에서 몇몇 주요 부문에 대한 SNLTs의 프로포절이 산업국의 목표치가 합의되어야 한다고 기대되는 시점까지 충분히 개발되지 않을 수도 있다. 만약 이런 경우라면, SNLTs의 잠재적인 영향을 심각하게 축소할 것이다.

20. Egenhofer et al.(2007)

21. 여전히 그러한 시설을 가지고 있는 더 소규모의 경제의 경우, OECD는 오존 고갈 물질의 단계적 감축을 위한 다각적 펀드(Multilateral Fund for Phaseout of Ozone Depleting Substances)와 같이 필요한 기폭제와 소각설비를 설치하기 위한 점진적 펀드를 가지도록 하는 증여 프로그램을 고려할 수 있다.

22. Soares-Filho et al.(2006)의 추정에 따라 현재의 경작지 확대 경향으로 유추해보면 2050년까지 아마존 산림의 40%가 제거될 것이다.

제5장
라틴아메리카 온실가스(GHG) 배출

오늘날 라틴아메리카는 에너지 및 토지이용 분야에서 저탄소 기술의 배치와 활용 그리고 에너지 효율화 증가를 통해 온실가스 감축 및 기후변화 완화에 대한 잠재성을 높여 가고 있다. 이전 장들에서 논했듯이 확대되고 있는 기후기금 전략들과 계획들은 이 지역의 탄소감축을 위해 효율성을 견지함은 물론, 형평성 차원에서도 가장 잠재성이 크며 중요한 역할을 할 것으로 전망된다. 하지만 이러한 잠재성을 극대화하기 위해서는 국제적 수준의 기술 이전은 물론 탄소 감축을 위한 국제적 금융 지원이 각국의 국내 친(親)기후 발전 정책들과 조화를 이루며 보조를 맞추어 가야 한다. 라틴아메리카 각국의 상세한 완화 기술들과 관련된 정책들에 대한 논의는 다음 장에서 언급할 예정이다. 하지만 이러한 논의에 앞서 본 장을 통해서 라틴아메리카 국가들의 온실가스 배출에 대한 독특한 구성과 변화에 대해 살펴 볼 필요가 있다.

라틴아메리카 지역 내에서 화석연료의 연소로부터 발생하는 에너지관련 온실가스 배출량은 상대적으로 적지만, 토지이용 변화와 관련된 배출은 상당하다. 이러한 관점에서 보면 라틴아메리카 국가들의 온실가스 배출 특징은 여타 다른 대륙들과 비교해서 상당히 구별된다. 온실가스 구성에 있어서도 OECD 국가들이나 다른 개발도상국과 비교해도 독특하다. 첫째, 라틴아메리카 지역은 토지이용, 토지이용 변화, 그리고 산림활동(Land Use, Land-Use Change and Forestry: LULUCF)에서 발생하는 배출량이 불균등하게 높다. 둘째, 라틴아메리카 국가들은 에너지 공급과 관련된 배출량은 상대적으로 낮다.

전 지구적 배출량에서 라틴아메리카의 점유율: 라틴아메리카의 문제인가?

라틴아메리카 국가들의 이산화탄소 및 여타 다른 온실가스 배출은 에너지 부문보다는 토지이용 변화 부문에서 상대적으로 높다. 여토지이용 변화 부분에서 배출되는 온실가스의 70%가 농업 부문에서 발생하며 나머지는 폐기물 및 산업 활동 부문에서 발생한다. 특히 세계 수준에서 인구는 물론 GDP의 8.5%를 차지하고 있는 이 지역의 에너지 관련 이산화탄소 배출량은 세계 다른 지역에 비교해 5.6%에 불과하다(그림 5.1 참조). 반면에, 토지이용 변화 부문에서 발생하는 규모는 세계 수준으로 거의 30%에 달하며 이산화탄소를 제외한 온실가스도 15.4%에 이르고 있으며 모든 온실가스를 포함한다면 이 지역의 세계 점유율은 12.5%에 이르고 있다.

개발도상국만을 대상으로 제한한다면 총 온실가스 배출량은 22%이고 에너지 관련 배출량은 14%, 그리고 토지이용 변화 부문은 30%

에 이른다(그림 5.2 참조). 물론 라틴아메리카 총 온실가스 배출량은 동아시아에 비해서 낮은 수치를 기록하고 있지만, 유럽, 중앙아시아, 중동, 북아프리카, 남아시아 그리고 사하라 사막 이남의 아프리카의 개발도상국보다는 상대적으로 높은 수치를 기록하고 있다.

위와 같은 모든 통계들을 종합해 보면 라틴아메리카 지역의 배출량은 22%로 개발도상국인구에서 라틴지역 인구규모인 11%보다 상당히 높으며, 이 지역이 차지하는 GDP 21%와는 비슷하다. 여타 다른 온실가스 배출(23%)도 다른 개도국들의 GDP 대비 배출량에 근접해 있음을 확인할 수 있다. 반면에, 라틴아메리카 지역은 다른 지역들과 비교해 에너지 관련 이산화탄소 배출은 14%, 토지이용 변화와 관련해서는 30%에 이른다. 이는 <그림 5.3>에서 보듯이, 이 지역의 배출량은 다른 여타 개발도상국에 비해 일인당 CO_2e(Carbon dioxide Equivalent: 이산화탄소 환산 톤, 다양한 온실가스 배출량을 이산화탄소 배출량으로 환산하여 측정한 단위)가 상당히 높은 편인데, 예를 들어 저소득 국가들의 3.5톤, 중국과 인도의 2.8톤, 여타 중소득국들의 9.1톤에 비해 이 지역은 10톤 CO_2e를 배출하고 있기 때문이다. 하지만 GDP 단위당 배출량은 1인당 구매력평가기준 GDP(GDP-PPP) 1,000달러 당 이산화탄소 1.4톤으로 중국이나 인도의 0.9톤 CO_2e에 비해 높지만, 저소득 국가들(2.8톤)과 중소득 국가들(1.9톤)에 비해서는 낮다. 선진산업 국가들과 비교해 보면, 1인당 기준으로 37% 정도 낮으며, GDP비율로 계산하면 144%로 높다. 하지만 에너지 관련 배출량은 각각 80%, 25%로 선진 산업국들에 비해 낮다.

라틴아메리카 국가들의 온실가스 방출량 분석은 각국가마다 그리고 분야마다 상당히 복잡하다. 예를 들어 브라질과 멕시코의 경우는 세계적으로 20위 안에 들어가는 온실가스 배출 국가들이다. 모든 온

그림 5.1 세계 온실가스 배출에서 라틴아메리카와 카리브 지역의 몫(2000)

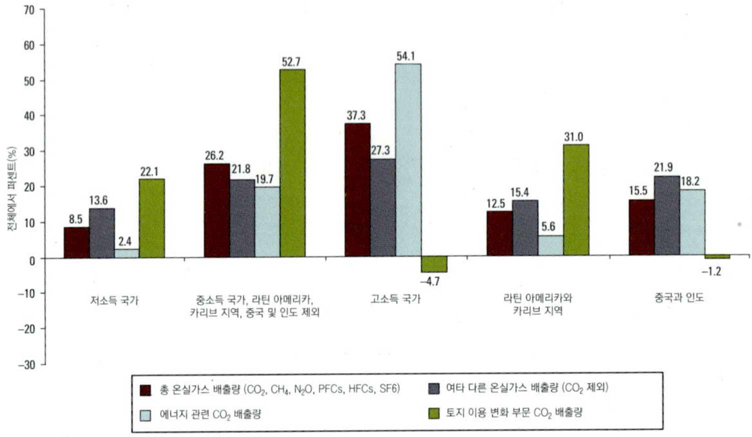

출처 : Climate Analysis Indicators Tool(CAIT), Version 5.0(2008)

그림 5.2 라틴아메리카 및 기타 개발도상지역의 GDP 및 인구대비 온실가스 배출량(2000)

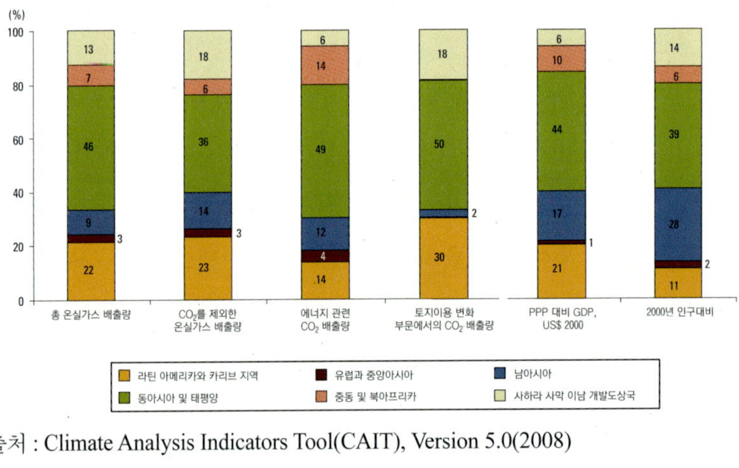

출처 : Climate Analysis Indicators Tool(CAIT), Version 5.0(2008)

실가스 배출(토지이용 변화 포함)에서 브라질은 세계 4위인 반면에, 멕시코는 12위를 기록하고 있다. 토지이용 변화를 제외한 이산화탄소 배출 순위에서는 멕시코가 11위 그리고 브라질이 14위에 위치해 있다.

그림 5.3 온실가스 배출

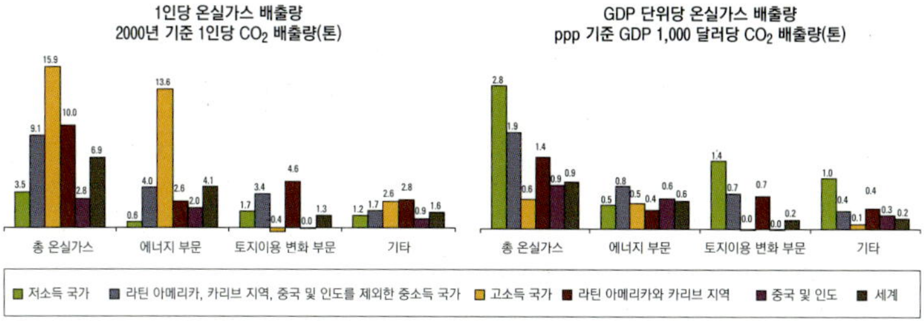

출처 : Climate Analysis Indicators Tool(CAIT), Version 5.0(2008)

그림 5.4 G-8과 주요 개발도상국의 온실가스 배출

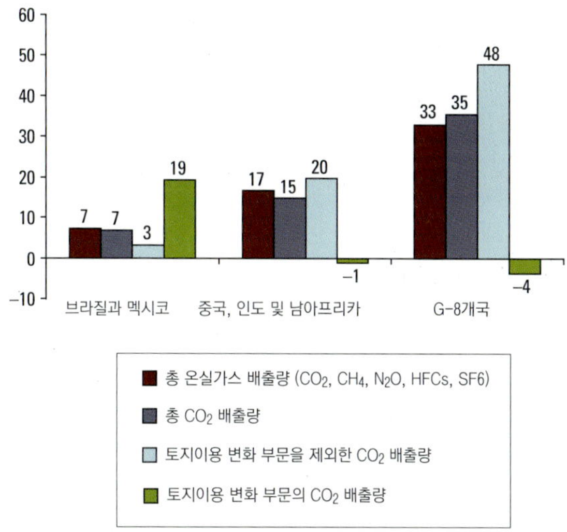

출처 : Climate Analysis Indicators Tool(CAIT), Version 5.0(2008)

절대치로 보면, 중국, 인도, 남아프리카, 브라질 그리고 멕시코가 에너지와 관련된 이산화탄소 배출을 가장 많이 하고 있는 5개국이다. <그림 5.4>에서 보듯이, 이 5개국들은 세계 온실가스 배출량의 4분의 1을 차지하는데 이는 G-8개국 배출량 33%와 비교된다.

위와 같은 결과들을 토대로 결론을 내보면 라틴아메리카 온실가스 배출은 주로 LULUCF에서 발생하는 것으로 분석된다. 하지만 브라질과 멕시코의 사례가 보여주듯이 이 지역은 개별 국가별로 그 배출 정도와 배출원의 다양성에서 많은 이질성을 지니고 있다.

다양한 온실가스 배출원

위에서 살펴보았듯이 라틴아메리카의 온실가스 배출 구성은 다른 지역들과 비교했을 때 상당히 다르다(그림 5.5). 라틴아메리카 국가들과는 다르게 선진 산업국들은 토지이용 변화와 산림활동 부문을 통해 대기로 배출되는 이산화탄소를 포집해 오고 있다. 임 대부분의 자연산림이 고갈되었기 때문에, 선진국 경우 토지이용 변화 부문에 있어서 이산화탄소 배출이 오히려 약간 음의(1) 효과를 보이고 있다. 이러한 점을 고려해 보면 대체적으로 전 세계 배출량의 17%를 차지하고 지역 차원에서는 총 배출량에서 46%를 대표하는 이 지역 토지이용 변화 및 산림활동 부문에서 발생하는 온실가스 감축에 대한 논의는 그래서 중요하다. 또한 저소득 국가들의 토지이용 변화 부문 온실가스 배출량도 라틴아메리카의 44%에 근접해 있다. 여타 다른 중소득국들처럼 중국과 인도 또한 토지이용 변화 부문의 온실가스 배출이 약간 부정적인 결과를 낳고 있는데, 이러한 배출량은 전체 중소득 국가의 35%를 차지할 정도이다. 라틴아메리카 국가들은 특히 농업 부문에서 높은 배출량을 나타내고 있는데, 이는 고소득국의 8%와 비교해 높은 수치로 총 배출량의 19%를 점유하고 있고 이는 세계 수준으로 보면 13%에 해당한다. 저소득국들을 포함하는 다른 개발도상국 그리고 중국과 인도의 경우 이 부문의 온실가스 배출은 라틴아메리카의 19%와 비교해 각각 26%, 23%로 높은 반면에, 중소득국들은 선진국들의 8%에 근접한 수치를 내고 있다.

그림 5.5 온실가스 배출 부문 구성(2000)

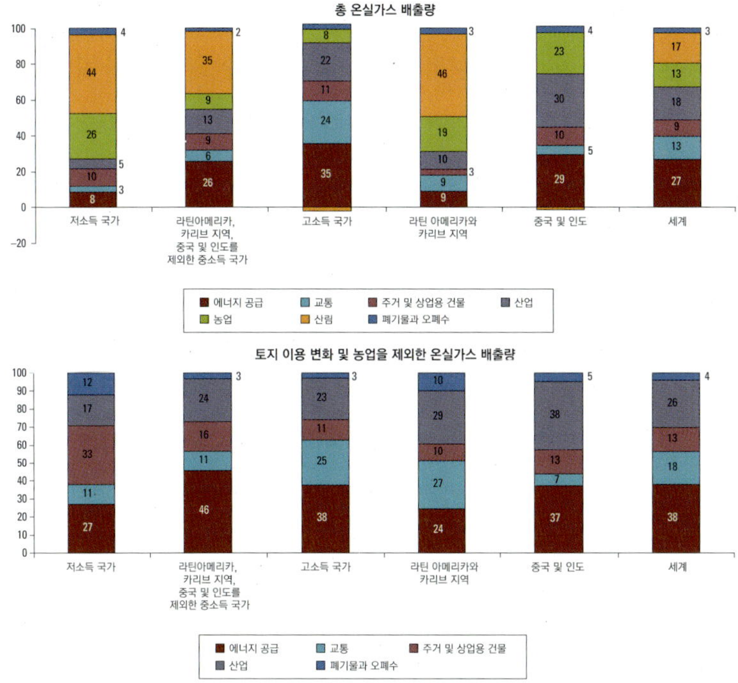

출처 : Climate Analysis Indicators Tool(CAIT), Version 5.0(2008)

LULUCF를 제외한 분야에서 온실가스 배출을 비교해 본다면 라틴아메리카 지역은 상대적으로 독특한 배출 구성을 보인다(그림 5.5). 세계 수준에서, 고소득국과 중소득국은 에너지 공급 부문에서 40%를 나타내고 있는 반면에, 라틴아메리카 국가들은 24%를 기록하고 있으며 이는 저소득국가의 27%에 근접해 있다. 하지만 이와는 대조적으로 교통 부문에서 배출은 27%로 이는 선진산업국의 25%에 근접해 있다. 이 수치는 7~11% 사이의 배출을 보이는 다른 개발도상국과 비교하면 상당히 높은 수치이다. 게다가 10%라는 수치를 보이는 폐기물과 오폐수에서 발생하는 온실가스 배출은 고소득국과 다른 중소득국의 3~5%를 훨씬 상회하고 있으며 이는 저소득국의 12%에 근접해 있다.

라틴아메리카 및 카리브 지역의 교통 부문과 폐기물 관리 부문에서 발생하는 상대적으로 높은 온실가스 배출의 원인은 집중된 도시화의 결과로 여겨진다. 급속한 도시화로 인한 인구 이동의 증가와 이에 비례하는 교통량의 증가, 그리고 폐기물을 많이 발생시키는 도시 거주 인구는 이미 75%를 넘어섰다(GEF 2009). 따라서 라틴아메리카 지역의 교통 부문에서 발생하는 온실가스 배출량의 빠른 증가는 상당히 위협적이라고 볼 수 있다. IEA의 보고서에 의하면, 전 세계적으로 이용되고 있는 차량 부문에서 발생하는 이산화탄소 배출 증가율은 140%로 2000년 4.6기가톤(gigaton)에서 2050년에는 11.2기가톤으로 증가할 것으로 전망된다. 이런 엄청난 규모의 이산화탄소 배출은 대부분 개발도상국에서 발생할 것이며 특히 자동차등 차량 이용이 급속도로 증가하는 라틴아메리카 지역이나 아시아에서 증가할 것으로 예상된다.

청정에너지 믹스(energy mix)

라틴아메리카 국가들의 에너지 믹스는 또한 그 구성에서 다른 개발도상국과 차이가 있다. 게다가 이 지역에서 에너지 공급 부문으로부터 발생하는 배출은 낮은 수준이며 이는 세계의 여타 지역들과 비교해 이 지역이 좀 더 청정에너지 믹스를 가지고 있다는 사실을 보여준다. 라틴아메리카 국가들에서 에너지 공급 부문에서 재생에너지원의 몫은, 특히 수력(IEA 2006) 부문이 상당히 높을 뿐만 아니라 화석연료의 탄소 집중 또한 다른 세계 어느 지역과 비교해도 상당히 낮은 편이다. <그림 5.6>에서 보듯이, 이 지역의 에너지 공급에서 재생에너지 비율은 세계 수준인 20%와 비교해 30%로 상당히 높다. 게다가 에너지 공급원에서 차지하는 석탄의 수치도 세계 에너지 공급 25%와 비교해 이 지역은 겨우 5% 미만에 불과하다. 이러한 구성은 에너지 1단위 당 탄소의 함량을 고려하면 엄청난 차이가 있는데, 석탄의 경우에는 천연가스보다 70% 그리고 석유보다 40% 더 많은 탄소를 함유하고 때문이다.

라틴아메리카의 1차 에너지 공급 구성은 여타 다른 지역과 비교해도 엄청난 차이가 있다. 예를 들어, 라틴아메리카 에너지 매트릭스에서 천연가스의 비중은 지난 15년 동안 16%에서 20%까지 꾸준히 증가해 세계 평균인 21%에 근접해 왔다(그림 5.6 참조).

주목할 만한 점은 이러한 천연가스 비중의 증가가 재생에너지원을 대체해 왔다는 것이다. 그럼에도 불구하고 라틴아메리카 지역의 화석연료 배출 구성은 가스연료 배출 비중의 증가와 함께 의미있는 변화를 보여 왔는데, 실질적으로 1980년~2004년 사이 이 분야 배출량은 13%에서 23%까지 증가했다. 이러한 증가량은 결국 이 시기에 석유를 대체하여(73%에서 64%로 하락) 가스연료 사용이 늘었기 때문이다. 라틴아메리카의 화석연료를 통한 탄소 배출에서 고체 화석연료의 비중은 세계 수치와 비교하면 매우 낮다. 특히 고체 화석연료는(예를 들어, 석탄과 같은) 탄소 배출에서 오직 8%만을 차지하는데 이는 세계 수준의 30~50% 그리고 중국의 89%에 비하면 상당히 낮은 수치이다(그림 5.7 참조).

그림 5.6 라틴아메리카 지역 그리고 세계 1차 에너지 총공급량 비중(1990년/2004년)

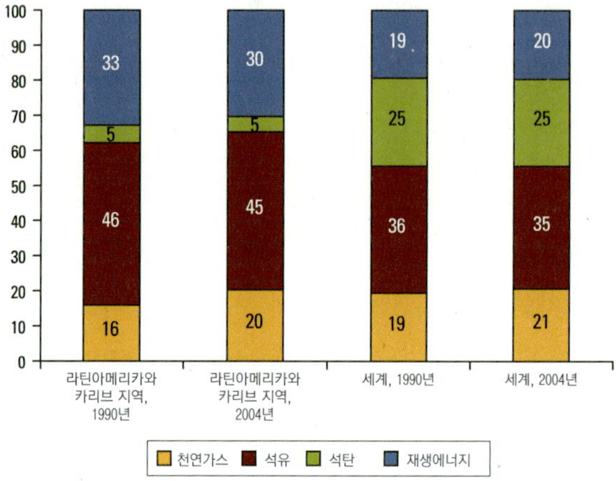

출처 : IEA(2007)

주 : 국제에너지기구의 라틴아메리카 분석에서 멕시코는 제외됨

그림 5.7 라틴아메리카, 카리브, 세계의 화석연료 이산화탄소 배출 비중(1908~2004)

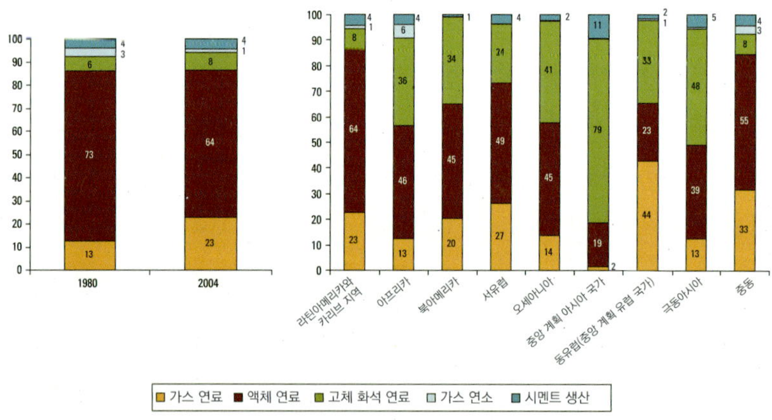

출처 : Marland, Boden, and Andres(2007)

이 지역의 전력 생산 믹스에 대해서도 좀 더 고찰해 보면, 이 지역은 에너지 관련 배출에서 전력 부문은 상대적으로 낮은 수치를 기록하고 있다. 좀 더 상세하게 라틴아메리카 지역의 전력 발전 믹스를 살펴보면 왜 이 지역의 에너지 부문이 지속적으로, 그것도 다른지역에 비해 낮은 저탄소 집중을 보여주는지를 알 수 있다. <그림 5. 8>에서 보듯이 대부분 지난 25년 동안 이 지역의 전력발전 믹스에서 60% 이상을 수력 발전에 의존해 왔음을 볼 수 있다. 변화가 있다면, 1990년대 초반 많은 라틴아메리카 국가들이 전력발전 부문에 대한 개혁을 통해 민간부문의 참여를 허용해 오면서 점증적으로 열 발전이 증가해 왔다는 점이다.

그림 5.8 라틴아메리카 지역 전력 발전 믹스, 1981~2006

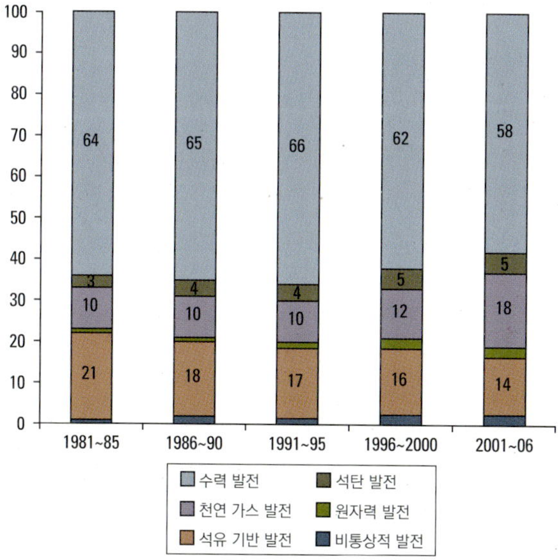

출처 : Dussan(2008).

1980~2004년 동안 라틴아메리카 지역의 전력 수요는 경제발전 및 2005년에 거의 90%지역을 커버하는 전력공급 범위의 확대로 인하여 연평균 4.7% 증가했다. 같은 기간 동안, 전력 부문에서 탄소 배출은 해마다 오직 3.7% 비율로 증가했다. 결과적으로 라틴아메리카의 전력 발전의 탄소 집중은 세계 평균 비율보다는 훨씬 낮은 정도인 것을 확인할 수 있다. 게다가 2004년에는 세계 평균량인 kWh(시간당 킬로와트) 당, 500g CO_2 배출에 비해 261g CO_2배출로 낮았다(Dussan 2008).

라틴아메리카 지역이 성공적으로 전력 부문에서(비록 열 발전 부문이 3%까지 증가했음에도 불구하고) 탄소 집중을 20% 까지 줄일 수 있었던 이유는 지역의 독특한 에너지 프로파일에서 찾을 수 있다. <그림 5.9>에서 보여주고 있듯이, 일반적으로 전력 부문 탄소 집중은 전통적인 화력 발전소의 이용과 함께 양의 상관관계를 보여주고 있다. 하지만

그림 5.9 라틴아메리카 지역의 전력의 탄소 집중과 화력 발전 비중, 1980~2006

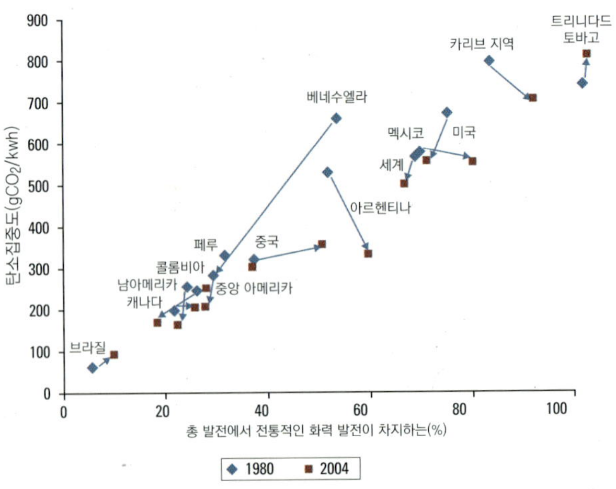

출처 : Dussan(2008).

라틴아메리카의 경우는 전력 수요에 비해 탄소 배출은 낮은 비율의 증가를 보여주는데, 이는 천연가스 같은 청정 연료의 개발, 화력 발전소의 효율성 개선, 예를 들어 오래된 증기 터빈의 교체와 가스 터빈 연소 사이클(CCCTs) 및 중형 디젤엔진의 도입을 통해서 가능했다.

그럼에도 불구하고 <그림 5.9>가 보여주고 있듯이, 라틴아메리카 각국마다 전력 부문에서 탄소 배출의 차이는 놀랄만하다. 예를 들어 브라질의 경우는 그동안 수력 발전에 기초한 시스템의 영향으로 전력발전 부문에서 매우 낮은 탄소 집중(kWh 당 87그램 CO_2배출)을 보였지만, 화력 발전 시스템이 확대되면서 탄소 집중은 오히려 증가했다. 이와는 대조적으로 아르헨티나와 멕시코의 경우는 상대적으로 전력 부문에서 높은 탄소 집중을 감소시킬 수 있었고, 동시에 전통적인 화력 발전의 비중을 높인 것은 주로 공격적인 에너지 개선 전략을 통해 고효율의 가스를 사용하는 열병합발전 도입과 저효율의 석유를 이용한 연소 증기 발전소를 없애면서 가능했다. 비슷하게 중앙아메리카 지역에서도 성공적으로 탄소 집중을 낮춘 이유는 잔유(원유를 정제한 후에 남은 오일)를 활용한 효율적인 디젤 엔진 개발을 통해 화력 발전의 비중을 증가시켰기 때문이다. 마지막으로 베네수엘라는 좀 더 놀라운 사례로 탄소 집중을 낮춘 중요한 원인이 화력 발전 자체를 줄였는데 이는 주로 까로니 분지(Caroni Basin)에서 저비용 전력 발전 프로젝트를 개발하면서 가능했다.

각국의 온실가스 배출 패턴

브라질과 멕시코는 라틴아메리카 지역 전체 GDP는 물론 온실가스 배출량의 거의 60%를 차지한다. 또 다른 25%의 몫은 아르헨티나,

그림 5.10 라틴아메리카 지역 온실가스 배출 구성, 2000

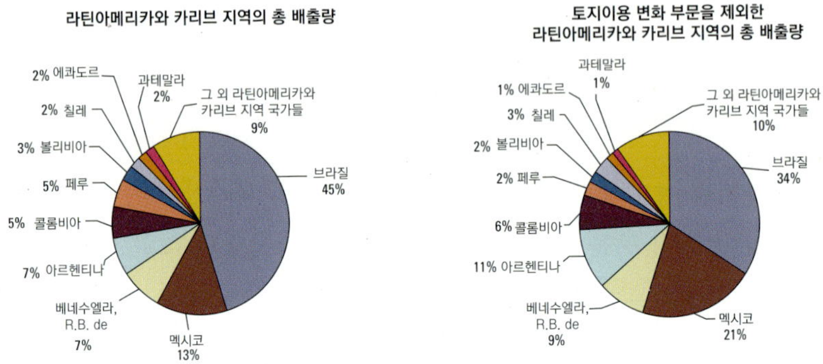

출처 : Climate Analysis Indicators Tool(CAIT), Version 5.0(2008); Venezuela, R.B. de, World Resources Institute(2008).

콜롬비아, 페루 그리고 베네수엘라이다(그림 5.10 참조).

비슷한 수치는 토지이용 변화 부문을 제외하더라도 멕시코와 브라질에서 각각 나타난다. 토지이용 변화를 제외할 때 브라질의 경우는 45%에서 34%로 하락하고 대신에 멕시코는 13%에서 21%로 증가하는 것을 볼 수 있지만, 배출량의 전체 비중에서 두 나라는 압도적인 배출량을 자랑한다.

라틴아메리카 온실가스 총 배출에서 토지이용 변화 부문이 46%에 해당한다. 하지만 토지이용 변화 부문에서의 배출은 이 지역 각국마다 서로 이질적인 결과를 나타내고 있다. <그림 5.11>에서 보듯이, 라틴아메리카 지역 토지이용 변화 부문에서 브라질만이 유일하게 가장 높은 58%를 차지하고 있다. 뒤를 이어 페루가 8%, 콜롬비아와 베네수엘라가 각각 6%를 차지하고 있다. 총 배출에서 토지이용 변화 부문의 비중은 각국마다 다양하다. 볼리비아, 브라질, 에콰도르, 과테말라 그리고 페루의 경우는 온실가스 배출의 적어도 60%가 토지이용 변화 부문에서 배출된다. 반면에 아르헨티나, 칠레 그리고 멕시코

그림 5.11 라틴아메리카 지역의 토지이용 변화 부문에서 발생하는 배출, 2000

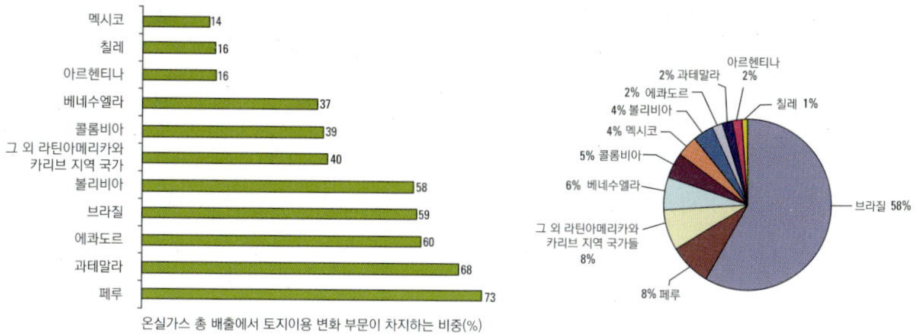

출처 : Climate Analysis Indicators Tool(CAIT), Version 5.0(2008).

그림 5.12 비 -토지이용 및 토지이용 변화와 산림활동(non-LULUCF) 부문에서 온실가스 배출, 2000

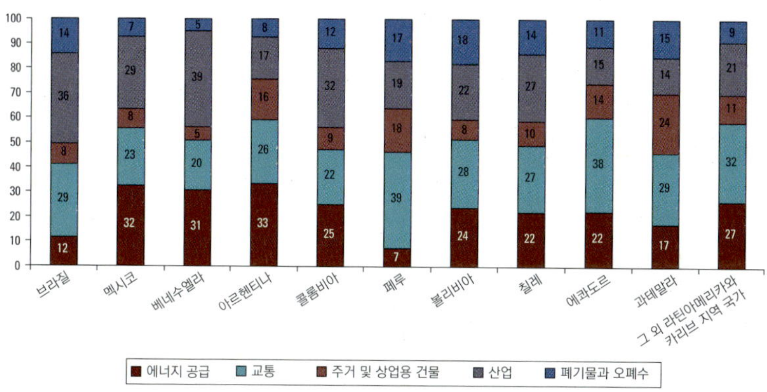

출처 : Climate Analysis Indicators Tool(CAIT), Version 5.0(2008); Mariand, Boden, and Andres(2007).

의 경우는 총 온실가스 배출에서 토지이용 변화 부문은 약 15%에 불과하다.

위와 같은 경우와 더불어 이 지역의 '비 -토지이용 및 토지이용변화와 산림활동(non-LULUCF)'부문에서 발생하는 배출도 각국마다 큰 차이를 보이고 있다(그림 5.12 참조). 예를 들어, 브라질과 페루의 경우는 에너지 공급 부문과 관련해서는 상대적으로 적은 양의 배출량(각각

12% 그리고 7%)을 보이지만 아르헨티나, 멕시코 그리고 베네수엘라의 경우는 대부분이 에너지 공급 부문에 탄소 집중이 강한 특징을 보이며 배출량이 거의 30%를 넘고 있다.

교통 부문에서 가장 많은 배출량을 보이는 국가들은 에콰도르와 페루로 이 지역의 '비-토지이용 및 토지이용 변화와 산림활동(non-LULUCF)'이외의 부문 평균인 27%를 훨씬 넘어 약 40%에 육박해 있다. 또한 산업 부문에서 배출도 브라질, 콜롬비아 그리고 베네수엘라의 경우는 라틴아메리카 지역 평균인 29%에 비해 훨씬 높은 수치인 32%~39% 사이로 나타나고 있다. 가정 및 상업 건물 부문에서는 이 지역 전체 배출량의 11%를 차지하고 있다. 과테말라의 경우는 24%, 아르헨티나와 에콰도르 그리고 페루의 경우는 비슷하게 16%를 보이고 있다. 고형폐기물 및 오폐수 부문에서는 지역 전체에서 10%의 비중을 차지하고 있으며, 이는 LULUCF 부문을 제외한 것이다. 그럼에도 불구하고 이 부문의 비중(점유율)은 볼리비아, 브라질, 칠레, 과테말라 그리고 페루에서 거의 50% 이상을 차지한다.

에너지 관련 배출 구성은 화석연료의 유형에 따라 상당한 차이를 나타낸다(그림 5.13 참조). 게다가 이 지역 가스 연료로부터의 배출은 대체로 23% 정도를 차지하는데 반해, 아르헨티나의 경우는 52%에 달하며 브라질과 페루는 단지 10%에 머물러 있다. 이 지역 화석연료 배출량에서 석탄의 경우 오직 8%의 비중을 보이고 있지만, 콜롬비아와 브라질에서는 2배 이상의 수치를 보이고 있다.

배출 수준에서 각국의 차이점

라틴아메리카 지역의 1인당 온실가스 배출 수준은 국가마다 상당한 차이를 보이는데, 예를 들어 1인당 총온실가스 배출량은 볼리비아, 베네수엘라 그리고 브라질의 경우는 $13tCO_2$(이산화탄소톤)에서 $17tCO_2$ 사이의 수치를 보이고 있으며, $7tCO_2$ 이하 배출국들은 칠레, 콜롬비아 그리고 멕시코이다. 앞의 세 국가의 경우에는 비록 토지이용 변화 부문을 제외한다 하더라도(이 부문에서 1인당 배출량은 아르헨티나, 칠레 그리고 멕시코에 근접), 이 지역에서 1인당 배출량이 가장 높은 국가들에 해당한다.

볼리비아를 제외하고는, GDP 대비 배출은 라틴아메리카 모든 국가들에서 높게 나타나고 있다(그림 5.15). 볼리비아의 배출량은 GDP(구매력평가 PPP)의 달러당 7.3kg CO_2로 이는 이 지역 평균의 약 5배에 해당한다. 볼리비아에 이어 베네수엘라 그리고 에콰도르가 GDP(구매력평가 PPP)의 달러당 2.5kg CO_2로 그 뒤를 잇고 있다. 이 세 국가들은 토지이용 변화 부문과 관계없이 배출량이 가장 높다. 흥미롭게도 이들

그림 5.13 이산화탄소 배출: 주요 라틴아메리카 지역 국가, 2000

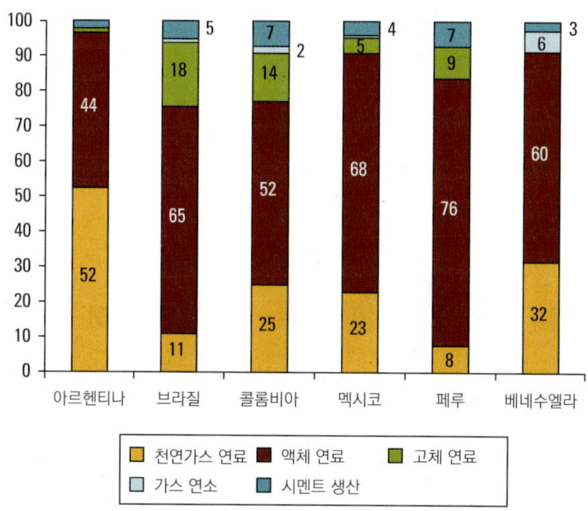

출처 : Climate Analysis Indicators Tool(CAIT), Version 5.0(2008); Mariand, Boden, and Andres(2007).

국가들의 배출량을 GDP 비율로 계산할 경우에는 아르헨티나, 칠레, 콜롬비아 그리고 멕시코는 이 지역의 평균 이하를 기록하고 있다.

그림 5.14 1인당 온실가스 배출: 주요 라틴아메리카 지역 국가, 2000

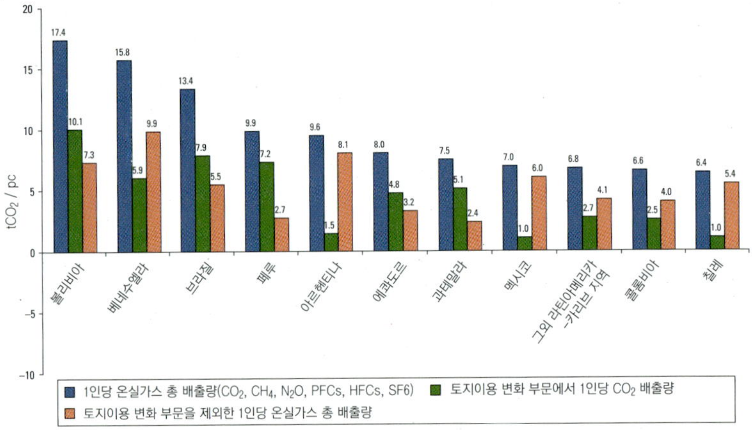

출처 : Climate Analysis Indicators Tool(CAIT), Version 5.0(2008).

그림 5.15 GDP 대비 온실가스 배출: 선택된 라틴아메리카 지역 국가, 2000

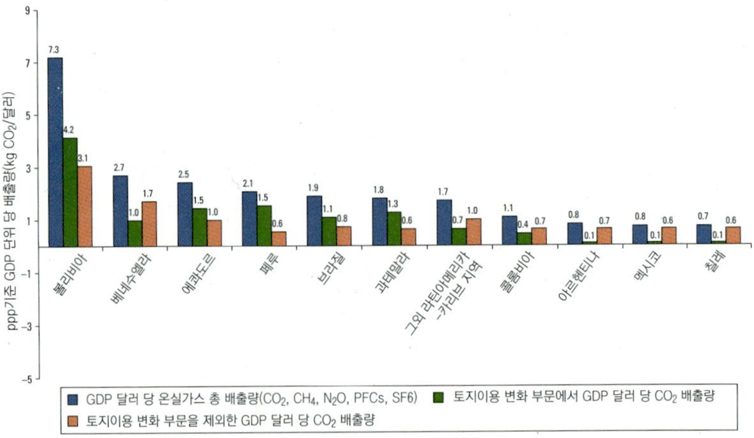

출처 : Climate Analysis Indicators Tool(CAIT), Version 5.0(2008).

라틴아메리카 지역의 화석연료 배출량의 증가

1950년 이 지역의 1인당 화석연료를 통한 탄소 배출은 북미 지역이 단지 6% 그리고 서유럽이 23%에 해당했다. 1950년~1980년 사이에 북미 지역 30%, 서유럽이 90% 증가한데 비해 이 지역의 배출량은 무려 170%까지 증가했다(그림 5.16).

하지만 1980년까지 1인당 배출량에서는 북미지역과 비교해 13%, 서유럽의 경우와 비교해 32% 정도의 아주 소량의 배출량을 보였다. 지난 25년간 이 지역은 1인당 배출량에서 상대적으로 안정적이었으며, 북미 지역이나 서유럽의 경우도 1970년대 후반 절정에 달했다가 그 후엔 배출량이 하락했다.

라틴아메리카 지역의 배출량 증가 패턴이 유사한 지역은, 비록 2004년 1인당 배출량이 라틴아메리카의 2분의 1 혹은 3배 정도의 차이는 있지만 아프리카나 동유럽 지역(중앙 계획 유럽 국가)들이다. 반면에 중앙 계획(centrally planned) 아시아 국가들(특히 중국), 극동 아시아(인도, 한국 그리고 인도네시아 포함) 그리고 중동의 경우 1인당 배출량에서 초기 1950년 배출량과 비교해 보면 지속적이면서도 폭발적인 증가율

그림 5.16 화석연료로 인한 이산화탄소 배출

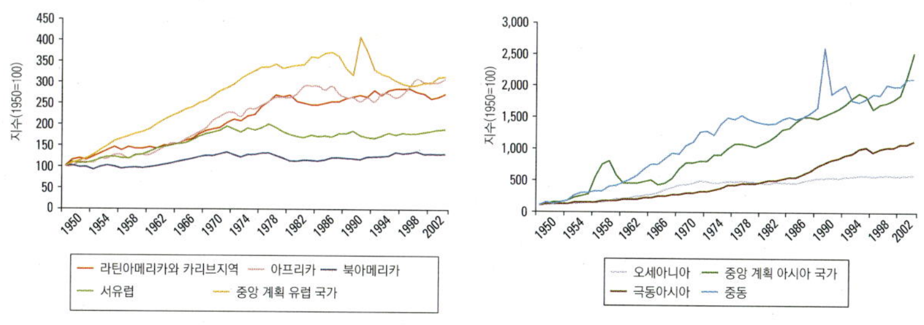

출처 : Mariand, Boden, and Andres(2007).

을 보이고 있는데, 이는 현 시점과 비교해 무려 20배 정도 증가했다. 2004년 통계로 라틴아메리카 지역과 비교해 극동 아시아 국가들은 1인당 배출량에서 35% 정도 낮은 배출량을 보이는 반면, 중앙 계획 아시아 그리고 중동 국가들은 라틴아메리카 지역들보다 각각 40% 그리고 140%의 높은 배출량을 기록하고 있다.

GDP 대비 라틴아메리카 국가들의 배출 비율, 혹은 '배출집중도

그림 5.17 에너지 이용과 화석연료 이산화탄소 배출집중도

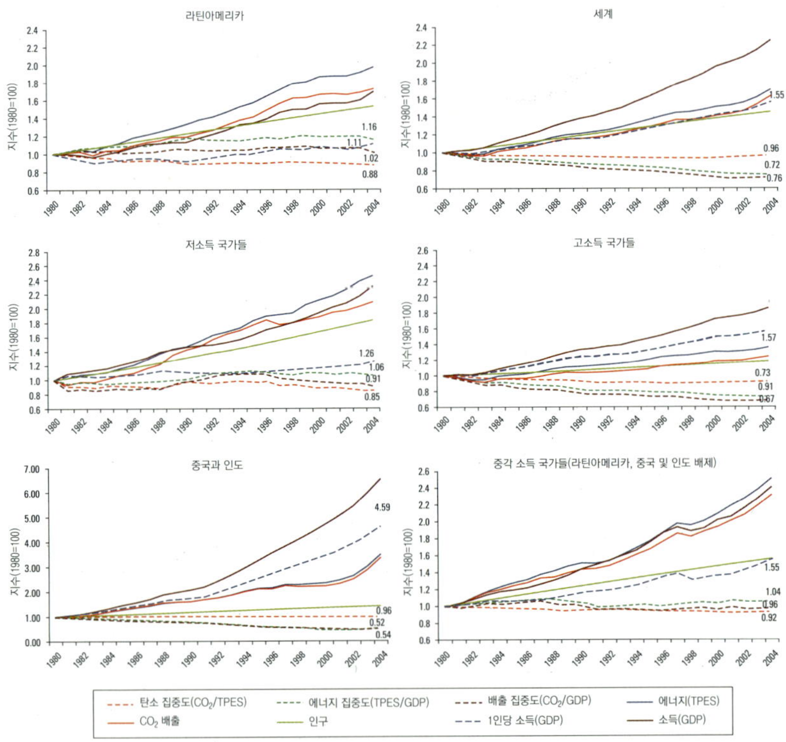

출처 : 1차 에너지 소비: Energy Information Administration(2005); 이산화탄소: Energy Information Adminstration(2005), Mariand, Boden, and Andres(2007); GDP와 인구: World Development Indicators(World Bank).

주 : TPES: 총 1차 에너지 공급

(emission intensity)' 지수로 알려진 통계에 의하면, 이 지역은 1980년대 이후 상대적으로 안정적이지만 인구대비 배출비율은 높은 것으로 나타났다(그림 5.17). 사실상 1980년~2004년 사이 라틴아메리카 GDP 대비 배출 비율은 2% 정도 증가했다. 반면에 동일한 시기 동안에 세계 배출 지수는 28% 낮아졌으며 특히 선진산업국가들에서 33% 정도, 중국이나 인도의 경우는 48% 정도 하락했다. 다른 개발도상국은 상대적으로 적은 감소율을 보였다. 저소득 국가들의 경우는 9% 그리고 다른 중간 소득 국가들의 경우에는 4% 정도 하락세를 보였다(라틴아메리카, 중국 그리고 인도는 제외). 이 지역 화석연료 부문 총 배출량의 증가에서 보여지는 배출 집약도는 상대적으로 적게 증가한 반면, 세계 여타 지역과 비교해서 GDP 대비 1인당 배출량은 점증적으로 증가해 왔다.

사실, 1980년~2004년 사이 라틴아메리카 지역의 1인당 GDP는, 동일한 시기동안 세계 여타 지역이 55% 증가한 반면(선진산업국은 58%, 다른 개발도상국은 165%), 단지 11% 정도 증가하는 데에 그쳤다. 따라서 라틴아메리카 지역의 총 배출량은 이 비율과 비례해서 증가해 왔으며, 단지 지역 인구의 증가율을 약간 상회했다.

에너지 집중도 증가에 기인한 GDP 성장과 이에 대한 탄소 배출의 소폭 증가

무엇이 배출 집중도에 대한 변화를 주도했는지에 대한 좀 더 명확한 이해 차원에서 기본적으로 '에너지 집중도'와 관련된 GDP 대비 에너지 비율에서 변화의 총합, '탄소집중도'와 관련된 에너지에 대한 배출 비율 등은 중요한 지표들이다(그림 5.17). 라틴아메리카의 경우 이러한 집중도 분포가 보여주듯이, 여타 다른 지역들이나 혹은 세계적

그림 5.18 탄소, 에너지, 배출집중도 및 1인당 GDP, 2000

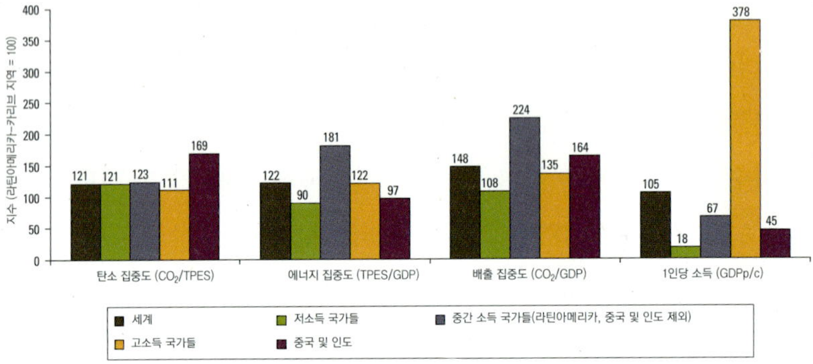

출처 : 1차 에너지 소비: Energy Information Administration(2005); 이산화탄소: Energy Information Adminstration(2005), Mariand, Boden, and Andres(2007); GDP와 인구: World Development Indicators(World Bank).

인 수준과 비교해도 GDP의 단위당 배출량은 소폭 증가했는데 이는 이 지역의 생산 단위당 증가한 에너지 수요에서 기인하였으며, 이는 부분적으로 이 지역 에너지의 탄소집중도를 높여 상대적으로 대규모의 배출 감축에는 실패하여 균형을 무너뜨렸다. <그림 5.17> 사례가 보여주듯이, 라틴아메리카 지역의 에너지 집중 지표는 1880년~2004년 사이 약 16% 증가했는데 이는 세계 수준의 24% 감소(선진산업국가들의 30% 그리고 중국과 인도의 46%)와는 대조적인 결과이다. 하지만 저소득 및 중간 소득 국가들의 경우에 비록 라틴아메리카 국가들보다는 낮지만, 모두 에너지 소비의 증가를 나타냈다. 각각 6% 그리고 4%의 소비 증가를 보였다. 다시 말해서, 세계의 여타 국가들은 상품이나 서비스 생산에 대한 1달러 당 에너지 수요의 평균 양은 줄어들었지만 라틴아메리카나 다른 개발도상국(중국과 인도 제외)의 생산 단위당 에너지 수요는 지속적으로 증가해 왔다.

이 지역의 에너지 집중도의 증가가 배출 수준에 끼치는 영향은 비교적 최소화되었다고 하지만 실질적으로 라틴아메리카 지역의 경우 에너지 생산 부문에서 탄소집중도는 큰 폭으로 감소되었다. 사실 1980~2004년 통계를 보면 이 지표는 12%까지 하락했으며 이는 세계 수준인 4% 그리고 선진 산업 국가들의 9%에 비해 비교할 만한 수치이다. 저소득 국가들도 15% 정도의 큰 감소를 보였지만 중간 소득 국가들에서는 감소율이 다소 낮았다. 중국과 인도의 경우는 4% 그리고 여타 중간 소득 국가들에서는 8%의 수치를 나타냈다(그림 5.17).

청정전력발전 체제의 영향으로 2000년에 라틴아메리카 국가들은 고소득 국가들의 경우와 비교할 때, 에너지 단위당 탄소 집중 수준은 10% 정도 낮았으며 세계 평균보다는 17%, 중국이나 인도의 평균보다는 40% 낮았다(그림 5.18). 게다가 지난 몇 십 년간 지속적으로 증가해 왔음에도 불구하고, 2000년도 라틴아메리카 에너지 집중도는 세계 평균보다 18% 낮고 여타 다른 중간 소득 국가들(중국과 인도 배제)보다는 45% 낮게 유지되었다. 요약하자면, 여타 다른 지역들에 비해 상대적으로 낮은 그리고 감소한 에너지 단위당 탄소 배출로 인하여, 비록 GDP의 단위당 에너지이용 수준은 다소 증가 추세에 있다고 하더라도 GDP의 단위당 에너지관련 화석연료 배출의 수준은 세계 평균보다 낮은 32%로 유지해 왔다. 이는 다른 선진 산업국가들 보다 낮은 26% 그리고 여타 다른 중간소득 국가들보다도 낮은 39%~55% 사이로 관리해 왔음을 보여준다. 화석연료 부문과 관련된 배출에 있어서 다른 시기와 변수들을 통해 이를 분석한 카야(Kaya 1990)의 방법을 도입해 보면 좀 더 명확한 이해가 가능하다. 카야는 화석연료 관련 이산화탄소 배출을 다음과 같은 분석 요소들을 통해 구분하고 있다. 즉 ① 에너지의 탄소집중도 변화(에너지 단위당 배출) ② 생산량의 에너지 집중에서의 변화(GDP 단위당 소비된 에너지) ③ 1인당 GDP 변화; ④ 인

그림 5.19 화석연료 관련 이산화탄소 배출 변화에 대한 카야의 재구성 요약, 1980~2005

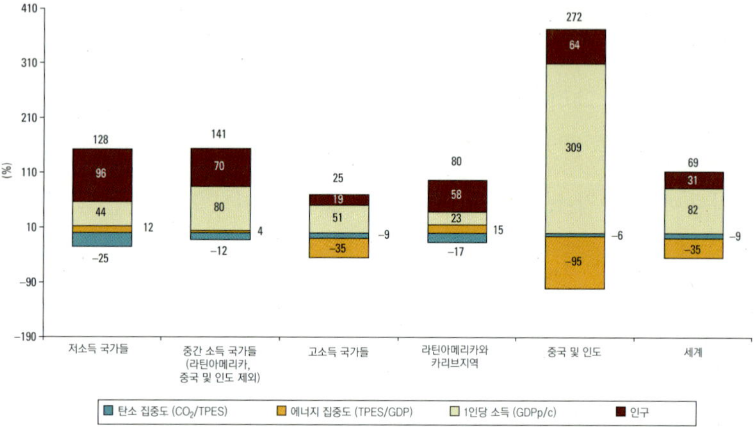

출처 : 1차 에너지 소비: Energy Information Administration(2005); 이산화탄소: Energy Information Adminstration(2005), Mariand, Boden, and Andres(2007); GDP와 인구: World Development Indicators(World Bank).

구의 변화이다. 비록 '카야의 재구성' 방법이 서로 관련된 변수들 사이에서 일반적인 연관성 분석과는 거리가 있지만 이산화탄소 배출에서 관찰된 변화를 추동하는 주요 요소들을 찾아내는 데에는 상당히 유용하다(Bacon and Bhattacharya 2007).

<그림 5.19>는 1980년~2005년 사이 세계의 여타 다른 지역들뿐만 아니라 라틴아메리카 지역에 대한 카야의 재구성 접근을 잘 보여준다. 그림에 의하면 화석연료 관련 이산화탄소 배출 변화는 1980년대 초창기 수준을 백분율로 나타낸 것처럼 다른 요소들에 의해 기인된다. 그림이 보여주는 바와 같이 지난 25년 동안 라틴아메리카 지역 생산량의 에너지 집중도 변화는 15%까지 탄소 배출에 영향을 주어 왔지만 지역의 탄소집중도 하락은 17%까지 배출량의 감소에 영향을 주었다. 반면에 세계 수준에서 에너지 집약도 하락은 배출량에

그림 5.20 화석연료 관련 이산화탄소 배출 변화에 대한 카야의 재구성 (구체적 시기 구분), 1980~2005

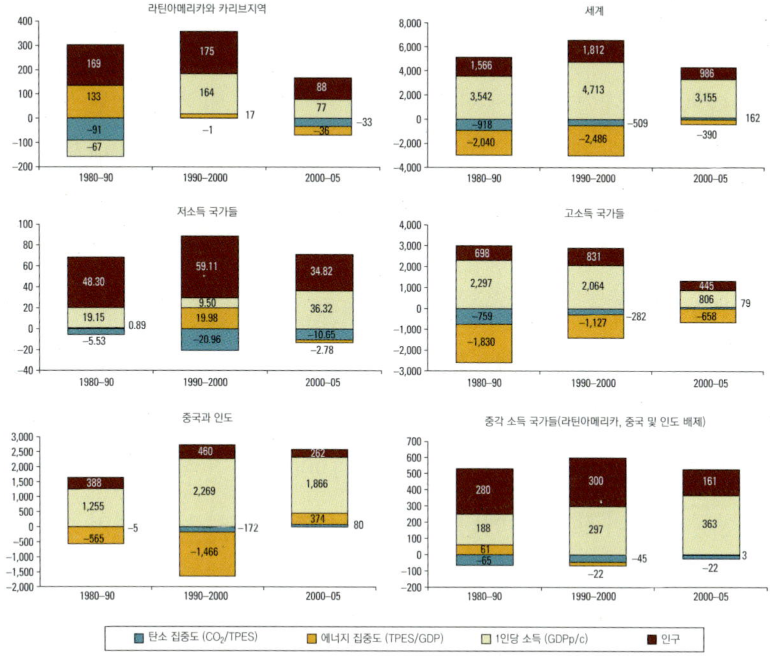

출처 : 1차 에너지 소비: Energy Information Administration(2005); 이산화탄소: Energy Information Adminstration(2005), Mariand, Boden, and Andres(2007); GDP와 인구: World Development Indicators(World Bank).

주 : 배출은 탄소의 수 천 미터톤(Metric Ton)으로 계산

서 35% 감소를 가져왔지만 탄소집약도은 약 9%만 배출량 감소에 영향을 주었을 뿐이다. 마지막으로 라틴아메리카 지역의 경우 상대적으로 1인당 GDP 성장 비율이 낮아 결과적으로 화석연료 관련 탄소 배출이 상당히 적었으며, 여타 세계 수준의 82%, 고소득 국가들의 51%, 중국과 인도의 309%와 비교해 이 지역의 배출은 초기 수준 23%과 비슷한 수준이었다.

위와 같은 결과들에 대해 카야의 재구성 분석(그림 5.20)은 구체적 시

기를 구분하여 결과들을 잘 도출해 내고 있다. 그림이 보여 주듯이, 증가하는 에너지 집중도들은 라틴아메리카 지역의 화석 연료 관련 배출 증가에 영향을 주었으며 대표적으로 1980년대에 집중되어 있다. 1990년대에는 에너지 사용 역시 증가했지만 이 지역이 탄소 배출에 미친 영향은 적었다. 그리고 오늘날에는 기존의 경향에 대한 역전 현상이 보이는데, 이는 GDP 단위당 에너지 사용이 실질적으로 이 지역의 총 배출량 감소에 영향을 주었기 때문이다.

1990년대에는 증가하지 않은 상태로, 1980년대 그리고 오늘날 2000년대 초반 동안에 에너지 탄소집중도는 저감되었다. 다른 시기 동안 발견되는 패턴들은 라틴아메리카의 경우 다른 지역들과는 다르다. 예를 들어, 중국이나 인도의 경우 1990년대 동안 에너지 집중도가 상당히 낮아진 후에 에너지에서 탄소 함유량이 보다 적어 배출량 감소에 영향을 주었지만, 오늘날에 와서는 생산량 단위당 에너지 사용은 급증하고 동시에 에너지에 대한 탄소집중도 또한 상당히 증가했다. 1980년대 선진산업국가 경우에는 에너지 부문에서 커다란 배출량 감소를 이루었는데, 이는 에너지 사용에 있어 적지만 감소가 발생했고, 동시에 안정적인 탄소집중도 지수가 나타났는데 이는 비록 적은 수준이지만 어느 정도 탄소집중도 지수를 낮추는데 성과를 내었다고 볼 수 있다.

지난 시기동안 라틴아메리카 지역의 주요 배출 원인들을 비교해 보면 <그림 5.20>이 보여주듯이, 1980년대 동안에 생산량의 에너지 집중도 증가는 1인당 GDP 그리고 에너지의 탄소집약도의 감소에 의해 상쇄된 그 이상을 기록했다. 1990년대 동안 인구의 증가는 물론 이 지역에서 다시 소득이 증가하면서 라틴아메리카 탄소 배출에 강한 영향을 주었다. 에너지 소비 수준 및 에너지의 탄소집약도 변화는

그림 5.21 에너지 집중과 1차 에너지 사용, 2004

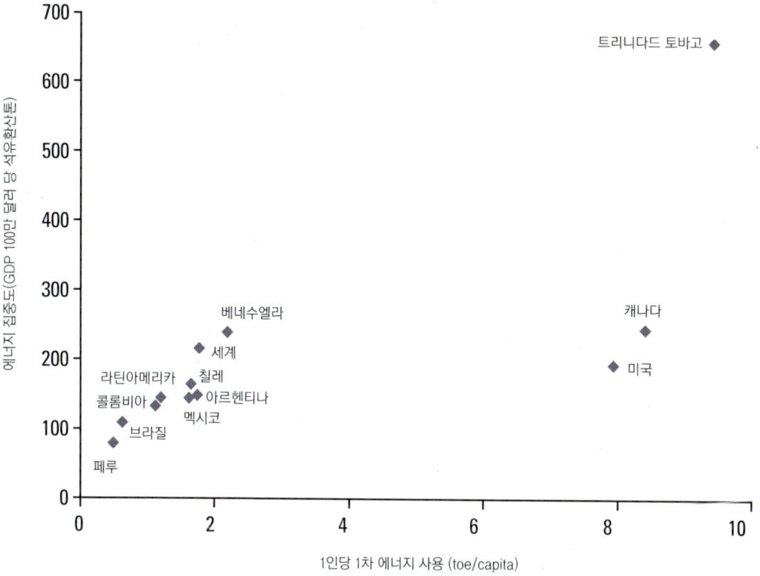

출처 : Dussan(2008).

총 탄소 배출량에 아주 적은 영향을 주었다. 마지막으로 2000년대 초창기 소득과 인구의 증가는 지속적으로 비슷한 비율의 증가세를 유지하고 있지만 이들 배출량 중 절반은 에너지 사용의 하락과 에너지의 탄소집약도 감소에 의해 상쇄되고 있다.

사실 선진국들은 지난 25년 동안 그들의 에너지 집중도를 감소시킬 수 있었던 반면, 라틴아메리카 지역은 이 분야에 대해서는 그리 의미 있는 개선은 보여주지 못했으며, 단지 경제발전과 1차 에너지 이용 사이에 얼마나 큰 차이가 있는지 만을 설명해 줄 뿐이었다. <그림 5.21>이 보여주듯이, 라틴아메리카 에너지 집중도는 GDP 백만 달러당 150석유환산톤(Tons of Oil Equivalent; TOE)으로, 이는 여전히 선진국들의 경우와 비교하면(예를 들어, 미국이나 캐나다 등의 200~250석유환산톤) 평균 이하를 기록 중이다.

선진국들에서 1인당 1차 에너지 소비는 라틴아메리카 국가들에 비해 약 5배에 달한다. 하지만 이러한 국가들은 에너지 집중도를 낮출 수가 있었는데 이는 경제에서 서비스 부문의 몫을 증대시키고 산업 부문의 참여를 줄이면서 가능했다. 반면에 라틴아메리카 국가들은 여전히 많은 부분이 에너지 집중 산업 부문에 집중되어 있을 뿐만 아니라, 1인당 1차 에너지 이용도 지역의 소득 증가와 전력 범위 확대 덕분에 계속 증가해 오고 있다.

증가하는 오일 가격에 대한 한계적 반응

국제시장에서 오일 가격변동은 일반적으로 오일 수입국들의 오일 소비의 집중이나 GDP 단위당 에너지 이용에 엄청난 영향을 미친다. 하지만 이러한 영향은 라틴아메리카 국가들에게는 해당되지 않는다. 반면에 OECD 자료에 의하면, 라틴아메리카 국가들(오일 수출국 배제)의 오일과 에너지 집중도는, 알라이모와 로페즈(Alaimo and Lopez 2008)가 주장하듯이, 국제시장에서 높은 오일 가격에 의해 그리 영향을 받지 않았다. 좀 더 기술적인 관점에서 보면 이들 국가들은 높은 오일 가격

그림 5.22 OECD 및 라틴아메리카 지역에서 선별된 국가들의 오일 집중도

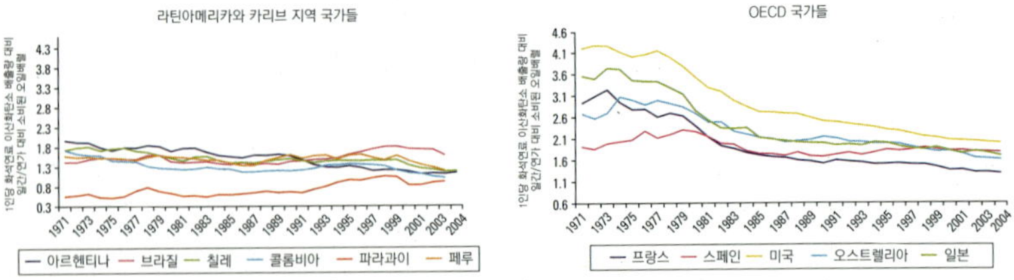

출처 : Alaimo and Lopez(2008).

에 의한 '그랜저 인과관계(Granger-caused)'를 갖지 않는다. 이러한 차이의 발견은 본장의 마지막 섹션에서 몇몇 증거들을 통해 좀 더 명확하게 밝히겠지만, 이는 세계 다른 지역과 상당히 비교할만한 사실로 라틴아메리카 국가들의 에너지 집중은 감소한 것으로 보인다. <그림 5.22>에서 보듯이 1971년~2004년 사이 연간 GDP 단위당 일일 소비된 오일양(배럴)은 OECD와 라틴아메리카 지역에서 매우 상이한 방식으로 전개되어 왔다.

게다가 라틴아메리카 오일 집중은 약간만 감소해 온 것으로 중간 정도 수준에서 1970년대 초반에 백만 달러 기준으로 1일 생산량(barrels per day per million dollar produced: BPDPMD)이 1.6배럴에서 2000년대에는 1.3배럴로 감소했을 뿐이다. 물론 예외적으로 파나마는 달랐는데, 집중도는 동시기 동안에 2.8배럴에서 1.7배럴 가까이로 하락했다. 여타 다른 라틴아메리카 국가들의 경우, 몇몇 국가들은 약간의 감소 그리고 몇몇은 약간 증가한 사례들만이 관찰된다. 반면에 OECD 국가들의 경우에는 오일 집중도가 상당할 정도로 감소한 기록을 보이고 있다. 예를 들어, 동 시기 동안 미국의 경우 일일 4.2배럴에서 2.1배럴로 감소했으며 일본과 프랑스의 경우 1972년에 오일 집중도가 각각 3.6 그리고 3.1배럴이었지만 2004년에는 두 국가 모두 2배럴로 감소한 것을 볼 수 있다. OECD 국가들의 중간 오일 집중도는 1970년대 초반 2.9배럴이었지만 2000년대에는 1.7배럴로 감소했다. 하지만 라틴아메리카 국가들의 오일 집중 수준은 현재의 OECD 수준과 비슷해져 1.1배럴에서 2.1배럴 사이로 배열되어 있다. 알라이모와 로페즈(Alaimo and Lopez 2008)의 연구가 보여주듯이, OECD 국가들은 1985년까지 오일 집중도의 3분의 2를 줄였으며, 이는 세계 2차 오일 쇼크에 대한 대응에서 발견된다. 예를 들어, 일본의 경우는 1985

년까지 오일 집중도를 3.6에서 2.2BPDPMD로 줄인 반면에 1985년에서 2004년 사이 감소는 작았다(2.2에서 2BPDPMD). 미국의 경우는 1985년까지 집중도를 2.7BPDPMD로 줄었다. 대체적으로 오일 쇼크와 더불어 국가들은 가정의 단열을 증진시키고 좀 더 나은 가솔린 주행거리 확보, 생산 공정의 합리화 등을 통해 오일 사용과 집중도를 낮추었다. 이후 실제 낮은 오일가격이 지속으로 인해 아마도 비록 속도는 느리지만, 오일 집중도를 낮추는 과정은 계속진행되었다.

오일에서 가솔린으로의 낮은 전환율이 라틴아메리카의 안정된 에너지 집중에 대한 책임이 있는가?

알라이모와 로페즈(Alaimo and Lopez 2008)가 주장하듯이, 라틴아메리카 지역에서 확인되는 오일 집중도에 대한 다소 소극적이고 제한된 반응이 관찰되는데, 이러한 현상은 심지어 국제시장에서 오일 가격이 급증하더라도 각 개별 국가 정부들은 국내 에너지를 최종 소비자들에게 낮은 가격으로 공급(국제유가중 국내 소비자에게 낮은 가격전가)을 유지하도록 하는 정책 결정에서 비롯되었기 때문이다. 많은 중간 소득 국가들 특히 라틴아메리카 국가들에서 에너지 가격은 상당한 규제를 받으며 에너지 가격변동은 사회적으로 굉장히 민감한 이슈이기도 하다. 한편으로는 이러한 규제가 국제시장에서의 에너지 가격변동(특히 가격인상 시기)과는 관계없이 소비자들을 보호하는 역할도 하지만, 다른 한편으로는 적절한 시장 신호를 보내는 데에서 실패하기도 한다. 게다가 이러한 수단은 소비자들로 하여금 오일 가격에 대한 그들의 알맞은 에너지소비 변화 요구에 상당할 정도로 둔감하게 만들기도 한다.

표 5.1 이전 연구들의 가격전가 평가

	가솔린		디젤
저자	Bacon and Kojima, 2006.	World Bank, 2006.	Bacon and Kojima, 2006.
분석대상 시기	2004~06	Mid-90s, 2000s	2004~06
아르헨티나	0.02	None	0.11
볼리비아	0.64		0.84
브라질		Complete	
칠레	1.15		1.11
콜롬비아		Complete	
도미니카공화국		Complete	
에콰도르		None	
엘살바도르		Complete	
과테말라	0.93		0.99
가이아나		Complete	
온두라스	0.60	Complete	0.87
멕시코	0.15	None	0.11
니카라과	0.95		0.88
베네수엘라	0.00	None	0.00

출처 : Bacon and Kojima(2006); World Bank(2006).

오일에서 가솔린으로의 가격전가에 대해 존재하는 평가들은 오일을 수입하는 국가일수록 가격전가는 상당히 높고 오일 수출국들은 제한적이라고 분석한다. 베이콘과 코지마(Bacon and Kojima 2006)는 그 비율을 국내 가격(가솔린, 디젤)의 변화와 오일 가격의 변화 사이에서 계산하여 2004년~2006년 시기의 라틴아메리카 8개국을 조사했다.1 이들이 발견한 결과는 베네수엘라, 아르헨티나 그리고 멕시코의 경우에 가격전가가 거의 나타나지 않았지만 볼리비아, 온두라스 같은 나라들은 가솔린의 경우 거의 60% 그리고 디젤의 경우 거의 80%를 전가하고 있으며 마지막으로 과테말라, 니카라과 그리고 칠레의 경우는 <표 5.1>에서 보듯이 계수가 거의 0.95~1.15정도로 나타나 가

표 5.2 라틴아메리카 지역 평균 가솔린 및 디젤 가격: 2005~2007

국가/유형	프리미엄 가솔린	일반 가솔린	디젤	Obs
아르헨티나	0.89	0.79	0.67	36
볼리비아	0.82	0.56	0.56	30
콜롬비아	n.a.	0.96	n.a.	36
코스타리카	1.25	1.20	0.88	29
엘살바도르	1.14	1.08	0.95	29
과테말라	1.14	1.12	0.91	29
온두라스	1.24	1.17	1.02	29
멕시코	1.01	0.08	0.65	36
니카라과	1.19	1.14	1.02	29
파나마	2.32	n.a.	n.a.	36
파라과이	1.19	1.07	0.99	36
페루	n.a.	1.23	n.a.	36
우루과이	1.59	1.55	1.27	20

출처 : Alaimo and Lopez(2008).

표 5.3 국가별 가격전가 분류체계

가격전가 수준	프리미엄 가솔린	일반 가솔린	디젤 가솔린
없음*	아르헨티나, 볼리비아, 코스타리카, 멕시코	아르헨티나, 볼리비아, 콜롬비아, 멕시코, 파라과이, 페루	아르헨티나, 볼리비아, 코스타리카, 멕시코
낮음(<.33)	파라과이		파라과이
중간(.33~.66)	엘살바도르, 과테말라, 온두라스, 파나마	코스타리카, 과테말라, 온두라스	엘살바도르, 과테말라, 온두라스, 니카라과, 우루과이
높음(>.66)	니카라과, 우루과이	엘살바도르, 니카라과, 우루과이	

출처 : Alaimo and Lopez(2008).

(*) 없음의 의미는 오일 가격 변화 계수들이 의미가 없거나 혹은 의미는 있지만 가솔린 가격 변화와 연관해 소극적 반응을 보인다는 것임.

장 높은 가격전가 사례를 보여주고 있다.

이러한 발견은 에너지 가격에 있어 가솔린 가격에 대한 모든 가격

지수를 회귀분석한 계수처럼 가격전가의 수준을 분석한 세계은행(2006)의 연구 결과와도 어느 정도 일맥상통하고 있다. 이 연구는 결론적으로 아르헨티나, 에콰도르, 멕시코 그리고 베네수엘라는 가격전가를 하고 있지 않지만 브라질, 콜롬비아, 도미니카공화국, 엘살바도르 그리고 가이아나의 경우는 완벽하게 가격전가가 나타나고 있음을 알 수 있었다. 위와 같은 연구들의 결과에서 보듯이 대체적으로 혼합된 형태이다. 전형적으로 순 수입국들의 입장에서 보면 오일 가격 변화를 허용해 최종 소비자에게 가격을 전가시키고 있는 경향이 뚜렷하며, 반면에 오일 수출국들은 국내 오일 가격과 국제 오일 가격 변화에 대해 연계하지 않고 있음을 알 수 있다. 가격 변동으로부터 최종 소비자들에게 영향을 주지 않음으로서 순 수출국들은 국내 에너지 소비 부문에서 시장가격의 영향에 크게 노출되어 있지 않다.

원유 가격이 기록적인 수준에 이르러 있는 가장 최근에도 이런 경향은 지속되고 있을까? 이 질문에 해답을 구하기 위해 알라이모와 로페즈(Alaimo and Lopez, 2008)는 2005년 1월에서 2007년 12월 사이 13개국을 대상으로 데이터를 모았으며, 그 결과로 나온 <표 5.2>는 각국의 3가지 종류(프리미엄 가솔린. 일반 가솔린 그리고 디젤)의 생산품에 대한 평균 가격(갤런 당 달러 가격)을 제공해 주고 있다. 순 오일 수출국들은 순 오일 수입국들에 비해 상당히 낮은 가격 분포를 보여주고 있는데, 예를 들어 일반 가솔린 1갤런 가격은 1달러 미만인 경우로 아르헨티나, 볼리비아, 콜롬비아 그리고 멕시코가 대표적이다(2005년~2007년 통계). 반면에 평균 1.19달러/1갤런의 경우는 순 오일 수입국들이었다. 알라이모와 로페즈(Alaimo and Lopez, 2008)가 관찰하고 있듯이, 순 오일 수입국에서 프리미엄 및 일반 가솔린과 연관된 가격 변화는, 비록 그 연관성이 그다지 크지 않더라도(프리미엄 가격의 경우 0.22달러 그리고 일반 가솔린 가격의 경우는 0.16달러), 상당히 긍정적 영향을 주고 있다.

반면에 디젤과 관련된 주유소에서 오일 가격은 순수입국이든 혹은 순수출국이든, 심지어 순수출국들의 가솔린 가격과도 연관성은 발견되지 않았다.

새로운 가격전가 평가는 2005~2007년 시기동안 알라이모와 로페즈(Alaimo and Lopez, 2008)에 의해 고찰되었으며 그 결과는 <표 5.3>에 잘 나타나 있다. 결과가 말해주듯이 순오일 수출국들은 모든 연료에 대해서 가격전가를 하지 않은 '비 가격전가' 그룹으로 범주화되어 있다. 예를 들어 페루의 경우는 일반 가솔린에 대해서 그 어떠한 가격전가의 신호조차 보여주지 않고 있다.[2] 이와 비슷하게 파라과이의 일반 가솔린에 대한 가격전가는 보이지 않지만 각각 프리미엄 가솔린(15%)과 디젤(23.7%)에서는 낮은 수준의 가격전가를 보여주고 있다.

코스타리카는 비록 오일 가격 변화가 일반 가솔린 가격(약 44% 비율)으로 옮겨가지만 유일하게 중미 국가들 중에 프리미엄과 디젤 부문에서 가격전가를 보여주고 있지 않은 사례이다. 우루과이를 비롯해서 몇몇 중미 국가들에서는 중간의 혹은 높은 수준의 가격전가를 보여주고 있다. 특히 니카라과와 우루과이의 경우는 프리미엄 그리고 일반 기솔린에 상당히 높은 수준의 가격전가가 발생하고 있으며 디젤 가격에서는 중간 정도의 가격전가가 발생했다. 엘살바도르 또한 일반 가솔린 가격에 높은 수준의 가격전가 현상을 보였다. 마지막으로 과테말라와 온두라스의 경우는 일반, 프리미엄 그리고 디젤 부문에서 중간 정도의 가격전가가 범주화된 것으로 파악되고 있다.

배출 추세에서 각국의 차이 분석

<그림 5.23>은 선별된 라틴아메리카 국가들의 화석연료 이산화탄소 배출량의 역사적인 증가 흐름을 보여주는 그래프이다. 물론 가장 빠른 증가율을 보여주는 국가들은 브라질과 멕시코로 1950년~1980년 초반 사이에 무려 300% 증가율을 보여주고 있다. 멕시코의 경우는 그 이후 상대적으로 완만한 증가를 보이는 반면에 브라질의 경우는 또 다른 관점에서 엄청난 증가를 기록했다. 거의 1950년 초기와 비교해 2000년대 중반까지 무려 500% 증가했다. 이러한 추세는 다른 라틴아메리카 4개국에서 대표적으로 나타나고 있다. 아르헨티나, 콜롬비아 그리고 페루의 배출량은 최근 10년 동안 1950년대 초기와 비교해 거의 2배 정도 증가했다. 대부분의 증가율은 1980년대 전에

그림 5.23 선별된 라틴아메리카 각국의 1인당 화석연료 이산화탄소 배출 추세

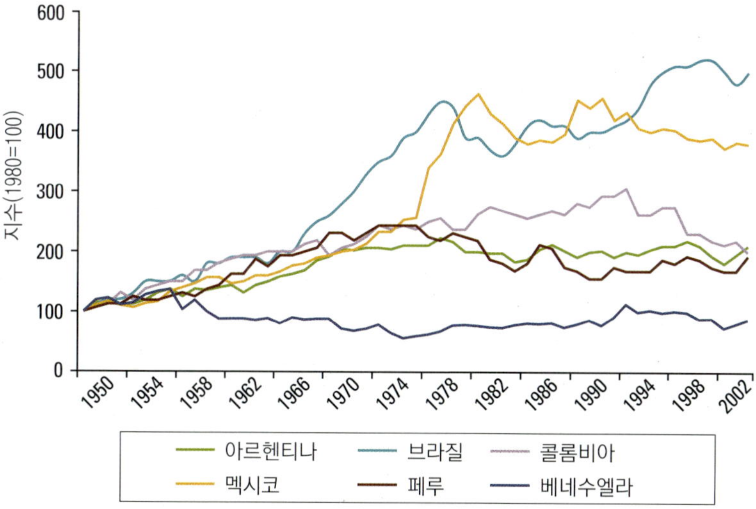

출처 : Mariand, Boden, and Andres(2007).

그림 5.24 선별된 라틴아메리카 국가들의 경제생산단위당 화석연료 탄소 배출 집중: 1980~2005

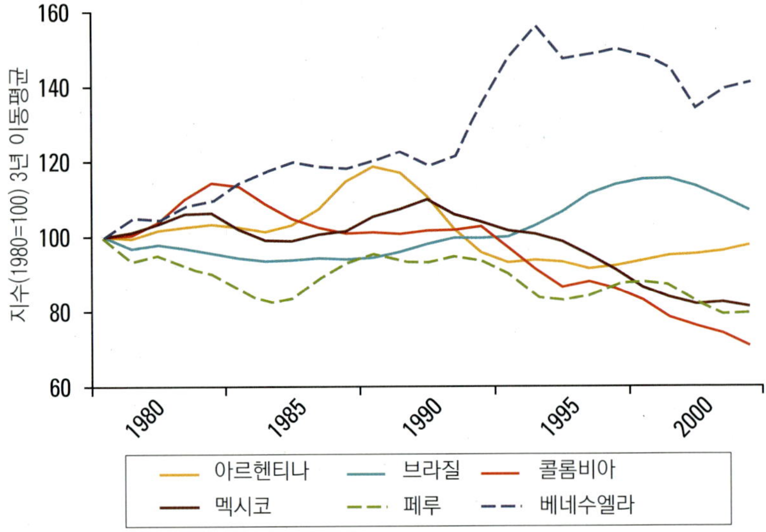

출처 : 이산화탄소와 1차 에너지 소비: Energy Information Administration(2005), Mariand, Boden, and Andres(2007); GDP와 인구: World Development Indicators(World Bank).

발생한 것으로 고찰된다. 베네수엘라의 사례는 <그림 5.23>에서 보듯이 다소 다른 배출량을 보여주는데 이는 이 국가가 지난 50년 동안 배출량을 안정적으로 관리해 온 영향으로 보인다.

1980년에 비해 2005년의 배출량을 GDP에 대한 비율로 화석연료 탄소배출 집약도를 계산해보면 베네수엘라와 브라질의 경우가 다른 라틴아메리카 탄소 배출 국가들과 비교할 때 상당히 높은 수치를 기록했다. 물론 브라질의 경우 증가는 상대적으로 적은데, 1980년대와 비교해 2000년대 중반까지 연간 경제생산단위당 배출 증가는 15% 정도에 달했는데 이는 같은 시기 동안 베네수엘라 증가율 40%에 비하면 상대적으로 적은 편이다. 반면에 콜롬비아, 멕시코 그리고 페루의 배출 집약도는 지난 10년 동안 상당히 감소했다. 물론 아르헨티나의 경우는 이 국가들보다 더 낮은 배출량을 보였다. 2005년까지 아르헨티나의 배출 집약도는 1980년대 수준과 비교해도 3% 낮은 수치를 기록했다. 동일시기에 페루, 멕시코 그리고 콜롬비아의 경우는 각 15%, 20% 그리고 34%로 상당한 감소 나타났다(그림 5.24 참조).

화석연료 배출 집중의 변화를 야기한 원인들은 물론 라틴아메리카 개별 국가마다 다르다(그림 5.25 참조). 예를 들어, 브라질에서 연간 경제생산 단위당 화석연료 탄소 배출 비율이 증가한 이유는 주로 GDP 대비 에너지소비 집중의 증가로 인해 발생한 것으로 분석된다. 하지만 <그림 5.25>의 오른쪽 그래프에서 보듯이, 이와 같은 증가는 에너지 탄소 집중이 감소함으로써 부분적으로 상쇄되었다. 비슷한 패턴이 아르헨티나 사례에서도 나타나는데, 아르헨티나의 경우 2000년대 중반에 에너지의 탄소 집중이 20% 정도로 감소했으며 이는 아르헨티나의 증가한 에너지 소비 집중을 상쇄하는 것 이상의 사례로 분

그림 5.25 선별한 라틴아메리카 각국의 에너지 소비 집중과 에너지의 탄소 집중: 1980~2005

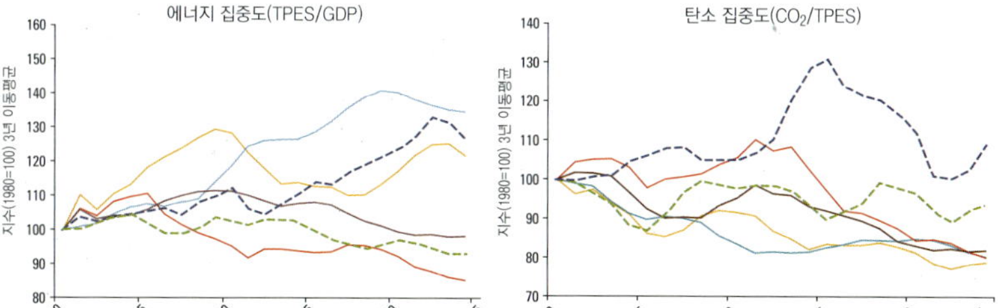

출처 : 이산화탄소와 1차 에너지 소비: Energy Information Administration(2005), Mariand, Boden, and Andres(2007); GDP와 인구: World Development Indicators(World Bank).

그림 5.26 화석연료 탄소 배출에서 예상된 변화의 카야 탈구성: 지역 및 선별된 라틴아메리카 각국, 1980~2005

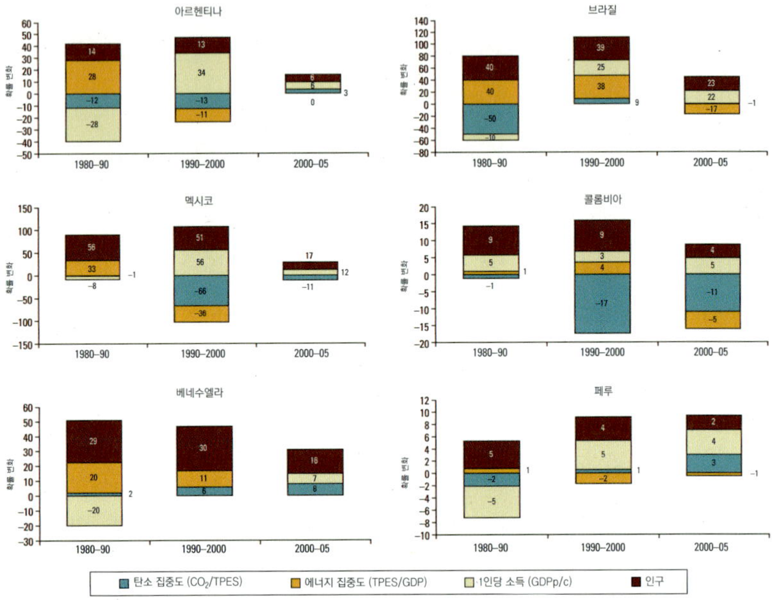

출처 : 이산화탄소 및 1차 에너지 소비: Energy Information Administration(2005), Mariand, Boden, and Andres(2007); GDP와 인구: World Development Indicators(World Bank).

주 : 배출은 탄소의 수 천 미터톤(Metric Ton)으로 계산

석된다. 따라서 아르헨티나의 경우는 성공적인 사례라고 할 수 있는데 이는 에너지의 탄소 집중을 상당할 정도로 감소시켜 에너지 소비 집중과 균형을 이룬 사례이기 때문이다.

베네수엘라의 사례는 에너지 다소비와 에너지 단위당 탄소 배출 비율 증가 모두에서 상당히 다른 패턴을 보여준다. 마지막으로 모든 시기를 고려해 보면 콜롬비아, 멕시코 그리고 페루에서 에너지 소비 집중은 감소했거나 침체한 결과를 보여준다. 에너지의 탄소 집중 감소와 더불어 이러한 추세는 GDP 대비 모든 에너지 소비 비율의 감

소에서 기인했다고 분석된다. 이러한 패턴은 결국 <그림 5.26>에서 보듯이, "카야의 재구성(Kaya decomposition)" 현상을 정확하게 보여준다.* 주목해서 살펴보면 브라질의 경우는 1980년대 동안에 에너지의 탄소집중도를 현저하게 낮추었으며 이러한 현상은 1990년대 이후 콜롬비아와 멕시코에서도 확인된다. 그림의 수치들은 또한 1980년대 동안 아르헨티나 그리고 1990년~2000년 사이의 브라질과 베네수엘라에서 점증하는 에너지 집중에 의해 기인하는 엄청난 규모의 배출량의 결과를 보여주고 있다.

화석연료 사용에 기인한 이산화탄소 배출 증가 예측

에너지 수요 증가는 세계 탄소 배출량 증가를 유인하는 가장 큰 원인이다. 세계에너지전망(IEA 2007)의 '배출전망치(Business-as-usual) 시나리오'에 의한 통계를 보면, 2030년에 이르면 세계 에너지 수요가 오늘날에 비해 거의 55% 정도 증가할 것이라고 보고하고 있다(연평균 1.8% 증가 고려). 특히 이러한 증가율은 대부분 개발도상국의 수요 증가(74%)에 의해 확대될 것으로 전망하고 있다. 사실 2030년까지 개발도상국은 현재의 41%에서 상승하여 거의 세계 절반이 넘는 에너지 시장 수요를 책임질 것이다. 하지만 여기에서 주목해야하는 국가들은

* 일명 '카야의 구성(Kaya composition)'은 지구온난화, 혹은 탄소배출 주요 원인과 정도(level) 연구에 집중한 일본학자인 카야(Kaya)에 의해 고안된 것으로 이러한 가야의 구성에 의하면, 온실가스의 주요요인인 이산화탄소 배출을 결정하는 인간 활동들과 배출 수준은 다음과 같은 네 가지 요인 - 인구수, 일인당 GDP, 단위 GDP당 에너지사용, 에너지소비 단위당 탄소배출 — 에 의해 결정된다는 주장과 함께 그는 일명 '가야 방정식'을 구상했다: F(총배출량)=P·(G/P)·(E/G)·(F/E)=(F/G)·G. 설명하자면, F는 총탄소배출량, P는 인구, G는 GDP, E는 에너지 소비이다. 좀 더 자세한 내용은 Kaya, Y. and K. Yokobori(1993), Environment, Energy, and Economy, Bookwell Publications, pp. 271~80 참조 및 김진웅·김원규·노영진(2011), "녹색경쟁력과 생산성 간의 관계 연구", 경제·인문사회연구회 녹색성장 종합연구 총서 11-02-14, 산업연구원 연구보고서 2011-593, p. 36 각주 9 설명 참조(역자).

중국과 인도로, 이 두 국가는 세계 총에너지 수요 증가분의 45%를 차지하고 있다.[3] 세계에너지공급 관점에서 보면 특히 화석연료가 미래 에너지원으로 지배적일 것이며, 배출전망치 시나리오 상 그리고 에너지수요 측면에서 볼 때, 이 화석연료는 84%를 점하게 될 것이라고 분석된다. 개발도상국의 점증하는 에너지 수요에 의해 에너지 필요성도 점차적으로 증가하기 때문에 현재 에너지 공급에서 화석연료의 중요한 비중은 계속 유지될 것으로 전망된다. 이러한 이유들로 인해 '배출전망치 시나리오'상으로 보면 상당할 정도의 온실가스 배출이 발생할 것으로 전망된다.

상대적으로 에너지와 관련된 부문에서 적은 배출량을 보이는 라틴아메리카 국가들의 경우 예상된 연간 배출량의 규모는 다른 대륙들에 비해 상당히 낮다. 2006년 IEA의 세계 에너지 전망에 의하면, 라틴아메리카 에너지 관련 이산화탄소 배출은 2004년~2015년 사이 27%까지 증가할 것이고, 2004년~2030년(그림 5.27 참조) 사이에는 71%까지 증가할 것이다. 하지만 라틴아메리카의 에너지 관련 이산화탄소 배출은 그다지 크지 않은 규모이며, 여타 다른 개발도상국의 증가 예상치, 예를 들어 현재보다 2015년에 이르면 51%까지 증가하고 2030년에 이르면 108%까지 약 2배 정도는 증가할 것으로 예상되는 지역과는 다르다. 비교적 차원에서 접근해 보면 OECD 국가들의 화석연료 이산화탄소 배출은 2004년~2030년 사이에 21%까지 증가하는 것으로 예상되고 있으며 2015년까지는 12%에 머무를 것으로 예측되고 있다.

가장 기본적인 '배출전망치 시나리오'에 위하면 국제에너지기구(IEA)는 2006년 중간까지 현재 채택하고 있거나 이행 중에 있는 모든 국가의 정부 정책들은 물론 배출 완화 조치들을 검토해 보고 있는데 대부분의 많은 국가는 여전히 실질적 이행은 하지 않고 있는 것으로 보고되고 있다. IEA는 2006년 좀 더 긍정적인 대안 정책 시나리오를 통해 각국의 에너지 안보와 에너지 관련 이산화탄소 배출의 균형을 맞출 수 있도록 하는 대안 정책들을 받아들이도록 권고하고 있다. 미래 배출 증가에 대한 예상 결과로 라틴아메리카를 포함한 개발도상국의 경우 약 33%로 낮았으며 이는 거의 OECD 국가들에 비해 90% 낮은 수치이다. 이러한 시나리오로 보면 2030년까지 OECD의 배출은 2004년 수준에서 약 3% 정도 증가가 예상되지만 라틴아메리카의 경우는 47%, 그리고 여타 다른 개발도상국 지역에서는 70% 증가가 예상된다.

라틴아메리카 지역에 대한 IEA가 예상하는 에너지 관련 배출량의 느린 증가라는 가정은 여타 다른 지역과 비교할 때 산출량이 느

그림 5.27 화석연료 이산화탄소 배출, 라틴아메리카, OECD 그리고 기타 개발도상국에 대한 기본적이면서 낙관적인 IEA 시나리오: 2004~30

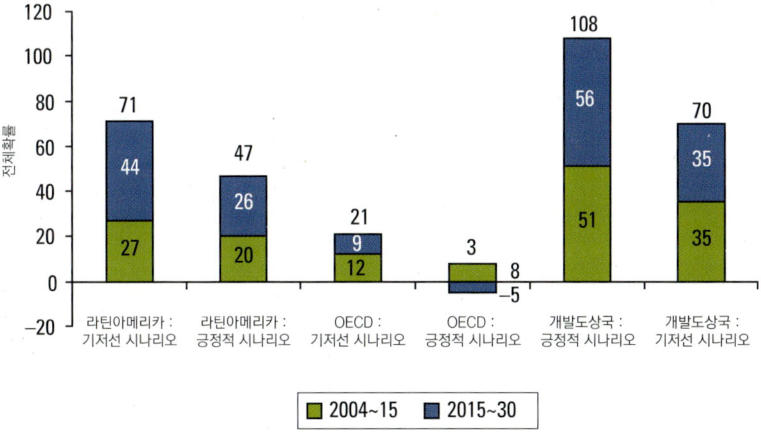

출처 : IEA(2007).

주 : 멕시코는 라틴아메리카 지역이 아닌 OECD 국가들에 포함되었음.

리게 증가할 것이라는 예측에서 비롯된다. 예를 들어, 라틴아메리카 지역의 산출량은 연간 4.7% 비율로 증가하는 다른 지역들과 비교해 3.2% 비율로 느리게 증가할 것이기 때문이다(OECD의 경우는 2.2%). 이처럼 개발도상국에서 예상되는 GDP 성장률과, 인구 성장률에 대한 가정은 연간 1%에 가까우며 OECD 국가들은 0.4%로 예상된다. 현재 국제에너지기구(IEA)는 이러한 배출 증가 예상 비율 그리고 에너지 집중 지수를 통해 배출 감소를 예상해 보거나 감축시나리오를 제공하고 있다. 덧붙여 국제에너지기구(IEA) 의 배출량 예상 변화를 나타낸 '카야의 재구성'이라는 <그림 5.28>에서 보듯이, 에너지의 탄소 집중에서 감축에 대한 기대는 라틴아메리카 국가들이나 OECD 국가들에서 크게 발생하지 않을 것으로 보인다.

하지만 다른 개발도상국가에서는 특히 2004~2015년 사이 실질적으로 에너지 단위당 배출량의 증가가 있을 것이라고 IEA는 예상하고

그림 5.28 화석연료 이산화탄소 배출 예상 변화 카야의 재구성, 기저선(베이스라인), 라틴아메리카 지역에 대한 IEA의 낙관적 시나리오, OECD 그리고 다른 개발도상국 사례(2004~30)

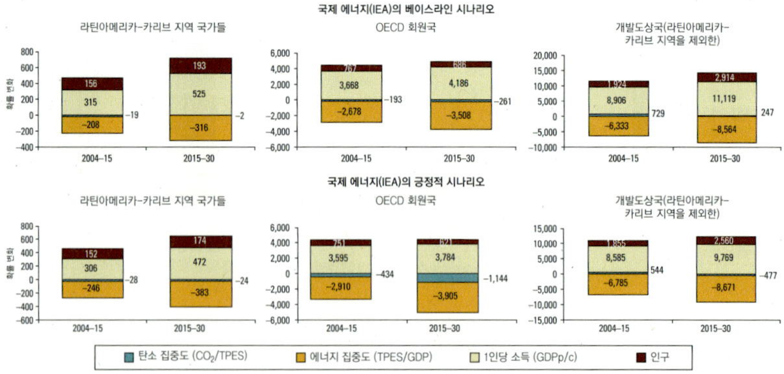

출처 : IEA, 2007.

주 : 멕시코는 라틴아메리카 지역이 아닌 OECD 국가들에 포함되었음.

있다. 그럼에도 불구하고 '기조선(베이스라인)' 시나리오에 의하면 개발도상국가에서 에너지 집중에서 많은 감축이 예상되고 있다. 라틴아메리카 지역에서 이러한 감축은 OECD의 59% 수준의 감축과 비교해 2004년 이 지역 배출 수준의 94%를 감축할 것으로 예상된다. 다른 개발도상국에서도 비슷한 감축을 보일 것이며 아마 243% 수준의 배출 감소로 나타날 것으로 예상된다.

IEA의 긍정적인 대안 전략은 에너지 탄소 집중 부문에서 배출 감소 잠재성을 증가시키는 역할을 하고 있다. 탄소 집중 부문에서 예상되는 감소량은 이 지역의 2004년 배출량의 6% 정도에 해당하는 기여를 할 것으로 기대된다. 조금 큰 규모의 감소량으로 약 12% 정도는 OECD 국가들에서 나타날 것으로 예상된다. 라틴아메리카 지역의 경우 이 예상치는 이 지역의 1차 에너지 공급 부문에서 2004~30

그림 5.29 기저선(베이스라인) 하의 예상된 총1차 에너지공급 그리고 라틴아메리카 지역에 대한 IEA의 낙관적 시나리오, OECD 그리고 다른 개발도상국 사례(2004~30)

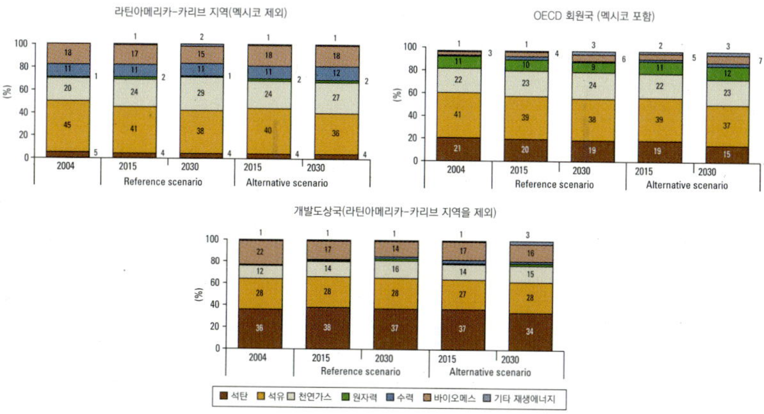

출처 : IEA(2007).

주 : 멕시코는 라틴아메리카 지역이 아닌 OECD 국가들에 포함되었음.

년 동안에 20%에서 29%로 가스 연료의 사용량이 증가할 것이라는 의미를 나타낸다고 볼 수 있다. 주로 오일과 바이오매스 대신에 다른 에너지원들, 예를 들어 현재 기본적으로 정체를 보이고 있는 석탄, 수력발전 그리고 다른 재생에너지원들이 대체해 나갈 것으로 전망된다 (그림 5.29).

좀 더 긍정적 관점의 시나리오에 의하면 수력이나 원자력, 바이오매스 그리고 여타 다른 재생에너지원에 의한 에너지 공급이 2004년 30%에 비해 2030년에는 1차 에너지 공급에서 35%에 이를 것으로 전망된다. OECD 국가들에 대한 예상에서 IEA는 오일이나 석탄의 경우 10% 정도 의 감소량을 보일 것으로 예상하고 있으며, 이들 국가들에서 재생에너지원의 증가가 이를 가능하게 할 것이라고 전망하고 있다. 라틴아메리카 경우와는 반대로 여타 다른 개발도상국의 경우 그리고 가장 긍정적인 시나리오 상으로도 여전히 석탄, 오일 그리고 정도는 낮지만, 가스 사용에 더 의존할 것이라는 전망을 하고 있다 (그림 5.29 참조).

미주

1. 국내 연료 가격과 오일 가격 변화율은 양쪽 다 달러로 계산되었음.

2. 이 샘플에서 가솔린은 유용 가능한 단일 유형 연료로 채택되었다.

3. 국제에너지기구(IEA, 2007).

21세기 **라틴아메리카**
기후변화에 대한 **새로운 도전**

저탄소 성장을 향한 대응과 적응

제6장

라틴아메리카 기후변화 완화: 현실과 전망

제5장에서 살펴본 바와 같이 라틴아메리카 지역은 역사적으로 수력발전에 의존한 전력공급 시스템을 특징으로 한다. 따라서 에너지 사용의 탄소 집중뿐만 아니라 에너지 소비에서 여타 다른 지역과 비교하면 온실가스 배출은 절대적으로 낮은 상태이다. 하지만 농업 분야와 토지이용 변화 부문을 보면 배출량은 급속하게 증가하고 있는 추세이며 특히 산림 벌채 부문은 이 지역 온실가스 배출에서 가장 심각한 문제점을 안고 있다. 근래에 들어서는 에너지 소비도 여타 지역에 비교하면 상당할 정도로 빠르게 증가하고 있으며 에너지와 관련된 배출은 2030년까지 거의 70% 증가할 것으로 예상되고 있다. 이러한 상황에서 본 장은 에너지 소비, 교통(수송) 농업과 폐기물 관리 그리고 산림 부문에서 온실가스 배출 감소에 대한 이 지역의 잠재성을 평가해 보고자 한다. 온실가스 배출 완화에 대한 옵션들에서 가장 크게 잠재성을 높이는 방법은 상대적으로 낮은 자본 비용을 통해 감축

기술 발전과 이의 정책적 적용을 강화하는 것으로 여기에는 산림 벌채 방지, 에너지 효율성 증진, 도시교통 그리고 폐기물 관리 등의 분야가 포함된다. 하지만 이러한 분야들에 대한 지속적인 관심과 관리를 위해서는 새로운 정책들은 물론 높은 거래 비용을 극복하기 위한 제도 발전도 수반되어야 한다. 다행스럽게도 이러한 완화 옵션에는 다양한 비-기후변화 혜택이 존재하는데, 국제적인 탄소지불과 결합이 된다면 라틴아메리카 국가들이 총 온실가스 배출량을 현저히 감축하는 데에 많은 도움을 줄 수 있다.

들어가며

국제사회는 산업국이든지 혹은 개발도상국이든지 모든 국가들이 전 지구적 차원에서 다가오는 세계 기후변화 영향이라는 대재난을 피하고 온실가스 감축을 위한 노력과 행동을 강화하고 있다. 라틴아메리카 지역의 대다수 국가들도 배출 감축을 위해 UNFCCC은 물론 교토의정서에 서명함으로써 국제사회의 노력에 적극 동참해 오고 있다. 멕시코는 지역을 주도하는 기후변화 정책을 채택했으며, 뿐만 아니라 중간소득 국가들 중에 기후변화 리더십을 발휘하고 있으며, 이를 통해 사회경제적 혜택을 희망하며 적응과 완화 분야에서 정책 선호도를 평가한 바가 있다. 라틴아메리카 지역은 온실가스 감축 분야에서 독특한 기회와 역량이 있지만, 상이한 완화 조치들에 대한 상대적 우선순위와 정책 이행에 드는 '순' 비용 등에 있어서 아직은 명확하지 않다.

제1장에서 주장한 바와 같이, 기후변화 완화에 대한 전 지구적 차원의 도전과 대응의 효율성을 담보하기 위해, 라틴아메리카를 비롯

해 여타 다른 개발도상국에 저비용의 기회획득은 상당히 중요하다. 하지만 전 지구적 차원의 온실가스 완화 조치들 또한 공평해야 하는데, 특히 전 지구적 공동체가 수행하고 있는 다양한 프로젝트에 대한 비용을 공유하는 CDM 개혁이나 확장 그리고 개발도상국에서 진행되고 있는 다소 개혁적인 저탄소 정책의 시도 등이 대표적이다(제4장 참조). 오늘날 라틴아메리카 국가들의 저탄소 발전을 위한 방향 설정과 정책 채택을 위한 동기 부여는 사실상 재정 혜택이라는 경제적 관점에서 유발되고 있다. 예를 들어, 비용이 덜 수반되는 저탄소 에너지원 개발 혹은 에너지 효율성 증진, 잠재적인 에너지 안보의 증진 등의 분야는 이러한 정책 이행에 훌륭한 동기부여가 되고 있다. 게다가 토지이용과 산림 관리를 통해 사회 보호 및 생물다양성 보존 혜택도 얻을 수 있다. 본 장의 목적은 이 지역에서의 주요기후 완화기회를 확인하고, 배출감축량, 기술 그리고 비용과 편익의 옵션들에 대한 상대적인 우선순위를 매기고자 한다. 게다가 본 장은 다양한 정책 이행 장벽들을 극복하는데 있어서 새로운 정책적 과제를 살펴볼 것이며, 이들 정책들의 추구에 동기 부여를 제공할 잠재적 시너지 효과에 대해서도 고찰해 본다.

라틴아메리카 지역의 온실가스 배출 전망

라틴아메리카 지역의 온실가스 배출은 전 지구적 차원에서 비교하면 상대적으로 낮다. 에너지 부문에서 6%, 총 온실가스 배출에서는 12.5%를 배출하지만, 기후변화의 영향을 크게 받는 지역이다 (제2장). 라틴아메리카 지역의 경우, 일반적으로 전체 온실가스 배출에서 가장 빠른 증가를 보일 것으로 예상되는 이 부문에서 잠재적으로 가장 큰 완화 효과가 있을 것으로 예상된다. 따라서 라틴아메리카 지역의 온실가스 완화에서 가장 잠재성을 띤 부문에 대한 평가는 배출량의 프로필을 좀 더 면밀하게 검토해 볼 필요가 있다. 이는 전 지구적 차원의 배출량 프로필과 다른 사례를 보여주는데 특히, 산림황폐화 부문과 농업 부문에서 배출량 증가라는 상당히 다른 결과를 보여준다. 물론 뒤를 이어 에너지 이용과 산업 활동 및 가정용 전력 소비 부문이 차지하고 있다. 이와는 대조적으로 위와 같은 두 부문에서 에너지 이용 부문은 전 세계 온실가스 배출을 리드하고 있는 부문이며 교통(수송) 부문의 경우는 라틴아메리카 지역보다는 전 지구적 차원에서 상대적으로 더 많은 배출량 프로필을 가지고 있다(제5장). 라틴아메리카 배출량 프로필의 특징 중 다른 하나는 총체적인 비-이산화탄소 배출량에서 농업 부문의 몫이 상대적으로 크다는 사실이다. 전 지구적 평균의 55%에 비해 라틴아메리카 지역은 거의 70% 이상을 차지하고 있다. 가축 부문의 '분뇨폐기물(enteric fermentation)'에 의해 배출되는 메탄가스와 그리고 토양에서 발생하는 아산화질소는 라틴아메리카 지역의 비-이산화탄소 부문을 상당히 차지하고 있다. 향후 이와 같은 비-이산화탄소 온실가스들의 절대적인 수치는 지속적으로 증가할 것으로 예상되며 상대적으로 높은 수치를 유지할 것으로 예상된다.

토지이용 변화로 인해 발생하는 미래 배출 예상은 몇몇 가정에 의한 평가이지만, 향후 막대해 질 것으로 평가되며 이러한 증가 추세에 의하면 미래에는 그 어떤 부문보다도 배출량은 커질 것이며 최소한 에너지 부문과 비슷한 정도로 증가할 것이라는 비교 전망도 존재한다. 하지만 이러한 전망, 혹은 불확실한 배출량 예상은 실질적인 산림파괴, 산림 종의 산림열화, 최종용도 목재 생산, 그리고 여러 요인들에 의한 배출량 평가에 의존하는 데에서 기인한다. 예를 들어, 수확된 가구용 목재에서 배출량 평가는 탄소를 축적하는 반면에, 산림에 불을 지르는 것은 즉시 탄소를 대기에 방출하게 된다. 이러한 불확실한 상황을 염두에 두고 최근 평가들에 의하면 라틴아메리카 지역에서 산림파괴로부터 발생하는 배출량은 1990년 초반인 1991년 3Mt CO_2에서 2005년에 2.5Mt CO_2이하로 하락했다고 보고하고 있다(Houghton 2008). 이러한 추세가 지속되는 반면에 에너지 부문에서 배출량은 증가하고 있고 이 부문의 상대적인 배출량은 총 온실가스 배출량을 증가시키고 있으며 게다가 이는 미래의 토지이용 변화로부터 발생하는 배출량과 비교할 만 할 것이다.

오늘날의 배출량 패턴과 미래 예상 배출 부문에서 라틴아메리카 지역의 배출 완화에 대한 기회 조건들이란 무엇일까? 현재 이 지역은 산림파괴로부터 발생하는 배출량을 줄이면서 전 지구적 완화 노력에 보조를 맞추고 있을 정도로 기여를 하고 있다. 이는 전 지구적 의제에서 상당할 정도의 중요성을 가지며 동시에 에너지와 관련된 배출량의 증가는 제한해야 한다는 것을 의미하기도 한다. 특히 산업 부문과 가정 부문에서 배출량 감소는 중요한 과제이며, 이는 전 지구적 차원에서뿐만 아니라 라틴아메리카 지역의 완화 의제에 또 다른 중요 정책 선호로 등장해 있다.

에너지부문: 라틴아메리카 지역은 현재 탄소집중도가 상대적으로 낮지만 증가하는 추세

세계적인 수준보다 라틴아메리카 지역의 총 배출량에서 아주 적은 비중을 차지하고 있는 부문은 에너지 부문이다. 왜냐하면 이 지역은 에너지 공급 탄소 집중 강도가 상당히 낮고 1인당 에너지 이용이 낮기 때문이다(표 6.1 참조). 낮은 탄소 집중 강도는 라틴아메리카 지역의 에너지 공급에서 낮은 석탄의 이용과 상대적으로 높은 재생에너지원(특히 수력) 이용에 의한 것이다. 하지만 양쪽 모두(탄소집중도와 1인당 에너지 이용)는 이 지역에서 상승하고 있으며 이러한 추세는 이후 저탄소 에너지공급 잠재성을 높이는 조치를 취하지 않거나, 혹은 에너지 효율성 조치를 강화하지 않는다면 지속적으로 상승할 것이다. 비록 라틴아메리카 국가들이 온실가스의 적은 배출 구조에서 시작했을지라도 에너지와 관련된 이산화탄소 배출은 특히 1990-2004년 사이 세계 평균보다도 빠르게 증가해 왔는데 이는 에너지 공급의 평균 성장을 초과해 왔기 때문이다. 이러한 추세가 지속된다면 라틴아메리카 배출량은 2030년에 이르면 2배 증가할 것으로 전망된다.

표 6.1 전 지구적 수준보다 낮은 탄소집중도/높은 에너지 수요 증가: 라틴아메리카 지역

분류	라틴아메리카	세계
에너지 이용 (toe/capital)	1.19	1.77
배출 (tCO_2/capital 2004)	2.4	4.2
에너지 이용의 탄소 집중 강도 (tCO_2/toe)	1.98	2.38
GDP (200달러 ppp/capital)	7,267	8,191
1차 에너지공급 증가 (연간 % 19909-2004)	2.5%	1.8%
에너지 관련 이산화탄소 배출량 증가 (연간 % 1990-2004)	2.6%	1.8%

출처 : Dussan(2008).

라틴아메리카 지역에서 지난 25년 동안 제1차 에너지 매트릭스의 구성과 진화는 세계 수준과 비슷한 양상을 보여 왔지만, 엄밀하게 분석해 보면 세계와는 상당히 다른 발전을 가져왔다. 1차 에너지 공급 부문에서 천연가스 이용의 몫은 2005년까지 21% 상승했으며 저탄소 에너지 구성(수력, 원자력 그리고 적지만 재생에너지)이 약 10% 상승했다.

그림 6.1 라틴아메리카 지역의 낮은 석탄 의존도와 높은 수력, 오일 그리고 바이오매스 의존도(2005년)

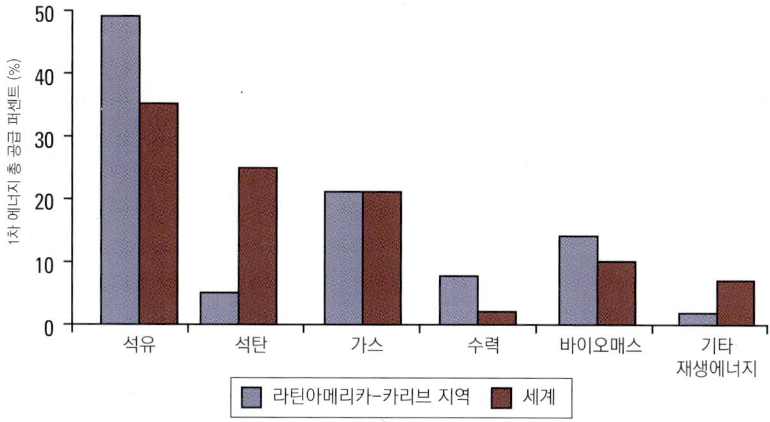

출처 : IEA 온라인 데이터 서비스, http://data.iea.org/ieastore/statslisting.asp.

오일에 대한 의존도는 여전히 높은 상태로 유지되어 왔지만 이 시기 동안에 10% 감소했다. 세계 평균과 비교해 라틴아메리카 지역은 상대적으로 청정에너지 발전 구성을 보여 왔는데 이는 다른 대륙들과 비교해 낮은 석탄 사용과 상대적으로 높은 수력발전을 통해 가능했다(그림 6.1 참조). 전통적인 바이오매스 기여는 세계 수준과 비교해 상당히 높은 편이었지만 전력 공급 범위 그리고 장작을 대신해서 에너지 공급에 도움이 되는 다른 현대적인 에너지원(액화오일가스, 태양력)에 대한 접근은 그다지 높은 기여를 하지 못했다.

전력 공급에서 재생에너지 비중이 높지만 감소하고 있는 추세

세계 평균보다는 대체적으로 라틴아메리카 지역 전력 공급 방식이 청정해지고 있지만 여전히 변화는 요구된다. 2004년 라틴아메리카 지역은 세계 에너지의 6%를 생산하지만 배출량 부문에서 세계적 수준으로 오직 3%만 기여하는데, 이는 전력 공급(발전) 과정에서 탄소 집중 강도가 이 분야에서 절반에 해당함을 의미한다(표 6.2 참조). 하지만 전력 생산에서 발생하는 이산화탄소 배출은 1980-2004년 사이 세계 산업 선진국들과 비교해 상대적으로 가파르게 상승해 왔다. 라틴아메리카 지역의 전력 부문에서 상대적으로 낮은 탄소 집중 강도는 이 지역의 많은 양의 수력, 천연가스 이용으로부터 기인한다. 현재 이 지역의 중요 정책으로 이산화탄소 배출 완화는 그리 명확한 정책 목표가 아닌데 이는 이 지역 수력발전 프로젝트들이 전력 생산에서 발생하는 탄소 집중 강도들을 낮은 수준으로 그리고 효율적으로 관리 및 유지해 오고 있기 때문이다.

전력 생산 부문에서 야기되는 탄소 배출의 주요 원인 및 배출량의 정도는 라틴아메리카 지역의 각국들 마다 상당한 차이를 보이고 있다. 브라질의 경우는 전력 1단위당(gCO_2/kWh) 오직 87그램(gram)의 이산화탄소를 배출하고 있고, 멕시코는 미국과 비슷한 수준으로 552gCO_2/kWh를 배출하고 있다. 저열 발전 생산에 의존하고 있는 카리브 지역의 경우는 712gCO_2/kWh를 배출하고 있다. 상대적으로 수력 발전에 상당히 의존을 하고 있는 남미 지역과 중미 지역의 경우는 탄소 집중 강도는 낮아서 캐나다와 비슷한 수준인 250gCO_2/kWh을 하회하고 있다. 라틴아메리카 지역이 위처럼 상대적으로 청정 발전 구성을 보여주고 있음에도 불구하고 배출량의 증가율은 기후변화에 대해 상당히 중요한 암시성을 제공하고 있다. 비록 이 지역이 낮은 탄소 집중 강도로 시작했지만 위와 같은 수치들과 지표들에서 살펴보듯이, 전력 생산을 위한 에너지 관련 총 탄소 배출량은 증가할 것으로 전망이 된다.

표 6.2 전력 생산으로부터 발생하는 이산화탄소 배출

	연간 증가율(1980-2004) %		탄소 집중 강도 (2004) gCO_2/kWh	탄소 집중강도 증가 (1990-2004), %
	배출	전력 생산		
세계	2.5	3.1	500	10
미국	1.5	2.3	555	-4
캐나다	2.1	1.9	205	2
라틴아메리카	3.7	4.7	262	3
중앙아메리카	4.9	5.3	302	217
카리브	5.1	5.6	712	-9
남아메리카	2.7	4.6	165	0
브라질	5.8	4.3	87	57
아르헨티나	1.5	3.5	332	-20
베네수엘라	0.6	4.7	252	-24
칠레	6.6	6.2	356	-16
콜롬비아	2.3	3.9	169	-21
페루	2.4	3.8	206	7
멕시코	4.8	4.9	552	-3

출처 : 배출량(IEA 온라인 데이터 서비스), 전력 생산(EIA).

전력 생산 부문에서 재생에너지의 몫이 점진적으로 감소할 것이라는 분석은 <표 6.3>의 계획된 시나리오를 보면 전망할 수 있다(표 6.3. 참조).[1] 상당할 정도의 재생에너지원 이용의 증가에도 불구하고 이 지역의 미래 에너지 수요를 감당할 정도로 증가량은 아니다. 결과적으로 전력 생산을 위한 이산화탄소 배출의 증가는 지속될 것으로 예상되며 연간 3.9%의 증가율을 보일 것이다. 시나리오 상으로 보면, 상대적으로 낮은 탄소 집중 강도는 지속될 것으로 보이며 이는 대부분이 천연가스를 에너지원으로 하는 열에너지의 확대에 기초하고 있기 때문이다. 하지만 탄소 집중 강도는 증가할 것으로 예상되는데, 예를 들어 수력발전 비중과 다른 저탄소 에너지원이 이미 높은 브라질 같

은 국가들이 대표적이며, 반면에 멕시코 같은 국가는 상당할 정도의 열에너지를 통한 전력 공급 계획으로 인해 탄소 집중 강도는 감소할 것으로 전망된다.

재생에너지의 잠재성은 높지만 환경문제 고려해야

대체적으로 라틴아메리카 지역은 풍부한 에너지원을 가진 지역으로 미래 전력 수요에 부합할 정도의 수력 발전 잠재량은 멕시코, 남미 및 중미지역을 통틀어 약 687기가와트(GW) 정도에 달하며, 이 부문은 현재 확대 개발 시나리오에 따르면, 2015년까지 오직 26%만 활용될 예정이다. 베네수엘라, 트리니다드 토바고(액화천연가스 시장) 그리고 볼리비아(지역 천연가스 파이프라인 운용) 등은 높은 천연가스 보유량을 보이고 있다. 이와 더불어 질 좋은 석탄을 대량 보유하고 있는 콜롬비아 등은 이 지역에서 오일 가격이 상승할 때 상당히 매력적인 대체재들을 지니고 있다.

순수하게 기술적인 차원에서 작은 규모의 재생에너지 개발 프로젝트들은 또한 이 지역의 에너지원 다원화에 많은 도움을 주고 있다. 수력발전을 통해 전력 생산을 강화하고 있는 각국들의 경우 특히, 소수력을 활용한 수력발전의 잠재성은 더욱 크다. 많은 각국들은 미래 풍력발전을 위한 동일 등급 혹은 등급4보다 높은 수준의 자연 조건들을 가지고 있으며 남아메리카 지역과 멕시코 및 카리브 지역에는 태양 방사 수준이 5kWh/㎡이상이 넘는 지역들이 분포되어 있어 높은 태양력 발전 잠재성도 존재한다. 동시에 많은 국가들이 지열 발전에 유리한 화산지대를 가지고 있으며 사탕수수를 이용한 에너지 개발을 통해 1차 에너지원의 6%를 공급하고 있다. 하지만 재생에너지원의 경제적 잠재성 평가 정보나 지역 차원의 재생에너지원 개발 강화에 대한 정보 및 정책들은 상당히 분열된 채 관리되고 있으며 완벽한 수준까지 도달해 있지 않은 상태이다. 사실 2005년 전력 생산 부문에서 재생에너지 활용 용량(수력은 제외)은 오직 6,800메가와트(MW)에 지나지 않았으며 이 수치는 이 지역의 총 발전 용량의 3% 미만에 머문 정도였다.

표 6.3 라틴아메리카-카리브 지역 전력개발 확대 2005-30: 사례에 따른 개방 혼합과 이산화탄소 배출

	IEA 2007 (멕시코 제외)			OLADE 에너지전망		브라질 에너지 국가계획 2030			멕시코 -CFE POISE 2008-17	
	2005	2015	2030	2008	2018	2005	2020	2030	2006	2017
재생에너지 몫	71%	63%	58%			86%	79%	78%	16%	11%
중/대 규모 수력	68%	60%	53%			82%	73%	68%	13%	9%
기타 재생에너지	2%	3%	4%			4%	7%	9%	3%	3%
이산화탄소배출량 (연간 백만톤)	179	263	412	302	438	21	48	83	117	178
발전에서 탄소 집중강도 (gCO_2/kWh)	198	192	200	249	241	57	67	78	519	464
연간 증가율										
발전		4.2%	2.7%		4.1%		4.7%	3.9%		5.0%
배출		3.9%	3.0%		3.8%		5.7%	5.6%		3.9%

출처 : Dussan(2008).

이처럼 이 지역은 저탄소 에너지에 대한 잠재성은 상당할 정도로 크며, 특히 중/대 규모의 수력발전 플랜트의 잠재성은 탁월하다. 하지만 풍력이나 바이오매스 부문도 오늘날 몇몇 국가들에서 상당한 경쟁력을 가지고 등장하고 있으며 미래 전력 공급 확대에 상당한 기여를 할 것으로 전망된다.

재생에너지 개발 정책 메뉴의 다른 함의들

이 지역의 전력 공급에 필요한 재생에너지 개발에 대한 법적, 규제적, 제도적 그리고 재정적 계획들은 서로 다른 단계들을 경험하고 있다. 이러한 정책들은 최근에 여러 각국들에서 실질적인 정책 이행으로 진행되고 있는데 이는 천연가스 인프라 투자의 감소, 화석연료의 고비용성 그리고 가뭄과 같은 기후변화 현상을 발생시키는 엘니뇨 및 라니냐 같은 기후 변동으로 인한 수력발전에 대한 장기적인 불안감 등이 작용한 것으로 보인다. 많은 각국들은 최근의 화석연료 비용의 증가로 인해 재생에너지 개발을 위한 입법을 도입해 오고 있다. 이러한 정책의 발전은 다음과 같은 네 가지 범주에서 확인이 되는데, 세금면제 및 신용, 개발 의무와 관세 및 보조금 지원 그리고 자원법 제정 등을 통해 강화하고 있다. 게다가 몇몇 지원 조치들에는 구매 가격을 보장하는 발전차액지원(feed-in prices) 제도 등도 포함하고 있어 개발에서 경제적인 단점을 보완해 주고 있다. 반면에 다른 기제들 예를 들어, 의무적 개발, 효율적 이행 강요 등은 투자자들의 결정에 주요 인센티브를 제공하지 못하고 있어 다소 불확실성을 증가시키고 있다(Box 6.1 참조).

Box 6.1 지원 정책들의 서로 다른 효과 및 인센티브, 투자 확실성과 비용

세금면제와 신용. 재생에너지 개발 프로젝트에 투자를 자극하기 위한 노력들로 몇몇 국가들은 세금의 감면이나 혹은 세금의 폐지를 도입하고 있는데, 예를 들어 일련의 개발 프로젝트가 진행되는 동안에 소득 및 수입, 그리고 감가상각충당금 등의 감면 혹은 폐지가 그것들이다. 아르헨티나, 콜롬비아, 도미니카공화국, 엘살바도르, 과테말라, 온두라스, 니카라과, 파나마 그리고 페루 같은 국가들이 이러한 인센티브 정책들을 도입했다. 생산세액공제(Production Tax Credit: PTC)같은 경우에는 다른 유형의 전력개발기술과 경쟁을 유도하며 재생에너지 생산업자들에게 화석연료를 통한 전력 발전보다는 특히 비용 측면에서 상대적으로 비교우위가 있는 다른 유형의 전력개발에 대한 지원을 위해 도입되었다. 하지만 이러한 유형의 PTCs도 연방 정부들의 적극적인 지원이 이행되지 않는다면 이 산업에 대한 손상도 상당히 우려된다. 예를 들어 미국의 경우 풍력 발전 위한 PTC 지원 제도가 기간이 만료되거나 혹은 여러 번 재도입 과정을 거치면서 풍력산업의 벼락경기와 불경기를 교체해 왔다. 이러한 일이 반복적으로 발생하면 만일 개발업자가 개발 프로젝트를 제도 이행 만료 기간 이전에 준비한다고 해도 이는 지속성을 해치게 된다. 이 지역에서 이 제도는 오직 아르헨티나만 채택하고 있다.

관세 및 보조금 지원. 발전차액 지원법은 배급업자들에게 평균 도매시장가격보다 높은 수준의 심지어 전력의 소매가격에 가까운 수준으로 재생에너지를 고정된 가격에 구입을 요구하게 된다. 발전차액제도는 정부 입법 과정을 통해 재생에너지 채택을 독려하기 위한 인센티브 제도와 깊은 관련성이 있다. 다시 말해서 지역 혹은 국가 수준에서 전력 사업체들은 시장 가격보다 높은 가격으로 재생에너지원에서 생산되는 전력을 의무적으로 구입해야 한다. 이러한 인센티브 메커니즘은 이미 코스타리카, 에콰도르 그리고 페루에서 채택하고 있다. 발전차액 법은 재생에너지원을 촉진시키는 데에 효율적이며 특히 미래 전력 구매가격이 하락할 것이라는 불안정성을 가진 개발업자들에게 불안정성을 감소시키고 지속적인 투자를 유도하는 효과가 있다. 하지만 발전차액제도는 개발업자들이 에너지 경매(옥션)같은 시스템 속에서 서로 경쟁하지 않기 때문에 혁신 혹은 비용의 최소화를 위한 노력에는 그리 크게 기여하지 않는다. 하지만 더욱 큰 단점은 전형적인 에너지 보조금 유형처럼 경제적 조건이나 상황이 변하더라도 발전차액제도 이행 폐지가 어렵다는 데에 있다.

재생에너지 의무조항. 의무적으로 재생에너지 개발을 위해서는 특정적으로 전력발전에서 정해진 시기 동안, 정해진 %를 만족하기 위해 현존하는 그리고 새로운 개발업자들의 참여가 요구된다. 의무조항에 대한 규제는 전형적으로 불이행시 부담금이 존재한다. 의무조항 기제는 발전 비용을 저감하려는 시장의 압력을 허용함으로서 생산의 효율성 증가를 돕는다. 개발업자들은 상호 간에 경쟁을 통해 최소비용 에너지를 제공하거나 그리고 전력 공급자들과의 전력구매협정을 통해 선별되거나 혹은 계약을 맺기도 한다. 이러한 기제는 고정된 구매 가격을 통해 특정한 에너지원 개발을 지원하는 혹은 비용 측면에서 전력개발비를 낮추려는 혁신을 추구하지 못하는 발전차액제도와는 다른 것이다. 하지만 재생에너지 의무조항이 잘 구축되지 않는 경향이 있는데 이는 다양한 기술 개발을 독려하기 보다는 가장 효율적인 기술만을 채택해 생산 효율성만을 강화함으로서 기술 개발의 다원성을 해칠 우려가 존재하기 때문이다. 칠레의 경우 재생에너지 의무조항을 도입해 특정 기간에 정확한 할당량을 재생에너지원에서 준수하도록 규정했다. 반면에 브라질과 우루과이에서 채택한 경우는 특정 기간 동안에 좀 더 부가적으로 메가와트(MW)의 용량을 증가시키는 형태로 발전해 오고 있다.

재생에너지 자원법. 전력 생산을 위한 재생에너지원 활용을 위해서는 이들 자원을 통제할 특정한 입법이 요구된다. 예를 들어 지열을 이용해 전력을 생산하고자 하는 경우 이전의 포괄적인 광물법이나 혹은 수자원법보다는 지열 자원법 같은 입법을 통해 통제하는 것이 더 성공적이다. 지열자원법의 경우 이미 엘살바도르, 과테말라, 니카라과 그리고 페루에서 입법화되어 있으며 이 법을 통해 채유권, 자원 허가 그리고 환경보호 등을 명시하고 있다. 비슷한 정책들은 수력이나, 풍력 그리고 바이오매스 자원의 에너지화를 위해 공식화되어야 한다.

환경 및 사회적 영향이 적은 수력발전 확대를 위한 과제

라틴아메리카에서 수력발전의 잠재성은 매우 중요하다. 아직은 2015-2030년 사이에 남미와 중미 지역을 통틀어 미래 전력발전을 위해 약 100,000메가와트(MW) 이상 확대 계획을 가지고 있지만, 아직은 상당한 어려움에 직면해 있으며 어쩌면 현실화되기 힘들 수도 있다고 전망된다(그림 6.2; 표 6.3 참조).

대부분의 매력적인 수력 발전 프로젝트들은 커다란 댐 공사를 통해 강의 흐름과 수량의 계절성 변동을 제어해 실질적인 수력 발전용 에너지를 공급해야한다. 하지만 용량이 큰 댐의 건설은 지난 25년 동안 갈등과 분쟁의 중심이 되어 왔는데 이는 지방 주민들의 이주문제, 특히 원주민 그룹과 소수인종의 주거지 침해, 범람으로 인한 대량의 토지 유실, 생물다양성의 손실 그리고 수중 생태계 및 다른 생태계의 파괴의 문제 등에 직면해 있었기 때문이다. 극심한 날씨 변화를 동반

그림 6.2 라틴아메리카 지역에서 수력발전 잠재성

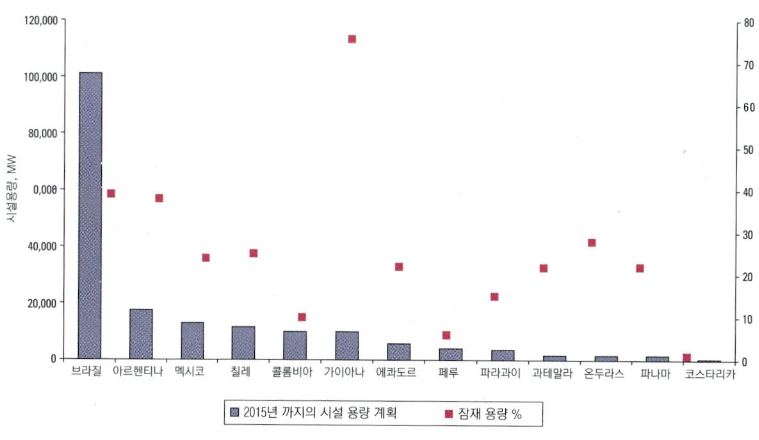

출처 : Dussan(2008).

주 : 수치는 잠재 용량 %로 2015년까지 시설용량 계획을 활용함.

Box 6.2 수력발전 잠재성 증대를 위한 효과적이면서 효율적인 환경 인허가 절차 필요성

부정적인 환경 및 사회적 영향을 최소화하기 위해 그리고 청정에너지 체제 구축을 위해 필요한 대량의 인프라 건설 프로젝트들은 섹터와 하부섹터 수준에서 전략적인 계획이 요구된다. 효과적인 규제 프레임, 환경 정보 그리고 제도 등을 통해 모니터링과 규제를 위한 표준 등이 강화될 필요가 있다.

라틴아메리카 지역에서 수력발전 프로젝트를 위한 환경 인허가 절차는 보다 효율적일 필요가 있는데, 예를 들어 경제에 적은 비용 부담을 주는 것이 좋다. 동시에 보다 효과적일 필요성도 존재하는데 이는 환경보호라는 목적에 근접해야 한다. 수력발전 부문 투자에 있어서 가장 중요한 점은 환경적 의의 및 관리를 위한 환경영향평가(EIA)에 기초해야 한다는 것이며 이에 따라 환경 에이전시는 인허가를 강화해야 한다. 지대 설정 및 전략적인 환경평가(SEA)를 포함하여 보완적인 제도들을 활용하여 인프라 건설과 환경영향평가를 증진시킬 수 있다. SEA의 장점은 누적된 효과들을 평가할 가능성이 배가되며(예를 들어, 동일한 강유역에서 하나의 수력발전 플랜트보다는 다양한 플랜트 건설의 영향 등), 표준적인 EIA 과정에서 평가되지 않은 대안들과 비교 가능하다. 지대 설정 계획도 수력발전 플랜트 및 댐 건설을 위한 새로운 지역 설정에 중요한 역할을 하는데 특히 야생서식지 파괴를 사전에 피할 수 있게 돕는 역할을 할 수 있다. 이러한 접근들은 수력발전 투자 계획에 적극적으로 활용되어야 하며 특히 환경영향이 잠재적으로 큰 다른 부문들에도 적용되어야 한다. 이러한 방식을 채용한 브라질의 또깐찐스 주(Tocantins state)의 도로 건설 계획은 생물의 보존 서식지를 보호했음은 물론 경제적 사회적 혜택을 낳기도 했다. 환경관리에서 이러한 보조적 기제들을 이용해 환경영향평가 절차와 과정들을 강화할 수 있으며 효율성을 증진하고 규제 비용에 대한 완화가 가능하고 사업의 지연을 막을 수 있다. 이러한 접근은 결국 이 지역에서 저탄소 에너지원을 활용해 에너지 수요의 증가에 대한 균형을 유지할 수 있고 현존하는 다양한 개발 한계와 장애를 극복할 수 있을 것이다.

하는 기후변화는 또한 수력발전에 위험을 증가시키고 있는데, 이는 강수량의 급격한 변동 혹은 지표유출 등이 더 심해짐으로써 수력발전 디자인 혹은 계획들을 수정해야 하는 문제들에 봉착했기 때문이다. 비록 환경과 사회적 영향 부문은 정확한 환경영향평가 혹은 영향 완화 계획 등을 통해 관리된다고 하더라도 환경 인허가 절차는 환경적 목적 달성을 위해 흔히 비효율적이며 효과가 없는 경우가 많고, 특히 인허가 절차가 장기간이거나 고비용일 때, 프로젝트의 준비와 이행은 상당히 지연되어 프로젝트 이행 리스크와 비용은 증가한다. 남은 과제는 환경영향평가와 프로젝트 인허가 절차 모두 특히 경제적 관점에서 효율적이고 환경적 목적 달성을 위해 효과적으로 만들어져야 하는 것이다(Box 6.2).

라틴아메리카 대부분의 각국들은 오늘날 민간참여가 허용되는 경쟁적 전력 시장을 채택해 오고 있으며, 투자자들은 수력발전 프로젝트에 대한 투자들을 기피해 오고 있는데 이는 프로젝트의 고위험이 존재하고 있기 때문이다. 대표적인 경우가 자본 비용이 높다는 것인데 이는 고비용의 그리고 많은 시간이 소요되는 사업 타당성 조사가 존재하며 높은 정책 이행(건설) 위험이 존재하는데, 장기간의 프로젝트 이행과 오랜 시간의 부동산 양도, 오랜 기간이 걸리는 그리고 정치적으로 민감한 환경 인허가를 획득해야하는 위험 요소들이 존재한다. 위와 같은 위험 요소들을 제거하기 위해서는, 특히 대형 수력발전 프로젝트 개발을 위해서는 오랫동안에 걸친 정부의 지원이 절대적으로 필요하며 특히 재정적인 면에서 탄탄한 공기업의 참여는 이러한 위험을 줄이는 데에 도움이 될 것이다. 실질적으로 이러한 위험의 존재 때문에 그동안 많은 국제기구들(다국적 은행들)은 지난 20년 동안 이러한 프로젝트의 참여를 줄여 왔다.

심지어 큰 잠재성을 가지고 저비용의 수력발전을 성공적으로 발전시켜 온 브라질조차도 새로운 수력발전 프로젝트 개발이 지연되는 경험을 하고 있다. 브라질은 2004년부터 장기간의 에너지 공급 계약을 공공 경매 방식을 통해 제공하고 있지만 경매 절차로의 참여는 환경 면허 취득의 지연으로 인하여 제약을 받고 있으며, 이 중 오직 50%의 발전 계획만이 이미 환경 면허를 취득한 업체들을 대상으로 2005년 말 처음 경매에 수력발전 프로젝트 제안서 제출 참여가 가능할 것으로 전망된다(World Bank 2008a). 결과적으로 새로운 발전 용량을 증가시키기 위한 수력발전 계약서의 취득은 2008-2010년 사이에 위원회가 열려 결정되었으며, 동시에 초기에 목표했던 발전 용량보다 낮춰 발전 계획이 재조정되었으며, 더불어 화석연료 플랜트의 몫은 증가했다. 수력발전 프로젝트가 부정적인 환경 피해를 반드시 초래하는 것은 아니다. 초장기 프로젝트 디자인에서 환경에 대한 고려는 상당할 정도로 인프라의 환경 영향을 줄일 수 있다. 이를 통해 인프라 건설 현장에서 자연 서식지의 피해를 줄일 수 있으며 또 다른 서식지의 피해를 최소화할 수 있고 특히 면밀한 엔지니어링 디자인과 생태 복원 프로그램 등과 같은 완화 조치들은 반드시 요구된다.

풍력발전의 가능성, 그러나 낮고 불안한 에너지 가격과의 경쟁의 어려움

라틴아메리카 지역에서 풍력 발전의 잠재성은 상당하다. 가장 좋은 풍력 발전 조건을 가진 지역은 멕시코, 중미, 카리브지역, 콜롬비아 북쪽 지방 그리고 칠레와 아르헨티나 사이의 파타고니아(Patagonia) 지역이다. 멕시코의 연방전력회사(CFE)의 풍력 개발 타당

그림 6.3 멕시코의 풍력 발전 잠재성

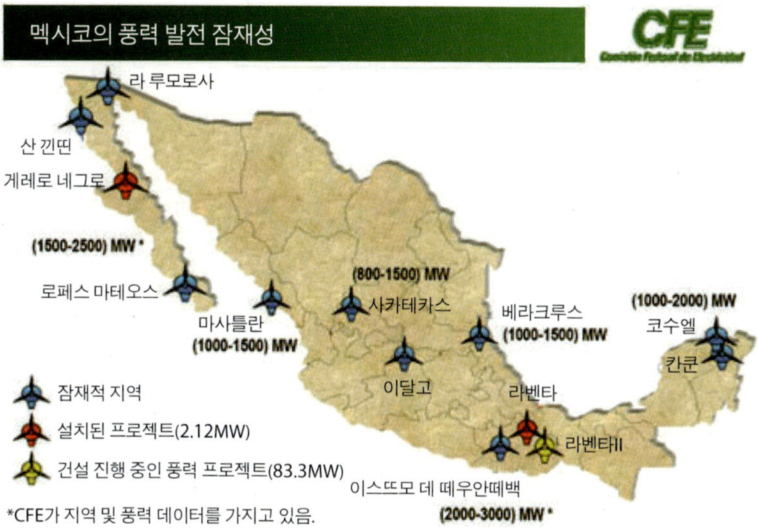

출처 : CFE 연구와 Wind Data

성 조사 연구에 의하면, 현재 설치된 발전 용량 51GW와 비교해서 7GW에서 12GW 사이의 잠재성이 존재하는데 구체적인 지역으로는 바하 뻬닌술라(Baja Peninsula: 1,500-2,500MW), 와하까(Oaxaca)를 중심으로 하는 테우안테펙(Tehuantepec; 2,000-3,000MW) 지협의 경우가 대표적이다(그림 6.3).

풍력 발전의 경우는 호의적인 정책 환경, 자원 부존, 유용한 인프라 그리고 저비용 대체에너지의 부재라는 조건 등이 만족할 시 상당히 경쟁력을 갖는다. 높은 발전 능력 요인들의 존재와 풍력 에너지 전력전송그리드(grid)의 근접성 확보 등은 오늘날 중미 지역이나 카리브 지역에서 풍력 발전을 위한 가장 중요한 요인들과 대안이 될 수 있는데, 특히 이들 지역들에서 여전히 오일에 의존한 전력 생산 의존도가 높다든지 낮은 비용으로 수력 발전에 접근하지 못한다든지 하는 경우들에는 더욱 그렇다. 이들 지역은 오늘날 이러한 문제 해결을 위해 비록 작은 규모이지만 재생에너지를 이용한 전력 개발 입법화를 추진해 오고 있다. 이러한 경우 풍력발전 프로젝트들은 상당한 경쟁력을 확보할 수 있고 새로운 용량을 한계비용으로 개발할 뿐만 아니라 평준화된 발전 비용에 대한 균형을 맞출 수 있을 것이다.[2] 풍력 발전은 또한 칠레나 멕시코 같은 국가들에서 경쟁력이 크다. 특히 두 국가는 발전을 위한 천연가스, 연료오일 또는 수입되는 석탄과 액화천연가스 등을 고려하면 한계비용이 크다. 풍력 개발에 좋은 조건을 가지고 있는 콜롬비아에서 풍력은 덜 경쟁적이다. 낮은 비용으로 전력을 개발(수력 혹은 가스 연료를 사용한)하고 있는 국가들, 예를 들어, 브라질, 콜롬비아 그리고 페루의 경우 풍력 프로젝트들은 실질적으로 평준화된 개발 비용의 균형을 맞출 수가 없다. 낮은 비용으로 개발 가능한 에너지원의 존재와 더불어(이러한 국가들의 경우 개발의 한계비용에서 에너지 판매로부터 발생하는 정부 수입은 각국들마다 25달러에서 70달러/MWh 사이로 예상될 정도로 낮아서), 경쟁력 차원에서 높은 개발 비용이 발생하는 풍력 발전은 상당히 어려운 실정이다.[3]

풍력 발전에 참여하는 민간개발업자들에게도, 전통적으로 장기간의 계약 조건을 요하는 수력 발전 부문 투자와 마찬가지로, 이들의 고정비용을 회복하기 위해 안정적인 에너지 가격 유지는 물론 충분히 장기계약의 조건들이 만족되어야 한다. 반면에 오늘날 몇몇 각국들에서는 화석연료와 비교해서 풍력 발전이 경쟁력이 있는 반면에, 미래의 기회비용은 상당히 떨어져 아마도 그들의 초기 개발 투자비용의 수지타산을 맞추기는 힘들 것으로 전망된다. 이러한 장애를 극복하기 위해 몇몇 국가들, 예를 들어 온두라스의 개발업자들은 에너지 가격에서 현재의 높은 한계비용을 극복하는 방법으로 장기간의 계약

표 6.4 평준화된 풍력 발전 비용

	달러/MWh
브라질	126
캐나다	78.4-116.2
중국	57.4-68.6
코스타리카	72.8
에스토니아	74.2
몽골	89.6
스웨덴	91
멕시코	64.3

출처 : 세계은행 평가, Wind Power Monthly, 2008년 1월(미국 1.4달러는 1유로로 환산됨).

을 통해 투자를 진행하는가 하면 부가적으로 CERs 판매로부터 수입을 통해 경쟁력을 확보하기도 한다. 하지만 여전히 탄소 가격이 낮게 형성되어 있어 애로사항은 존재한다.[4]

다른 대안적인 사례로 브라질의 경우는 풍력, 바이오매스 그리고 소수력 발전 향상을 위해 할당에 기초한 인센티브 제공 프로그램(PROINFA)을 만들어 이들 세 종류의 서로 다른 시장을 형성해 각기 다른 독립적인 에너지 가격 체계를 갖도록 고려했다. 프로그램의 첫 번째 국면에서 풍력발전은 바이오매스나 혹은 소수력에 비해 상당히 높은 가격으로 약 1,423MW가 할당되었다. 2007년 적지만 재생에너지로부터 전력 공급을 강화하기 위해 이 분야로부터 에너지 구매를 최고가로 설정해 공공 옥션 계획을 제공하기로 결정했다. 하지만 그 결과는 그리 긍정적이지 않았다. 최고가인 77달러/MWH로 구매력을 높이고자 했지만 오직 638MW만 공급되었고, 85%는 바이오매스에 그리고 나머지는 소수력에 집중되었는데(World Bank 2008c), 아마도 이는 풍력 발전과 그리고 대부분의 소수력 발전 프로젝트들이 그 가격에 경쟁력이 없었기 때문이다.

미국이나 다른 산업 국가들에서 지난 3년 동안 점증하는 풍력에 대한 수요의 증가는 단기적인 부족 현상을 낳았고 풍력 터빈 및 다른 장비들의 가격은 상승했으며, 설치비용을 포함해서 2006년에 이르러서 약 17% 증가했다. 이와 같은 비용의 상승에도 불구하고 여전히 멕시코(특히 와하까 지역)는 가장 낮은 비용을 유지하고 있었고 가장 최근의 경매에서 64달러/kWh를 기록하고 있었다(표 6.4).

바이오에너지-지속가능한 액체 바이오연료

농업, 산림 그리고 시(市)에서 배출되는 고형폐기물로부터 바이오에너지 개발은 기후변화에 대한 대응과 적응 전략에서 가장 큰 도전이자 잠재적으로 온실가스 완화에 가장 큰 역할을 담당할 수 있는 분야이다. 물론 바이오에너지 개발은 이들 자원들을 가장 지속가능한 방법으로 모으고 생산해야 한다는 조건 하에서이다. 예를 들어 장작(땔나무)의 이용은 세계적으로 그리고 라틴아메리카 지역의 에너지 수요에서 가장 큰 몫을 점하고 있다. 하지만 장작의 생산 과정에서 산림 황폐화를 가져오는 등 비-지속가능한 방식으로 진행된다든지, 혹은 장작 난로를 사용해 취사 및 난방을 함으로써 인간의 건강에 해를 입힌다든지(막대한 건강의료 비용을 발생시키거나) 불완전 연소가스 발생을 통해 전 지구적 차원의 지구 온난화 가속화에 영향을 주는 등 전통적인 장작 사용과 이용은 온실가스 배출 감소에 그리 실현가능한 선택은 아니다. 바이오에너지는 모든 종류의 바이오매스를 연료로 사용할 수 있다는 조건하에 현재 라틴아메리카 지역에서는 액체바이오연료 생산에 대한 관심이 증가하고 있다.

액체바이오연료는 교통 분야(특히 개도국들의 경제성장과 삶의 수준 향상과 더불어 급속히 증가하는 에너지 소비 증가와 병행한 온실가스 배출량의 급속한 증가)에서 몇 안 되는 대체 연료 중에 하나이다. 특히 2008년 국제시장에서 오일 가격이 최대치로 상승함에 따라 브라질과 유럽 국가들, 미국 그리고 여타 다른 국가들 또한 농업, 대개 옥수수 혹은 사탕수수 등의 농작물을 통해 에탄올이라는 액체 바이오연료 생산은 물론 여타 다른 농작물을 활용한 바이오디젤 생산을 적극적으로 지지하기 시작했다. 라틴아메리카 지역의 총 에너지 바스켓에서 바이오매스 소비의 몫은 점차 하락하고 있는 반면에, 다른 지역과는 비교도 안 되게 액체 바이오연료 생산은 상당히 높은 편인데 특히 브라질의 생산 잠재력이 크기 때문이다(표 6.5).

표 6.5 에너지원에 따른 라틴아메리카 및 카리브 지역의 에너지 소비의 몫

	산업		교통		가정, 서비스 및 농업	
	2004	2030	2004	2030	2004	2030
석탄	7	6			0	0
오일	23	21	90	84	28	25
가스	25	25			11	15
전기	19	26			31	40
열	0	0			0	0
바이오매스 및 폐기물	26	21			30	19
기타 재생에너지	0	0			0	1
바이오연료			6	10		
다른 연료들			4	6		
합계	100	100	100	100	100	100

출처 : 국제에너지기구(IEA) 2006.

주 : 이 표는 라틴아메리카 지역의 에너지원에 따른 에너지 소비에 대한 부문별 몫을 제시하고 있다(IEA 시나리오). IEA 대안 정책 시나리오에 의하면, 참고 시나리오에 비해 상대적으로 석탄, 오일, 전기 그리고 열의 몫은 모든 부문에서 약 10-16%까지 하락이 예상된다(20% 이상의 하락은 교통 부문의 에너지 소비에서 발생 가능). 반면에 다른 재생에너지 몫은 참고 시나리오에 비교해 110% 증가할 것으로 보이며 교통 부문에서 바이오연료의 경우는 참고 시나리오에 비교해, 상대적으로 24% 증가할 것으로 보인다.

전 지구적 차원에서 농업으로부터 바이오매스를 활용한 온실가스 배출 완화 잠재성은 부가적인 바이오연료로부터의 완화 잠재성과 함께 연간 약 640-2,240MtCO_2e에 달한다.[5] 하지만 토지 이용률 및 미래 수득률 변화에 대한 완벽하지 않은 정보로 인해 이러한 결과는 단지 전망치로 존재한다. 게다가 바이오매스가 비-지속가능한 방법으로 수확이 되거나 연소를 통한 오염의 증가 등이 고려된다면 온실가스 감소에 대한 잠재적인 추정은 더욱 어려워진다. 바이오연료 개발을 통한 완화 잠재성에 대한 문제는 예를 들어, 특정한 공급 원료의 재배에 대한 환경적 영향, 공급원류 유형과 과정 등의 문제들과 함께 여전히 논쟁이 뜨겁다.

2007년 50억 리터에 달하는 에탄올의 생산을 브라질과 미국이 거의 90% 담당했었다. 동년에 유럽연합 국가들은 세계 바이오디젤 총 생산량의 거의 60%를 생산(96억 리터)하고 있었다. 브라질은 에탄올 생산 선도 국가로 1930년대부터 생산을 시작해 왔으며 오늘날에는 세계에서 가장 경쟁력 있는 생산국가로 등장했다. 브라질 사탕수수의 절반은 에탄올 생산에 공급되고 있으며 에탄올 시장은 법률에 의해(특히, 에탄올-가솔린 브랜드화) 보호되고 있다. 2007-08년 미국은 옥수수 작물을 활용해 총 생산량의 24%를 점유하고 있는데 점진적으로 바이오연료의 생산과 소비(에탄올 생산) 산업에 대한 지원과 세금우대, 보조금 정책 등을 통해 이를 확대해 갈 예정이다. 많은 개발도상국은 현재 바이오연료 생산 프로그램들을 시작했으며 대부분 공급연료들로 당밀, 사탕수수, 그리고 대두(soybean), 오일팜(기름야자), 그리고 자트로파(jatropa)같은 오일이 풍부한 농작물에 의존하고 있다. 라틴아메리카 지역에서는 아르헨티나, 중미, 콜롬비아 그리고 파라과이 같은 국가들이, 비록 이들 국가들의 생산량이 브라질에 비해 적지만, 바이오연료 시장의 새로운 도전 국가들로 등장했다. 추가적으로 몇몇 평가들에 의하면, 브라질의 경우 경작 가능한 4천만 헥타르 이상의 토지가 사탕수수 생산을 위해 이용 전환되었다. 이처럼 이 분야 발전 잠재성에 대한 좋은 평가에도 불구하고 이에 대한 부작용들, 예를 들어 사회적 혹은 환경적 문제들도 함께 고려해야 할 것이다.

재정적 차원에서 바이오연료 산업 발전을 위해서는 이 산업에 대한 투자에서 좀 더 많은 재정 및 정책적 지원이 함께 이루어져야 할 것이다. 공급원료 비용의 경우 바이오연료 생산비용의 절반을 넘어섰다. 브라질 및 여타 다른 국가들에서 그동안 상당할 정도로 생산비 절감을 이루었음에도 불구하고 바이오연료 산업은 최근까지도 많은 어려움을 경험하고 있다. 실질적으로 경제적 관점에서 이러한 어려움들이 존재하는데 예를 들어, 브라질에서 2004-05년(국제시장에서 설탕 가격이 급상승한 2006년을 제외하고) 그리고 2007-08년 사이의 경험이 이를 대표한다. 여타 다른 국가들에서도 바이오연료 생산은 정부의 지원과 보호 없이는 재정투자 면에서 불가능하다. 유럽연합의 각국들은 물론 미국조차 에탄올에 대한 높은 수입세 정책을 통해 부가적인 지원을 받고 있다.

기후변화 완화 그리고 에너지안보에 대한 기여를 포함해 지속가능한 환경보호 그리고 사회적 혜택의 이유와 논리들이 실질적으로 바이오연료 산업 발전과 생산에 긍정적인 신호는 물론 공공부문으로부터 적극적인 지지를 유도하고 있다. 하지만 바이오연료가 재생에너지 자원으로 그리고 농업 생산업자들에게 활용하기 좋은 자원으로써는 잠재성이 크지만, 이와 동시에 사회적 혹은 환경적 위험도 상당히 큰 자원으로서 논쟁도 존재한다. 예를 들어 식량 가격을 상승시킨다던지, 토지와 수자원의 경쟁을 강화시킨다든지, 토지이용 변화 등의 문제는 특히 온실가스 배출을 증가시킨다는 주장이 있다. 바이오연료를 통한 기후 완화 잠재성은 특히 공급 원료의 유형이나 활용하는 생산 과정에 상당히 의존적이며, 토지이용 변화 같은 간접적인 배출 증가의 결과도 고려해야 하기 때문이다.

가솔린과 비교하여 토지이용 변화 없이 브라질의 사탕수수의 경우는 온실가스 배출을 약 90% 정도 감축시킨다는 평가가 존재한다. 이와는 대조적으로 토지이용 변화로부터 발생하는 간접적인 온실가스 배출을 고려하기 전에 옥수수를 원료로 생산되는 미국의 에탄올의 경우는 온실가스 감축량이 단지 10%-30%에 머물러 있다고 보고되고 있다.[6] 그리고 또 다른 몇몇 평가에 의하면, 옥수수를 원료로 한 에탄올의 생산과 이용을 통한 이산화탄소 1톤 감축 비용은 상당히 높게 계산되거나 - 톤 당 500달러, 혹은 이산화탄소 1톤 상쇄 비용의 30배에 달하는 것으로 "유럽기후거래소(European Climate Exchange)"는 평가하고 있다.[7]

바이오디젤의 경우 배출 감축은 약 50~60% 정도로 평가된다. 토지이용 변화에 대한 고려 없이 감축의 경제적 가치는 전형적으로 바이오연료에 주어지는 보조금보다 상당히 낮은 수준이다. 탄소시장에서 예상되는 가격은 미터톤으로 8달러와 20달러 사이에서 존재하며 온실가스 감축 가치는 바이오연료의 미터 당 0.01달러와 0.04달러 사이로 하락하는 경향이 있다.[8, 9] 많은 경우 교통 부문의 수요 측면과 효율적 조치들을 고려하면 온실가스 감축에서 바이오연료 부문보다는 좀 더 비용 효율적인 측면이 강하다.

만약 공급 원료 생산을 위해 또 다른 지역에서 토지이용 변화가 실질적으로 증가한다면 전 지구적 차원의 온실가스 배출은 실질적으로 증가한다. 공급 원료의 재배와 바이오연료 생산이라는 전체적인 과정을 통한 온실가스 총 배출 조사 차원의 생활주기분석에 의하면, 미국의 옥수수에 기초한 에탄올 생산의 경우 석유 부문과 비교해 상대적으로 연간 이산화탄소 배출을 20% 정도 줄이는 것으로 평가되고 있다. 하지만 최근 연구에 의하면 미국에서 토지전환의 증가와 여타 다른 지역들에서도 에탄올 생산을 위해 좀 더 많은 양의 옥수수를 생산한다고 하면, 이후 30년 동안 온실가스 배출은 2배 더 증가할 것이고 향후 167년 동안 온실가스들은 증가할 것이다.[10]

바이오연료 생산과 관련된 환경적 영향을 고려한다면 혜택은 더 하락하게 된다. 예를 들어, 자연자원의 고갈, 산림의 훼손, 농작물 재배를 위한 토지이용 증가와 산의 표면화, 생태계의 피해 등의 영향들을 고려하면 피해는 증가하며 환경 비용은 거의 이러한 바이오연료의 절반에 해당하는데, 여기에는 경제적으로 가장 중요한 미국의 옥수수에탄올, 대두디젤 그리고 말레이시아의 팜오일 디젤 등이 포함되며 이들 모두 화석연료들보다 엄청난 환경적 비용을 수반하고 있다. 모든 환경적 영향에 의한 바이오연료의 순위는 사실 공급 원료의 재배에서 토지 이용 변화에 직접적 혹은 간접적으로 어떤 영향을 주고 있느냐에 따라 달려있다고 해도 과언이 아니다. 산림 지역의 전환은 바이오연료 생산 확대 결과로 발생하는데 예를 들어 대두 및 사탕수수 플랜테이션 농업이 확대되면 농작물 재배 지역의 확대뿐만 아니라 방목 및 목초지도 다른 용도로 전환된다. 차례로 이러한 전환은 산림 지역으로 이동이 불가피해 진다. 이런 간접적인 토지이용 변화는 특히 정확하게 측정 및 조사하기가 어려운데 이는 흔히 바이오연료의 지속가능성 평가에서 종종 간과되고 있다.

토지이용 변화라는 높은 수준의 환경 비용 발생에 관한 연구들은 특정 지역들을 대상으로 "탄소 상쇄 시간(carbon payback time)"에 대한 평가를 하고 있으며, "환불 시간"의 주요 연구 쟁점은 바이오연료에 대한 토지 전환과 이전의 탄소 배출을 보충하기 위해 화석연료를 바이오연료로 대체할 때 실질적인 연간 배출량 감축을 위해서는 시간이 걸린다는 것이다. 이탄지(peat land) 전환, 혹은 바이오연료 공급원료 경작을 위한 열대우림의 전환 등은, 예를 들어 시간으로 고려하면, 첫 번째 세대이든, 혹은 두 번째 세대이든 간에, 약 10년 동안 어떤 탄소 배출량 감축도 이러한 변화로 인해 상쇄될 것이라는 것이다. 첫 번째 세대의 기술로 산림을 훼손하고 토지를 변경해 옥수수, 카사바 혹은 대두 같은 바이오연료 작물을 생산하는 것은 대략 300-1,500년간의 바이오연료 탄소 저축이 요구되며 이를 통해 탄소 손익분기점에 도달할 수 있다. 남아시아의 사례를 보면, 바이오디젤의 경우는 산림 탄소 손실을 보충하는데 있어, 비-토탄지(non-peat soil)의 경우는 약 30~120년이, 그리고 이탄지(peat land)에서 산림 성장은 약 900년 이상이 걸리는 것으로 평가된다.[11]

초창기에 개간을 통해 발생하는 탄소흐름과 화석연료를 바이오연료로 대체해 발생하는 탄소흐름 사이에는 시차가 존재하며 아마도 어느 정도 탄소 환불 시기를 감축시키는 할인이 필요하지만, 실질적으로 탄소에 대한 정확한 할인율 결정은 정치적인 논쟁에 둘러싸여 있으며 여기에 대한 연구조차도 전무한 형편이다.[12] 만일 산림과 목초지가 바이오연료 생산을 위한 연료공급지로 전환되지 않는다고 한다면(간접적인 영향을 포함하여), 탄소환불은 아마도 상당히 낮은 수준에서 유지될 것이다. 브라질의 연구자들은 사탕수수를 활용한 에탄올 생산으로부터 탄소환불은 이전의 목초지가 성장하는 데에 4년 이하 정도라고 보고 있다.

정책 논의에서 가장 큰 희망은 제2세대 바이오연료 생산에 달려 있

그림 6.4 제2세대 바이오연료로 자연 산림의 전환: 라틴아메리카 지역

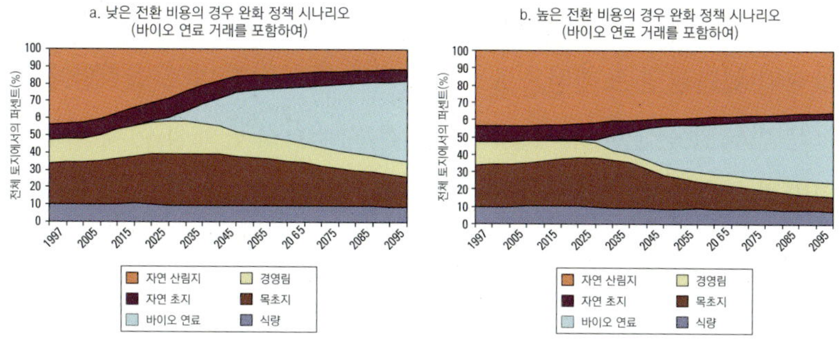

출처 : Gurgel et al.(2008). 위와 같은 라틴아메리카 지역의 불균형적인 결과분석은 저자에 의해 진행됨.

주 : 결과들은 일반균형 프레임 모델의 완화 정책 시나리오들에 의해 추산되었으며: 자연 산림과 목초지의 무제한적 전환이 허용되는(전환비용이 환수에 의해 보전되는 한) 경우; 비용이 발생하는 전환(과거에 관찰되었던 것과 같이 비슷한 비용으로 추정된)의 경우로 구분된다. 이 두 모델은 극도의 토지전환 사례를 대표하고 있으며, 미래 전환에 대한 규모는 결과적으로 이 두 모델 사이의 어느 지점에 존재한다.

으며 새로운 기술의 출현은 아마도 토지에 대한 압력을 줄일 수 있다는 기대를 낳고 있다. 그럼에도 불구하고 아직은 몇몇 연구들이 토지 이용과 바이오연료 생산 사이 상호관계에 대하여 논의를 진행 중이지만 전 지구적 수준의 연구는 나타나 있지 않아 이러한 미래 희망과 기대감은 다소 떨어져 있다. 토지전환 시나리오를 활용한 정책 시뮬레이션에 의하면 세계적 수준에서 제2세대 바이오연료 생산을 위해 최근 40% 이상 정도의 자연 산림지에 해당하는 토지가 아마도 2000년에 비해 상대적으로 2100년에 이르면 바이오연료 생산용으로 전환될 것으로 예상되고 있다.[13] 산림 전환이 비용 측면에서 '낮은 전환 비용의 경우(그림 6.4a)'보다 크다면, 전환은 훨씬 줄어든다(그림 6.4b 참조). 이러한 결과들은 산림이 농업 지역으로 전환되는 것을 방지하는

산림 보호 정책의 이행이나 보존에 대한 인센티브 제공에서 중요한 역할을 한다. 비록 이러한 결과들에 대한 연구 성과물들이 여전히 통합적인 일반균형 프레임으로 적용되거나 관리되지 않고 있지만 결과들은 반드시 신중한 주의를 요하며 전 지구적 수준에서 이해 가능한 일반적 특성으로 정착해 가야할 필요가 있다. 일반균형 프레임에서 토지이용에 대한 바이오연료의 직접적인 영향 같은 평가와 이의 적용에 있어서 높은 수준의 지역 불균형(특정 국가 및 지역에 따라)은 결국 상당한 정도의 다른 보조 정책을 필요로 한다.

제2세대 바이오연료는 아마 현재의 기준으로 볼 때, 추가적으로 더 많은 토지를 요구하지는 않는데, 이는 낮은 토양질의 토지에서 농작물의 잔해, 폐기물 혹은 에너지 작물 등을 활용할 수 있기 때문이다. 낮은 토양질의 토지 혹은 폐기물을 활용해 어느 정도 온실가스 배출이 낮아질 수 있는지에 대한 논의는 진행 중이다. 확실히 농경지 이용이 초과로 증가한다고 하더라도, 바이오연료는 온실가스 배출에서 자유로울 수는 없는데, 이는 농경지가 산림이나 혹은 목초지로 전환됨에 따라 탄소고정이 발생하기 때문이다. 순 배출은 대안적인 지표와 비교해 바이오연료 작물의 탄소고정에 의존적이다. 게다가 에너지 작물의 낮은 토양질의 토지 혹은 방치된 토지에서의 경작은 비료 제공과 관개시설 구축 같은 비용이 발생하는데, 이는 또한 비료의 지표유출 혹은 지하수 고갈 같은 잠재적인 환경적 영향을 발생시킨다. 토지이용 변화와는 전혀 관련이 없는 폐기물을 활용한 바이오연료 생산이 진정으로 지속가능한 방식으로 정의될 수 있다.[14] 대규모의 바이오연료 생산에서 잠재적인 환경적 위험을 최소화하는 것은 아마도 바이오연료 생산에 대한 환경적 이행 과정에서 발생할 수 있는 영향과 피해를 인증 계획을 통해 수립하는 것일 것이다. 예를 들어, 그린 바이오연료 인덱스(GBI) 같은 제도의 도입은 바이오연료 생산과정에서 환경적 피해를 최소화하고 온실가스 감축에 기여할 수 있는 방안이다.[15] 물론 비슷한 표준은 유기농 제품 생산 같은 경우에 이미 존재하며 목재나, 펄프 그리고 임산물 등의 지속가능한 생산에도 기준들은 존재한다(산림관리위원회: FSC). 하지만 바이오연료 생산과정에서 발생하는 환경적 위험을 최소화하기 위해서는 전 지구적 차원에서 대부분의 바이오연료 제품에 대한 인증제 적용이라는 방법을 취해야만 보다 효율적으로 피해를 막을 수 있으며 이전과는 다른 형태의 차별성을 가질 수 있다. 전 지구적 차원의 합의에 도달하기 위한 논쟁은 그 실질적인 방안 마련과 더불어 전 지구적 이슈인 지속가능발전 전략으로 구상되어야 할 것이다. 물론 현재 상황에서는 바이오연료 생산 과정에서의 토지이용 변화라는 간접적 영향에 대한 평가는 상당히 도전적인 과제이거나 심지어 인증 제도가 시행된다하더라도 상당히 어려운 일일 것이다.

식량과 연료 사이의 갈등은 또 다른 측면에서 예를 들어, 경제 및 사회적 위험이라는 관점에서 논쟁이 될 수 있다. 여타 많은 요인들 중에서 에너지 가격의 상승은 바로 식량 가격의 상승과 연계성을 갖는다. 하지만 바이오연료 생산은 또한 공급연료 가격의 상승을 부채질한다. 가장 명확한 사례는 옥수수의 경우로 2005년 1월~2007년 12월 사이 옥수수 가격은 87% 상승했다. 보조금, 의무할당제 그리고 수입 장벽 등으로 인해 미국의 옥수수 작물의 에탄올 생산 참여 비율은 급속하게 증가했고 동시에 미국의 옥수수 비축량은 급속하게 하락했다. 유럽연합에서 바이오디젤 생산은 보조금과 의무할당제에 의해 추진되어 왔는데 다른 요인들보다도 식물성 오일(카놀라유, 대두유 그리고 팜유)에 대한 동일 가격 적용과 가격 인상에 집중되어 왔음을 알 수 있다. 바이오연료 산업으로부터 공급 연료에 대한 수요 증가로 인해 특히 식량 부문에서 실질적으로 쌀과 밀의 가격이 20% 이상 올랐고 2000년-2007년 사이 옥수수 가격은 약 40% 증가했다.[16] 반면에 브라질에서 사탕수수를 활용한 에탄올 생산은 정확하게 식량 상품 가격의 인상에 반영되지 않았다.[17] 식량가격의 상승은 특히 식량 수입국들에게 심각한 영향을 주었는데 이러한 결과로 주요 곡물을 구입하지 못하는 빈곤 계층들에 대한 복지에 상당한 손실을 주었다.

제2세대 기술은 농업 부산물, 시정부 및 산업 폐기물 그리고 목재 부산물 등 일련의 공급연료 부문에서 기존의 식량 작물에 의존하던 시스템에서 에너지 작물로 전환을 이루도록 기여 할 것이며 따라서 식량 생산과 바이오연료 생산 사이의 교환을 약화시킬 것이다. 이를 통해 식량 작물의 가격 인상 압력을 낮추는 역할을 하겠지만, 이도 오직 현재보다는 좀 더 토지를 덜 이용하는 대안적인 공급연료 생산과 물질의 집중에 의해 발생할 수 있다. 유망한 제2세대 기술로는 리그노셀룰로스계 에탄올(lignocellulosic ethanol) 생산으로 일련의 바이오매스 공급원료를 활용하거나 조류(algae)로부터 나오는 오일을 활용하는 방법 등이 있다. 위와 같은 방법들이나 기술 등은 아직 상용화되지는 않고 있지만 적어도 수년 안에는 도입될 것으로 보인다. 관심과 집중이 민간 부문과 공공 부문 양쪽 모두에서 선호도로 작용하여 연구 투자를 강화해 가야 할 것이다.

바이오연료 무역 자유화는 이 부문의 경쟁력 강화에 일조할 것으로 전망된다. 이는 효율성의 증대뿐만 아니라 비용을 낮추고, 세계 모두가 효율적인 생산업자들이 되어 바이오연료 시장의 몫을 공유 및 확대해 나가는데 도움을 줄 수 있다. 하지만 이를 실현하기 위해 무엇보다도 먼저 고려해야 하는 것은 개발도상국의 복지에서 순수익을 가져다 주어야하며 무역 장벽을 제거하고 각국들의 공공원료 및 바이오연료 산업 등에서 국내산업 보호 정책을 제거해야 한다. 바이오연료 개발에서 공평한 경쟁의 장이 형성된다면 몇몇 존재하는 딜레마들이 또한 해결될 수 있는데, 예를 들어 위험의 감소는 물론, 바이오연료로부터 복지 이익을 추구하는 정책 결정자들에게 선택의 명확성을 제공할 수 있다.

농업 보조금 지급 및 세금 면제 같은 바이오연료 증진 정책들은 국제무역 패턴을 왜곡시킬 수 있고, 각국 자신들의 국민들에게 커다란 비용부담을 부과할 수도 있다. 다른 정책들 사이의 상호작용은 이러한 비용들을 확대할 수 있다. 드 고터와 저스트(De Gorter and Just 2008)의 농업정책(옥수수에 대한 결손자금 융자)과 바이오연료 정책(세금 공제) 사이의 상호작용에 대한 미국 프로그램의 사례 분석에 의하면, 이 두 정책은 공동으로 2004년-07년 사이에 적용되었는데 연평균 납세자 비용은 약 48억 3천만 달러에 달했으며, 이는 연간 미국의 사회복지 부문에서 16억 6천만 달러의 축소를 가져왔다고 분석·평가하고 있다.

바이오연료 개발을 위한 지원 정책 선택은 매우 중요하지만 대부분 지원을 위한 재정적 비용의 결과들, 예를 들어, 환경과 분배의 결과 등은 쉽게 간과되는 경향이 있다. 라틴아메리카 지역에서는 아르헨티나, 브라질, 콜롬비아, 도미니카공화국, 페루 그리고 우루과이의 경우는 사탕수수로부터 에탄올 생산을 해 오고 있고 아르헨티나, 브라질 그리고 파라과이는 대두로부터 바이오디젤 생산을 그리고 볼리비아와 콜롬비아의 경우는 팜오일로부터 바이오디젤 생산하고 있다.[18] 바이오디젤에 대한 소비 의무 할당은 정책적으로 효율성과 환경적 영향을 고려해 선호되고 있다.[19] 세금공제와 의무할당이 병합된 정책이 가장 일반적인 정책적 접근으로(이는 미국의 사례도 포함되는데), 이는 종종 다소 왜곡된 결과를 수반하기도 한다. 왜냐하면 이러한 정책적 병합이 바이오연료 시장에서 수량과 가격에 기초한 인센티브 제공 사이에서 유일하게 상호 작용하기 때문이다(Box 6.3). 이처럼 의도하지 않은 역행적 결과는 라틴아메리카 지역에서뿐만 아니라 여타 개발도상국에서 공론화될 필요성이 있으며 이를 통해 이들 국가들은 유럽이나 미국의 차선적인 바이오연료의 개발 경험으로부터 혜택을 받을 수 있을 것이다. 만일 라틴아메리카 지역의 바이오연료 생산을 위한 공급연료 소비 대상이 세금공제 정책과 더불어 의무 사항으로 구속된다면, 경제적, 사회적 그리고 환경적 영향 부문에서 발생할 수 있는 가능한 혜택들은 제거되거나 혹은 낮아질 것이다.

전 지구적 에너지시장에서 점증하는 바이오연료의 몫은 전 지구적 차원에서 기후변화 완화에 기여할 수 있는데, 이는 온실가스 배출에서 화석연료의 대체 그리고 생산 사이클을 통한 토지이용 변화 관리 등을 통해 가능하다. 환경적 영향도 긍정적으로 균형을 유지할 수 있는데 이는 바이오연료가 각국 및 지방의 대기오염이나 수질 오염을 줄임으로써 공급연료의 생산에 의해 발생할 수 있는 부정적인 환경적 영향을 보충해 줄 수 있기 때문이다. 사회적 그리고 분배적 효과도 기대할 수 있는데 이는 이 분야에서 발생하는 직업 창출과, 고용이 불안정한 토지소유로 인하여 상당히 취약한 상태에 있는 빈곤 가정들의 토지 접근 상실 그리고 농작물 작부(作付) 패턴의 부정적인 변화 등을 보충할 수 있다면 가능하다. 라틴아메리카 각국 정부들의 도전은 위처럼 사회적 혹은 환경적 영향을 충분히 고려함과 동시에 공급연료는 물론 위치나 장소 등을 고려하여 통합적 차원의 종합적 접근을 통해 바이오연료 전략을 평가하는 것이다. 국제적인 수준에서는 바이오연료에 대한 무역이 자유화되면 바이오연료는 가장 효율적인 방

Box 6.3 바이오연료 개발을 위한 세금공제와 의무제 병합의 의도되지 않은 결과

미국에서 2007년 12월부터 2022년까지 바이오연료 약 360만 갤런의 의무적 이용을 위한 새로운 법안이 통과되었으며(최근에 통과한 에너지 독립 및 안보 법안 근거) 이는 현재의 재생에너지연료기준(RFS)의 5배 증가를 의미하는 것이었다. 2022년까지 바이오연료는 미국의 자동차 연료 소비에서 거의 20% 이상을 차지할 것이다. 동시에 새로운 입법은 연방의 바이오연료 세금공제(갤런당 0.51달러)를 유지해 나가기로 합의했으며 잠정적으로 2022년까지 납세자들에게 260억 달러 이상을 부담하게 했다. De Gorter, Just and Kliauga(2008)는 경제적 모델을 통해 세금공제의 효과를 잘 보여주고 있는데, 이는 가솔린에 대한 바이오연료 의무할당 그리고 바이오연료 생산과 소비 그리고 가솔린과 에탄올의 가격들 비교, 동시에 소비 의무할당제 이행에 대한 병합된 세금공제 효과와의 비교를 통해 잘 보여주고 있다. 이 모델이 보여주고 있듯이, 새로운 RFS의 환경과 에너지안보에 대한 혜택의 효과는 세금공제에 의해 상쇄된다.

세금공제와 의무할당 사이의 차이점은 이들이 연료소비, 주행거리, 가솔린 그리고 에탄올 가격에 어떤 영향을 주느냐하는 방법에 따라 다르며 누가 보조금을 수령하느냐에 따라서도 다르다. 세금공제는 스스로 오일에 기초한 가솔린 소비를 대체해 에탄올 생산을 증가시킨다. 세금공제와 비교해 의무할당제는 높은 연료가격 상승의 결과를 가져오며 동시에 연료 소비를 낮출 수 있다(비록 단일 품목에 대한 의무할당이 단일 품목의 연료 소비 증가를 가져온다고 해도). 이는 결국 미국과 같이 차선책인 가솔린 세금이 존재하는 곳에서는 의무할당이 세금공제보다는 좀 더 선호적이라는 결론을 낼 수 있다. 의무할당의 경우는 또한 납세자들의 비용을 절약해 무거운 조세 비용을 발생시키지 않는다. 에탄올 생산에 있어서도 의무할당제는 세금공제보다 더 효율적이다. 왜냐하면 의무할당제는 상대적으로 가솔린 가격을 상승시키며 이산화탄소 배출을 낮추고 좀 더 긴 마일 여행이 가능하다. 가솔린 생산업자들은 언제나 의무할당제로부터 손해를 보지만 에탄올 생산업자들은 이익을 얻을 수 있는 반면에 연료소비자들 입장에서는 이익을 보거나 혹은 손해를 볼 수도 있다.

의무할당제에 비해 세금공제를 통한 또 다른 불이익의 경우는 세금공제를 통한 옥수수 시장, 즉 일반적으로 농업 및 식량 시장에 가져다 줄 추가적인 불안정성에 문제가 있다. 세금공제는 에탄올 생산의 급격한 변화(특히 오일 가격의 커다란 변동에 반응하여)를 가져올 정도의 인센티브로 작동할 수 있다. 이에 더하여 (De Gorter, Just and Kliauga, 2008)가 보여주듯이(세금공제와 비교해서 의무할당제의 경우), 미국의 수입관세를 통한 무역규제는 세계 에탄올 가격에 미치는 부정적인 영향이 덜하다.

세금공제에 의무할당제를 병합하면 좀 더 왜곡된 결과가 나오는데 이는 사실 정책 결정자들이 기대하지 못했던 결과이다. 구속력 있는 의무할당제가 존재한다면 세금공제의 경우는 비의도적으로 가솔린 소비에 보조금을 지급하고 있는 셈이 된다. 이는 에너지 청구서에 명기된 목적들, 예를 들어 오일 의존을 낮추고, 환경을 개선하며 그리고 농촌의 번영을 강화한다는 등의 목적들과는 상당한 모순이다. 정책 결정자들의 의도가 반드시 잘못되었다고 말할 수는 없지만, 이는 의무할당제가 세금공제의 시장효과를 역전시키는 유일한 방법으로 작동되는 것이기 때문이다. 따라서 세금공제와 의무할당제를 특히 동시에 병합하면 이는 전 세계적인 관점에서 실패할 확률이 높으며 따라서 이에 대한 정책적 함의는 명확하다: 의무할당제 그 자체가 스스로 활용되도록 허가하고 세금공제는 제거하면서 수십억 명의 납세자를 구해야 한다.

출처 : De Gorter, Just and Kliauga(2008)에서 인용

법으로 개발될 수 있고 기후변화 완화를 위한 최적의 공헌을 할 수 있을 것이다.

석탄 역할의 증가와 전환 비용

이 지역에서 높은 천연가스 비용과 중대형 수력발전 프로젝트들의 사회적 그리고 환경적 영향에 대한 염려는 다른 에너지원을 활용한 청정 혹은 저탄소 에너지 개발에 장벽이 되었다. '탄소의 포집과 저장(CCS)' 기술은 아직 상용화되어 있지 않으며 이 지역에서 이 기술의 적용은 아마도 장기간의 시간이 필요할 것으로 보인다. 이러한 와중에 석탄화력 발전 방식은 이 지역의 몇몇 국가들에서 가장 중요한 정책 선호도를 나타내고 있다.

석탄화력 발전은 비용 경쟁적인 옵션으로 수력발전이 적은 국가들과 지역, 예를 들어 멕시코, 중미 그리고 카리브지역 국가들과, 국제시장에 대한 접근이 어려운 브라질이나 콜롬비아의 원주민공동체 지역(특히 석탄 비축 지역) 등에서 개발 가능하다. 수입된 석탄을 이용해 석탄화력 발전 플랜트의 기저부하운전(base load operation)을 통한 발전 비용은 50-70달러/MWh로 평가되고 있으며, 브라질과 콜롬비아에서는 45달러에서 50달러/MWh 사이에 정해지는 것으로 분석되고 있다(그림 6.5). 이 지역의 몇몇 국가들에서는 석탄화력 발전의 개발이 환경적인 관점에서 염려를 증가시키고 있을 뿐만 아니라 전력 발전으로 인해 발생하는 이산화탄소 배출 감축에도 위협적인 요소로 여겨지고 있다. 특히 이로 인해 발생하는 이산화탄소/MWh는 가스화력 발전(가스터빈연소싸이클: combined cycle gas turbine; CCGT)에 비해 거의 2배에 이르기 때문이다. 하지만 석탄화력 발전의 매력은 그 재정적인 부문을 고려하면 여전히 매력적인 발전 방법으로 남아 있다. 이러한 이유로 예를 들어, 도미니카공화국의 경우 높은 오일 가격과 액화천연가스의 영향으로 2013년까지 석탄화력 발전을 통

그림 6.5 수력발전 비용: 가스나 석탄에 기초한 전력 생산에 비해 낮은 단가

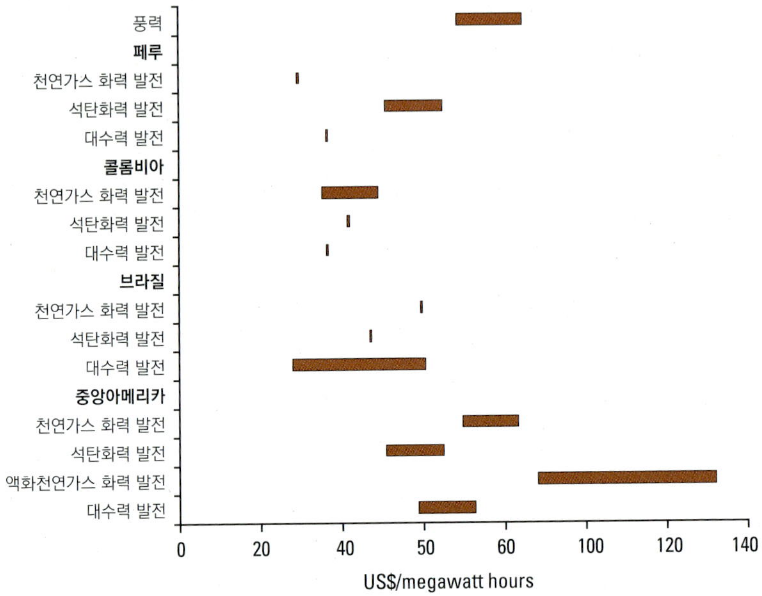

출처 : Dussan(2008)

주 : CCGT-NG: 천연가스로부터 가스터빈연소싸이클; CCGT-LNG: 액화천연가스로부터 가스터빈연소싸이클; MSD: 중간 속도 디젤. 평준화된 발전단가는 이 지역의 전력 확대 계획에서 나타난 전형적인 투자와 이행 비용, 특히 2개의 연료 가격 시나리오에 근거해 계산됨(오일 가격은 60달러/bbl과 다소 높은 가격인 100달러/bbl). 수입된 석탄 그리고 액화천연가스 가격은 위의 2가지 오일 가격 시나리오와 일관성을 지님. 지방 시장에서 석탄과 천연가스 가격은 생산국들의 발전 확장 계획에서 사용된 가격이 기준임.

해 약 1,200MW 발전을 이룬다는 계획을 가지고 있다(최대 수요 전력 3,000MW). 이에 비해 대수력 발전의 경우는, 환경적 혹은 사회적 비용을 최소화할 수 있다면 석탄보다는 낮은 가격으로 전력 생산이 가능하며(브라질, 콜롬비아 그리고 페루), 때로는 가스보다도 더 낮은 가격으로 경쟁력을 갖는다(브라질, 콜롬비아, 중미지역).

라틴아메리카 지역에서 석탄화력 발전 부문의 확대는 환경적 영향

과 염려를 증가시킨다. 이는 석탄의 연소, 발전과정 그리고 수송 등을 통해 이산화탄소 배출을 증가시키거나 탄소 집중 강도를 증가시킬 뿐만 아니라, 지방의 환경적 염려 - 수자원, 토지 그리고 대기오염에 심각한 영향을 주기 때문이다. 위에서 언급한 바와 같이 석탄을 활용한 전력 개발은 석유화력 발전에 비해 값싼 가격으로 이용 가능하며 몇몇의 경우에는 수력 발전이나 천연가스에 비해 가격 경쟁력이 있기도 하다. 하지만 최소비용으로 발전을 확대하는 계획은 일반적으로 CO_2와 관련된 외부 비용(정확하게 비용으로 환산할 수 없는 PM, SO_2, NOx)에 대한 심각한 고려를 하지 않고 있으며 실질적으로 이는 16달러에서 105달러/ton CO_2 정도의 배출이 평가된다.[20]

사회적 탄소비용의 평가에 대한 대안으로 '전환비용(switching cost)'이 논의되고 있는데 이는 탄소 발생에 따라 지불되는 비용이며, 특히 개발업자들의 높은 탄소 발생과 가장 낮은 탄소 발생 사이 대안 모색이 부족하기 때문에 고려 대상이 되어 왔다(저탄소 대안에 대한 무관심과 이에 대한 비용 지불). 따라서 전환비용은 화석연료의 저탄소 대안 경쟁력 평가에서 기준이 된다. <표 6.6>은 가장 단순화한 형태의 분석으로 몇몇 선별된 국가들의 전환 가격을 보여주고 있다. 표가 보여주듯이 중미의 경우, 석탄에서 대수력으로 전환하는 비용은 8.8달러/ton CO_2이지만, 가스터빈 연소싸이클(CCGT)로 전환하면 38.2달러/ton CO_2로 증가하게 된다. 이와 같이 수력은 이미 석탄에 비해 브라질, 콜롬비아 그리고 페루에서는 가장 선호도가 있는 대안이며 중간 정도의 평준화 발전단가로 평가받고 있다. 몇몇 전력원에서 전환 비용의 폭이 큰 경우는 평준화된 발전단가가 큰 폭으로 나타나기 때문이다(그림 6.5).

하지만 위와 같은 결과들은 사실 수력발전 개발에 직면한 이 지역

표 6.6 탄소집중 에너지원에 따른 전환비용

(단위 : 달러/MWh)

	중미지역	브라질	콜롬비아	페루
석탄에서 대수력	8.6에서 8.8	0에서 15.3	0	0
가스에서 대수력	0	0에서 2.9	0에서 2.3	17.5
석탄에서 가스	37.2에서 38.2	25.5	0에서 15.3	0

출처 : Dussan(2008).

주 : 계산은 탄소집중도로 석탄화력 발전의 경우, 896 tCO_2/GWh 추산; 가스의 경우는 404 tCO_2/GWh로 추산; 수력은 0으로 추산됨. 발전 비용의 중간 정도의 경우(전환 비용에서 범위의 첫 번째 숫자)와 높은 수준(범위의 두 번째 숫자)은 <그림 6.5>에 보여주는 비용과 관련됨.

여러 국가들의 현실적 어려움은 물론 정확한 비용에 대해서 지나치게 과소평가하고 있다. 분석적 용어로 중미 지역에서 개발 계획의 1년 연기는 석탄에서 수력으로의 전환비용을 약 6.5달러/ton CO_2로 증가시킬 수 있다. 오일 100달러/배럴의 가격으로 그리고 20달러/톤 이산화탄소 비용으로 콜롬비아의 제삐라치(Jepirachi) 풍력 발전 프로젝트의 환수율은 9.6%에서 좀 더 큰 11.1%로 증가율을 보이기도 한다(ESMAP 2008).

에너지 효율성에 주력 : 가장 유망한 부문 중 하나

전 세계적으로 그리고 라틴아메리카 지역에선 아직 미개발된 에너지 부문 개발이 존재하며, 이는 온실가스 배출을 낮추는 동시에 가장 낮은 비용으로 개발이 가능하다. 전 지구적 차원에서 미래 20-40년 동안 에너지의 절반 이상에서 온실가스 감축 잠재성이 큰 부문은 에너지 효율화 분야로 이에 대한 지속적인 개선이 요구된다.[21] 라틴아메리카 지역의 국가들은 아마도 다음 10년 동안 에너지 효율화 부문의 투자를 통해 10%의 에너지 소비를 낮출 수 있을 것이다. 비용으로 하면 370억 달러로 이는 새로운 전력 발전 용량에 대한 투자비용보다도 낮은 수준이다.[22] 에너지 효율화 개선은 기후변화 완화를 뛰어 넘어 중요한 혜택을 부여한다. 예를 들어 에너지 수요 저감, 새로운 발전 용량 설치의 지연, 경쟁력 증가 그리고 대기오염의 저감과 함께 화석연료의 소비 감소 등의 혜택을 가지고 있다. 에너지 효율화는 특히 에너지 공급 제약에 직면한 국가들에 상당히 중요한 역할을 할 수 있다.

에너지 효율화 조치들은 여러 부문에서 폭넓게 적용된다(표 6.7). 몇몇 조치들은 새로운 창조적 기술(빌딩 설계)과 가장 많은 연관성을 지니고 있으며, 다른 조치들은 일종의 보강 기술들로 현존하는 장비나 기술 혹은 구조의 업데이트를 통해 개선이 가능하다(보일러 혹은 창문). 건축 분야의 다양한 조치들 중에 부가적으로 결합해 들어가는 효율화 조치들은 전형적으로 적은 비용을 통해 가능하다(Dernbach 2008).

그래서 위와 같은 에너지효율화가 잠재성이 크고, 온실가스 혜택과는 관계없이, 특히 재정적인 그리고 경제적인 혜택이 큼에도 불구하고 왜 에너지 효율화 부문에 대한 투자는 느리게 진행이 되는 것일까? 많은 국가들에서 투자 저하의 핵심적인 요소는 개발도상국 그리고 산업 국가들 모두 에너지효율화 프로젝트와 관련된 높은 위험과, 작은 그러나 반복 가능한 투자와 관련된 높은 거래비용, 그리고 에너지효율화 투자의 준비, 재정조달, 이행에서 운용 가능한 계약의 어려움 등이 존재하기 때문이다.

효율성 대(對) 보존

에너지효율화 조치들은 전형적으로 저에너지로 동일한 결과를 창출할 수 있는 기술의 전환으로 정의되는데 예를 들어, 오래된 그리고 비효율적인 보일러를 좀 더 효율적인 것으로, 그리고 백열전구를 컴팩트 형광등으로 교체해 주는 것을 의미한다. 멕시코의 에너지저축신뢰기금(FIDE)은 지난 10년 동안 에너지 효율화 투자에 대한 재정적 지원을 강화해 오고 있다. 에너지 보존은 기술이나 주식 자본의 변화 없이 에너지 소비자의 인식 및 행위의 변화로 정의된다. 효율적인 에너지 보존 프로그램의 가장 좋은 예는 2001년 브라질의 에너지 위기에 대한 적극적 반응의 사례에서 확인할 수 있다(Box 6.4).

효율성과 보존은 결국 시장과 정부의 정책에 의해 주도되는 것으

Box 6.4 브라질의 절전노력

2001년 브라질은 심각한 가뭄에 직면했으며 수력발전 공급이 감소(설비 시설이 갖추어진 수력발전의 총 90% 용량) 했으며 동시에 새로운 전력 발전 시스템에 대한 저투자로 인하여 아주 심각한 전력 공급 부족이라는 위기를 경험했다. 이러한 위기 상황에 대응하기 위해 브라질 정부는 아주 공격적인 에너지 합리화 시스템을 제도화했는데 이를 통해 월간 에너지소비 및 모든 에너지 소비자들을 대상화해 관리를 시작했고, 특히 이용자들 사이에 거래량 할당제 규칙을 정했으며 기대 이상의 성과를 내면 보너스를 지급하고 이를 위반했을 때에는 벌금을 부과하기 시작했다. 이 프로그램의 결과를 보면 2001년 6월에서 12월 사이에(이전 연도의 소비수준과 비교해) 전력수요가 20% 감소했다. 할당제 시스템은 효과적으로 전력 공급 블랙아웃 위기에 대한 피해를 최소화했다. 에너지 소비자들 4분의 3이 백열전구를 컴팩트 형광등으로 교체하는 등 에너지 효율화 조치들은 좋은 사례가 되었다.

로 특히 정부의 정책적 개입은 다양한 형태의 시장의 실패 및 에너지 효율화와 보존을 위한 '시장'을 억제하는 외부적 요인들을 극복하는 데 도움이 된다.

효율성 증진을 위한 인센티브 유인의 가격

에너지 가격, 예를 들어 전기 가격, 혹은 가솔린 가격 등은 상당할 정도로 소비자들에게 에너지 효율화 혹은 보존 조치들에 접근하도록 만들어 주는 인센티브로 작동한다. 최근의 국제시장에서 석유 가격의 상승은 많은 회사들에게 에너지 효율화 투자 이행은 물론 새로운

표 6.7 에너지 효율화 기회들과 주요한 소비 부문에서 조치들

부문	에너지효율화 개선 기회들
건물	통합된 빌딩 설계와 조치들: 개선된 단열, 첨단 창, 에너지 효율 전구, 공간조절, 난방, 냉장 기술들
산업	산업 공정, 열병합 발전, 폐열이용, 예열, 효율적 운전(모터, 펌프, 압축기)
도시 및 시정부	지역 난방시스템, 열병합 전력, 효율적인 가로 조명, 효율적인 수자원 공급, 양수장 그리고 하수처리 시스템
농업	효율적인 관개, 양수장 및 효율적인 물 사용(점적 관수)
전력 공급	새로운 화력발전 플랜트: 복합 사이클, 초임계의 보일러, 가스화복합발전. 현존 발전 설비들: 재정비 및 재가동(수력 포함), 운전과 유지 개선, 그리고 좋은 자원의 활용, 플랜트의 부하율 상승과 이용도 강화. 송배전손실 줄임: 고압배선, 개선된 절연전선, 축전기, 저-손실 변압기, 미터 시스템 그리고 계기 장치의 개선
교통	효율적인 가솔린/디젤 엔진, 도시 대중교통 시스템, 도시 간 그리고 도시 내부 간 철도 연결 전환교통 정책(modal shift), 수운, 개선된 선박 이용, 압축 천연가스 차량
가정	조명, 가정용 기기 효율성, 개선된 취사도구

출처 : Dussan(2008).

주 : 계산은 탄소집약약도로 석탄화력 발전의 경우, 896 tCO2/GWh 추산; 가스의 경우는 404 tCO_2/GWh로 추산; 수력은 0으로 추산됨. 발전 비용의 중간 정도의 경우(전환 비용에서 범위의 첫 번째 숫자)와 높은 수준(범위의 두 번째 숫자)은 <그림 6.5>에 보여주는 비용과 관련됨.

대체 에너지를 추구하는 중요한 원인이 되었다. 지난 10년 동안 브라질의 평균 실질 전기 가격은 상당할 정도로 상승했고 이는 결국 에너지 효율화 증진에 중요한 그리고 추가적인 인센티브 역할을 해 왔다(그림 6.6).

하지만 여전히 몇몇의 소비자들은 높은 에너지 가격으로부터 단절되어 존재해 왔는데 예를 들어, 정부의 보조금에 의존하거나 혹은 시장 가격보다 낮은 상태의 가솔린 가격 혜택을 받은 이들이 이 그룹에 속한다. 베네수엘라의 가솔린 가격은 여전히 높은 수준으로 정부 보조금이 투입되고 있어 이를 통해 높은 수요 발생은 물론 이웃 국가들(가솔린 가격이 높은 콜롬비아)로의 밀수 등이 성행하는 원인을 제공하고 있다. 멕시코에서 가정용 평균 전기요금은 오직 40%의 공급 가격을 커버한다. 결과적으로, 가정용 소비자들의 전력 소비(보조금 공유 결과)는 대부분의 높은 보조금 혜택을 받는 이들의 경우(1E 그리고 1F 범주)와 높은 소득 그룹의 경우에서 상당히 높다(그림 6.7).

그림 6.6 브라질의 평균 전기 요금 변화: 1974-2006

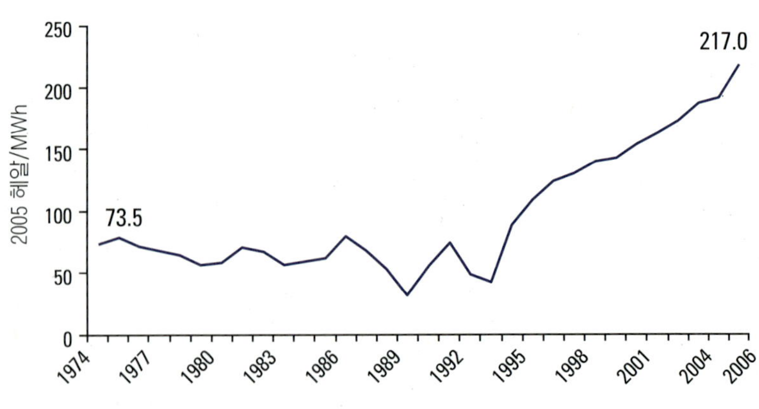

출처 : IPEA(경제연구연구소, 브라질), ELETROBRAS, IPC-FIPE에 의해 인플레이션율이 적용된 경우(Johnson et al.(2008).

가정용 전력 세율의 증가는 기후변화 관점에서 보면 효과적인 완화 전략이지만 세율 개혁과 이행은 상당히 어려운 과제인데, 왜냐하면 이는 실질적으로 개혁 이후 적당한 비용으로 감당할 수 있는 능력 유무와 멕시코의 정치적 의제로서 상당히 민감한 이슈이기 때문이다.

그림 6.7 멕시코의 세율 구조와 전력 소비

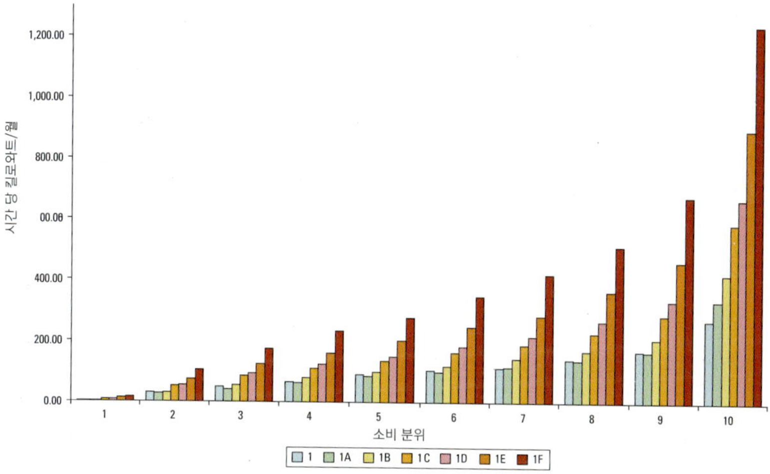

출처 : Komives et al.(2009).

주 : 전기 보조금 제도는 지속적인 인플레이션에 대응하기 위해 1973년 도입되었다. 단율세 제도는 이후 3부분으로 나누어져 발전하는데, 누진제가 적용된 블록 세율(block tariff), 그리고 처음 두 블록의 보조금 적용. 처음의 '여름 보조금'(세율 1A)의 경우는 1974년에 도입되었고, 더운 지역에 살고 있는 소비자들에게 추가적인 보조금이 연계된 세율로 적용되었다(1A의 정의는 4개월 이상 동안 평균 온도가 섭씨 25도 이상인 구간을 말한다. 1988년 이후 연속해서 기후에 기초한 세율 적용은 점진적으로 보조금이 증가돼 적용되었다(1B>28도; 1C>30도). 1990년(1D>31도), 1995년(1E>32도), 그리고 2002년(1F>33도). 오늘날에 와서는 멕시코의 경우 아주 복잡한 세율 시스템을 가지고 있는데 가정 소비자들에게 적용 가능한 112가지의 다양한 지불 방식을 가지게 되었다.

공급측면 효율성 개선이 가장 효과적인 효율성 개선방법

에너지 효율성 개선이야말로 전력 발전에서 이산화탄소 배출을 완화시킴은 물론 가장 경제적이고 효과적인 방법일 것이다. 이러한 조치들은 동량의 1차 에너지로 더 많은 전력 이용을 위해 존재하는 발전 플랜트의 재가동, 전력 손실의 감축, 열병합발전의 개발과 분산전력 시스템 구축 그리고 화력발전과 같은 높은 수준의 에너지 효율화 기술의 이용 등을 포함한다. 높은 화석연료 가격 하에서 화력발전 플랜트의 효율화 개선은 발전시스템에서 큰 재정이익을 가져다준다. 이러한 효율화 개선은 천연가스 발전의 비중을 증가시키게 되는데 이는 또한 라틴아메리카 전력발전 부문에서 주요 탄소 집중 요인들을 결정하기도 한다. 배전 손실을 낮추는 것도 전력 회사들에게는 가장 좋은 비즈니스이며, 필요 이상의 발전이나 이산화탄소 배출을 낮추는 기능을 한다.[23]

멕시코는 지속적으로 오래된 그리고 비효율적인 플랜트를 교체하고 천연가스 플랜트(가스터빈연소 사이클: CCGT) 같은 고효율의 화력발전을 확대해 오면서 탄소집중도를 낮추고 있다. 평균적으로 화력발전 강화를 통한 효율성 증진은 2006-17년 사이 39%에서 65%로 증가할 것으로 기대되고 있으며 특히, CCGTs의 확대는 43%에서 60%의 효율성 증진을 가져올 것으로 보인다(그림 6.8).

라틴아메리카 그리고 여타 지역에서 에너지효율성 프로그램은 전형적으로 가정 부문과 상업 부문에 집중되어 있으며, 종종 전력 공급자를 통해 이루어지는데 공익사업의 '수요측면 관리(DSM)' 프로그램으로 잘 알려져 있기도 하다. 이러한 프로그램은 많은 수의 소비자들을 대상으로 할 수 있다는 이점이 있으며, 또한 공익사업이 모든 소비

그림 6.8 멕시코-화력발전 효율성

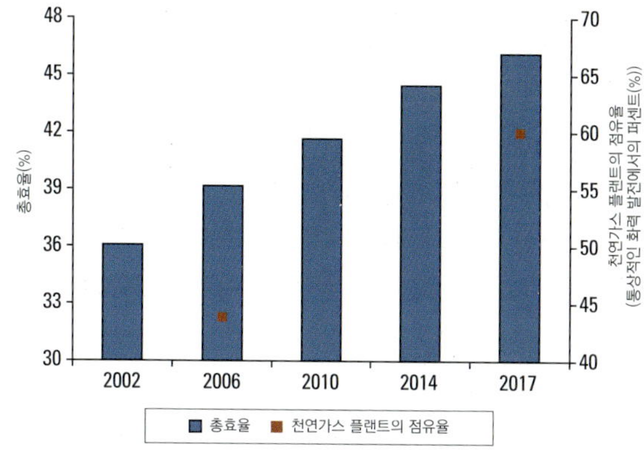

출처 : CFE(연방전력청 2008b), Programa de obras e inversions del sector Eléctrico 2008-2017: tinyurl.com/poise2017.

자들에게 다가갈 수 있어 효과적이다. 예를 들어, 교육 프로그램 또는 에너지-효율화 장비의 영업 허가 및 자금조달 과정에서 효율적 관리가 이루어 질 수 있다. DSM 프로그램이 가지고 있는 단점은 이러한 프로그램들이 궁극적으로는 에너지 효율성과 보존 프로그램으로서 목표를 달성해야 하지만, 전력 시설들이 자연적으로 전력 매매를 낮추는 인센티브는 아니기 때문이다.[24] 가장 대중적인 형태의 DSM 프로그램은 공공시설 부문에서 가장 에너지 효율적인 장비들(예를 들어, 조명 그리고 가정용 기기 등)의 구입을 증진시키는 것이며, 소비자들의 전력 사용비용 고지서를 통해 이와 같은 장비들의 구입에 대한 상환을 해 주는 방식으로 재정적 지원을 강화해 주는 것이다. 멕시코의 경우 현재까지 이러한 DSM 프로그램들을 성공적으로 이행하고 있으며, 여기에는 새로운 프로그램으로 멕시코의 연방전력청(CFE)이 에너지 효율 냉장고 그리고 에어컨에 대한 지원을 하고 있으며 특히 에너지 절약 신뢰기금(FIDE)이 활용되고 있다(Box 6.5).

Box 6.5 멕시코의 에너지 효율성

전기절약을 위한 민간신탁기금(Fideicomiso para Ahorro de Energía Eléctrica, FIDE)은 1990년에 비영리기구로서 에너지 효율화에 대한 투자 목적으로 설립되었다. 2007년 FIDE는 25,917개의 에너지 회계를 마감했으며 3,899 전기에너지 절약 프로젝트를 마쳤다. 이를 통해 13,191GWh의 전력을 절약했으며 그리고 1,566MW의 설비용량을 증진시켰다(대부분이 피크 수요를 줄임으로써). 이러한 절약은 총 설비용량의 3%와 동등한 가치이고 전력소비로는 7%에 해당하며 5개의 멕시코 주의 국내 소비량과 같다(누에보 레온, 할리스코, 타마울리파스, 멕시코 그리고 아구아스 칼리엔테) 온실가스 배출량 기준으로는 대략적으로 8백만tCO_2, 또는 2%의 이산화탄소 배출에 해당한다(토지이용 변화는 포함되지 않음)

출처 : 저자

공공 부문 에너지 효율성 - 또 다른 유망한 영역

공공 부문의 에너지 절약 잠재성은 크고, 일반적으로 비용 효율적이지만 종종 다른 부문들에 비해 효율화 조치들이 이행되기 어려운데, 이는 이 부문이 효율화 조치를 이행하기 위한 인센티브가 부족하기 때문이다. 모든 정부 기관, 공공 서비스 및 인프라, 예를 들어 상하수 서비스, 가로수 조명, 대중교통 및 차량관련 공공 영역에서 에너지 절약은 에너지 이용의 20% 이상을 초과하며, 에너지 효율화 투자 자본 수익률은 전형적으로 20%에서 30% 사이에 위치한다. 전형적으로 공공 부문은 각국 경제 생산의 10%-20%를 차지하며 그리고 종종 에너지 이용 장비의 가장 큰 구매자이다.[25]

공공 부문의 에너지 효율화 개선 가능 영역들 중에 가장 전망이 밝은 영역은 '수자원 공급과 위생(WS&S)' 부문이다. 상수도 분야는 에너지 소비(펌프에 대한 전력 사용)에서 전형적으로 인건비 항목 다음으로 가장 큰 원가 변동 항목이다. 이 분야에서 에너지 효율성은 몇몇 기술 그리고 운영 조치들을 통해 직접적으로 개선될 수 있는데 예를 들어, 펌프 및 다른 장비들의 효율성과 크기 그리고 분배 시스템에서 과도한 수압의 완화 등을 통해 가능하다. 공공시설의 개선은 종종 상당할 정도의 경비 절감이 가능한데, 단순하게 펌프 운영을 피크 타임이 아닌 시간대로 이동해도 가능하다. 게다가 모든 투입 요소뿐만 아니라 에너지도 물리적인 수자원 손실을 줄임으로서 절감된다. 왜냐하면 수자원이 최종 소비자에게 서비스되든 혹은 아니든 간에 수자원의 추출, 처리 그리고 분배 과정에 에너지가 이용되기 때문이다. 브라질의 WS&S 시설 이용에 대한 성과 보고서에 의하면, 대다수의 이러한 시설물들에 활용되고 있는 수자원들의 35%에서 40%가 거의 무상(non-revenue) 수자원으로 보고되고 있다.[26]

공공 부문 에너지 효율성 프로그램으로부터 상당할 정도의 혜택이 발생하고 있음에도 불구하고 많은 정부들은 마지못해 이와 같은 프로그램을 이행하고 있는데 이는 여러 유형의 장벽들이 존재하기 때문이다. 1) 정부 조달의 규칙과 연간 예산 사이클이 이러한 에너지 효율화 프로그램의 이행을 어렵게 하고 있으며; 2) 인센티브의 부족 그리고 공공부문 최종 소비자에 대한 정보 부족이 문제이며; 3) 엄격한 예산과 부채에 대한 한계 등의 어려움이 산적해 있다. 예를 들어, 공공 병원 혹은 학교의 경우 이들 시설 유지 및 운영을 위한 에너지 지출 비용은 시정부나 국가의 예산 할당에 의해서 가능하고 동시에 이러한 체계에서 에너지 소비 절약에 대한 인센티브는 사실상 존재하지 않는다.[27] 시정부들 혹은 국가의 에이전시 입장에서도 에너지 효율화 인식 혹은 개선을 위한 기회는 상실되어 정책적 반영은 지연된다. 특히 이를 위한 필요한 자본 예산 투입에 대한 고려도 어렵다.

수자원 공급과 위생(WS&S) 부문에 대한 에너지효율 투자 증진을 위한 한 가지 방법은 에너지성과계약(EPC)을 통해 가능하다. 예를 들어, 하나의 사적 기업이 에너지 효율 투자를 진행하고, 전형적으로 재정 지원, 투자성과의 보장(다시 말해, 절약) 그리고 성과에 기초한 보수지급 등의 방법을 통해 가능하다. 성과 보장은 결국 주기업의 투자 위험을 줄이고(이 경우 수자원 시설), 동시에 재정 장벽을 극복할 수 있다. 2007년 브라질 상파울로의 수자원 공급 서비스부(SABESP)는 공공 부문 처음으로 EPC 방식을 통해 사적 기업과 계약서를 체결하였으며, 브라질의 에너지 서비스사(ESCO)가 오폐수 처리 플랜트의 효율성 개선 사업에 약 4백만 달러(투자 회수 기간 3.7년)를 지원했다.

교통 부문 변화

교통 부문에서 발생하는 전 지구적 수준의 배출은, 특히 에너지 이용으로부터 발생하는 총 배출량의 변화는 현재의 3분의 1에서 점점 증가해 향후 2분의 1에 달할 것으로 전망되고 있다. 역사적으로 교통 부문으로부터 발생하는 배출량은 개발도상국보다는 선진 산업국에서 더 많이 배출해 왔음을 알 수 있다. 하지만 라틴아메리카 지역에서는 교통 부문이 지난 몇 년 동안 가장 큰 에너지 부문의 몫을 차지하고 있으며, 이는 이 지역에서 급속하게 증가해 온 민간부문의 차량 증가에서 확인된다. 아르헨티나, 브라질, 콜롬비아, 멕시코 그리고 베네수엘라의 경우들이 대표적이다. 라틴아메리카 지역에서 브라질에 이어 두 번째 규모인 멕시코의 경우 교통 부문 배출량 수준이 증가하고 있는데 이는 2008년 개인 자동차 소유에 대한 연간 증가율이 거의 5%에 다다를 것으로 전망되고 있고(2천 4백 만 대), 2030년에 이르면 거의 7천만 대에 이를 것으로 예상되고 있다.[28] 게다가 도심에서 교통 혼잡 그리고 높은 대기 오염을 발생시키는 비효율적 차량은 라틴아메리카 도시들의 대기 오염의 주원인으로 등장해 있다. 급속히 증가하는 배출 그리고 지방의 환경 개선으로부터의 커다란 혜택은 라틴아메리카 교통 부문이 기후변화 완화에 상당할 정도의 잠재성을 가지고 있다는 의미이며, 특히 제도적 장벽의 극복과 더불어 보조적 혜택의 제공은 중요하다.

개발도상국 중에 라틴아메리카 지역이 가장 높은 차량이용률의 증가를 보이고 있다는 사실은 놀라운 일이 아니다. 특히 몇몇 큰 국가들이 이 분야의 배출을 대표하고 있다. 평균적으로 천 명 당 차량수가 약 90대인 이 지역의 차량이용률은 아프리카, 아시아, 그리고 중동을 넘어섰다. 하지만 이러한 비율은 동유럽과 비교하면 절반 이하 수준이고 OECD 국가들의 천 명 당 차량 500대의 비율보다는 훨씬 낮은 수치이다.[29] 브라질과 멕시코의 2005년 교통 부문으로부터 배출량은 절대 수치로 이 지역의 어떤 국가들보다 높은 수치를 나타냈다(그림 6.9). 이러한 대부분의 배출 중에 90%는 교통 부문 연료 소비(도로 교통)에서 발생하는데, 이와는 다소 대조적으로 볼리비아와 에콰도르의 경우 이 부문에서 낮은 수준의 배출량을 보이고 있다. 배출의 정도가 몇몇 국가들 그리고 교통 부문에서 많이 발생하기 때문에 완화 정책을 이 부문 그리고 특정 국가에 집중해야하는 것은 아니다. 대기질의 개선, 시간 절약 그리고 교통 혼잡의 완화 등을 통해 건강한 삶의 유지라는 혜택 차원에서 대응 정책은 폭넓게 그리고 좀 더 많은 국가들(볼리비아와 에콰도르 같은 소국들을 포함)이 관심을 가져야 할 것이다. 이 부분에서 발생하는 배출 완화의 잠재성을 현실화하고 향후 좋은 성과와 결과를 위해서는 현재 배출 추세에 대한 철저하고 명확한 이해가 선행되어야 한다. 예를 들어 ① 점증하는 차량의 수; ② 차량 유형에 따른 여행 거리; ③ 킬로미터 당 차량 유형에 따른 배출량 조사 등이 그것들이다. 현재 라틴아메리카의 교통 부문은 온실가스 배출원에서 가장 빠르게 성장하고 있는데, 이는 이 지역의 빠른 경제성장과 개인 자동차 소유 및 이용의 증가 등과 무관하지 않다. 교통의 특징이 대중교통에서 개인 차량이용으로 전환되고 있기 때문이다. 차량 당 이동의 유형과 여행의 길이가 늘어나고 있으며 특히 '도시 스프롤 현상'의 영향도 이러한 증가에 영향을 주고 있다. 배출을 낮추는 관련 전략들의 구상은 위와 같은 3가지 범주 차원에서 대응책이 마련되어야 한다.

이 지역의 교통 부문에서 발생하는 배출(1980년~2005년 사이)에 대한 평가가 보여주듯이, 소득의 증가는 이 지역의 몇몇 국가들에서 배출량의 급속한 증가를 가져오고 있는 원인으로 분석 된다(아르헨티나, 브라질, 코스타리카, 페루 그리고 우루과이). 교통 부문의 증가하는 에너지 집중은 연구가 진행되는 최근의 몇 년 동안 아마도 저효율의 에너지 이용 그리고 점증하는 교통 혼잡의 결과로 발생하고 있다(볼리비아, 카리브 지역의 쿠바, 에콰도르, 과테말라, 온두라스, 파나마, 파라과이). 물론 여타 다른 국가들, 예를 들어 칠레, 콜롬비아, 엘살바도르, 멕시코, 니카라과 그리고 베네수엘라에서도 위와 같은 두 요소들은 온실가스 배출의 주요 원인들이다.[30]

교통 부문으로부터 발생하는 온실가스 감축을 위한 주요 도전은, 이 지역의 소득 증가와 동반한 높은 비율의 차량 소유에도 불구하고, 증가한 소득으로부터 배출을 분리시키는 것이다. 최근의 차량 소유

그림 6.9 라틴아메리카 지역 교통부문 배출

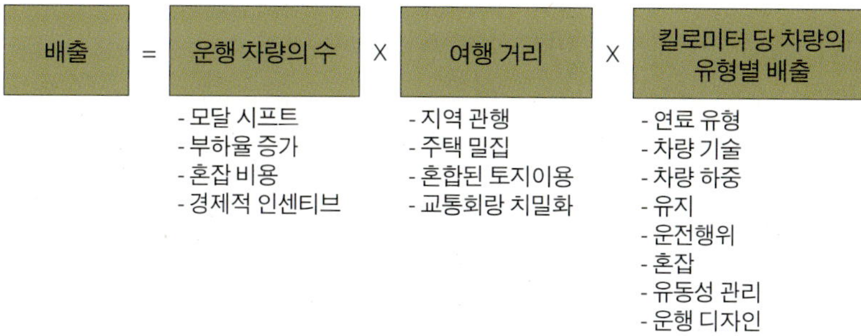

출처 : 저자

그림 6.10 3가지 변수에 의해 결정되는 배출 규모

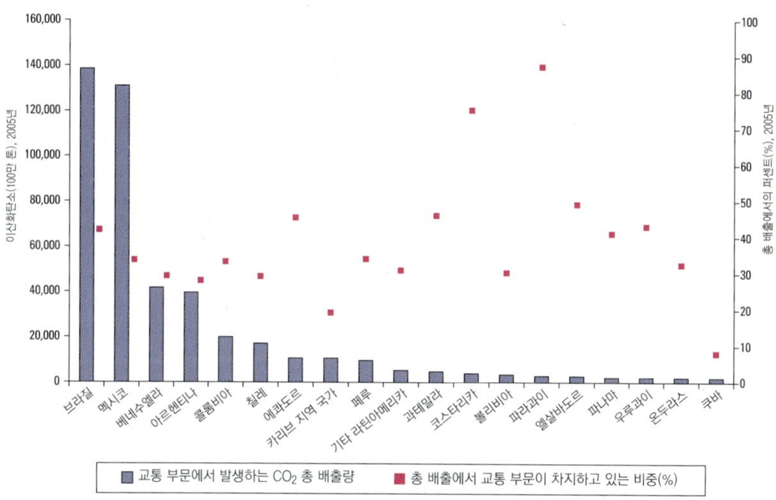

출처 : IEA(2007). Timilsina and Shrestha(2008) 보고서.

증가와 이용, 특히 도시 지역에서의 경우 개인 차량으로부터 배출과 관련된 문제를 이슈화할 절실한 필요성이 있다. 배출 감축 전략은 집중적으로 차량의 이용에 두어야지 소유에 두어서는 안 된다. 하지만 소유와 배출 수준은 실질적으로 다음과 같은 몇 가지 이유들로 밀접한 연관성을 가지고 있기도 하다. 첫째, 대략적으로 차량의 평생 배출

중 3분의 1정도는 차량의 상류 부문 제조 과정에서 기인한다. 둘째, 일단 차량을 구매하면, 이용의 편의 상 추가적인 여행을 발생시킨다 (Gilbert 2000). 셋째, 개발도상국의 경우에는 구매된 많은 차량들이 엄청 오염되어 있거나, 혹은 중고차이다.

교통 차량의 에너지 효율성은 개선되는 경향이 있다. 하지만 이러한 개선은 점증하는 차량 수와 평균 차량 이용 변수들을 상쇄하고도 그 이상의 발전이 기대된다. 브라질의 에탄올 생산은 경량급의 차량 이용으로 50%의 가솔린 소비를 대체 했지만, 라틴아메리카의 여타 국가들의 교통 부문은 여전히 석유에 기초한 연료에 엄청난 의존을 하고 있다. 이처럼 현재 이 지역에서 교통 연료의 탄소 집중에 대한 변화는 교통-온실가스 배출과의 관계 분석에서 최소의 영향만을 주고 있는 것으로 분석된다. 따라서 라틴아메리카의 교통 부문 온실가스 배출 감축에서 가장 중요한 것은 교통 차량의 효율성 개선과 다른 교통 유형의 공유에 대한 정책적 집중을 높이는 것이다.

중산층 증가는 개인 차량 수요 증가의 원동력이다. 2005년 연구에서 브라질 상파울로의 이전 4곳 빈민 지역(favela) 저소득층 가정들의 29%가 차량을 소유하고 있었다.[31] 시간이 경과하면서 효율성 증진과 경쟁은 차량의 가격을 서서히 낮추었고, 오늘날에는 더 많은 대중들이 차량 소유 및 이용을 더 쉽게 할 수 있게 되었다. 자동차 시장의 경쟁이 심화되면서 가격 면에서 덜 비싼 차량들이 아시아 그리고 중고 차량 시장을 통해 증가했다. 라틴아메리카의 차량 매매는 전례가 없을 정도로 증가했으며 이후에도 경제성장에 힘입어 견고하게 더욱 성장할 것으로 전망되고 있다. 브라질과 멕시코는 라틴아메리카에서 가장 큰 자동차 시장을 형성하고 있지만, 페루 또한 가장 빠르게 성장하는 국가 중의 하나이다. 2006년 첫 3분기 동안 페루에서 자동차 매매는 41%까지 치솟았다. 세계적으로 최근의 추세는 자동차 제조업이 견고하게 발전하고 있고, 값싸지면서 동시에 중산층 및 저소득층에 대한 광고는 성공적으로 진행되고 있다. 예를 들어, 상파울로의 자동차 시장은 연간 7.5% 성장률을 보이고 있고 매일 거의 1,000대의 새로운 차들이 팔리고 있으며 이러한 수치들이 이미 혼잡으로 신음하는 도시의 동력화율을 높이고 있거나 현재의 교통 시스템 및 인프라를 더욱 악화시키고 있기도 하다. 결과적으로 대기 오염은 증가하고 이전과 비교해 더 많은 교통사고의 증가와 더불어 수백만 시간의 생산성 손실을 낳기도 한다. 이와 동시에 연료 소비의 증가는 결과적으로 온실가스 배출을 증가시키는 원인으로 귀결된다. 타임(Time) 매거진에 의하면, 상파울로는 세계에서 가장 심각한 교통 체증이 발생하는 도시로 보고되고 있다.[32] 2008년 출퇴근 시간을 기준으로(rush hour) 누적된 혼잡은 평균적으로 190킬로미터 이상으로 보고되었으며 특히 2008년 5월 9일에는 기록적으로 266킬로미터에 이르렀으며 이는 모니터링을 할 수 있는 도로의 30%가 혼잡 상태에 있었다는 것을 의미한다.

라틴아메리카 지역에서는 값싼 차량 소비 선호를 통해 많이 오염되고 그리고 덜 효율적인 차량 소유가 점진적으로 증가하고 있는 추세이다. 개인 소득은 물론 자동차 그리고 오토바이 소유가 증가하고 이런 종류의 차량 소유자의 공공 및 대중교통 시스템 이용 선호도가 증가하는데, 이는 두 시스템 모두 다른 시스템에 비해, 킬로미터 당 그리고 운행자수 당 오염 지수가 낮기 때문으로 분석된다. 빈곤 계층들에게 보행은 가장 중요한 수단인데 도시교통 시스템 개선을 위한 다양한 인프라 투자는 오늘날 보행의 기회를 많이 박탈해 가고 있다. 이 지역의 여러 도시에서 오토바이 소유의 증가는 특히 염려스러운 경우인데, 이는 대중교통 이용자들을 방해하거나 모든 교통 시스템의 효율성에 나쁜 영향을 미치기 때문이다. 점증하는 교통 체증과 동력화는 개인 차량과 동일한 도로 공간에서 경쟁을 해야 하는 대중교통의 경쟁력을 떨어뜨리고 혹은 매력을 저하시키고 있다. 이러한 이유들이 대중교통의 질과 이용을 악화시키며 악순환의 고리를 형성하게 한다.

라틴아메리카 지역의 도시 스프롤 현상은 아마도 차량으로부터 발생하는 대기오염물질 배출의 급속한 증가에서 가장 근본적인 요인으로 작용하고 있을 것이다. 도시 스프롤 현상이 증가하면 차량 소유자들의 이동 횟수와 길이는 증가한다. 라틴아메리카 도시들은 이와 같은 스프롤 현상을 경험하고 있고 새로운 교통 인프라를 확대해 가면서 출발지와 목적지는 서로 더 멀리 떨어져 확대되고 있다. 세계의 여타 다른 도시들과 마찬가지로 라틴아메리카의 큰 도심은 많은 경제활동들로 채워져 가고 있다. 대부분 새로운 활동들은 상대적으로 밀집도가 낮은 대도시 주변으로 점점 확대가 가고 있다. 토지 가격이 값싼 편이지만 교통과 같은 새로운 서비스가 제공되면 점점 비싼 지역으로 변할 것이다. 동시에 주요 도시들은 일자리를 통해 더 많은 인구들을 불러올 것이고 통근버스 이용자들에게 더 오랜 시간 장거리 이동을 강요할 것이다. 공공교통 서비스는 그 자체로 훌륭한 서비스 제공자이지만 도시의 스프롤 현상으로 인해 점점 경쟁력을 잃어 갈 것이고 여타 다른 선택이 없는 이들에게만 한정되어 제공되어 갈 것이다. 다양한 교통수단의 증가와 더불어 동일한 도로 공간에 대한 경쟁으로 인해 혼잡은 더욱 악화되어 갈 것이다.

마지막으로 여전히 많은 수의 오래된 그리고 오염된 차량들이 라틴아메리카 도시를 질주하고 있다. 공공 혹은 사적 교통수단들 모두 빠르게 성장하고 있으며 새로운 기술이 도입되고 있는 반면에, 이용면에 있어 교통수단은 다소 느린 성장을 하고 있거나 악화되고 있다. 비록 좋은 기술이 존재하고 구매되지만, 교통수단의 이용 관점에서 보면 높은 오염을 발생시키고 있고 중고 자동차들은 폐기되지 않고 도로를 달리고 있다. 이러한 차량들은 불균형적으로 대기 오염 수준 증가 그리고 기후변화 영향에 주요 원인이 되고 있으며 정부 또한 이러한 차량들을 규제하거나 이용을 금지하기 위한 효율적인 정책 수단이 부족한 상태이다. 게다가 잦은 고장으로 인한 교통 흐름을 방해하는가 하면, 교통 체증을 더욱 부채질하고 있을 뿐이다.

교통 부문에서 온실가스 배출 완화-가장 쉽게 달성할 수 있는 목표

좀 더 나은 환경적, 사회적 그리고 경제적 혜택을 얻기 위해서는 교통 정책을 통합 할 필요가 있는데, 예를 들어 토지이용 계획에 기초한 수송 체계 마련, 개인 차량 이동 관리, 대중교통의 개선과 교통의 비-자동차화 방식으로 통합, 화물 운송과 관련된 인프라 개발 계획 등과 같은 방법들이다. 필요 수요, 혜택 그리고 현실적인 대안 등에 대한 투명한 평가를 통해 지속가능한 교통 정책을 강화해 가야 할 것이다.

위와 같은 통합된 방식의 접근이 최근 멕시코에서 채택되어 오고 있으며, 온실가스 감축에 대한 잠재성 평가와 더불어 교통부문에 대한 적극적인 개입을 통해 최소 감축 비용으로 목표를 달성하기 위해 정책적 노력을 해 오고 있다.[33] 완화 전략은 공간과 부문 간의 경계를 연장하여 토지이용 계획의 폭넓은 범주 하에서, 예를 들어, 도시 스프롤 현상과 관련된 장기적 여행 시간의 이슈화; 연료와 기술, 공공, 비자동차화 그리고 화물소송; 교통수요 관리 등과 같은 일련의 정책적 옵션을 포함한다.

온실가스 배출 감축을 대규모로 할 수 있는 교통 관리 정책은 통합된 공공 및 대중교통 시스템의 개선을 통해 이루어져야 한다. 비자동차화된 교통, 교통의 수요를 낮추기 위한 도시와 공간의 계획, 표준검사 강화 및 유지 프로그램을 통한 새로운 혹은 오래된 차량의 효율성 개선 그리고 화물관리 분야에서 정책 개선은 필수적이다. 이러한 조치들은 바로 기후변화 완화 조치가 될 수 있으므로 통합적 전략이 반드시 필요하다.

높은 수준의 대중교통 시스템의 발전

라틴아메리카 도시들은 상대적으로 여전히 대중교통 이용객이 많이 있지만 대중교통의 비중은 점진적으로 낮아지고 있다. 따라서 이 지역의 도시들은 높은 수준의 대중교통 시스템의 발전이 시급하게 요구된다. 이러한 프로젝트들에 대한 지방 정부들의 투자 강화는 동력화 그리고 비자동차화된 교통 인프라를 지속적으로 통합해 갈 것이며 이러한 조치가 가장 먼저 그리고 가장 중요하게 이행되어야 한다. 동시에 공공교통 시스템의 많은 구성요소들을 통합하고 이를 최대로 활용하는 전략이 중요한데 예를 들어, 조직 및 관리 관행을 개선하고 합리적인 운임체계 구축, 공공 교통을 위한 교통흐름 우선권 부여, 안정성 개선, 봉사활동에 대한 인센티브, 시스템 운영자 및 계획자들에 대한 교육과 훈련 강화 등이 그 대상들이다. 브라질의 꾸리찌바(Curitiba)와 콜롬비아의 보고타(Bogota)의 '간선급행버스체계(Bus Rapid Transit: BRT)'는 메트로(metro) 시스템의 효율성을 모방하여 버스

전용 차로를 만들고 철도 시스템의 비용 일부로 운영되는 교통 체계로 상당히 대중적이다. 오늘날 상당히 많은 라틴아메리카 도시들과 세계의 여러 도시들이 성공적인 경험을 가지고 있는 위와 같은 두 도시의 성공적 시스템을 도입하여 운영하고 있다.

교통과 토지이용 계획 시스템의 통합 수립

도시의 교통정책들은 토지 이용과 결합해 이행되면 인센티브를 받고 있다. 1970년대 브라질의 꾸리찌바는 토지이용과 도시계획 시스템을 통합해 교통정책을 구상했으며 이는 대중교통에 우선권을 주고 동시에 가장 근접한 위치에 산업, 학교 그리고 가정주택 등을 위치시켰다. 꾸리찌바의 'BRT' 시스템의 대중성은 브라질의 여타 도시들과 비교해 상대적으로 높은 자동차 소유 비율에도 불구하고 차량 운전자들에게는 매력적이었다. 1991년 한 여행 보고서에 의하면 이전의 약 28%의 자동차 운전자들이 '직접적 버스' 이용자로 변했다. 이 BRT 서비스는 결국 연간 2천 7백만의 자동차 이용자 수를 줄였으며 연간 2천 7백만 리터의 연료를 절감했다. 꾸리찌바 시는 1인당 연료 사용을 약 30% 줄일 수 있었으며 꾸리찌바 시를 브라질에서 대기 오염이 가장 낮은 도시로 탈바꿈시켰다. 1990년대 콜롬비아 정부는 고밀도의 도시 지역에 합리적인 토지 이용 모델을 고려한 국가 입법을 통과시켰는데 이 법안의 중심에도 대중교통에 대한 입법 취지가 명확히 반영되었다(Box 6.6).

이러한 정책들은 결국 교통에 대한 관심을 중심에 놓고 기존의 전통적인 오염원은 물론 온실가스 배출 모두 감축시킬 수 있게 한다. 토지이용 계획을 고려해 통합적으로 구상된 교통의 필요성과 교통 정책의 도전은 억제되지 않은 스프롤 현상을 피할 수 있고, 저비용으로, 다량의 대안적 교통 옵션을 만들어 내는 데에 도움을 줄 것이다.

Box 6.6 콜롬비아 보고타의 토지이용 계획과 교통의 사례

2000년 그리고 2005년 트란스밀레니오(Transmilenio) 사(社)는 1단계 도로 회랑: 카라카스 대로(Caracas Avenue), 아우또노르떼(Autonorte), 그리고 80번가(80th Street)에서 도시 활동에 대한 인구조사를 진행했다. 도로 회랑을 따라 모든 재산권 소유자들이 조사 대상이었으며 이를 통해 통계오류를 줄였다. 이 조사를 통해 본 토지이용에 대한 영향 보고서는 다음과 같다.

첫째, 인구조사가 보여주듯이, 2000년에 96%에 달하는 빌딩이 5층 혹은 그 이하였다. 2005년까지 이 숫자는 91.2%까지 하락했다. 결과적으로 5층 이상의 빌딩은 5년 사이에 2배 이상으로 증가했는데, 이는 도로 회랑의 밀집이 높아졌음을 의미하며, 동시에 부분적으로는 이 지역의 임대료 비율이 증가했음을 나타낸다. 본질적으로 도시에서 임대료가 상승함에 따라, 단위 면적당 공간은 더 필요해지며 이는 높아진 토지의 가치를 상쇄하며, 따라서 밀집은 더욱 증가해 왔다. 1단계 도로 회랑을 따라 단위세대들의 수는 지난 5년 동안 12% 증가했으며, 셋째, 이와 관련해서 1단계 도로 회랑에 거주하는 인구들은 이 지역에서 장기적인 거주를 희망한다. 2000년 48%의 인구들이 6년 혹은 그 이상 이 지역에서 장기 거주를 하고 있었으며 2005년에는 이 통계가 52%까지 올라갔다. 다시 말해서, 이 조사 자체가 인구조사였으며 결과는 상당한 의미를 갖는다. 넷째, 좀 더 많은 인구들이 이 도로 회랑에서 그들의 단위세대 소유를 원했으며 이는 이 도로 회랑에서의 재산권 투자에 대한 높은 의지를 보여주는 것임과 동시에 부분적으로는 증가된 접근성과 안전에 대한 높은 인식이 있음을 나타내는 것이다.

비자동차화 교통의 강화

라틴아메리카 도시 교통에서 보행이야말로 가장 흔한 방식이다. 라틴아메리카 도시들은 우수하고 확장된 비자동차 교통 인프라를 통해 많은 혜택을 받을 수 있을 것이다. 보행과 자전거 타기를 권장함으로서 그리고 협동일관수송(각종 수송 기관을 통합하여 이용하는: intermodal transportation)을 개선함으로서 삶의 질 향상과 이산화탄소 배출 감축의 혜택을 얻을 수 있다. 라틴아메리카의 많은 도시들이(콜롬비아의 보고타, 브라질의 리오 데 자네이루 그리고 칠레의 산티아고) 동력화된 교통의 대안으로서 자전거를 추천해 대중교통과 연계한 역주차 환승제(Park and Ride) 방식을 도입해 단기 이동으로 그리고 통근 차량 대체로 유도하고 있다. 라틴아메리카의 다른 도시들에서도 이런 시스템의 도입을 서두르고 있고 자전거 이용의 편의를 높이기 위해 노력하고 있다.

개인 차량의 규제

물론 위와 같은 정책들 모두가 엄격한 규제나 관리 없이 온실가스 감축에 전적으로 도움이 되지는 않는다. 특히 도시의 혼잡을 유발하는 개인 차량들의 이용 규제와 조치들은 반드시 요구된다. 대중교통 시스템의 개선을 위한 보완 조치로서 라틴아메리카 도시들은 개인 차량들의 이동에 대한 좀 더 나은 관리에 대해서 새로운 정책적 대응이 요구된다. 이런 대응 정책에는 교통정리, 도로혼잡 통제, 운전자들에게 정보전달, 도시교통시스템의 관리와 계획 등에 도움이 되는 '지능형교통체계(intelligent transportation system)' 기술이 포함된다.[34] 다양한 주차 관리 및 요금제 이행, 교외의 개인 차량과 공공 교통 터미널 사이 협동일관수송을 위한 인센티브 창출 그리고 차량 객실 이용률의 증가, 도시에서 오토바이 이동에 대한 좀 더 엄격한 규제 등도 고려 대상들이다.

화물 수송 관리

화물 수송 관리는 화물의 효율성 증가 및 상업 교통 증진 전략이 포함된다. 좀 더 나은 물류 시스템 구축이 화물 관리(운송 관행, 예를 들어 차량 유형, 선박의 크기, 등등), 시설 부지 그리고 이와 관련된 활동들의 효율성을 진전시키는 하나의 방편이다. 비록 물류 시스템이 효율성을 증진시키고 운송비를 절감하는 데에 집중이 되어 있지만, 이는 또한 혼잡을 줄이고 오염의 영향을 최소화하는 데에 도움이 된다. 운송과 관련된 중요한 방법은 장거리 선박운행을 위한 트럭 이용보다는 철도나 혹은 수로를 이용한 방법이 추천된다. 트럭의 경우 비록 특별한 유형의 상품 운송이나 트럭 운송에 적합한 상황을 제외하면 운송 단위당 철도나 수로에 비해 더 많은 에너지를 소비한다(상황에 따라 다르긴 하지만 일반적으로 10배 많이). 이러한 효율성 증진을 위해 철도나 해양 운송을 위한 구조 개선이 요구되며 이러한 운송 방식들이 트럭의 경우보다 경쟁력이 있도록 할 필요가 있다. 여기에는 또한 지역(특히 메트로폴리탄 지역)의 운송시스템을 조직하고 최소 단위의 차량 운행을 통해 상품을 운송하고(예를 들어, 회사차량의 이용보다는 일반화물업자를 활용하거나), 규모가 작은 차량 혹은 인력에 의한 운송(특히 도심 지역에서 공급일 경우는)을 택하는 것이 좋다. 개선된 관리와 운영 그리고 보다 효율적인 운행을 위한 교육 또한 상당한 비용 효율성이 있음이 증명되었고 연료의 소비를 낮춤은 물론 온실가스 감축에도 영향을 미쳤다. 트럭 디자인 개선과 새로운 기술 또한 효율성 증진에 도움이 된다. 이미 이 지역 여러 도시들에서 단순한 그리고 비용 효율적인 측면에서 이행되고 있는 조치들은 제한된 범위에서 화물 운송이 되고 있으며 교통 피크 시간 동안에는 운송을 피하고 있기도 하다.

운송 시스템의 복잡성은 일련의 기준들, 예를 들어 승객 수의 증가, 차량 흐름, 여행시간, 접근성, 안전, 환경, 등을 고려해야 할 필요가 있다. 많은 쉬운 선택들이 이미 만들어져 있지만, 때때로 갈등 이해관계 사이에서 균형을 맞추기 위한 목표 달성을 위해 점진적으로 복잡한 운송 시스템 결정이 내려지고 있다. 운송비 및 에너지 소비 절감이 가장 중요한 목표이긴 하지만, 기후변화 요인이 이러한 선택에서 점점 중요한 요소로 등장하고 있다. 기후변화를 중요 요소로 다루는 것은, 시너지 효과에 대한 좀 더 나은 이해를 위한 대안적 목적들과 균형 사이 관계를 재고찰하는 데에 중요한 기회를 제공하는 것이다.

교통 이니셔티브는 상당히 많은 분야에서 공동 혜택을 제공하는데, 예를 들어 온실가스 배출의 저감, 지방의 대기 환경 증진, 그리고 건강한 삶의 유지 등이 그것들이다. 대중교통 시스템의 개선과 비자동차화 교통의 증진 등은 대기 오염 배출량을 낮추는가 하면 동시에 사회의 빈곤 계층들의 교통에 대한 접근성 제공과 이동성의 개선 등을 제공함으로서 빈곤을 낮추는 역할도 가능하다. 연료 사용의 감소와 교통시스템의 효율성 증진은 배출량의 감소에 기여하기도 하지만 동시에 교통 네트워크 운영 개선에도 도움이 된다. 교통 혼잡을 막기 위한 교통 흐름의 관리와 개선은 한가한 도로 차량들로부터 발생하는 배출량의 감소뿐만 아니라 교통 사고율을 줄여 줄 수 있는 장점이 있다.

따라서 교통 부문에서 다양한 완화 조치들은 결코 후회할 수 없는 옵션들이며, 저비용으로 이행이 가능하고 동시에 공동의 혜택과 더불어 많은 절약을 실현할 수 있다. 하지만 여전히 제도적 혹은 규제 그리고 집단행동 문제들이 이러한 조치들의 이행 가능성에 장애로 존재하고 있다. 교통 부문 이 자체를 넘어, 좀 더 포괄적으로 그리고 장기적 비전을 통해 효율성을 증진시키기 위해 다음과 같은 3가지 종류의 운전 유형에서 발생하는 배출을 고려할 필요가 있으며 - 차량의 수, 여행거리 그리고 차량의 배출율 - 동시에 상당한 크기의 '양의 외부효과(positive externalities)'으로부터의 혜택을 고려해 볼 수 있다 (Box 6.7).

Box 6.7 멕시코 교통 부문의 완화 조치들의 비용편익분석(CBA)

멕시코의 교통 완화 옵션 분석은 다수의 공동 혜택 교통 옵션에는 재정, 시간절약 그리고 지방 환경 개선 등이 포함되어 있음을 잘 보여준다. 옵션들 중에 온실가스 배출 감축에 가장 큰 영향을 주고 있는 옵션은 자량의 검사와 프로그램의 유지, 교통계획의 최대 활용, 차량 효율성 증진을 위한 기준의 표준화 그리고 고밀화 정책들이다. 이러한 개입 정책들로 인해 발생하는 경제적 혜택은 교통 부문의 다른 대안적인 정책 및 노력들과 비교해 재정적 혜택, 혼잡을 낮춤으로 얻게 되는 개개인의 시간 절약, 그리고 지방의 공기오염 배출을 낮춤으로서 일반시민들의 건강한 삶 유지(통근자들 그리고 지방 거주자들에게 이익을 가져다주는) 등이 포함된다. 물론 인위적으로 온실가스 감축을 위한 개입은 또 다른 추가적인 비용을 발생시킬 수 있다는 부정적인 측면이 있다. 이외에 다른 연구들은 다른 중요한 비용들에 대해서는 검증하기가 힘들어 평가하기가 힘들다는 보고가 있다. 예를 들어, 정보 실패를 극복하기 위한 모니터링 시스템 이행 비용 또는 정책과 규제의 변화에 대한 비용 등이 그것들이다. 하지만 이러한 비용들은 교통 전문가들에 의해 질적으로 평가되는데 '극복할 만한' 것으로 분석되고 있다. 몇몇 개입 유형들은 향후 멕시코에서 큰 공동 혜택 기회를 가져다 줄 것으로 예상되고 있다. 도시 통근 거리를 낮춤으로서 고밀의 도시발전이 가능하며 이는 2009~2030년 사이 배출량을 117Mt CO_2까지 줄일 것이며 축적된 부유입자물질(PM 2.5)는 11,800톤, 그리고 아산화질소(NO)는 855,000톤까지 줄일 수 있을 것으로 분석되고 있다. 효율성 표준 기준 이행으로는 각각 195Mt CO_2, 8,000톤(PM 2.5), 그리고 1,134,000톤(아산화질소)을 낮출 것으로 전망된다. 온실가스 완화 조치에서 멕시코 교통부문의 높은 잠재성은 도시의 공공교통의 증진은 물론 상당할 정도의 대기 오염 저감에 도움이 될 것으로 분석된다. 이러한 정책들이 잘 통합적으로 관리되어 이행된다면 시간 절약은 물론 여타 다른 사회적 이익을 창출해 낼 것이고, 특히 서로 다른 교통 유형들 사이의 효율적인 네트워크 강화는 물론, 향후 충분한 도시 밀도화는 이러한 옵션들을 더욱 가시화해 나가는데 도움을 줄 수 있다.

이러한 공동 혜택을 수량화 및 이행 가능성에 대한 평가는 모든 대안별 평가의 주요 평가 항목이며 때로는 완화 조치에서 보조적인 평가 옵션이기도 하다. 멕시코 이외에도, "저탄소 연구(Estudio sobre la Disminucion de Emisiones de Carbono; MEDEC)"에 의하면, 서로 다른 부문들에서 완화조치들과 관련된 일련의 평가보고서들이 완화 잠재성과 비용(혜택)을 중심으로 최근에 많이 분석되어 오고 있는데, 대표적으로 아르헨티나, 브라질, 칠레, 콜롬비아 그리고 페루 등에서 진행되고 있다. 다른 노력들은 이전부터 각국들의 국가기후변화완화전략을 통해 이행되어 오고 있다.[35] 교통부문에서 배출 감소에 대한 잠재성과 이들 국가별 정보의 유용성은 부문별 완화 정책 선호도를 정하는데 상당한 기여를 할 수 있다. 하지만 유용 가능한 연구들로부터 평가는 여전히 직접적으로 비교할 수 없는데 이는 연구 결과들이 분분하며 때로는 확실치 않은 가정 하에서 연구 평가가 진행되었기 때문이다. 교통부문에서 향후 필요한 평가들은 잠재적인 완화 평가와 더불어, 에너지 절약으로부터 혜택, 지방의 대기오염 그리고 국가별 비교할 수 있는 지속적인 방법론을 이용한 시간 절약 등에 대한 연구 평가가 요구된다. 교통 부문의 공공성을 고려하여, 특히 개발도상국에 이러한 유형의 정보를 제공하는 것은 전 지구적 수준에서, 또는 적어도 지역 수준에서 상호 조화를 이룰 필요성이 있기 때문이다.

폐기물 관리: 완화 옵션에서 지방에 상당한 혜택

전 지구적 수준에서 고형폐기물 및 오수로부터 발생하는 온실가스 배출은 총배출량의 단지 3%에 달하지만, 메탄(CH_4) 배출량 부문에서는 18%에 달할 정도로 크다. 라틴아메리카 지역에서 폐기물과 오폐수로부터 발생하는 배출은 여타 다른 지역들과 비교해 또한 낮은 수치이지만 오늘날에는 급속한 인구 및 경제활동의 증가로 인해 나란히 증가힐 것으로 예상되고 있다. 폐기물 발생은 1인당 GDP와 비례해서 증가하는 경향을 보이고 있다(지속적인 경제성장 시기 동안 연간 3% 성장만큼).[36] 라틴아메리카 지역은 고형폐기물 관리가 가장 중요한 선호도를 나타내고 있는데 이는 주로 지방의 건강과 환경적 혜택 때문이기도 하지만, 지속가능한 재원 마련이나 완전한 공공의 협력은 여전히 도전으로 남아있다. 특히 이 지역의 큰 도시들을 중심으로 폐기물 수거는 이루어지고 있고 평균적으로 50만 명 이상의 거주민이 있는 도시들의 수거율은 80% 이상에 달한다. 반면에 기술적으로 그리고 재정적 어려움으로 인하여 소도시들의 경우는 수거율이 69%에 달할 뿐이다. 이 지역의 폐기물 처리는 부족한데 오직 수집된 폐기물의 23%만이 위생폐기물 매립지를 통해 처리되고 있을 뿐이며, 다른 24%의 폐기물은 국가 매립지로 이동하고 기타 나머지 62%는 연소되거나 혹은 미지의 처리장에 위치하게 된다.[37] 정확하게 위생시설 매립지나 혹은 국가관리 매립지를 통한 폐기물 처리 이외에 폐기물 재활용이나 비료화의 경우 처리를 위한 폐기물의 양을 최소화하는 데에 상당한 도움을 줄 수 있다. 오직 몇몇 국가들 혹은 도시들의 경우 시청의 폐기물만이 2% 정도 공식적으로 재활용되고 있는 정도이다. 멕시코와 칠레의 경우 그들의 도시 폐기물의 약 10% 만이 재활용되고 있다는 보고가 있다.[38] 게다가 폐기물 수거작업에 종사하는 이들이 라틴아메리카 지역에서 비공식적 통계로 약 50만 명에 이르는 것으로 추정되고 있다.

게다가 폐기물 수거 및 정확한 처리에 대한 심미적 관점에서 불쾌함은 건강과 환경적 관점에서 나쁜 결과를 가져 오고 있다. 도시에서 부적합한 폐기물 수거와 은밀한 폐기물 투기는 홍수의 위험을 증가시키는데 이는 폐기물더미들이 도시의 수로나 배수관을 막아 물의 원활한 흐름을 방해하기 때문이다. 도시의 거리에서 폐기물을 태우거나 혹은 공공 투기를 통해 발암물질 다이옥신이나 푸란(furan)등이 배출되는데 이는 불완전 연소와 더불어 다른 오염물질 배출이 동반된다. 폐기물 처리장들의 경우는 지표면이나 혹은 지하수로 침출수 유출의 원인을 제공하고 있으며 이를 통해, 곤충, 설치류 혹은 조류에 의한 매개체 감염 병균의 빠른 확산이 이루어지고 있다. 고형폐기물 처리장들은 메탄가스의 연소나 혹은 재생에너지원으로 활용할 가스 관리 시스템이 없으며, 새어 나오는 메탄가스는 인근 주민들의 주택이나 공공장소에 상당한 위험을 주고 있다(폭발 가능성).

고형폐기물 매립지에서 메탄의 배출이 지속적으로 라틴아메리카 지역에서 증가할 것으로 예상되는데, 이는 이 지역의 인구 및 경제 활동 증가로 인한 고형폐기물 발생율의 증가와 무관하지 않다. 폐기물의 비료화 관행은 또한 메탄 발생의 저감에 기여할 수 있지만, 이는 단기적 혹은 중기적 차원에서 잠재성에 대한 예측은 어렵다. 그럼에도 불구하고 정책 개발과 재정적 인센티브 제공은 메탄가스의 저장이나 혹은 이용을 단기적 차원에서 가속화할 수 있게 도움을 줄 수 있다.

여전히 이 지역의 재정적 혹은 제도적 장애들은 고형폐기물의 개선된 형태의 수거와 빠른 처리를 위한 발전을 방해하고 있다. 위생 매립지들은 공개된 투기보다는 선행투자와 유지의 필요성 때문에 조금 비싼 유형의 해결책이다. 위생 매립지의 경우는 파이프 시스템을 통해 메탄 가스를 포착할 수 있고 이후 연소시킬 수 있는데(이때 발생하는 이산화탄소 배출은 폭발의 위험성이 전혀 없으며) 이 메탄가스의 경우 지구온난화 잠재성이 큰 일반적 메탄가스와 비교해 그 잠재성은 19~20배 정도 덜하다. 메탄가스가 자유롭게 대기 중으로 확산되는 것을 방지하기 위해서는 폐기물들은 정기적으로 토층에 의해 덮여있을 필요가 있다.

하지만 고형폐기물 관리는 시정부 영역에서 비재정지원의 공공위임일 경우가 많으며 따라서 이 부문에 대한 안전하고 지속가능한 재정 지원을 통해 명확한 공공재로서 그리고 양의 외부효과를 가진 부문으로서 수거와 처리가 관리되어야하는 도전에 직면에 있다. 게다가 중소 도시들에서 정확한 폐기물 관리는 흔히 다른 시정부들과의 협력이 요구되는데 이는 좀 더 진보한 기술적인 해결책과 규모의 경제 달성을 위해 필요하다. 매립지의 선정에 대한 사회적 저항 혹은 반대와 시정부와 이해당사자들 간의 집단행동의 실패의 경우는 폐기물 관리의 모든 과정을 더욱 복잡하게 하는 요인이다. 통합된 폐기물관리 전략이 때로는 시정부 간 경제를 넘어서(처음 조치로서 중요) 그리고 장기적인 관점에서 계획되어야 할 필요가 있다.

예를 들어, 1993년 브라질의 벨로 호리존떼(Belo Horizonte)에서 시작된 고형폐기물 관리 전략은 4년 동안에 완전하게 기능적으로 폐기물 관리 시스템을 구축하는 데에 성공한 사례를 보여준다. 이러한 전략은 상이한 수거, 재활용 그리고 폐기물 물질의 서로 다른 유형의 처리 시스템 등에 대한 기술적 구성을 포함하고 있었으며 재활용 플랜트의 건설 그리고 인적자본 개발 프로그램도 포함되었다. 이 전략의 다른 구성 요소들은 시민의 참여를 증진시키고 시정부의 폐기물 관리 에이전시를 현대화하는 계획도 추가되었다. 이러한 전략으로 비록 고형폐기물 관리에 대한 라틴아메리카 지역의 낮은 선호도에도 불구하고 온실가스 완화 옵션으로 등장했으며(비록 이 부문의 배출이 낮지만 점진적인 증가에 대한 대응 전략), 많은 개입 정책들을 통해 가장 쉬운 작업이나 가장 쉽게 달성할 수 있는 목표로 강력한 정치적 지원을 받을 수 있을 것이며 결과적으로 지방에 많은 혜택을 부여할 것이다.

라틴아메리카의 고형폐기물의 매립지로부터 나오는 총 메탄 배출은 2005년 연간 92Mt CO_2e에서 2020년에 이르면 연간 109Mt CO_2e로 증가할 것으로 전망된다.[39] 메탄가스를 포집하고 그리고 연소하는 것은 기후변화 완화에 상당히 일조할 수 있으며 심지어 매립지가스(LFG)프로젝트의 효율성은 양질의 폐기물 관리에 달려 있다. 하지만 적당한 압밀의 부족, 부족한 침출수 관리, 원래 프로젝트 디자인과 다른 절차 그리고 부적절한 한도 등의 문제들은 처음 LEG 프로젝트의 예상보다는 낮은 결과를 가져온다. 실질적으로 배출의 100%는 완화되지 않는다. CDM을 통한 잠재적 배출 감소에 대한 일련의 시나리오들이 보여주고 있듯이, 라틴아메리카 지역의 매립지가스로부터 배

그림 6.11 라틴아메리카 지역에서 매립지가스 프로젝트(CDM)를 통한 배출 감축의 기술 가능성 평가: 6개의 시나리오

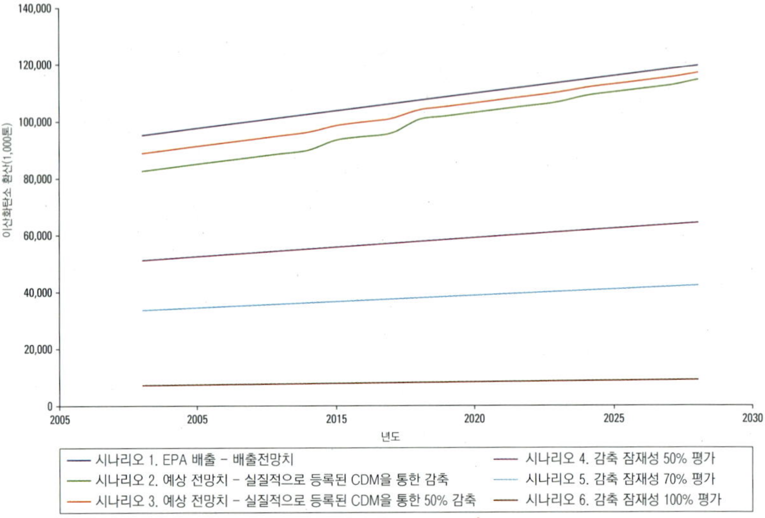

출처 : U.S.EPA

주 : 시나리오 1은 배출전망치 시나리오(BAU)에서 EPA에 의해 예상된 배출을 나타내며; 시나리오 2는 EPA에 의해 예상된 배출을 나타내는데 여기에는 실질적으로 등록된 CDM 프로젝트를 통한 감축을 고려한 것이며 예측된 CERs의 100% 적용이 가정됨; 시나리오 3은 EPA에 의해 예상된 배출을 나타내는데 여기에는 실질적으로 등록된 CDM 프로젝트를 통한 50% 감축을 고려한 것(World Bank 시나리오의 기초로 작용); 시나리오 4는 50만 명 이상의 거주자를 가지고 있는 도시들의 데이터로 감축 잠재성은 50%부터 평가가 포함됨; 시나리오 5는 50만 명 이상의 거주자를 가지고 있는 도시들의 데이터로 감축 잠재성은 70%부터 평가가 포함됨; 그리고 시나리오 6은 50만 명 이상의 거주자를 가지고 있는 도시들의 데이터로 감축 잠재성은 100%까지 평가가 포함됨.

출은 아마도 급격하게 줄어들 것이다(그림 6.11).

매립지가스 프로젝트를 통한 잠재적 배출 감축은(CDM 범위에서 2020년까지 연간 약 51Mt CO_2e으로부터 포함되는) 50만 명 이상의 거주민이 있는 도시들의 모든 배출에서 절반이 그리고, 71Mt라면 70%가 완화될 것이라는 가정이 존재한다. 비교해 보면 최근의 라틴아메리카 지역의

CDM에 등록된 매립지가스 프로젝트는 아마도 폐기물 관련 배출을 4%에서 15%까지 감축하는 결과를 가져올 것으로 기대된다. 고형폐기물의 관리에서 탄소재정활동들과 관련된 보조적인 혜택은 상당할 정도이며 보통 점증된 비용(증분원가)을 넘어 선다. 예를 들어, 위생매립지의 경우 CDM 하에 매립지가스(LFG) 프로젝트를 이행하기 위한 필수적인 전제조건은 일반적인 폐기물 투기와 관련된 문제들, 예를 들어 악취, 지하 및 지표수의 오염 등을 제거해야 하며 메탄 폭발의 위험성은 물론 전염병의 확산을 줄여야 한다.

정책적인 관점에서 보면 이 지역은 다양한 방향에서 정책 이행을 서두를 필요가 있다. 중간적인 수준에서 가장 먼저 선호도가 있는 정책은 안전과 위생을 위해 의무적으로(제도적) 매립지가스 연소를 가능하게 해야 한다. 또 다른 선호 정책들은 재활용 상품들에 대한 예상되는 시장에 대한 초기 평가와 더불어 폐기물을 줄이고 재활용 프로그램을 활용한 사업 타당성 조사는 물론 이를 테스트하기 위한 시범사업을 개발하는 것에 있다. 폐기물 발생을 최소화할 수 있는 관행(감축, 재사용, 재활용)과 위생, 환경 그리고 경제적인 이유들을 통해 비료 개발을 강화해야 한다. 종이, 금속 그리고 유리의 재활용은 에너지 절약의 중요한 원천들이며 다른 자원으로 활용할 수 있기도 하다. 여기에는 또한 사회적 공동 혜택이 존재하는데, 예를 들어 폐기물 수거인들의 복지 혜택에 재활용 프로그램을 연결하거나 혹은 폐기물 수거 및 재활용 그 자체가 이들의 소득과 연결되도록 도와야 할 것이다.

농업 부문의 완화 잠재성- 규모 및 상세 지역

2030년까지 전 지구적 차원의 농업으로부터 발생하는 기술적 완화 잠재성은 상당히 크며 연간 약 5,500~6,000Mt CO_2e(여기에는 토지이용 변화로부터 배출 포함)에 달하는 온실가스를 줄일 것으로 평가되고 있다. 이러한 잠재적인 감축량의 약 70%는 개발 도상국가들의 완화에 대한 기회를 반영하고 있으며, 경제가 전환기에 있는 몇몇의 높은 완화 잠재성을 지닌 국가들의 경우는 10% 그 이상의 기회를 가지고 있다(지도 6.1)

배출량 완화의 기회들은 다음과 같이 넓은 범위의 3가지 범주가 포함 된다. 즉 ① 농경제학 혹은 개선된 가축의 관리를 통해 이산화탄소, 메탄, 아산화질소 등을 포함하는 온실가스 배출량(fluxes)의 보다 나은 관리와 이를 통한 배출 감축, ② 보존경작법의 이행이나 악화된 토지의 회복 같은 조치들을 통해 토양 혹은 식물의 잎에 탄소를 저장함으로서 배출을 제거, ③ 바이오에너지 공급연료를 통한 배출의 대체와 산림지역 혹은 식물 지역에서의 새로운 토지 개발과 경작 금지 등이 포함된다.

지도 6.1 라틴아메리카 지역 농업부문의 배출감축 잠재성

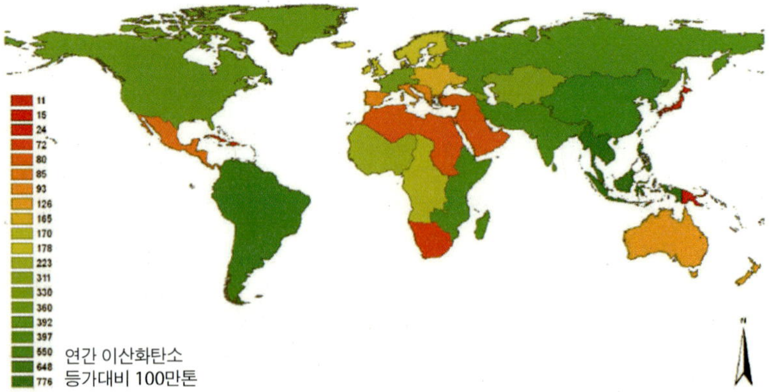

출처 : Smith et al.(2008).

전 지구적 그리고 라틴아메리카 지역 양쪽 다 경제적 완화 잠재성은 기술적 잠재성보다는 상당히 낮은데 이는 경제적 다중성, 제도적, 정치적 교육적 그리고 문화적 제약들이 완화 조치 이행을 가로막고 있기 때문이다. 완벽한 생물물리학상의 잠재성에서 농업은 모든 부문들에서 발생하는 연간 CO_2e 총 배출의 거의 3분의 1을 상쇄할 것이다. 하지만 완전한 기술적 잠재성은 오직 CO_2e가 높은 가격 경쟁력을 가질 때 예외적으로 현실성이 있는데 2030년까지 농업의 총 완화 잠재성에서 여전히 낮은 가격인 CO_2e 톤당 가격이 0~20달러, 0~50달러 그리고 0~100달러 사이에 있어서 각각 35%, 43% 그리고 56%만 거래되고 있을 뿐이다.[40] 특히 농업 부문에서 이행 장애는 온실가스 감축의 영구성에 대한 이슈(탄소싱크: carbon sink), 자연 생태계에 느린 반응, 배출의 다양한 시간 프로필 그리고 높은 매매와 모니터링 비용 등이 포함된다. 결과적으로 이행을 위한 이러한 장벽들을 극복하지 못하면(특히, 넓은 범위의 그리고 일련의 기후 및 비-기후 정책을 통한) 농업부문에서 생물물리학적 완화 잠재성은 2030년까지 30% 미만으로 그칠 것이다.

농업무문에서 배출 프로필은 지역에 따라 다양하다. 전지구적 차원에서 토양에서 배출되는 아산화질소는 다른 온실가스들과 비교하면 지배적이다. 하지만 라틴아메리카 지역의 배출에서 가장 큰 몫을 차지하는 것은 가축들의 분뇨폐기물에서 발생하는 메탄이다. 다른 주요한 온실가스들은 토양이나 혹은 바이오매스 연소를 통해 발생하는 이산화질소와 메탄이다(그림 6.12).

전 지구적 전망은 식량에 대한 급속한 수요 증가와 더불어 농업부문에서 상당할 정도의 온실가스 배출이 증가할 것으로 보고 있다. 높은 질소 비료의 사용과 증가된 동물 배설물을 이용해 만든 거름 사용은 온실가스 배출 증가의 주요 원인들로 기능할 것이며 이를 통해 농업 부문 배출을 2005년~2020년 사이 약 35%에서 60%까지 증가시킬 것이라는 예측이 존재한다. 세계 식량 증가, 가축 수요 증가와 더불어 이와 관련된 배출은 2030년까지 60% 증가할 것이며(2005년과 비교해 만일 메탄 배출 증가가 가축의 수와 비례해서 증가한다는 전제 하에), 가축에 대한 먹이 공급 관행 개선 및 동물 배설물 거름에 대한 관리를 전제로 15%~21%까지 증가할 것으로 전망된다. 라틴아메리카 지역은 2020년까지 전지구적 차원의 배출에서 농업 부문의 배출이 상당히 큰 비중을 차지할 것으로 전망되고 있는데, 특히 토양으로부터의 이산화질소와 분뇨폐기물에서 발생하는 메탄의 배출은 큰 비중을 차지하고

그림 6.12 지역별, 요인별 농업부문 비(非) 이산화탄소 배출(2005)

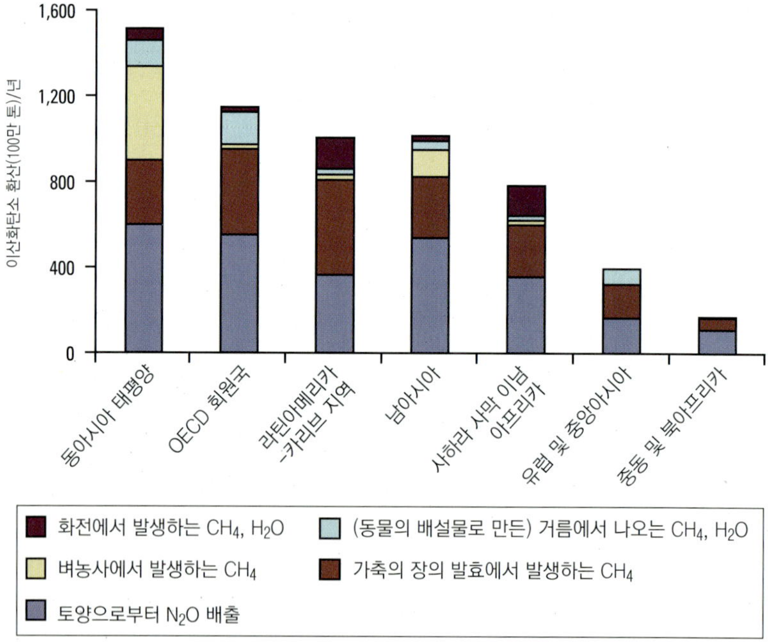

출처 : U.S. EPA(2006).

있다(그림 6.13 참고). 이는 그리 놀랄만한 결과가 아닌데 이 지역 경제 구조에서 농업 부문 활동과 축산업은 중요한 비중을 차지하며 특히 최근의 농경지 영역의 확대 증가와 생산량 증가를 위한 질소 비료 사용이 급증하고 있기 때문이다.

농업에서 그리고 보다 넓은 범위에서 배출 완화 조치들은 농경지 및 방목지 관리에서부터 악화된 토지의 회복을 포함하는데, 유기질 토양 혹은 이전의 침수 토양의 관리를 통해, 이들 토양이 배수되기까지 온실가스를 저장할 수 있으며 가축과 배설물 거름에 대한 관리도 중요하다. 농경지로부터 배출은 농경법상 관행의 개선, 예를 들어 작물 다양성 개선, 윤작 확대, 콩과 작물의 윤작을 통해 질소 비료 사용

그림 6.13 지역별 농업활동에 의한 누적배출예상량 1990~2020

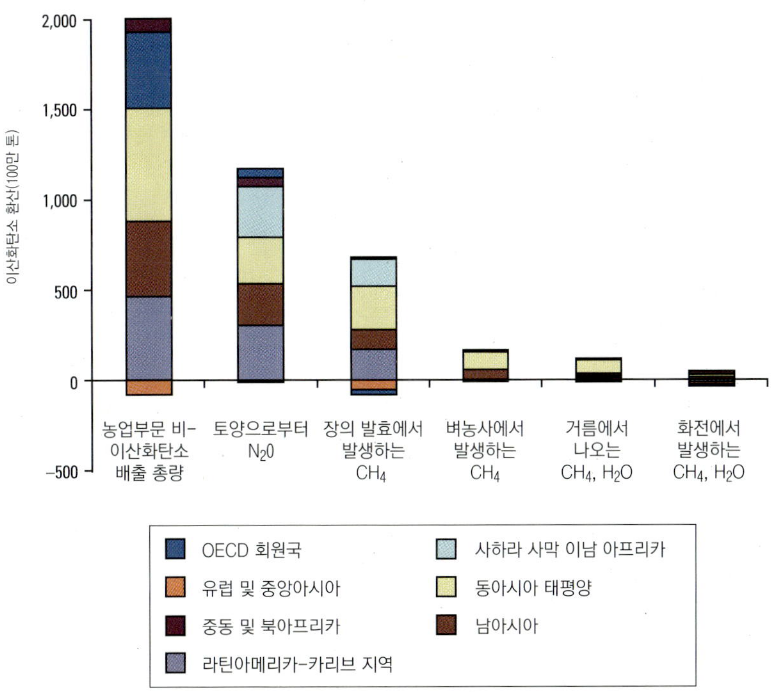

량 의존을 낮추고 특히 비료 사용의 신중성을 기하고 효율성을 높임으로써 배출량을 줄일 수 있다. 특정한 기후 혹은 토양 조건에서, 보존 혹은 무경작농법(zero tillage)은 농작물의 생산량 증대는 물론 악화된 토양을 회복하고 토양에 탄소저장을 강화해 좀 더 효과적으로 관리할 수 있다. 소와 양 같은 되새김질하는 가축들로부터 메탄 배출 감축은 라틴아메리카 농업 부문 배출 감축 부문에서 중요한 비중을 차지하고 있다. 가축으로부터 메탄의 배출 감축을 위한 조치들은 먹이 공급 관행에 대한 변화, 다시 말해서 식이요법 첨가제를 활용하거나 종의 번식 그리고 동물 생산 단위당 배출량을 최소화할 목적으로 이루어져야 한다.

위와 같은 다양한 농업 관행으로 완화조치들에 대한 효율성과 비용은 기후 지역이나 사회경제적 조건에 따라 다양하다. 지난 45년 동안 브라질 농경지의 거의 45%에 적용된 보존이나 무경작 농업은 다소 성공적인 사례였다(Box 6.8). 관행경운 방식과는 대조적으로 무경직 농업은 토양에 밭갈이를 히지 않고, 작물의 윤작과 함께 다양한 간작방식의 적용 및 멀칭(mulching) 등을 포함하는 장점을 지니고 있다(작물 잔해 활용). 결과는 토양에서 탄소의 저장(격리)을 증가 시킨다는 것이다. 탄소는 무경작 농업 시스템에서 격리되어지는데 이는 원상토의 유기 토양의 낮은 분해율 때문이다(탄소가 방출되는 과정에서 그리고 멀칭을 통해 유기물질들이 재생되는). 하지만 전통적 경작 방식에서 무경작 방식으로의 전환 초기에 종종 발생하는 질소 고갈에 대응하기 위한 질소 비료의 사용은 몇몇 온실가스 배출 감축에는 다소 부정적이라는 견해가 지배적이다.[41]

비록 다양한 기후조건에 의한 온실가스 감축의 정도와 그리고 이에 대한 과학적인 논쟁이 여전히 지속되고 있기는 하지만 무경작 농

Box 6.8 심각한 토양침식에 대한 해결책으로 무경작 농업 채택한 브라질

산성 혹은 조밀한 토양이 분포되어 있는 지역들 예를 들어, 아르헨티나, 오스트레일리아, 브라질, 캐나다 그리고 미국 등에서 무경작 농업은 상당히 넓게 활용되고 있는 경작법이다. 전 지구적 차원에서 현재 이러한 경작법에 의해 7천 2백만 헥타르가 관리되고 있다. 이러한 경작법을 성공적으로 활용하고 있는 국가는 브라질이다. 브라질의 경우 1973~74년 사이 1,000헥타르 미만에서 2003년~04년에는 2천 2백만 헥타르로 이 무경작농법이 확대되었으며 전체 경작지의 45%에 달할 정도로 팽창되었다. 브라질에서 무경작 농업기술의 확대 발전은 1960년대 말 그리고 1970년에 브라질이 경험한 심각한 토양 악화(브라질 남부 아열대 지역에서 집중적인 경작 확대를 통한 대두 및 겨울 밀 생산으로 인한)에 대한 대응책에서 출발한다. 몇몇의 평가 보고서에 의하면, 대두 킬로그램(1kg) 당 수확을 위해서는 전통적인 경작 방식에 의해 10킬로그램 정도의 토지가 침식된다. 이 기술은 이후 파라과이 그리고 세라도(Cerrado)나 열대 건습지 사바나 지역으로 확대되어 나갔다. 이처럼 브라질은 이러한 무경작 농업 이행 국가들 중에서도 가장 활발하게 이 기술을 채택해 오고 있는 국가이며, 기술 채택에 대한 소규모 자작농들의 비율도 상당히 높은 편이다. 브라질 남부의 소규모 자작농들 중 90% 이상이 이 기술을 채택해 활용하고있다.

업은 기후변화의 완화에 상당한 기여를 할 수 있다. 온실가스 배출 완화에 대한 무경작 농업의 잠재성은 다양하며 동시에 이는 토양이 지니고 있는 특징과 수자원 유용성 그리고 다른 기후 조건에 의해 많이 의존적이다. 따뜻하고 그리고 습기가 많은 토양에서 무경작 농업의 잠재성은 서늘하고 마른 지역보다 높다. 다른 농작물 관리 관행과 비교해 탄소고정의 헥타르 당 혜택은 보통이지만 무경작 농업은 특히 토양침식이 많이 발생한 지역에는 상당할 정도의 혜택을 발생시킨

다. 게다가 이러한 보통 정도의 헥타르 당 감축 잠재성은 여전히 전통적인 경작 하에 있는 커다란 경작 영역에서 빠르게 효과를 발휘할 수 있다. 배출 감축 부문에서 기후지대 및 지역에 따라 농업 관행을 통한 효과성이 다양한 것처럼, 완화 비용 역시 특별한 생태계 그리고 사회경제적 조건에 따라 개인적인 농업 시스템에서 확실히 나타난다. 물론 이는 정책적 제안 수준보다는 여전히 평가를 통해 명확하게 증명이 되어야 하며 아직은 보편적으로 선호할 만한 정책적 개입의 수준은 아니다.[42] 게다가 서로 다른 사용자들 간의 토지 경쟁은 배출의 감축을 위한 많은 해결책들이 좀 더 효율적인 방향으로 진행되도록 이끌고 있으며 좀 더 비용 효율적으로 성취되도록 돕고 있다. 물론 이러한 경쟁은 농업의 하위 부문이 산림과 같은 부문으로 확대되어 일종의 통합된 전략을 통해 이행된다면 더욱 효과적일 수 있다. 그럼에도 불구하고 이는 전체적인 농업 관행 변화에 따른 엄청난 규모의 완화 조치 비용과 비교해 보면 여전히 유용한 정보 제공 수준으로만 존재하고 있다. 높은 수준의 완화 조치 비용에 대한 진지구적 수준의 평균을 보면, 경작 관리, 악화된 토양의 복원 그리고 산림황폐화 방지(토지 이용 변화는 별도) 등에 대한 조치들보다는 가축 부문(가축 사육과 먹이공급)에서 완화 조치 비용이 더 크게 나타난다. 가축 첨가물, 예를 들어 항생제, 할로겐 합성물 등은 비용 효율적인 방식으로 배출 감축의 한 방법으로 등장했지만 실질적으로 이들의 배출에 대한 효과는 아마도 일시적일 것이며, 몇몇 첨가물들은 유럽연합에서 사용이 금지되어 있다.[43] 이런 문제에 대한 해결책은 메탄생성 세균에 대항할 수 있는 저비용 백신의 개발에 대한 연구를 강화하는 것이다(백신 개발에 성공했다고 하지만 아직은 상업화가 안 된 상태이다). 라틴아메리카 지역에서 특히 멕시코는 개선된 방목 방식, 사료 그리고 사육 방식을 통한 효율적인 생산은 물론 분뇨폐기물에서 발생하는 온실가스 배출을 줄이고 있다. 특히 사료의 질에 대한 개선을 통해 방목장에서 발생하는 메탄가스 배출을 50%까지 줄이고 있다.[44]

일련의 완화 조치들에 대한 효율성과 공동 혜택의 크기는 가스, 지역, 현장의 구체성 그리고 배출 시간 프로필 등에 따라 다양하게 분포되어 존재하고, 대체적으로 배출 감축에 대한 보편적이고 일반적인 처방은 이 지역(심지어 다른 지역에서도조차)에서 존재하지 않는다. 생태계의 복잡성은 농업의 투자 혹은 관행으로부터 배출 감축에 대한 서로 다른 반응을 요구하고 있다. 몇몇의 완화 조치들은 온실가스 하나 이상에 영향을 주며 이는 시너지 효과를 가져 오거나, 혹은 배출 사이의 상충 효과를 가져 오기도 한다. 따라서 한 지역에서는 높은 효율성을 지닌 이행 조치의 실천이지만 다른 지역에서는 그 반대의 효과가 나오기도 한다. 그럼에도 불구하고 농업의 하위 부문들에서 여러 선호도의 존재는 총체적 관점에서 보면 온실가스 감축에 상당할 정도의 기여를 할 것으로 전망된다. 특히 이 부문에 대한 미래 시나리오 전망은 잠재성을 높여 준다. 이 부문에서 온실가스 감축 선호도들 중 가장 두드러진 경우들은 토지로부터 온실가스 감축, 분뇨폐기물에서 발생하는 메탄가스의 감축, 토양이나 식생지역(vegetative cover)에서의 탄소흡수(carbon sink)의 강화 등으로 나타났다.

라틴아메리카 지역에서 지역 모델 차원에서 가장 쉽게 온실가스를 완화할 수 있는 부문은 가축 부문으로 여기에는 동물 생산성의 개선과 사료요구 개선을 위한 첨가물 이용, 가축 생산 시스템의 강화 등이 포함된다.[45, 46] 2020년까지 가축 부문을 통해 축적될 감축 잠재성은 연간 약 90Mt CO_2e으로 전망되며 이는 가축 부문의 기조선(baseline) 배출의 약 10%에 해당할 것으로 보인다. 농작물 부문에서 감축 잠재성은 절대적인 기준으로 상당히 낮으며(연간 약 15.5Mt CO_2e), 동시에 무경작 농업으로부터 발생하는 이산화탄소 배출(상당히 잠재성이 크고 가장 낮은 비용 옵션)과 다른 온실가스 배출(예를 들어, 아산화질소) 사이에서 나타나는 복잡한 상호작용이 존재한다. 이러한 상호작용을 신중히 고려해 보면 이 지역에서 가장 쉽게 접근해 효과를 볼 수 있는 분야는 무경작농업의 도입으로 아르헨티나의 경우 옥수수와 밀에 멕시코의 경우는 옥수수 경작에 적용 가능하다.[47]

많은 농업 부문에서의 완화 옵션들은 다른 부문에서와 마찬가지로 부정적인 비용을 지니고 있으며 동시에 어떤 중요한 비용들이 생략되었는지, 또는 정책의 적용과 채택을 위한 장벽들이 존재한다면(그림 6.14a/6.14b), 이런 요소들을 포함해서 비용 예측이 되었는지 등에 대해 평가하는 것은 어려운 일이다.[48] 좀 더 포괄적인 정책의 채택이나 이행을 막는 장벽 그리고 시장 실패 등의 요소들을 고려한다면, 온실가스 완화 잠재성에 대한 좀 더 완벽한 그림을 그릴 수 있으며 이를 위한 향후 연구는 반드시 필요하다.

실질적인 잠재성은 기술적인 잠재성보다는 훨씬 낮은데 이는 높은 이행 비용과 여타 다른 경제적, 사회적 그리고 정치적 장벽들 때문이

그림 6.14a 라틴아메리카 지역의 가축 부문 배출 저감의 한계감축비용
그림 6.14b 라틴아메리카 지역의 토양 관리를 통한 배출 저감의 한계감축비용

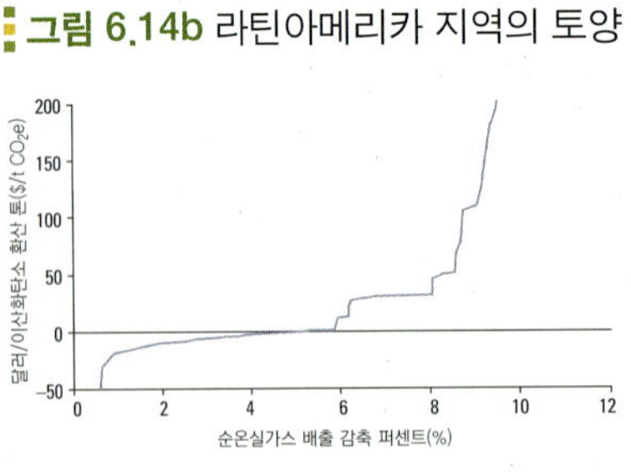

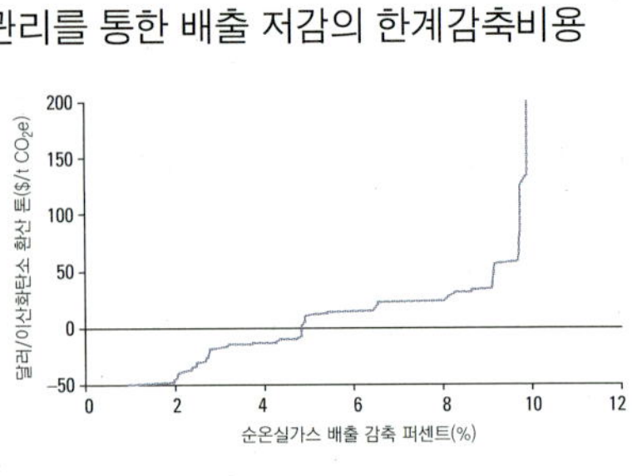

출처 : Beach et al.(2008)/U.S. EPA Personal Communication(2009).

다. 농업 부문 범위 내에서 이러한 감축 이행은 특히 어려운데 이는 시간 탄소격리 그리고 배출(배출 감축의 지속성)에 따른 프로필 평가 그리고 감축의 실질적인 확인이 어렵고 복잡한 생물학적 과정 및 피드백 메커니즘에 대한 불확실성이 존재하기 때문이다. 특히 누출의 문제는 온실가스 배출 상한제를 채택하고 있는 지역에서 이러한 제한이 없는 지역으로 이동함으로서 발생하기도 한다. 높은 모니터링 및 거래 비용의 발생 경우는 이행을 위한 아주 특별한 장벽들이다. 농업에 있어 큰 모니터링 비용의 문제는 여전히 논쟁 중에 있는 반면에, 혁신적인 기술적 해결점(원격탐사, 토양용적밀도 조사와 같은) 그리고 측량 방법 같은 경우들은 기술의 발전과 더불어 이러한 장벽들을 완화시킬 수 있다. 거래 비용은 - 혹은 농부가 배출 완화 관행의 변화를 통해 얻는 돈의 양 - 여전히 엄청난 도전으로 남아있으며, CDM의 탄소 시장 가격에서 큰 부문을 차지하고 있다. 왜냐하면 거래 비용은 계약의 크기에 따라 줄어드는 경향을 보이며, 소규모의 자작농들에게는 이러한 프로그램 참여가 지속적으로 높은 장벽으로 존재하기 때문이다. 소규모 자작농들에게 있어 거래 비용은 탄소의 시장 가격에서 약 4분의 1에 이를 것이다.[49] 이러한 관점에서 생산자 조직의 창출 및 소규모 자작농 협력체 구축들은 이러한 장벽을 극복하는 좋은 방법이기도 하다.

분뇨폐기물로부터 발생하는 배출의 감소와 토양의 탄소격리는 상당할 정도로 높은 수준의 완화 잠재성을 갖고 있으며 이에 대한 추가적인 연구는 반드시 필요하고, 지방 조건들에 맞는 실천과 적응은 물론, 기술적 측면에서 전 지구적 차원의 공유가 요구된다. 비록 CDM 프로젝트가 토양에 있어 탄소격리를 지원하고 있지는 않지만, 캐나다 그리고 미국 등에서는 탄소상쇄(carbon offset: 배출된 이산화탄소의 양만큼 온실가스 감축활동을 하거나 환경기금에 투자하는 것) 시장에서 새로운 무역 아이템으로 등장하고 있다. 이러한 경험들은 결국 미래 탄소거래제에 중요한 역할들을 할 것이며 라틴아메리카 지역에서도 중요한 환경 비즈니스 기회들을 제공할 것이다. 무역과 거시경제에 대한 비-기후 유엔(UN) 협정서들로부터 개별 정부들의 환경정책들 그리고 국제 시장에서 농작물에 대한 상대적인 가격 변화 등 이 모든 이슈들은 토지이용 변화는 물론, 농업 부문에서 온실가스 배출과도 많은 관계를 가지고 있음을 이해해야 한다.

토지이용 변화와 산림-라틴아메리카 완화의 축

토지이용 변화 그리고 산림은 단일 부문들로 이 지역의 온실가스 배출에서 가장 중요한 원천들이다. 이 부문에서 배출량의 절반 이상은 브라질로부터 발생하며 뒤를 이어 페루 그리고 베네수엘라(브라질 배출량의 7분 1 미만)가 수위를 다투고 있다. 1960년대 이후 많은 농작물 생산의 증가와 산림 개간은 빠른 속도의 산림 황폐화 현상을 브라질에 가져다주었고 아시아를 포함해 열대 산림 지역에서의 온실가스 배출량 증가를 부추겼다. 1990년~2001년 사이 라틴아메리카 지역에서 65%에서 69%에 이르는 총 산림 벌채 증가는 브라질에서 발생했다(그림 6.15a/그림 6.15b).[50]

최근 평가들에 의하면 라틴아메리카 지역에서 토지이용변화 및 산림으로부터 발생하는 배출은 다소 줄어들었다는 분석을 하고 있지만 브라질의 경우만 해도 어느 정도 그리고 어떠한 경향으로 줄어들고 있는 지에 대해서는 다소 명확하지 않다(Houghton 2008).[51] 토지이용 변화로부터 배출에 대한 유용한 평가는 산림 벌채율 예상에 대한 큰

그림 6.15a 산림벌채로 인한 탄소 배출

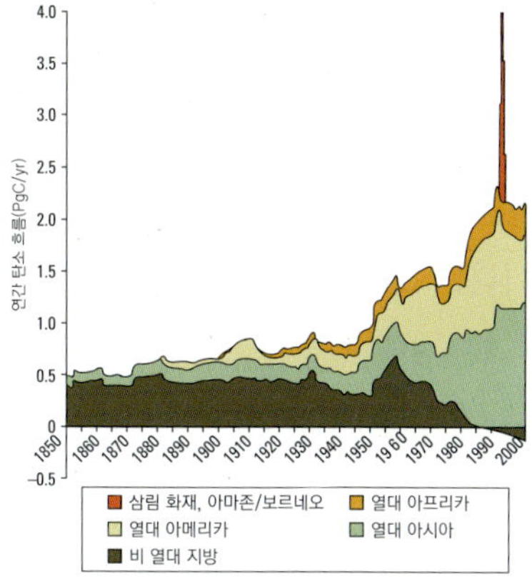

출처 : Beach et al.(2008)/U.S. EPA(2008)/ Houghton et al.(2005b).

주 : PgC/yr = Petagrams of carbon/year

그림 6.15b 아마존의 연간 산림벌채: 1990~2001

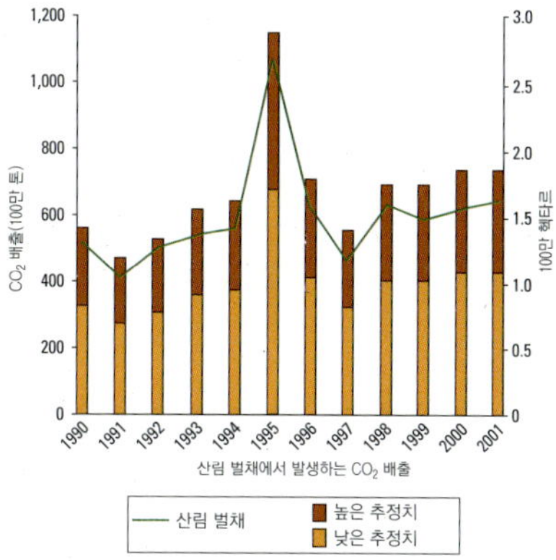

출처 : UNEP(1999); La Rovere(2000); Cramer(2004).

오차범위가 존재하고, 심지어 목재 제품의 최종 사용에 의존한 배출의 수준 평가처럼, 이를 어떻게 탄소 배출로 해석하고 분석할 것인가라는 불확실성이 존재한다. 산림 벌채로부터 진정한 배출의 수준 평가에 대한 불확실성으로 인해 분석가들은 종종 라틴아메리카 지역의 다른 부문에서 발생하는 배출을 축소 해석하는 경우가 많으며, 미래에 혹은 현재 증가하고 있는 에너지부문의 배출과 비교하기도 한다.

앞에서 언급했듯이, 이 지역의 토지이용변화와 산림과 관련된 완화 잠재성은 상당히 크다. 에너지소비 부문에 대한 적당한 정책 이행과 프로젝트 진행은 이 부문에 대한 완화 잠재성을 높이는 좋은 기회를 제공하는 한편, 이 지역에서 온실가스 감축에 가장 강한 잠재성을 가지고 있는 부문은 산림벌채 및 여타 다른 토지이용 변화로부터 발생하는 배출의 감소에 있다. 이미 몇몇의 국가들에서는 산림 벌채를 축소하기 위한 몇몇 정책적 접근을 하고 있다. 하지만 대두 생산의 증가, 혹은 소고기 가격의 상승 등의 경제적인 이유들은 산림 보존 정책들을 압도하고 있는 형국이다. 산림 벌채와 토지 악화를 피하기 위한 국내 및 국제적 정책의 도입과 이행은 미래 이 지역의 온실가스 감축에 많은 도움을 줄 수 있으며 이는 이 지역의 기후변화 완화를 위한 가장 큰 정책적 선호를 보여야 할 것이다.

효율적인 국내 산림 정책이 완화 노력의 초석

라틴아메리카의 많은 국가들은 산림 부문에 대한 좋은 법들과 규제 조치들을 계획해 오고 있지만, 이러한 제도들을 효율적으로 활용하고 이행해 궁극적으로 산림 보존이라는 목적을 달성하기에는 여전히 많은 도전에 직면해 있다. 산림지의 관리 문제는 토지 소유권, 산림 지역 이용의 규제 그리고 지속가능한 산림과 빈곤 사이의 균형 유지 필요성 등의 아주 복잡한 이슈들과 얽혀 있다. 산림 정책의 효율적인 이행은 또한 사회적 갈등을 유발하는데 예를 들어, 산림지 이용에 대한 정부의 규제는 종종 산림소득에 의존해야 하는 지방 공동체들의 재정에 부정적인 영향을 주기 때문이다. 또한 산림 정책의 이행은 높은 수준의 경제적 비용을 유발시키며 동시에 산림 규제 강화나 모니터링의 필요성에 의해 인적 자본 수요가 발생한다. 경제적 그리고 사회적 관점에서(기회비용의 고려와 산림 규제에 대한 사회적 영향 포함) 특별한 산림관리 전략 및 이의 프로젝트 가능성 평가는 한 국가의 산림 정책 발전을 위한 중요한 요소 중의 하나이다. 또 다른 아주 중요한 요소는 이러한 정책들을 이행할 '제도적 능력(institutional capacity)'의 배양이다.

공유림의 산림 보호 지역 관리와 사유림에 대한 규제된 허가 방식 등, 이 두 가지 방식의 산림 관리는 공공 정책 관리 차원에서 중요하다. 사유림의 경우는 지방 공동체, 지방 정부들 그리고 개인적인 소유자들에 대한 관리 영역을 포함한다. 상대적으로 적지만 동시에 점점 이 영역에 대한 관리의 중요성은 이 지역에서 발생하고 있는 탈중앙화를 통한 지방 정부 역할 증대, 원주민 공동체의 이익 증가(특히 원주민 공동체들의 토지 소유권 인식 증가) 등을 통해서 점증하고 있다. 라틴아메리카 지역의 사유림의 몫은 이미 다른 지역의 사적 산림 소유권 비율을 한참 넘어섰다. 세계 평균 13%에 비교해, 중앙아메리카는 56%, 남미 지역은 17%(브라질 예외), 카리브 지역은 15%에 이르고 있다.[52] 멕시코의 기초 공동체 산림 관리 방식은 세계 어느 지역과도 비교가 안 될 정도의 규모로 성장했으며, 멕시코 산림의 4분의 3정도가 이러한 공동체 소유(에히도: ejidos), 혹은 원주민 공동체에 의해 소유 및 관리되고 있다.

오늘날 산림은 산림지와 수목에 대한 토지 소유권 차원에서 관리되고 있는데, 최근의 연구에 의하면 다양한 유형의 산림 소유권이 존재하며 이를 통해 산림이 관리되고 있음을 알 수 있다. 예를 들어, 공동체 소유 산림의 경우는 탄소격리와 공동체 삶의 혜택이라는 양쪽 모두의 성취를 위해 공동체의 통제 하에 개인 산림 지역이 증가하고 있으며 산림 관리에 대한 지방 공동체에 엄청난 자율권을 부여하는 것은 물론, 이들에게 산림 이용의 감소를 위한 보상을 제공하고 있다.[53] 사유림의 경우는, 성공적이고 혁신적인 접근을 통해 기존의 규제보다는 경제적 기제로 전환이 발생하고 있는데, 예를 들어 브라질 아마존의 '이동 가능한 산림의무' 그리고 '환경서비스 프로그램에 대한 지불' 등의 정책에서 확인된다. 이는 보호지역에 대한 국가적 차원의 관리는 더욱 효율적일 수 있는데 이를 통해 충분한 관리 인력의 확보, '페이퍼파크(paper park)'에서 '워킹파크(working park)'로 전환 그리고 지방 거주민들의 직업 창출 등에 영향을 주기 때문이다.[54] 그럼에도 불구하고 종종 이러한 보호 지역에 대한 관리 재원은 지원되지 않고 있으며 결과적으로 산림 벌채는 끊이지 않고 지속되고 있다.

다른 관점에서 보면, 엄중한 규제 강화 정책은 산림 공동체들에게 역효과를 낳기도 하는데, 예를 들어 산림 규제 강화는 종종 이들 공동체들의 산림을 통한 생산을 금지하게 함으로써 공동체 소득에 악영향을 주기 때문이다. 이와 더불어 산림 공원 창출에 대한 경제적 그리고 사회적 비용은 종종 새로운 경제적 기회들과는 반대의 결과를 낳기도 한다.

산림 부문이외에 에너지와 농업 정책, 도로 건설 그리고 대형 인프라 프로젝트 등에 대한 정책 개발이나 투자도 산림 자원에 큰 영향을 미칠 수 있다. 농업과 벌목 활동을 위한 새로운 산림 경계를 개방 및 도로건설 등은 가상 중요한 산림 벌체 증가의 원인들로 작용한다. 농업생태 영역 지정은 도로 건설을 통한 산림벌채 압력을 완화시켜줄 수 있는 방법들 중의 하나이다. 참여적 형태의 농업 생태 영역 지정은 계획 과정에서 그리고 초창기부터 그 지역이 가지고 있는 생물다양성에 대한 정체성 확인, 인프라 선호도 결정 및 다른 개발의 차별성 등을 염두에 두고 진행되어야 하며 이를 통해 경제 성장과 보존의 목적이 균형감 있게 고려되어야 할 것이다.

브라질의 토지이용 변화 부문에서 온실가스 감축을 위한 모델링 노력은 다양한 국내 정책의 조합에 의해 진행되었다. 좀 더 나은 도로 건설 계획, 농업생태 영역 지정과 확대, 보호지역 (매우 중요한 사적 토지들 포함)에 대한 보존 목적의 효율적 강화 등의 정책적 조합을 통해 브라질은 산림 벌채 부문에서 발생할 미래 온실가스 배출량을 절반까지 줄일 수 있을 것이다.[55] 아마존의 농업 생태적 그리고 정책적 모델의 조합의 결과는 아마존의 산림 벌채 비율이 얼마나 정책적 시나리오와 가정들에 의존적인지를 잘 보여주고 있는 사례이다. 여기에는 엄격한 보존의 노력들로 보존 지역 네트워크의 확대, 사적토지에서 보존림 요구에 대한 입법 순응, 아마존 지역에서 도로 건설 및 포장 등에 대한 정책적 조합이 포함된다.

농업 확대에 대한 최근의 추세를 반영해 전망해 보면(배출전망치 시나리오 추정), 2050년에 이르러 아마존 산림의 총 40%(탄소를 대기에 32+/-8 Pg 발산으로 이는 최근 세계 연간 탄소 배출 4년 분량과 동일 가치)가 제거될 전망이다.[56] '거버넌스' 시나리오에 의하면 사적 토지에 의무적인 산림 보존 강화, 토지 이용에 농업 생태 영역 지정, 보호지역 네트워크 확대, 도로 포장에 의해 초창기에는 산림 벌채가 증가하지만 시간이 지남에 따라 감소할 것으로 전망되고 있다. '거버넌스' 시나리오에 의하면, 아마존 산림은 처음 초기 면적의 53%인 3백 20만 평방킬로미터와 비교해 2050년에는 산림 면적 4백 50만 평방킬로미터만 남아있을 것으로 전망된다(배출전망치 BAU 기준). '거버넌스' 시나리오에 의하면 산림 벌채로부터 탄소 배출은 약 15+/-4Pg까지 감소할 것으로 전망되고 있다(그림 6.16 참조). 위와 같은 시나리오들과 그리고 이들의 분석을 통한 계산들은 기후변화 영향의 극단적인 시나리오 혹은 아마존의 미래 붕괴 같은 전망은 전혀 고려하지 않고 있다.

모든 시나리오가 일치하여 주장하고 있듯이, 비록 다른 토지이용 옵션들과는 상대적으로 덜 매력적이지만 다층 부문 접근만이 산림 전환을 만들어 낼 수 있으며 특히 이 부문에서부터 기인하는 다양한 압박을 줄일 수 있다고 주장한다. 하지만 맞춤식 정책 해결 방식도 반

그림 6.16 아마존 지역에서 강력한 보존정책으로 인한 배출 감소

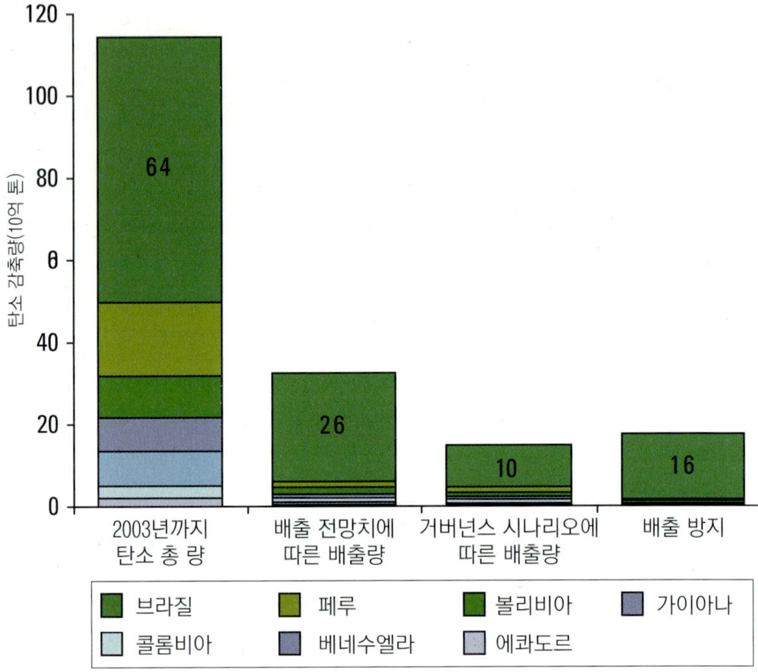

드시 요구되는데, 이는 각국들 마다 서로 상이한 사회적 혹은 경제적 조건들과 그리고 산림 자원의 상태 등에서 차이가 나기 때문이며 이런 조건들을 보다 상세하게 고려한 맞춤식 접근도 때에 따라서는 더욱 효율적이기 때문이다. 이와 관련해 라틴아메리카 지역은 매우 폭넓은 범위의 상황들을 제공해 주고 있다. 산림 벌채율이 높은 국가인 니카라과, 순 재조림에 성공 사례인 코스타리카, 그리고 역사적으로 낮은 산림 벌채 경험을 가지고 있는 가이아나까지 다양하다. 종종 농업은 이 지역의 산림 벌채 증가의 가장 큰 원인이 되거나, 때로는 광범위한 축산업 장려 정책 인센티브의 결과로서 혹은 농작물 경작 확대의 결과로서 벌채는 증가하기도 한다. 여기에 이 지역의 여러 국가

들에서 나타나는 분명치 않은 토지 소유권도 벌채 증가의 원인으로 기능하기도 한다. REDD와 특별히 관련성이 있는 이슈들 중에, 모니터링 능력 강화를 위한 기술과 인적 자본, 산림 관리 노하우와 능력 등은 이 지역 각국들마다 상이하다. 따라서 각국들의 요구에 맞는 정책들의 조합은 향후 지역 차원의 '산림-기후 결합(forest-climate nexus)' 모델을 만드는데 중요하다. 세계은행이 REDD 문제를 다루면서 각국들의 능력 배양에 도움을 주고자 구상한 '산림탄소 파트너십 기금(FCPF)'의 경우가 대표적인 사례로, 각국들의 상이점들을 인식한 후 맞춤형 해결책으로 기금을 조성했다(Box 6.9).

Box 6.9 FCPF를 활용한 맞춤형 해결 및 지원

'산림탄소 파트너십 기금(FCPF)'은 라틴아메리카 각국들 중 적어도 10개국을 포함(아르헨티나, 볼리비아, 콜롬비아, 코스타리카, 가이아나, 멕시코, 니카라과, 파나마, 파라과이 그리고 페루)한 개발도상국의 산림관리 부문 능력배양을 위해 조성되었다. 특히 REDD 프로젝트 진행에 있어 긍정적인 인센티브 제공을 통해 미래 시스템으로부터 혜택을 제공하기 위한 의도로 만들어졌다. 능력배양의 일환으로서 이들 각국들은 산림 벌채와 산림 황폐화로부터 온실가스 배출 감축을 위한 국가전략 마련, 이의 정책적 채택에 도움을 받을 수 있다. 라틴아메리카 각국들의 준비 계획상으로 FCPF에 대한 참여는 프로그램이나 혹은 다양한 활동을 통해 진행되는데 다음과 같은 범주 내에서 참여가 기대되고 있다. 즉 1) 일반 경제 정책과 규제, 2) 산림 정책과 규제, 3) 산림 보존을 위한 경제적 메커니즘, 4) 농촌 개발 프로그램, 5) 사회 프로그램이다.

1) REDD를 위한 일반 경제 정책과 규제의 사례는, 콜롬비아의 산림 벌채의 원인이 되는 부문의 왜곡된 인센티브 제거의 신중한 고려를 포함해 가이아나의 광산이나 도로 개발에서 덜 파괴적인 관행 개선 의지, 마지막으로 멕시코의 농업이나 교통 부문에서 산림 보존 정책의 결합 노력 등이 포함된다.

2) 산림 정책과 규제 범주는 라틴아메리카 지역 대부분에 REDD 프로그램과 활동들의 이행과 관련이 있다. 아르헨티나, 멕시코 그리고 니카라과에서는 대안적인 산림 관리 실천을 통해 산림 의존 공동체들의 대안적인 삶 창출에 기여하고 있다. 볼리비아와 멕시코는 공동체 산림 개선을 추진 중이고, 콜롬비아와 가이아나는 벌목의 영향을 낮추는 데에 노력하고 있으며, 코스타리카, 가이아나, 멕시코, 니카라과 그리고 파나마는 재조림에 대한 인센티브 제공과 자연 산림 보존에 힘을 쏟고 있다. 코스타리카와 멕시코는 보호 지역에 대한 그들의 시스템 관리 보호의 강화 필요성을 인식하고 있으며 여타 다른 국가들도 좀 더 나은 산림법 강화 필요성을 강조하고 있다. 파라과이는 산림 관리를 탈중앙화시켜 지방 정부들에게 힘을 주는 한편, 산림 자원의 보존과 지속가능한 이용을 주요 정책 목표로 하고 있다. 가이아나는 불법적인 벌목 감축을 위한 통나무 꼬리표 붙이기, 혹은 추적 시스템을 강화하고 있다.

3) 이 지역의 다양한 유형의 산림 보존을 위한 경제적 메커니즘들이 현재 도입되었거나 혹은 준비 중에 있다. 코스타리카와 멕시코는 보호, 재조림 그리고 산림 재생을 위해 지속적으로 환경 서비스 지불에 의존 중이며 콜롬비아도 이를 도입할 예정이다. 가이아나는 산림사용허가(forest concession) 제도를 이용하고 있고 파나마는 자연보호채무상계제도(debt for nature swap)의 경험을 확대할 것이며, 볼리비아는 매매 가능한 산림 벌채 허가와 이에 대한 실험을 고려 중에 있다.

4) 농촌개발 프로그램 관점에서 볼리비아는, 가축 방목에서 보다 효율적이고 덜 파괴적인 대안으로 그리고 고지대 거주민들의 소득 발생과 저지대 아마존 지역의 배출 완화를 위해 임축업(silvopastoral) 시스템을 도입했다. 가이아나의 경우, 에코투어리즘 강화와 산림 벌채 감소를 위해 비-목재 산림 제품들을 이용한 수공예품 개발, 수공재배, 농촌전화 방식 등을 제안했다. 파나마의 경우는 토지 행정 시스템을 개선하고 지방 정부 수준에서 투자 프로젝트들을 지속하는 한편, 페루는 몇몇의 REDD 파일럿 프로젝트들을 진행하면서 빈곤 해결 가능성을 타진하고 있다.

5) 마지막으로 라틴아메리카 몇몇 국가들이 도입한 사회 프로그램들은 REDD 관점에서 직접적으로 혹은 간접적으로 혜택을 제공할 것으로 보인다. 아르헨티나의 경우, 산림지에 대한 소유 권리를 원주민 공동체 혹은 농촌 공동체에 부여해 원주민들의 국내이주를 중단시킬 것을 제안했다. 볼리비아의 경우는 농촌 공동체 및 원주민 공동체들에 의한 비-목재 산림자원, 야생동식물 그리고 환경서비스의 지속가능한 이용을 위한 개선안을 제안했으며, 이는 이들이 전통적으로 지니고 있는 지식, 이용 그리고 관습에 근거해 이행되어야 한다는 기본인식을 가지고 있다. 가이아나는 아메리카 원주민 공동체의 참여를 유도해 그들의 토지권이 지속가능한 방법으로 이용되도록 할 예정이다. 파나마는 지속적으로 Ngöbe Buglé 지역에서 지속가능한 농촌발전 프로그램을 진행 중이다.

라틴아메리카의 몇몇 국가들은 산림 보존 부문에서 인센티브에 기초한 지불 계획을 이행하고 있는 세계적인 선도 국가들이다. 1996년 코스타리카는 '산림법7575'를 통과시켜 산림 생태계가 가치 있는 생태 서비스를 발생시킬 것이라는 인식을 통해 산림지 소유자들에게 이러한 서비스를 매매할 수 있는 법적 제도를 마련했다. 결과적으로 수많은 계약서들이 산림재정 국가기금(NFFF)에 의해 중재되었다. 토지소유자들에게 있어 대부분의 이러한 지불은 수문 환경 서비스와 강 유역 보호 분야에서 발생했으며 대부분의 재정 지원은 수력발전 회사들 또는 시정부들에 의해 이루어졌지만, 유용한 새로운 재정지원은 조림과 재조림 활동을 위한 CDM 프로젝트, 또는 REDD 지불에 의해 이루어질 것이고 향후 코스타리카에 매우 유용하게 작용할 것이다(Pagiola 2008). 대규모로 코스타리카는 현재 산림을 통한 환경 서비스 지불의 세계적인 선도 국가가 되었다. 멕시코의 ProÁrbol 프로그램의 경험(Box 6.10)은 토지 이용자의 참여 잠재성을 높이는 데

Box 6.10 멕시코의 ProÁrbol을 통한 산림 보호를 위한 지불

2003년 멕시코 정부는 수문 환경 서비스 지불 프로그램을 제도화했다. 폭넓은 범위에서 이 프로그램은 산림의 환경적 서비스 지불을 돕기 위한 프로그램으로, 부분적으로는 산림에 대한 지원 프로그램인 ProÁrbol이 구상되었다. 이를 통해 2008년에 초반에 1백 40만 헥타르의 산림이 보존 지역으로 계약 서명되었으며, 이후 증가하는 양으로 분석하면 약 2백만 헥타르가 보존 지역으로 변경될 예정이다. 이 프로그램은 현존하는 산림을 보존하는 토지소유자들을 지원하는 방식으로 주로 수자원 관리와 관련해 서비스 지불이 이루어진다. 지불 방식은 사후 지불 방식으로 산림에 대한 보존이 확인되면 이후 지불이 된다. 보존 계약은 5년이며 이후 조건부로 재계약도 가능하다. 지불은 전국적으로 동일하게 통일되어 지불된다. 다양한 유형의 최저임금 지불 방식으로 지불되며 운무림 보존의 경우에는 연간 헥타르 당 40달러에 달하며, 다른 산림의 경우는 30달러가 지불된다. 상대적으로 주의력 있는 준비와 초창기의 좋은 프로그램 디자인 및 의도에도 불구하고, 이 프로그램은 종종 엄청난 정치적 압력을 받기도 한다. 예를 들어, 대수층이 과도하게 개발된 일정 지역에 대한 지불 관련 당초의 지역 결정은 점점 정치적 배려로 인해 몇몇 특정 주로 집중되는가하면, 혹은 시간이 지남에 따라 초기 결정 기준은 점점 변화해 지불해야하는 영역이 점점 넓어져 마침내 전국으로 확대되거나, 동시에 수자원 서비스와 관련된 상대적 중요성은 점점 사라져 이후에는 관련이 없는 영역으로까지 지불 조건들이 확대되었다. 프로그램은 또한 비-재정지원 명령(위임 혹은 권한)의 수단으로 이용되기도 했는데, 예를 들어 멕시코는 '비슈케크 마운틴 정상회의(Bishkek Mountain Summit)'에서 산지의 보존에 대한 정부지출 증가를 약속하기도 했다. 결과적으로 적어도 초창기의 대상 선택은 잘못되었다(Muñoz et al. 2008). 2003년에서 2005년 사이 90% 이상의 계약 하에 있는 산림 지역에서 대수층은 균형 상태에 있었거나 미개발 대수층 지역이었으며, 72% 이상이 산림 벌채 위험이 낮거나 위험 발생 가능성이 거의 없는 지역이었다. 이에 대한 좀 더 최근의 평가는 유용하지도 않지만 이러한 경험은 결국 프로그램 이행의 효율성 확보에서 가장 중요한 선호 기준이 높은 산림 벌채 위험이라는 것을 상기시켜 주었다. 평등의 논리에 맞게 통일된 방식의 지불에 대한 정치적인 요구는 지불 수준에서 개별적으로 다른 지방의 조건들과는 맞지 않는다는 교훈을 낳았다. 몇몇 지역에서 지불은 기회비용보다 더 많이 이루어졌고(결과적으로 기금 허용 한도보다는 참여 수준이 더 높았으며), 여타 다른 몇몇 지역에서는 기회비용보다 덜 지불되었다(결과적으로 참여의 한계를 경험).

에 얼마나 매력적인지를 잘 보여주고 있다. 하지만 이러한 프로그램 활용을 위해서는 아주 조심스러운 디자인은 물론 외부의 정치적 압력을 어떻게 효과적으로 방어해야 하는지를 잘 보여주고 있다. 가이아나의 보존은행 계획(Box 6.11)은 또 다른 의미심장한 사례이다. 만일 이러한 계획이 성공한다면, 이는 다른 지역에도 상당히 긍정적인 영향을 보일 것으로 전망된다.

Box 6.11 산림벌채 감축과 생물다양성 보호를 위한 보존은행

산림 벌채를 줄이는 혁신적인 조치 중 하나로서 가이아나 대통령인 바라트 하그데오(Bharrat Jagdeo)는 '경제적 지원을 보상으로 국가의 모든 열대 우림 지역의 관리를 영국 정부에 양도하는 안을 제안했다(가이아나 토지의 80%에 달하는 약 1천 8백만 헥타르에 달하는 산림 지역의 양도). 여전히 이 제안은 협상 중에 있는 한편, 최근 가이아나 정부는 일종의 투자 그룹인 Canopy Capital 사와 371,000헥타르에 달하는 아위오크라마(Iwokrama) 산림보존 지역에 대한 제한된 협상을 마쳤다. 상세한 협상 내용은 공개가 되지 않았지만 기본적으로 이 협상은 아위오크라마(Iwokrama) 지역의 산림보존에 대한 연구와 보존 프로그램에 연간 120만 달러를 5년 간 투자하고, Canopy Capital 그룹은 부분적으로 산림의 생태계 서비스에 대한 '소유권'을 갖기로 합의했다. 이는 결국 미래 환경적 서비스 지불로부터 발생하는 수익금의 16%를 갖는 권리이며, 80%는 지방 공동체에게 그리고 나머지 4%는 현재 19개국, 29개의 과학기관들이 참여하고 있는 Global Canopy 프로그램으로 배당된다는 합의이다. 이와 비슷한 협상들이 다른 개발도상국에서도 진행되고 있는데, 예를 들어 인도네시아의 수마트라 섬에서 메릴 린치(Merrill Lynch)는 9백만 달러의 투자를 통해 탄소신용의 매매로부터 발생하는 최종 수익을 기대하고 있다. 말레이시아의 '야생보존 은행계획'은 시드니에 본부를 둔 투자회사인 New Forests사에 의해 설립되었으며 향후 '생물다양성 신용'의 판매로부터 발생하는 수익 중 약 15%에서 25% 사이의 혜택을 기대하고 있다. 이러한 계획들은 결국 공식적인 탄소시장 밖에서도 재정 자원을 발생시키는 산림의 잠재성을 강조해 주고 있다.

국내 정책을 통해 온실가스 감축 달성 규모는 기술적 잠재성이나 산림과 토양의 생물물리적 특성들 그리고 경제적 요인들에 의존하는 경우가 많다. 산림 보존 조치 이행 비용 그리고 이 부문에서 온실가스 감축의 성공을 위해서도 대략적으로 산림을 다른 대안적 이용으로 전환하는 것 보다는 토지를 산림 하에 두고 관련된 기회비용을 활용하는 편이 좋다. 물론 이런 최근의 대안적 토지이용 및 이의 기회비용에 대한 평가나 분석의 불확실성 그리고 이러한 평가들에 대한 높은 수준의 공간적 이질성이 여전히 존재함에도 불구하고, 동시에 다소 거칠고 명확한 수준의 분석은 아니지만, 이는 정책 결정자들에게 산림보존 관련 비용 발생과 같은 데이터 혹은 정보를 제공함으로서 유용한 가이드 역할을 할 수 있다.

신규조림과 재조림을 통한 완화 잠재성

잠재적으로 그리고 전 지구적 수준에서 토지이용 변화 부문에 대한 기후변화 완화 노력들 그리고 이를 가속화시키는 일은 산림 벌채 및 산림 악화를 막고, 적어도 새로운 조림과 재조림 활동들을 통해 배출을 줄이는 노력을 강화시킨다. 이러한 유형의 활동들에 대한 평가는 토지의 유용성 평가 그리고 잠재적인 탄소격리 혹은 유용한 토지로부터 잠재적인 탄소보유를 평가 분석하는 일이다. 후자의 경우는 대부분 생물물리학적 사항들, 즉 토양유형, 강우량, 고도 등과 식물의 유형 등에 상당히 의존적이며 평가 시에는 이런 사항들을 더 많이 고려해야 한다. 이 지역의 상향식 모델에 대한 문헌조사를 보면, IPCC의 경우 라틴아메리카 및 카리브 지역의 산림 활동들(신규조림/재조림 그리고 감소한 산림 벌채)의 경제적 잠재성은 2040년까지 연간 500Mt CO_2

그림 6.17 각국별 CDM-A/R 영역 잠재성(헥타르, 보호지역에 대한 고려 없음)

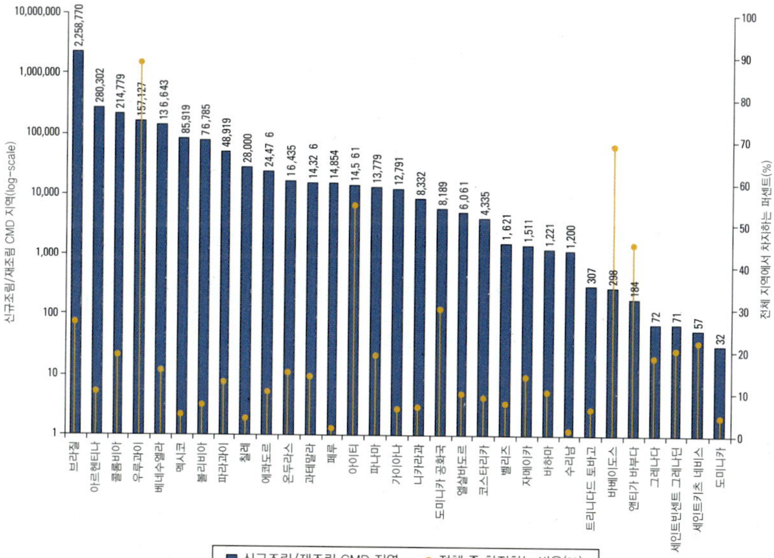

출처 : ENCOFOR CDM-AR 온라인 분석 도구. http://www.joanneum.at/encofor

주 : 아르헨티나와 도미니카공화국은 비슷한 잠재성 수치를 보이고 있으며 이는 온라인 분석 도구가 실질적인 임계 수치들, 각각 22.5 그리고 29에 대한 적용을 허락하지 않은 결과가 발생했음을 밝힘.

로부터 1,750Mt CO_2까지(가격이 20달러/tCO_2라는 가정 하에) 다양한 범위를 보일 것으로 전망하고 있다. 특히 라틴아메리카 지역의 신규조림/재조림(A/R) 활동을 위한 토지의 유용성은 340평방킬로미터로 예상되는데, 대부분이 브라질에 존재한다. 다른 국가들을 예로 들자면 우루과이 그리고 몇몇의 카리브 국가들의 경우에도(적어도 그들의 대응 영토의 비중 차원에서) 경제적 잠재성은 크다(그림 6.17).[57]

산림 벌채 방지 비용과 REDD의 완화 잠재성

REDD를 통한 완화 잠재성의 실증적인 평가는 산림벌채 방지에 대한 기회비용을 계산하는 데에 집중되어 왔다. 이러한 목적으로 지금까지 서로 다른 3가지 접근 방식이 이용되어 왔는데: 지방/지역 실증연구; 스턴 리뷰(Stern Review)처럼 전지구적 실증 연구; 그리고 공급곡선에서 파생되는 산림과 다른 부문들에 대한 전지구적 시뮬레이션 모델(예를 들어, 농업 그리고 몇몇 경우에는 에너지 포함)이 그것들이다(Boucher and Reddy 2007). 23개의 서로 다른 지방 모델들에 대한 결과가 제안하는 바와 같이 산림 벌채를 줄이고 배출량을 감축하기 위한 비용은 2.51달러 /tCO_2가치 기준으로 계산해 보면, 범위가 tCO_2당 0달러에서 14달러에 이른다. 스턴 리뷰(Stern Review)에 의하면 산림벌채 부문(지역 차원)에서 46% 배출 감소가 발생할 것이며, 비용은tCO_2당 1.74달러에서 5.22달러의 범위 안에서 가능한데 이는 지방 연구들의 평균값보다는 다소 높은 38%에 이르고 있다. 전 지구적 모델의 결과는 배출 감축을 위한 톤당 가격이 상당히 높게 나타나 있고 비용의 범위는 6달러/tCO_2에서 18달러/tCO_2로 산림벌채 감소율은 역시 46%이다.

표 6.8 라틴아메리카 및 카리브 지역의 산림벌채 방지를 통한 경제 잠재성

연구	지역	산림벌채 방지 비용 (달러/tCO_2)	산림벌채로부터 배출량 감소
Sohngen and Sedjo(2006)	남미 중미	27.2 27.2	2050년까지 80,000 누적 tCO_2 2050년까지 22,000 누적 tCO_2
IPCC AR4(2007), <표 9.3> [a]	중미/남미 중미/남미	100 20	2030년에 1,845 tCO_2/year 2030년에 867 tCO_2/year
Strassburg et al.(2008) [b]	브라질, 페루, 멕시코, 콜롬비아, 볼리비아, 베네수엘라, 아르헨티나	5.63	각각 97.5%, 99.8%, 93.4%, 100%, 86.7%, 100%, 88.4%
Sathaye et al.(2008) 전지구적 모델	중미 (멕시코 포함) 남미	34.6 40	이론적으로 CO_2 가격이 너무 높아 소비하려 하지 않는 가격 Choke Price 발생으로 산림벌채 멈춤
Swallow et al.(2007) 지방모델 [c]	페루 (Ucayail 지방)	5	산림벌채로부터 CO_2 배출 90%가 이 가격 밑으로 이익 발생시킴
Obersteiner et al.	중미/남미	19.86 24.48 9.70	2030년 산림벌채 50% 감축 (GCOMAP, DIMA 그리고 GTM 모델 이용)
Nepstad et al.(2007)	브라질 아마존	1.77	산림벌채 방지를 위한 2007년 평균 비용(2017년까지, 한계비용은 다소 높은 편임)

a. GTM(Sohngen and Sedjo 2006), GCOMAP(Sathaye et al. 2007), IIASA-DIMA(benitez-Ponce et al. 2007).

b. 이러한 결과들은 양쪽에서 제안된 인센티브들의 당량(equivalent weight) 시나리오에 의해 계산됨: 각국별 과거 배출과 상세하게 비교/전 지구적 베이스라인과 비교된 국가별 배출 감축($\alpha = 0.5$).

c. 지방 수준에서 산림벌채와 관련된 이득 검토.

서로 다른 모델들과 각자 서로 다른 평가와 결과는 베이스라인의 선택(과거 혹은 예상되는 산림벌채 비율에 기초한 산림벌채 비율)에 의해, 그리고 산림의 탄소 내용에 관한 많은 가정들과 서로 다른 변수들의 다이나믹한 영향력, 마지막으로 부문들에 대한 고려(고정된 모델에서 전 지구적 평형 모델까지), 등에서 기인된다. 특히 예상되는 산림 벌채 비율의 경우는 다양한 변수들을 기초해 계산이 되는데 예를 들어 최근의 산림벌채 추세, 토지이용변화의 주요 요인(도로 혹은 인구성장 등), 토지이용 대안들 등에 대한 변수들이 고려된다. 탄소 내용의 경우는 식생 유형과 탄소 저장(carbon pools)에 관한 일련의 가정들에 의해 결정된다.

REDD의 비용에 영향을 주는 여타 다른 관련된 요소들은 또 다른 유형의 비용을 포함하는데, 예를 들어 누출을 방지하기 위한 안정화 비용 및 거래 비용이 이런 유형에 포함된다. 정보의 비대칭성(잠재적 산림벌채 위치에 대한 지식)은 한계 비용 대신에 가격차별에 근거한 지불 가능성을 결정하며, 이전 활동에 의한 혜택의 고려(예를 들어, 벌목 회사에 의한 세금 납부, 실업으로 인한 소득의 손실 등)도 이런 유형의 비용에 포함된다. 비록 유용한 연구들마다 그리고 핵심적인 매개변수들을 통해 만들어진 가정들마다 상당히 다르지만, 여전히 완화 잠재성 평가에 사용되고 있다. 예를 들어, 탄소계산, 비용, 베이스라인 그리고 분석에서 다른 부문을 포함할 것인지 아닌지에 대한 결정 등이 포함된다. 미래 산림벌채 비율이 큰 지역은 일반적으로 열대 지역으로 특히 아프리카나 남아메리카가 포함된다. 따라서 산림벌채를 낮추는 것이야말로 이들 지역에서는 가장 높은 선호 옵션이다. <표 6.8>은 라틴아메리카 지역에서 REDD 비용에 대한 가장 최근 평가를 요약해 놓은 것이다.

REDD 그리고 A/R로부터 얻을 수 있는 전지구적 혜택과 지역적 편익 사이의 시너지효과

기후변화 완화뿐만 아니라 기후변화 적응에도 산림은 중요한 역할을 한다. 기후변화 완화를 위해 REDD 그리고 A/R의 경우는 자연 생태계 및 경제사회 시스템의 장기적 취약성을 줄이는 기여를 할 수 있으며, 따라서 장기간에 걸쳐 기후변화 적응에 대한 지원도 이루어진다. REDD 그리고 A/R의 경우는 또한 단기적 차원의 기후변화 적응에 기여할 수 있으며, 기후를 회복시키는 지속가능한 발전을 강화해 줄 수 있다. 예를 들어, 습기 흡수, 수자원 흐름의 조절, 토양 안정화와 토양 침식 방지, 토양 비옥도 회복, 목재 및 목재를 제외한 임산품, 장작 등의 공급 증가 혹은 보호, 등에서 많은 기여가 가능하다. A/R을 통해 미래 탄소재정을 얻기 위한 기회 또한 기존의 볼모지의 가치를 증가시키고 있다. 높은 지대는 토지소유자들의 경제적 지위를 향상시킬 것이고 그들의 적응 능력을 강화시킬 것이다(Lal 2004). 이에 더하여 목재 및 목재를 제외한 임산품 생산에 대한 긍정적인 파급효과는 지속가능한 산림개발 측면에서 보면, 각국의 환경적 서비스 공급 분야에서 수위를 차지할 것으로 전망된다(Landell-Mills 2002).

REDD 프로젝트는 상당할 정도의 온실가스 감축이라는 프로젝트의 기본 목표뿐만 아니라, 산림 생태계 보존을 통해 지방의 기후는 물론, 수자원 그리고 가장 중요한 생물다양성 보존이라는 결과적 혜택이 존재함을 염두에 두어야 한다. REDD 완화 활동을 통한 성공적인 생물다양성 보존과 이의 실질적 이행은 관련된 생태계에 대한 관심과 더불어, 활동의 디자인과 이행, 특히나 장소 선택이나 관리 관행 등에 많이 의존적이다. 일반적으로 산림벌채 감소 및 산림황폐화 방지는 생물다양성 보호유지 그리고 기후 혜택, 양쪽 모두와 연관성을 갖는다. 생물다양성 보존은 생태계의 적응 능력을 강화시키고 차례로 기후변화 취약성을 줄인다, REDD와 A/R 활동에서 완화와 적응 사이의 균형이 발생하지 않는다고 말할 필요가 없다. 수자원의 경우, A/R 완화 프로젝트의 적응 효과는 프로젝트가 이행될 지역의 기후적 특징에 의존적이며 따라서 활용될 수종의 구성 등이 조심스럽게 선택되어야 한다. 영국의 산림 리서치 프로그램(FRP)의 연구에 의하면, A/R의 활동들은 많은 관점에서 긍정적인 효과를 내고 있는데, 예를 들어 충분한 수자원을 활용해 토양 보존은 물론, 홍수조절도 하고 있으며 이에 더하여 산림은 강렬한 강우량을 자랑하는 그리고 오래된 건기 특징을 지닌 혹은 수자원이 적은 지역의 평균 수자원 이용률을 증가시키고 있다고 보고하고 있다. 좀 더 과학적인 문서를 통한 보고서들에 의하면 토지와 수자원 관점에서 나무 조림과 농업 사이의 경쟁은 필요하다고 주장하고 있다. 건조 및 반-건조 사막 지대에서 A/R 활동들은 물 생성량을 감소시킬 수 있다. 이는 완화와 적응이 연합해 긍정적인 효과를 거둔 사례 연구로, 향후 A/R 활동계획 수립 시에 많은 가이드 역할을 할 것으로 고려되고 있다(UK FRP 2005). 완화와 적응 사이의 균형유지의 문제에서 또 다른 좋은 사례는 REDD가 능력배양 그리고 탄소재정의 흐름으로부터 취약한 공동체들(만일 이들의 토지에 대한 권리가 공적 그리고 사적 부문에서 인정되지 않는다면)을 제외시킬 수도 있다는 것이다.

현재까지는 완화와 적응 그리고 지속가능한 발전 사이의 상호작용에 대한 체계적인 분석이나 연구들은 그리 많지 않다. 세계은행의 바이오카본 기금(BioCarbon Fund)의 경험에서 알 수 있듯이 이와 같은 시너지 효과에 대한 수량적 접근은 이 분야에 대한 미래 전망이나 향후

이 분야에 대한 잠재 투자자들을 위해서도 중요하다. 4번째 평가 보고서의 결론에서 언급하고 있듯이 완화와 적응 프로그램 사이 시너지 효과를 증진시키기 위한 가이드라인은 교토의정서에 새로운 메커니즘을 등장시키거나 혹은 현존하는 메커니즘을 더욱 신축적으로 발전시켜갈 것이다(Klein et al. 2007). 기후변화 완화 활동들에 적응활동을 체계적으로 통합하거나 혹은 적응의 활동들에 완화 관행들을 통합해 간다면 이 분야에 관련된 투자의 유용성을 극대화할 것이다.

온실가스 감축의 다른 잠재적 혜택

라틴아메리카 지역에 대한 핵심적인 결론 중의 하나는 온실가스 완화 정책 증진을 위한 수많은 형태의 또 다른 비-기후변화 관련 혜택들이 존재한다는 사실이다. 물론 다른 지역에서도 같은 형태의 혜택이지만, 이러한 혜택은 특히 라틴아메리카처럼 산림, 에너지 그리고 교통 부문에서 빠른 속도로 그리고 큰 규모로 증가하고 있는 온실가스 감축에 대한 시너지 효과와 이를 통해 발생하는 혜택이 잘 반영되는 지역에서 더욱 강한 장점을 지니고 있기 때문이다. 이 지역에서 많은 완화 옵션들은 예를 들어 수력이나 혹은 에너지 효율성 분야에서 종종 재정적으로 최소비용으로 가능하다고는 하지만 다양한 규제, 법률 혹은 비재정적 장벽들에 의해 방해를 받고 있다. 라틴아메리카 지역에서 온실가스 완화를 위한 비-기후변화 측면의 동기부여들 중에 에너지안보, 첨단 탄소기술의 록인(lock in: 기존 시스템 대체비용이 어마어마하여 기술 전환을 하지 못하는 상태) 방지 그리고 또 다른 공동 혜택들이 존재한다.

에너지안보

석유 혹은 천연가스의 높은 가격 혹은 변덕스러운 가격의 변화와 에너지부문에서 전통적 화석연료 자원에 대한 지나친 의존성은 언제나 경제 붕괴의 잠재성을 내포하고 있다. 라틴아메리카 지역의 에너지를 수입하는 몇몇 국가들은 국제시장에서 에너지 가격의 상승이나 혹은 연료 공급의 감소로 인해 상당할 정도로 부정적인 영향을 받고 있다. 남아메리카 지역에서 칠레 그리고 우루과이의 경우는 순 에너지 수입국들로 에너지 가격과 공급의 변동에 대해 매우 취약하다. 하지만 수입된 탄화수소에 대한 의존도와 취약성의 정도는 중미와 카리브 지역의 경우 더욱 심하다. 예를 들어, 바베이도스(86%), 도미니카공화국(78%), 자메이카(86%) 그리고 파나마(72%) 등의 국가들이 대표적이다.[58] 빈번한 오일 가격 변동에 대한 노출은 라틴아메리카 국가들로 하여금 에너지 매트릭스의 다원화 그리고 재생에너지 개발을 통한 에너지 수입 감소 그리고 에너지 효율성 증진을 위한 다양한 조치들을 취하도록 하고 있다. 예를 들어, 오일가격이 높아 수력발전, 풍력이나 석탄발전이 경쟁력 있게 되었는데, 이는 특히 저비용으로 천연가스를 이용할 수 없는 국가에서 경쟁력이 있었다.

남아메리카 지역의 그리고 일부 중미 지역에서의 저비용의 중대형 수력발전 프로젝트들에 대한 잠재성은 사실 상당히 크지만 이의 현실화는 불가능한데 왜냐하면 이들 국가들의 에너지 부문은 민간부문의 참여가 허용된 시장의 경쟁을 채택하고 있기 때문에 정부의 지원 없이는 불가능하다. 사적 투자자들의 경우에도 높은 수준의 수력 발전 플랜트 관리 위험성, 높은 자본 비용, 고비용과 장기간의 시간이 소비되는 사업 타당성 연구, 건설 시 높은 위험도, 장기간의 이행 및 분할상환 기간의 존재, 정치적으로 민감한 환경허가 획득의 지연 등의 어려움에 직면해 있다. 브라질의 경우에는 이러한 어려움을 극복하기 위해 경쟁 입찰제를 도입하여 새로운 수력 발전 건설에 환경 허가는 물론 장기간의 계약을 추진하고 있다. 이러한 제도 도입으로 개발업자들에게는 시장과 프로젝트 참여 위험이 완화되었으며, 특히 공기업의 참여와 지방 건설 회사들의 참여 덕분에 수력발전 프로젝트를 효과적으로 개발할 수 있었다.

첨단 탄소기술의 록인(lock in) 방지

오랜 동안의 자본자산 투자와 이와 관련된 온실가스 배출은 적어도 40년에서 50년 사이의 지속적인 관계성을 지니고 있다. 적어도 이 지역은 다가오는 미래 10년 동안 전력수요가 연간 4.8%로 증가할 것으로 예상된다. 이는 발전 용량으로 환산하면 순 증가가 100,000MW로 이를 것으로 평가되며 이중에서 60,000MW는 아직 건설되거나 계약 상태에 있지도 않다(ESMAP 2007). 이 새로운 발전 용량에 대한 탄소 집중은 아마도 투자 결정이 만들어지는 몇 년 안에 결정될 것이다. 저탄소 투자에 영향을 주는 정책들과 인센티브들은 탄소 집약 기술들의 록인(기존 시스템 대체비용이 어마어마하여 기술전환을 하지 못하는 상태) 방지에 도움을 줄 것이다. 이러한 정책들은 점증하는 탄소 규제 사회로의 전환 과정에서 곧 퇴출당할, 오래된 그리고 경쟁력이 떨어질 기술들에 대한 기술적용을 방지하는데 도움이 될 것이다. 사실상 포스트-2012 기후 레짐 측면에서 보면, 유럽연합(EU)은 이미 온실가스 배출에 대한 정책이나 조치를 취하고 있지 않은 국가들로부터 수입되는 상품들에 유럽연합 산업들(배출 통제를 강화 중)의 경쟁력 보호를 명목으로 수입세 부과를 고려하고 있다.[59] 이러한 수입세 부과 제안은 유럽 대부분의 주요 산업에 의해 지지를 받고 있지만 동시에 개발도상국에게는 일종의 잠재적인 무역 장벽으로 작용할 수 있다. 가까운 미래에 저탄소 기술의 도입은 비용이 많이 드는 완화 비용을 줄이는 데에 기여할 수 있으며, 이는 동시에 탄소 집중 수준에서 강한 규제를 동반해야 할 것이다.

다른 보조적인 발전 혜택들

기후변화 완화를 통한 경제적, 환경적 그리고 사회적인 관점에서 공동 혜택은 엄청나다. 환경과 인간 건강의 관점에서 이러한 혜택은 높은 농업 생산성, 자연 생태계에 대한 스트레스 감소, 대기오염 저감 그리고 보다 나은 건강 조건 등이 포함된다. 개선된 교통 시스템으로부터 인간의 건강 혜택은 상당할 정도의 완화비용(완화비용으로 평가 및 분석되는 30~50% 사이의 범위)을 상쇄한다(Burtaw et al 2003; Proost and Van Regemorter 2003). 이러한 혜택은 다른 평가와 분석에 의하면, 완화 수준의 엄격성, 원천 부문, 사망 위험에 영향을 주는 금전적 가치 그리고 조치들에 따라 완화비용보다 3배 혹은 4배 더 크다(Aunana, et al. 2004; McKinley et al. 2005). 아시아와 라틴아메리카 지역을 대상으로 한 기존 연구들에 의하면 일반적인 이산화탄소 완화 전략들로부터 연간 수천 명의 조기 사망자를 구할 수 있다고 보고하고 있다(Aunana, et al. 2004; McKinley et al. 2005).[60] 차량과 발전소, 그리고 난방으로부터 발생하는 이산화황, 질소산화물 그리고 미세먼지의 배출을 포함한 대기오염을 감소시켜서 이런 사망률은 낮출 수가 있다.

기후완화 또한 보조적으로 에너지 관련 지속가능한 발전에 대한 혜택이 있다. 체계화된 도시교통 효율성 개선은 좀 더 나은 교통 서비스를 제공할 수 있고 메탄 포집 프로젝트들은 고형폐기물 처리 개선은 물론 이를 통해 부가적인 에너지를 개발할 수도 있다. 재생에너지지로 탈중앙화된 전력화 사업은 서비스를 제공받지 못하고 전통적인 에너지원 - 바이오매스, 등유, 디젤 발전 그리고 자동차 배터리 - 에 의존하던 많은 에너지 소외층들에 상당할 정도의 사회적 그리고 경제적 혜택을 제공한다. 전력 공급 그리드 확장에 대한 비용과 비교하면, 전형적으로 재생에너지를 활용한 그리고 현대적 그리드 설비를 이용하지 않는 방식은 에너지 소외 계층이 많은 농촌 인구들(라틴아메리카 지역은 대략 5천만에서 6천 5백만 명 정도로 추산)에게 좀 더 비용 효율적이다. 특히 볼리비아, 온두라스 그리고 니카라과 같은 국가들의 전력공급 비율은 30% 미만이다(ESMAP 2007).

요약 및 결론

라틴아메리카 지역의 선호도

라틴아메리카 지역에서 완화 잠재성이 가장 큰 분야는 산림벌채의 방지, 수력발전의 확대 그리고 에너지 효율화, 지속가능한 도시교통 그리고 고형 폐기물 관리이다.

- 산림 벌채 방지. 라틴아메리카 지역에서 가장 크게 배출에 영향을 주는 것은 산림 벌채 그리고 토지이용 부문에서의 배출인데 이러한 배출은 그 양에서뿐만 아니라 미래에도 지속적으로 남아 있다는 데에서 주목받는다. 산림 벌채 감소를 위한 정책들은 이미 몇몇 국가들에서 이행되고 있음에도 불구하고 경제적

인 이유들 예를 들어, 농업 부문에서 대두 및 육류 가격의 상승 등의 현실적 혜택은 지속적인 산림 보존 정책을 저해할 수 있다. 산림 벌채 및 토지 악화를 방지해 배출량을 줄이는 국내외적 노력들이야말로 이 지역에서의 기후변화 완화를 위한 가장 우선 순위로 꼽힌다.

· **수력.** 라틴아메리카 지역에서 저비용으로 그리고 상대적으로 낮은 수준의 환경 영향 평가 잠재성을 통해 증가하는 전력 수요에 대응하는 방법은 수력 발전에 있다. 브라질, 콜롬비아, 페루의 경우 수력은 이미 석탄과 비교해, 가장 최소의 비용으로 전력공급이 가능한 대안으로 등장해 있지만 사회적, 환경적 차원의 장애물들과 무엇보다도 기후변화 그 자체에 대한 잠재적 위험에 직면해 있다. 이 지역에서 수력발전 프로젝트들의 감소에 대한 대안은 새로운 사회적 그리고 환경적 프레임을 세우는 것이며 보다 낮은 환경영향 수력 프로젝트들을 추구하는 것이다.

· **에너지 효율성.** 라틴아메리카 지역에서 개선할 수 있는 가능성이 큰 부문이며, 그 과정에서 재정을 절약하고 동시에 지역 환경에 혜택을 제공할 수 있다. 이 잠재성은 에너지 효율을 높이는 설비보급 및 가정, 상업 지역 그리고 건물 등에서 조명의 개선 등을 통해 실현될 수 있을 뿐만 아니라 산업 및 교통과 에너지 산업과 공공 부문에서의 효율 개선에서 그 가능성을 찾을 수 있다.

· **지속가능한 도시 교통.** 인구, 상품 그리고 서비스의 이동은 라틴아메리카 에너지 소비 활동들에서 가장 큰 몫을 차지하고 있

으며 이러한 활동은 경제성장 및 동력화 비율의 확대 등과 보조를 맞추어 세계에서 가장 높게 증가하고 있다. 하지만 라틴아메리카 지역 국가들은 '지속가능한 교통' 부문에서 세계적인 선도 국가들이다. 예를 들어, 브라질 꾸리찌바의 대중교통 개선 사례, 이 시스템의 콜롬비아 보고타와 여타 다른 라틴아메리카 도시들로의 점진적 파급 등을 통해 이 분야를 선도하고 있다. 미래 기후변화 완화 옵션들은 현재의 프로젝트(특별한 프로젝트 접근뿐만 아니라)와 더불어 모든 전략이 각기 하나의 독립적인 부문들에서 벗어나 전체적으로 그리고 통합적으로 관리되어 가야 한다. 이러한 통합관리 시스템을 위한 제도적 개선과 인간 행동의 변화도 물론 수반되어야 한다. 이러한 통합적 접근 전략들은 좀 더 효율적 방식의 교통시스템 도입, 모드의 통합(modal integration), 교통 수요의 감소, 좀 더 나은 토지이용 계획을 통한 접근성의 개선, 그리고 혼잡 지역에서의 개인 차량 이용 감소 등이 통합적으로 고려되어야 함을 요구한다.

· 고형폐기물 관리. 다른 부문들과 비교하면, 고형폐기물 관리 관행의 개선을 통한 온실가스 배출 완화 잠재성은 상대적으로 낮다. 하지만 많은 완화 옵션들은 본질적으로 절대 후회할 수 없는 성격이 강하다. 고형폐기물의 정확한 수집과 처리는 건강과 공공 안전이라는 혜택을 제공한다. 이 지역에서 고형폐기물 관리 개선에 대한 시민 사회의 요구 증가는 이를 통한 지속가능한 발전에 대한 기회의 획득과 궁극적으로 온실가스 배출 감축으로 나아가는 데에 큰 역할을 할 것이다. 고형폐기물 관리의 문제는 이제 지방정부의 가장 중요한 정치적 의제가 되어 있으며, 완화

조치들 또한 이행 과정에서 완만한 증가 비용과 더불어 지방에 가장 큰 공동 혜택을 가져다주고 있다. 고형폐기물 관리에 성공적인 사례를 보여주고 있는 국가들은 브라질, 콜롬비아, 멕시코로 이들 국가들은 고형폐기물 관리의 통합된 접근 방식을 활용하고 있는데, 예를 들어 대중 교육과 함께 기술지원 확대, 폐기물 수거 문제 해결을 위한 대중 참여 메커니즘 개발, 시정부 사이 경계의 극복 등에 대한 접근 방식을 통합적으로 발전시켜 오고 있다.

재정 분석이 보여주고 있듯이, 많은 완화 옵션들을 통해 온실가스 배출 1톤 감축을 위한 순비용은 낮거나 혹은 부정적이다(표 6.9). 재정적 혜택을 별도로 하면 대부분의 혜택은 일종의 '절대 후회할 수 없는' 옵션으로 상당할 정도의 비-재정적 공동 혜택과 관련이 있다. 그럼에도 불구하고 여기에는 엄청난 규모의 거래비용이 존재하며 이 비용의 존재는 결국 다양한 문제들과 연관되어 개선 조치들의 이행을 방해하게 되는데 예를 들어, 수많은 소규모의 재생에너지 '집합의 문제(aggregation problem)', 에너지 효율 개입 문제, 수력 발전을 위한 환경 허가 문제, 에너지 효율과 관련된 규제 및 주요 에이전시 문제, 산림 벌채 방지를 위한 사회적, 법적 장벽 문제 등이 개선과 이행을 가로 막는 원인들이 된다.

현존하는 다양한 기술을 활용하여 에너지 수요를 줄일 수 있는 잠재성이 큰데, 이는 에너지효율 제품(냉장고, 전구, 에어컨, 자동차 및 트럭 그리고 태양열 온수기)의 대량 공급과 보급을 통해 가능하다. 다양한 에너지 효율 제품들의 수명주기 관련 비용을 고려하면, 현재의 값싸고 그리고 덜 효율적인 제품들보다는 월등하다(에너지 수요 감소 측면에서). 하지

표 6.9 라틴아메리카 지역의 완화 옵션: 잠재성, 비용 그리고 기술적, 제도적 장벽들

	완화 잠재성	단기 (5년)	장기 (10년 이상)	완화비용 (달러/ tCO_2 감소)	기술 및 상업화 준비	비-재정. Non-CO_2 공동혜택
재생에너지						
1. 대수력	H	M	H	L	H	L/M
2. 소수력	M	M	M	L/M	M/H	M
3. 풍력	M/H	L	H	M	M	L
4. 태양광 발전	L	M	L	H	M	M/H
5. 고집광 태양에너지	M?	M	M	M/H	L	L
6. 태양열 온수급탕	M		M	L	M/H	M
7. 현대식 바이오매스	M		H	L	M	M/H
8. 2세대 바이오연료	M?		M	M	L	M
에너지 효율성						
1. 가정	H	H	M	L	H	L
2. 상업/산업	H	H	M	L	H	M
3. 공공 부문	M	M	M	L/M	H	M
교통						
1. 대중	H	M	H	L/M	H	M/H
2. 상업	H	M	H	L/M	H	M
3. 개인	H	M	H	M/H	L/M	L/M
폐기물 관리						
1.매립지 메탄 포집	M	M	M	L/M	H	H
2. 비료화 및 재활용	M	M	M	M/H	M	M
농업						
1. 보존경운	H	M	H	M/H	L	M
2. 가축 관리	M/H	M	H	H	L/M	L/M
산림						
1. REDD	H	M	H	L/M	H	H
2. 농림업	M	M	M	M/H	H	L/M

출처 : 저자

주 : L: 낮음, M: 중간, H: 배출 감축의 높은 잠재성.

만 이러한 시장 변화만으로는 충분하지 않다. 문제들 중 하나는 정보 부족인데, 에너지 효율 기기들이나 다른 기구들에 대한 효율화 표시 프로그램 이행은 많은 혜택을 부여해 준다. 에너지 효율 제품 소비자들에게 이미 제공되고 있는 높은 구매 할인율은 물론, 의무적인 효율성 기준과 '당근과 채찍' 조치들은 비록 보다 적게 소비되는 제품들(산업 장비들, 보일러 모터 그리고 펌프 등)이지만 효율성 전환에 중요 역할을 해야 한다.

에너지 효율성을 위한 인센티브와 함께 규제가 필요한 또 다른 영역은 전력 공급 부문이다. 상세하게 전력 규제로 통합되지 않는다면, 공급 회사들은 최종용도 효율성 조치 개선을 위한 자연적인 인센티브를 갖지 못하는데 이는 전형적으로 판매와 수익이 낮아지기 때문이다. 대신에 규제 시스템을 다시 고안하여 에너지 보존이나 효율성(시설 부문이나 혹은 그들의 소비자들에게)에 대한 혜택을 부여해야 한다. 에너지 효율성에 대한 공급 회사들의 수익의 일정 %로 배정하는 방식을 제도화해 관리하고 있는 브라질의 사례는 재정적으로 에너지 효율성 투자를 돕고 있는 한편 멕시코의 FIDE 프로그램은 에너지이용 효율성에 대한 투자를 통해 성공적으로 에너지를 절약하고 있다.

라틴아메리카 지역의 몇몇 부분은 경쟁력을 갖추었지만, 신재생에너지 분야는 - 풍력, 지열, 태양전력 그리고 바이오에너지 - 재정이나 투자 차원에서 보면 다른 에너지원(수력, 천연가스 그리고 석탄 같은)과 비교해 그리 경쟁력을 지니고 있지 못하다. 지방의 환경적 혜택이나 혹은 탄소 수익이 없는 상태에서 많은 라틴아메리카 국가들은 다가오는 미래 5년 이내에 석탄 화력발전 확장을 추구할 것이다. 탄소 지불은 전력 부문에서 이들 국가들이 고 탄소 연료에서 저 온실가스 기술(수력, 풍력, 천연가스)로 '전환'하게 도움을 줄 것이다 특히 이러한 전환에는 장기적 관점의 투자는 필수적이다.

심지어 토지이용 변화 및 산림 벌채 부문을 제외한다고 해도, 농업은 이 지역 배출량의 큰 원천이다. 이 지역이 세계 식량 공급의 주요 행위자로 등장하면서 이를 위한 질소 비료 이용의 증가와 가축 생산으로부터 발생하는 메탄 발생의 증가는 이 지역 농업 부문의 배출량을 더욱 증가시키고 있다. 이러한 농업 부문의 배출량 감축을 위한 많은 옵션들 - 가축 사육 개선, 보존경운 등이 존재하고 있음에도 불구하고 그 효율성과 비용은 기후와 사회경제적 조건들에 따라 다양하며, 현재 라틴아메리카 지역에서(세계적으로도) 농업부문의 온실가스 감축을 위한 인센티브는 거의 존재하지 않고 있다. 완화 해결책들은 이렇듯 구체적인 상황에 따라 다양하며 복잡하다.

이 지역의 부문들 그리고 정책 기제들 간의 상호작용은 이들 국가들의 기후변화 전략을 모색하는 데에 또 다른 중요 고려 사항이다. 많은 완화 옵션들은 - 특히 농업과 관련된 것들, 바이오연료 생산, 임업 그리고 수력발전을 위한 저수지 및 댐 건설 등 - 토지 이용의 변화를 유도한다. 이러한 상호작용이 단지 인식 차원에서 중요한 것 뿐만 아니라, 실질적인 정책 이행으로 옮겨가야 한다. 그렇지 못한다면, 구체적한 완화 옵션들에 대한 인센티브는 종종 의도하지 않은 왜곡된 결과를 초래할 가능성이 있다.

미주

1. 최근 IEA 및 OLADE의 에너지 전망에 의하면 라틴아메리카 지역의 전력 발전에 대한 확대를 위해 지역 차원의 데이터들이 오직 예상된 수치로만 제공되고 있다. 여기에서는 다소 보충적 차원에서 멕시코와 브라질의 사례를 첨가하였다. 참고로 이들 두 국가는 이 지역에서 가장 많은 이산화탄소를 배출하는 국가들이다(SENER 2007a; EPE 2007).

2. 조정된 발전 비용의 경우 전력을 생산하는 장기적인 차원에서 발생하는(일종의 전력 발전 시스템 비용) 모든 비용을 포함해서 계산되었다. 초기 투자, 운영 및 관리 유지비용, 연료비용, 자본비용 등을 포괄한다.

3. 연평균 가치로 페루의 경우는 25달러/MWh, 콜롬비아의 경우는 45달러/MWh, 브라질은 55~70달러/MWh로 나타나며 이러한 데이터들은 최근 각 국가들의 전력 개발 계획에서 나타난 수치들이다: 페루-Plan Referencial de Electricidad 2006~15, 콜롬비아-Plan de Eapansion de Referencia Generación-Transmisión 2008~22, 브라질-Plano Decenal de Expansao de Energia 2007~16.

4. 2008년 3월~5월 사이 미국 '시카고 기후교환(Chicago Climate Exchange)'에서 탄소가격은 5에서 7.5 달러/CO_2톤으로 매겨져 있다. 긍정적인 전망을 해 보면, 높은 탄소가격 유지 그리고 기초적으로 석탄-화력발전소(896톤 CO_2/GWh)의 대체가 진행되면, 풍력 발전으로부터 평균 수입은 6.7달러/MWh가 발생하거나 혹은 균등화 비용의 약 10% 수익이 예상된다.

5. 유용 가능한 평가에 의하면, 전 지구적 차원의 에너지 공급에서 바이오매스의 기여는 현재 수준에서 연간 100 EJ 이하이지만 2050년에 이르면 연간 400 EJ 위로 상승할 것으로 기대된다. 이러한 거시적 수준의 전망과 평가는 토지 이용가능성 및 생산성 수준의 불확실성에서 결과적으로 기인한다. 미래 바이오매스 자원의 이용가능성은 사실 상당히 많은 요인들에 의해 결정되며 따라서 에너지 작물로부터 잠재적인 온실가스 완화에 대한 통합적인 평가와 시나리오 분석은 어렵다. 그럼에도 불구하고 다소 넓은 범위에서 평가를 해 보면, 2030년에 이르면 총 전 지구적 차원의 그리고 생물물리학 차원에서 화석연료를 상쇄하면서 에너지작물 이용으로 추산되는 배출량 감소는 연간 300~12,000Mt CO_2e이다. 농업 부산물 및 가정으로부터 배출량 감소 잠재성을 추가적으로 산정해 보면 농업 분야 바이오에너지로 총 잠재량은 2030년까지 연간 약 4,000에서 16,000Mt CO_2e에 이를 것으로 전망되며, 경제적 잠재성은 4에서 14%까지 최대의 생물물리학적 잠재성을 보일 것이며 이는 탄소 가격이 각각 20달러(CO_2e 톤당)와 50달러 사이에서 달성될 것으로 보인다. 따라서 농업 부문에서 바이오매스를 이용해 전지구적 차원의 최대의 경제적 잠재성 달성은 연간 640(16,000 곱하기 4%)에서 2,240(16,000 곱하기

14%)Mt CO_2e에 달하거나, 혹은 모든 다른 농업 부문에서 온실가스 완화 조치들이 고려된다면 30~100%까지 달성 가능하다(Smith et al., 2007).

6. Farrell et al. 2006; Hill et al. 2006; Kattha 2006; Worldwatch Institute 2006; Kojima et al. 2007. 참조

7. Koplow 2006.

8. Kojima et al. 2007 참조.

9. 톤당 40달러로 계산하면 최근의 탄소의 다양한 시장 가격 형성과 더불어 최대 탄소신용은 에탄올 리터당 0.07달러 그리고 바이오디젤 리터당 0.11달러에 달한다(Avaro 2007).

10. Searchinger et al. 2008.

11. Gibbs et al.(2008)

12. De Gorter and Tsur(2008)

13. Gurgel et al. (2008)

14. Zah et al.(2007), Gibbs et al.(2008), Searching et al.(2008)

15. Turner et al.(2007)

16. Rosegrant et al.(2008)

17. Mitchell(2008).

18. Whiteman and Cushion(2008).

19. De Gorter et al.(2008).

20. 그린하우스월드(Green House World)의 프로젝트들에 대한 경제 분석과 World Bank(2007년 2월).

21. 국제에너지기구 전망(2006), IPCC의 네 번째 평가(2007), Mckinsey Quarterly에 의해 발간된 비용 곡선 연구(2007).

22. 최근 미주개발은행(IDB)의 연구에 의하면, 전력이용은 2018년에 143,000 GWh까지 이용되며 에너지 효율화 조치들을 통해 전력이용 비용감축은 160억 달러에 달할 것이며 이는 328개의 개방주기가스터빈(OCGT: 각 250MW)을 설치할 수 있는 약 530억 달러와 동등한 가치가 있는 것으로 비교할 만하며 이를 통해 동일한 143,000 GWh 전력을 생산할 수 있다.

23. 라틴아메리카의 많은 민간 기업들은 전력 손실을 낮추는데(20%~30% 수준에서 10% 대로) 성공하고 있는데 이는 이들의 상업 관행을 개선시키면서 가능했다. 손실의 상당

한 부분이 비-기술적 손실로, 예를 들어 미터 문제, 사시 및 도둑 등의 문제들에서 발생했기 때문이다. 하지만 여전히 남아있는 문제는 공기업들을 재구조화 하거나 기업의 경영 구조를 개선해 손실을 줄여 나가는 것이다.

24. 여기에 대한 몇몇 예외가 존재하는데 1) 일종의 '부하 관리'과정으로 알려져 있는데, 공공시설은 전력의 피크타임 수요를 줄임으로서(기저 부하 플랜트의 이용일(day using)에서 고-비용의 피크타임을 저-비용 타임으로 소비의 전환) 돈을 절약할 수 있으며; 2) 공공시설은 공급 제약을 통해 수요를 낮추고 동시에 이를 새로운 소비자에게 제공할 수 있으며 3) 여기에는 엄청난 상업적 손실이 존재하는데 공공시설은 전력 사용비용을 지불하지 않거나 혹은 낮은 지불 상태인 소비자들의 전력 소비를 낮춤으로서 비용을 절감할 수 있다.

25. 2005년 브라질의 정부지출은 GDP의 15% 정도였다. 유럽에서 정부조달은 2천억 유로를 초과했으며 이는 총 GDP의 3%에 달했다. 미국 공공 부문은 에너지 이용 생산품의 구매에 10%를 지불했다.

26. '무수수량(Non-revenue water)'은 수자원이 수자원 배분 시스템에 존재하는 수량과 소비자에게 수자원 이용료를 받고 배분하는 수량 사이에서 차이가 있다. NRW는 다음과 같은 3가지 구성요소를 가지고 있는데: 물리적 혹은 기술적(실질) 손실, 상업적(혹은 명백한) 손실 그리고 지불되지 않지만 공인된 수자원 소비(예를 들어, 사회적 목적으로 이용되는 소방수, 저소득 계층에 대한 수자원 서비스 등)를 포함한다. 절반 정도의 NEW를 줄임으로서 절약 가능한 전력은 약 15억 kWh/year에 달하며 그리고 이에 대한 에너지 효율성을 25%만 개선시켜도 18억 kWh/year 정도의 절약이 가능하며 총량으로 하면 33억 kWh/year이고, 이는 2006년 이 부문에서 이용한 총 전력량의 34%에 해당한다.

27. 몇몇 공공 기관에서 직원 채용은 종종 운용 예산과 연결되어 있는데, 예를 들어 학교 및 병원에 대한 예산 감축 과정에서 에너지 지출을 줄이면서 결과적으로 이 분야의 직원을 해고하게 되며 이는 또한 경영자보상과 차례로 연관성을 갖는다.

28. MEDEC(2008).

29. International Road Federation(2006).

30. Timilsina and Shrestha(2008). 데이터 자료는 IEA의 라틴아메리카 20개국을 대상으로 한 교통부문에서 이산화탄소 배출 관련 자료들이 활용됨(1980-2005).

31. The Economist, (2007).

32. http://www.time.com/time/world/article/0,8599,1733872,00.html.

33. MEDEC(2008).

34. 지능형교통체계를 위해서는 교통 인프라와 차량의 관리를 위한 정보통신기술의 접목

이 요구된다. 지능형교통체계는 차량, 도로부하, 경로 같은 요소들을 관리하여 교통의 안전을 개선하고 차량의 마모, 운송시간, 연료 소비 등을 줄여서 대기오염과 온실가스 배출을 줄이는 시스템이다.

35. 이들 국가들에 대한 일련의 연구들은 스페인에너지공급회사 ENDESA의 후원을 통해 진행되었다(2008).

36. World Bank(2008).

37. Pan American Health Organization(2005).

38. Gutierrz-Avedoy(2006) 그리고 CONAMA(2007), World Bank(2008)에 의해 인용됨.

39. 배출의 변화(time profile of emissions)에 대한 불확실성의 결과로 이러한 미국의 EPA(2006) 메탄 배출에 대한 평가는 국가들마다 폐기물에 대한 양질의 데이터 범위가 +/- 10에서 30%으로 그리고 연간 데이터가 없이 국가들마다 +/- 20에서 60% 까지 차이가 난다.

40. Smith et al.(2008).

41. IPCC(2007).

42. Bolliger et al.(2006).

43. Smith et al.(2008).

44. 이러한 배경 설명은 토지이용이나 바이오에너지 관련(LUBIO), MEDEC 저탄소 연구 참조(World Bank 2009).

45. U.S.EPA(2006).

46. 다음과 같은 분야들은 완화잠재성과 저비용을 위한 주요 옵션들이다: 아르헨티나, 브라질 및 다른 국가들에서 육우의 반-메탄생성세균 백신; 브라질의 일일 육유 생산 시스템의 강화와 백신; 아르헨티나, 브라질 그리고 콜롬비아 그리고 몇몇 국가들에서 육우에 대한 집약방목 강화, 완화와 저비용을 위한 또 다른 조치로서 동물 배설물을 활용한 거름 관리 등이 옵션들로 포함된다.

47. 질소 억제제의 적용은 확실히 이 지역의 몇몇 작물 생산 시스템에서 저비용의 완화 옵션으로 상당할 정도로 잠재성을 지니고 있다.

48. 고비용 옵션은 순(net) 온실가스 감축에 그다지 효율적이지 않거나, 혹은 부정적인 생산 및 생산성 효과를 내는 경향이 있는 것들이다. 채택 장벽들은 정확하게 설명되지 않고 있다(모든 완화 옵션들은 데이터가 발생한 2000년에 채택된 것들로 단지 기술적인 가능성 평가에만 초점이 맞추어져 있다).

49. Smith et al.(2007) 예측.

50. FAO(2005).

51. Houghton(2008)의 최근의 데이터가 보여주듯이, 2000~05년 사이 브라질의 여전히 높은 이산화탄소 배출의 평균치는 그의 이전 연구 데이터들을 기준으로 보면 1995~2000년 사이 감소했던 추세와는 비교가 된다(Houghton 2003). 1990년 수치는 2000~05년 사이 평균치보다 여전히 높았다. 게다가 최근의 데이터(대부분의 변화는 라틴아메리카 지역이 아닌 아시아 지역에 대한 평가 데이터)에서 산림 벌채로부터 배출 평가에 대한 방법론상의 약간의 변화 때문에, 동일한 방법론으로도 각국마다 배출에 대한 시계열 데이터는 유용하지 않다.

52. FAO(2005).

53. Agrawal(2008).

54. Chomitz et al.(2007).

55. Soares-Filho et al.(2006).

56. Soares-Filho et al.(2006).

57. 잠재적인 토지 유용성과 라틴아메리카 지역 국가별 신규조림 및 재조림 프로젝트를 위한 로케이션 조사 자료는 ECCOFOR CDM-AR 온라인 분석 도구(Zomer et al. 2008)가 이용되었다. http://csi.cgiar.org/encofor/forest/. 참조

58. ESMAP(2007).

59. 유럽위원회(European Commission), 유럽거래제도 3단계 제안서.

60. IPCC(2007), 11장.

관련논문 저자

Veronica Alaimo and Humberto Lopez, World Bank, *Oil Intensities and Oil Prices, Evidence for Latin America*

Carlos E. Arce, *The Weather Insurance Market and Its Role in the Natural Catastrophic Agenda in Latin America*

Juliano J. Assunçao, PUC-Rio, and Flavia Fein Cheres, CEDEPLAR/UFMG, *Climate Change, Agricultural Productivity and Poverty*

Juliano J. Assunçao, PUC-Rio, and Flavia Fein Cheres, CEDEPLAR/UFMG, *Climate Migration*

Eduardo Bitran Colodro and Pedro Rivera Izam, *Planned Adaptation to Climate Change: Results from the Chilean Case*

Benoit Bosquet, Sebastian Scholz, Carla della Maggiora, and Alejandro Deeb, World Bank, *The Role of Forests in Climate Change Policy in Latin America and the Caribbean*

Harry de Gorter, Cornell University, and Yacov Tsur, Hebrew University of Jerusalem, *On the Costs and Benefits of Biofuel Production*

Harry de Gorter, Cornell University, and Yacov Tsur, Hebrew University of Jerusalem, *Towards Genuine Sustainability Criteria for Biofuel Production*

Harry de Gorter, David R. Just, and Erika Kliauga, Cornell University, *Barriers to Trade in Biofuels*

Manuel Dussan, Inter-American Development Bank, *Assessment of Climate Implications of the Energy Sector in Latin America*

Vladimir Gil, The Earth Institute, Columbia University, *Adaptation Strategies to Climate Change: A Case Study of the Societal Impacts of Tropical Andean Glacier Retreat*

Donald F. Larson, Ariel Dinar, and Shaikh Mahfuzur Rahman, World Bank, *Explaining the Composition of Project Investments under the Clean Development Mechanism and the Implication for Latin American Climate*

Change Policies

Humberto Lopez, World Bank, *The Social Discount Rate, Estimates for Nine Latin American Countries*

Andrew Mason, World Bank, and Javier E. Baez, World Bank and IZA, *Dealing with Climate Change: Household Risk Management and Adaptation in Latin America*

Robert Mendelsohn, Yale University, *Impacts and Adaptation to Climate Change in Latin America*

Robert Mendelsohn, Yale University, *Adaptation to Climate Change in Latin America*

Robert Mendelsohn and Shun Chonabayashi, Yale University, *The Market Impacts of Climate Change in Latin America*

Robert Mendelsohn and Hilda R. Guerrero Rojas, Yale University, *Impact of Climate Change on the Rio Bravo River*

Robert Mendelsohn, Peter Christensen, and Jesus Arellano-Gonzalez, Yale University School of Forestry and Environmental Studies, *The Impact of Climate Change on Mexican Agriculture: A Ricardian Analysis*

Paul Procee, World Bank, *The Current Situation of Motorization and Vehicle Emissions in Latin America*

Claudio Raddatz, World Bank, *The Macroeconomic Costs of Natural Disasters: Quantification and Policy Options*

Pasquale L. Scandizzo, University of Rome, *Adaptation Projects and Real Options*

Natsuko Toba, World Bank, 2008a, *"Economic Impacts of Climate Change on the Caribbean Community,"* in Walter Vergara, ed. *Assessing the Consequences of Climate Destabilization in Latin America,* Sustainable Development Department, Latin America and the Caribbean

Natsuko Toba, World Bank, 2008b, in Walter Vergara, Natsuko Toba, Daniel Mira-Salama, and Alehandro Deeb, *The Consequences of Climate-Induced Coral Loss in the Caribbean by 2050–80*, Sustainable Development Department, Latin America and the Caribbean

Dominique Van Der Mensbrugghe and Denis Medvedev, World Bank, *Climate Change in Latin America: Impact and Mitigation Policy Options*

Felix Vardy, World Bank, 2008, *Preventing International Crises: A Global Public Goods Perspective*

Antonio Yunez Naude, COLMEX, and Jose Jorge Mora Rivera, ITESM, *Climate Change and Migration in Rural Mexico*

Steven Zanhiser, USDA, *Toward Climate Change Adaptation Policy for Agriculture: The Case of the European Union*

21세기 **라틴아메리카**
기후변화에 대한 **새로운 도전**

저탄소 성장을 향한 대응과 적응

참고문헌

Adams, R., B. Hurd, S. Lenhart, and N. Leary. 1998. "Effects of Global Climate Change on Agriculture: An Interpretative Review." *Climate Research* (11): 19–30.

Adger, W., P. Kelly, A. Winkels, L. Huy, and C. Locke. 2002. "Migration, Remittances, Livelihood Trajectories, and Social Resilience." *Ambio* 31 (5): 358–366.

Agrawal, A. 2008. "Livelihoods, Carbon, and Diversity in Community Forests: Trade-offs or Win-Wins?" Presentation at the conference on "Rights, Forests, and Climate Change," October 15–17, 2008, organized by Rainforest Foundation Norway and the Rights and Resources Foundation. http://rightsandclimate.org/.

Alaimo, V., and H. Lopez. 2008. *Oil Intensities and Oil Prices: Evidence for Latin America*. Washington, DC: World Bank.

Aldy, J. D., E. Ley, and I. W. H. Parry. 2008. "A Tax-Based Approach to Slowing Climate Change." Washington, DC: Resources for the Future.

Alencar, A., D. Nepstad, and M. D. V. Diaz. 2006. "Forest Understory Fire in the Brazilian Amazon in ENSO and Non-ENSO Years: Area Burned and Committed Carbon Emissions." *Earth Interactions* 10 (6): 1–17.

Aparicio, M., 2000. *Vulnerabilidad y Adaptación a la Salud Humana ante los Efectos del Cambio Climático en Bolivia*. Ministerio de Desarrollo Sostenible y Planificación. Viceministerio de Medio Ambiente, Recursos Naturales y Desarrollo Forestal. Programa Nacional de Cambios Climáticos. PNUD/GEF.

Arce, C. 2008. "The Weather Insurance Market and Its Role in the Natural Catastrophe Agenda in Latin America." Background paper for this study, World Bank, Washington, DC.

Arjona, F. 2005. "Environmental Framework: Colombia Integrated National Adaptation Program." Instituto de Hidrología Meteorología y

Estudios Ambientales. http://www.ideam.gov.co/biblio/paginaabierta/ENVIRONMENTALFRAMEWORKversionb.pdf.

Arnell, N. W. 2004. "Climate Change and Global Water Resources: SRES Scenarios Emissions and Socio-economic Scenarios." *Global Environmental Change* 14: 31–52.

Assad, E., and H. Silveira Pinto. 2008. "Aquecimento Global e Cenarios Futuros da Agricultura Brasileira." Draft, EMBRAPA and Unicamp. http://www.embrapa.br/imprensa/noticias/2008/novembro/1a-semana/site-mostra-estudo-sobre-aquecimento-global-e-seus-impactos-na-agricultura/?searchterm=silveira%20pinto.

Assuncao, J., and C. Feres, 2008a. "Climate Migration." Background paper for this study, World Bank, Washington, DC.

———. 2008b. "Climate Change, Agricultural Productivity, and Poverty." Background paper for this study, World Bank, Washington, DC.

Avato, Patrick A. 2007. "Bioenergy: An Assessment." Background paper for the International Assessment of Agricultural Science and Technology for Development, World Bank, Washington, DC.

Avissar, R., and D. Werth. 2005. "How Many Realizations Are Needed to Detect a Significant Change in Simulations of the Global Climate?" Eos Trans AGU.

Bacon R., and S. Bhattacharya. 2007. "Growth and CO2 Emissions: How Do Different Countries Fare?" World Bank Environment Department Papers 113, World Bank, Washington, DC.

Bacon, R., and M. Kojima. 2006. *Coping with Higher Oil Prices.* Energy Sector Management Assistance Program, Report. No. 323/06, World Bank, Washington, DC.

Baenziger, P. Stephen, Gregory S. McMaster, W. W. Wilhelm, A. Weiss, and C. J. Hays. 2004. *Putting Genes into Genetic Coefficients.* Field Crops Research 90: 133–143, Elsevier. http://digitalcommons.unl.edu/cgi/viewcontent.cgi?article= 1105&context=usdaarsfacpub.

Baez, J., and A. Mason. 2008. "Dealing with Climate Change: Household Risk Management and Adaptation in Latin America." Background paper for this study, World Bank, Washington, DC.

Baez, Javier. 2007. "Income Volatility, Risk-Coping Behavior and Consumption Smoothing Mechanisms in Developing Countries: A Survey." *Desarrollo y Sociedad* 58 (March): 37–83.

Baez, Javier, and Indhira Santos. 2007. "Children's Vulnerability to Weather Shocks: A Natural Disaster as a Natural Experiment," PhD diss., Syracuse Univ. and Harvard Univ.

Baron, Richard, and Jane Ellis. 2006. "Sectoral Crediting Mechanisms for Greenhouse Gas Mitigation: Institutional and Operational Issues." Draft paper prepared for the United Nations Framework Convention on Climate Change. Organisation for Economic Co-operation and Development/International Energy Agency, Paris.

Baumert, K., and H. Winkler. 2005. "SDPAMs and International Climate Agreements." In *Growing in the Greenhouse: Protecting the Climate by Putting Development First,* ed. R. Bradley, K. Winkler, and J. Pershing. Washington, DC: World Development Institute.

Beach, Robert, Benjamin De Angelo, Steven Rose, Changsheng Li, William Salas, and Stephen DelGrosso. 2008. "Mitigation Potential and Costs for Global Agricultural Greenhouse Gas Emissions." *Agricultural Economics* 38: 109–115.

Benitez-Ponce, P. C., I. McCallum, M. Obersteiner, and Y. Yamagata. 2007. "Global Potential for Carbon Sequestration: Geographical Distribution, Country Risk and Policy Implications." *Ecological Economics* 60: 572–58.

Binswanger, H., and M. Rozensweig. 1993. "Wealth, Weather Risk and the Composition and Profitability of Agricultural Investments." *Economic Journal* 103: 56–78.

Bitran, Eduardo. 2008. "Planned Adaptation to Climate Change: The Chilean Case." Background paper for this study, World Bank, Washington, DC.

Blanco, Javier T., and Diana Hernández. 2009. "The Potential Costs of Climate Change in Tropical Vector-Borne Diseases— A Case Study of Malaria and Dengue in Colombia." In *Assessing the Consequences of Climate Destabilization in Latin America*, ed.W. Vergara. Washington, DC: World Bank.

Bodansky, Dan. 2004. "International Climate Efforts beyond 2012: A Survey of Approaches." Pew Center on Global Climate Change, Washington, DC.

Bolliger, A. et al. 2006. "Taking Stock of the Brazilian 'Zero- Till Revolution': A Review of Landmark Research and Farmer's Practice." *Advances in Agronomy* 91: 48–110.

Bosi, Martina, and Jane Ellis. 2005. "Exploring Options for Sectoral Crediting Mechanisms," OECD/IEA.

Boucher, O., and M. S. Reddy. 2007. "Climate Trade-off Between Black Carbon and Carbon Dioxide Emissions." *Energy Policy*, doi:10.1016/j.enpol.2007.08.039

Bouma, M., and C. Dye 1997a. "Cycles of Malaria Associated with El Niño in Venezuela." *Journal of the American Medical Association*, 278: 1772–1774.

Bouma M., G. Poveda, W. Rojas, D. Chavasse, M. Quinones, J. Cox, and J. Patz. 1997b. "Predicting High-Risk Years for Malaria in Colombia using Parameters of El Niño Southern Oscillation." *Tropical Medicine and International Health*, 2: 1122–1127.

Bradley, N. L., A. C. Leopold, J. Ross, and W. Huffaker. 1999. "Phenological Changes Reflect Climate Change in Wisconsin." *Proceedings of the National Academy of Sciences* 96: 9701–9704.

Bradley, R., M. Vuille, H. Diaz, and W. Vergara. 2006. "Threats to Water Supplies in the Tropical Andes." *Science* 312: 1755.

Bresnyan, E., and P. Werbrouck. n.d. "Value Chains and Small Farmer Integration." LCSAR, Agriculture for Development Series, World Bank, Washington, DC.

Brown, J. L., S. H. Li, and N. Bhagabati. 1999. "Long-term Trend Toward Earlier Breeding in an American Bird: A Response to Global Warming?" *Proceedings of the National Academy of Sciences* 96: 5565–5569.

Buddemeier, R. W., P. L. Jokiel, K. M. Zimmerman, D. R. Lane, J. M. Carey, G. C. Bohling, A. Jeremy, and J. A. Martinich. 2008. "A Modeling Tool to Evaluate Regional Coral Reef Responses to Changes in Climate and Ocean Chemistry." *Limnology and Oceanography Methods* 6: 395–411.

Burtaw, D., A. Krupnick, K. Palmer, A. Paul, M. Toman, and C. Bloyd. 2003. "Ancillary Benefits of Reduced Air Pollution in the United States from Moderate Greenhouse Gas Mitigation Policies in the Electricity Sector." *Journal of Environmental Economics and Management* 45(3): 650–73.

Burton, I. 1997. "Vulnerability and Adaptive Response in the Context of Climate and Climate Change." *Climatic Change* 36: 185–196.

Callaway, J. M. 2004a. "Adaptation Benefits and Costs: Are They Important in the Global Policy Picture, and How Can We Measure Them?" *Global Environmental Change* 14: 272–282.

———. 2004b. "The Benefits and Costs of Adapting to Climate Variability and Change." In *OECD, The Benefits and Costs of Climate Change Policies: Analytical and Framework Issues*. Paris: Organisation for Economic Co-operation and Development.

Carter, M., P. Little, T. Mogues, and W. Negat. 2004. "Shocks, Sensitivity and Resilience: Tracking the Economic Impacts of Environmental Disaster on Assets in Ethiopia and Honduras." Department of Agricultural & Applied Economics, Staff Paper No. 489, University of Wisconsin.

Carter, T., M. Parry, H. Harasawa, and S. Nishioka. 1994. *IPCC Technical Guidelines for Assessing Climate Change Impacts and Adaptations*. London: University College London, Department of Geography

Caso, M., I. Pisanty, and E. Ezcurra. 2004. *Diagnóstico ambiental del Golfo de México*. Vols. I and II. INE/Semarnat.

Center for International Earth Science Information Network (CIESIN), Columbia University. 2007. National Aggregates of Geospatial Data: Population, Landscape and Climate Estimates, v.2 (PLACE II), Palisades, NY: CIESIN, Columbia University. Available at: http://sedac.ciesin.columbia.edu/place/.

CEPAL (UN Economic Commission for Latin America). 2002. "La Sostenibilidad del Desarrollo en América Latina y el Caribe: Desafíos y Oportunidades." United Nations Press, Santiago de Chile.

Charvériat, C. 2000. "Natural Disasters in Latin America and the Caribbean: An Overview of Risk." *IADB Working Paper*, No. 434, Inter-American Development Bank, Washington, DC.

Chimeli, A., F. Filho, M. Holanda, and F. Petterini. 2008. Forecasting the Impacts of Climate Variability: Lessons from the Rainfed Corn Market in Ceara, Brazil. *Environment and Development Economics* 13: 201–227.

Chomitz, K. et al. 2007. "At Loggerheads? Agricultural Expansion, Poverty Reduction, and Environment in the Tropical Forests." World Bank, Washington, DC.

Christensen, J. H., et al. 2007. "Regional Climate Projections." In "Climate Change 2007: The Physical Science Basis," ed. S. Salomon, D. Qin, M. Manning, Z. Chen, M. Marquis, K. B. Averyt, M. Tignor, and H.L. Miller. Contribution of Working Group I to the *Fourth Assessment Report of the Intergovernmental Panel on Climate Change.* Cambridge, U.K. and New York, N.Y.: Cambridge University Press.

Church, J., and J. Gregory, 2001. "Sea Level Rise," IPCC Third Assessment, 2001. http://www.grida.no/publications/other/ipcc_tar/?src=/climate/ipcc_tar/wg1/408.htm.

Climate Analysis Indicators Tool (CAIT) Version 5.0. 2008. Washington, DC: World Resources Institute.

Cline, W. R. 2007. "Global Warming and Agriculture: Impact Estimates by Country." Washington, DC: Center for Global Development, Peterson Institute for International Economics.

Conde, C., and H. Eakin. 2003. "Adaptation to Climatic Variability and Change in Tlaxcala, Mexico," In *Climate Change, Adaptive Capacity and Development,* ed. J. Smith, R. Klein, and S. Huq. London: Imperial College Press.

Confalonieri, U., B. Menne, R. Akhtar, K.L. Ebi, M. Hauengue, R. S. Kovats, B. Revich, and A. Woodward. 2007. "Human Health." In "Climate Change 2007: Impacts, Adaptation and Vulnerability," ed. M. L. Parry, O. F. Canziani, J. P. Palutikof, P. J. van der Linden, and C. E. Hanson. Contribution of Working Group II to the *Fourth Assessment Report of the Intergovernmental Panel on Climate Change.* Cambridge, U.K.: Cambridge University Press, 391–431.

Cosbey, Aaron, Deborah Murphy, and John Drexhage. 2007. "Market Mechanisms for Sustainable Development: How Do They Fit in the Various Post-2012 Climate Efforts?" International Institute for

Sustainable Development, Canada.

Cosbey, Aaron, Jo-Ellen Parry, Jodi Browne, Yuvaraj Dinesh Babu, Preety Bhandari, John Drexhage, and Deborah Murphy. 2005. "Realizing the Development Dividend: Making the CDM Work for Developing Countries." International Institute for Sustainable Development, Canada.

Cox, P. M., R. A. Betts, M. Collins, P. P. Harris, C. Huntingford, and C. D. Jones. 2004. "Amazonian Forest Dieback Under Climate Carbon Cycle Projections for the 21st Century." *Theory of Applied Climatology* 78: 137–156.

Cox, P. M., P. Harris, C. Huntingford, R. A. Betts, M. Collins, C. D. Jones, T.E. Jupp, J. Marengo, and C. Nobre, 2008. "Increasing Risk of Amazonian Drought Due to Decreasing Aerosol Pollution." *Nature* 453: 212–216.

CST (Center for Sustainable Transport). 2009. "MEDEC Transport Sector." Paper commissioned for the World Bank as part of the Mexico Low-Carbon Study (MEDEC).

Curry, J. A., P. J. Webster, and G. J. Holland. 2006. "Mixing Politics and Science in Testing the Hypothesis That Greenhouse Warming Is Causing a Global Increase in Hurricane Intensity." *Bulletin of the American Meteorological Society* 87(8): 1025–1037.

Curry, J., M. Jelinek, B. Foskey, A. Suzuki, and P. Webster. 2009. "Potential Economic Impacts of Hurricanes in Mexico, Central America, and the Caribbean circa 020–2025." In *Assessing the Potential Consequences of Climate Destabilization in Latin America*. LCR Sustainable Development Working Paper 32. Washington, DC: World Bank.

Dasgupta, S., B. Laplante, C. Meisner, D. Wheeler, and J. Yan. 2007. *The Impact of Sea Level Rise on Developing Countries: A Comparative Analysis*. Policy Research Working Paper Series 4137. Washington, DC: World Bank.

De Coninck, H. and C. Fischer, et al. 2007. "International Technology-Oriented Agreements to Address Climate Change." ECN and Resources for the Future.

de Gorter, H., and Y. Tsur. 2008. "Toward Genuine Sustainability Criteria for Biofuel Production." Background paper for this study, World Bank, Washington, DC.

de Gorter, H., and D. R. Just. 2008. "'Water' in the U.S. Ethanol Tax Credit and Mandate: Implications for Rectangular Deadweight Costs and the Corn-Oil Price Relationship." Background paper for this study, World Bank, Washington, DC.

de Gorter, H. D. R. Just, and E. Kliauga. 2008. "Barriers to Trade in Biofuels." Background paper for this study, World Bank, Washington, DC.

De Janvry, A., F. Finan, E. Sadoulet, and R. Vakis, 2006. "Can Conditional Cash Transfers Serve as Safety Nets in Keeping Children at School and from Working when Exposed to Shocks?" *Journal of Development Economics* 79 (2): 349–373.

Dilley, Maxx, Robert S. Chen, Uwe Deichmann, Arthur L. Lerner-Lam, and Margaret Arnold. 2005. "Natural Disaster Hotspots: A Global Risk Analysis." Disaster Risk Management Series No. 5, World Bank, Washington, DC.

Dernbach, John C. 2008. "Achieving Early and Substantial Greenhouse Gas Reductions under a Post-Kyoto Agreement." Geo. *International Environmental Law Review* 573 (19).

Dunn, P. O., and D. W. Winkler. 1999. "Climate Change Has Affected the Breeding Date of Tree Swallows Throughout North America." *Proceedings of the Royal Society of London* 266: 2487–2490.

Dussan, M. 2008. *Assessment of Climate Implications of the Energy Sector in Latin America.* Washington, DC: Inter-American Development Bank.

Eakin, H. 2005. "Institutional Change, Climate Risk, and Rural Vulnerability: Cases from Central Mexico." *World Development* 33: 1923–1938.

Easterling, W., P. Crosson, N. Rosenberg, M. McKenney, L. Katz, and K. Lemon. 1993. "Agricultural Impacts of and Response to Climate Change in the Missouri-Iowa-Nebraska- Kansas (MINK) Region." *Climate Change* 24: 23–61.

Economist, The. 2007. "Adiós to Poverty, Hola to Consumption." August 16

(67).

Egenhofer, C., and N. Fujiwara. 2008. *Global Sectoral Industry Approaches to Global Climate Change, the Way Forward.* CEPS Task Force Report. Brussels, Centre for European Policy Studies.

Egenhofer, C., N. Fujiwara, and B. Stigson. 2007. "Testing Global Sectoral Industry Approaches to Address Climate Change," CEPS, Brussels.

Ellis, Jane. 2006. "Issues Related to a Program of Activities under the CDM." Organisation for Economic Co-operation and Development (OECD)/ International Energy Agency, Paris.

Ellis, Jane, and Jan Corfee-Morlot, and Harald Winkler. 2004. "Taking Stock of Progress under the Clean Development Mechanism," OECD, Paris.

Ellis, Jane, and Sami Kamel. 2007. Overcoming Barriers to Clean Development Mechanism Projects, OECD, Paris. Energy Information Administration (EIA). 2005. "International Energy Annual 2005." U.S. Department of Energy, Washington, DC.

———. 2006. "International Energy Annual 2006." U.S. Department of Energy, Washington, DC.

Enkvist, Per-Andres, Tomas Naucler, and Jerker Rosander. 2007. "A Cost Curve for Greenhouse Gas Reduction." *The McKinsey Quarterly* 1: 35–45.

EPE (European Partners for the Environment). 2007. Plano Nacional de Energia 2030. Empresa de Pesquisa Energetica, Brazil.

ESMAP (Energy Sector Management Assistance Program). 2008. "LCR Energy Sector Retrospective Review and Challenges." ESMAP, World Bank, Washington, DC.

EU (European Union). 2006. "Linking Climate Change Adaptation and Disaster Risk Management for Sustainable Poverty Reduction." Ref MWH 475000177.001-3 rev.0 (November).

FAO (Food and Agriculture Organization). 2005. "Global Forest Resource Assessment 2005—Progress Towards Sustainable Forest Management." *FAO Forestry Papers* 147.

———. 2007. "Adaptation to Climate Change in Agriculture, Forestry, and Fisheries: Perspective, Framework, and Priorities." Interdepartmental Working Group on Climate Change, Rome.

Fargione, J., J. Hill, D. Tilman, S. Polasky, and P. Hawthorne. 2008. "Land Clearing and the Biofuel Carbon Debt." *Science Express* 2: 1–3.

Farrell, Alexander E., Richard J. Plevin, Brian T. Turner, Andrew D. Jones, Michael O'Hare, and Daniel M. Kammen. 2006. "Ethanol Can Contribute to Energy and Environmental Goals." *Science* 311 (5760): 506–8.

Figueres, Christiana. 2004. "Institutional Capacity to Integrate Economic Development and Climate Change Considerations: An Assessment of DNAs in Latin America and the Caribbean." Inter-American Development Bank, Washington, DC.

———. 2006. "CDM Trends in Latin America," prepared for OECD, Paris.

———. 2007. "The Bali Batik: Complexity in the Post 2012 Climate Regime." Sustainable Development and Human Settlements Division of CEPAL, Santiago, Chile.

———. 2008. "The Global Challenge: Developing an International Climate Change Architecture." Background paper for this study, World Bank, Washington, DC.

Figueres, C., and K. Newcombe. 2007. "Evolution of the CDM: Toward 2012 and Beyond." World Bank, Washington, DC.

Figueres, Christiana, and Michael Philips. 2007. "Scaling Up Demand-Side Energy Efficiency Improvements through Programmatic CDM." ESMAP Technical Paper 120/07, December 2007. World Bank, Washington, DC.

Figueres, Christiana, and Jose Luis Samaniego. 2002. "Evolving to a Sector-Based Clean Development Mechanism." In *Building in Kyoto Protocol: Options for Protecting the Climate,* ed. Kevin Baumert. Washington, DC: World Resources Institute.

Figueres, Christiana, E. Haites, and E. Hoyt. 2005. "Programmatic CDM Project Activities: Eligibility, Methodological Requirements, and

Implementation," Carbon Finance Business Unit, World Bank, Washington, DC.

Fischer, Carolyn, and Richard Morgenstern. 2008. "Metrics for Evaluating Policy Commitments in a Fragmented World: The Challenges of Equity and Integrity." Discussion Paper 08–17, Harvard Project on International Climate Agreements, Belfer Center for Science and International Affairs, Harvard Kennedy School.

Fischlin, A., G. F. Midgley, J. T. Price, R. Leemans, B. Gopal, C. Turley, M. D. A. Rounsevell, O.P. Dube, J. Tarazona, and A. A. Velichko, 2007. "Ecosystems, Their Properties, Goods, and Services." In *Climate Change 2007: Impacts, Adaptation and Vulnerability,* ed. M. L. Parry, O. F. Canziani, J. P. Palutikof, P. J. van der Linden, and C. E. Hanson. Cambridge: Cambridge University Press: 211–272.

Foden, W., G. Mace, J.-C. Vié A. Angulo, S. Butchart, L. DeVantier, H. Dublin, A. Gutsche, S. Stuart, and E. Turak, 2008. "Species Susceptibility to Climate Change Impacts." In *Wildlife in a Changing World*, ed. J.-C. Vié C. Hilton-Taylor, and S.N. Stuart. Gland, Switzerland: IUCN. http://data.iucn.org/dbtw-wpd/edocs/RL-2009-001.pdf.

Francou, B., and A. Coundrain. 2005. "Glacier Shrinkage in the Andes and Consequence for Water Resources." *Hydrology Science Journal*.

Francou, B., et al. 2005. "Glaciers of the Tropical Andes, Indicators of the Global Climate Variability." In *Global Change and Mountain Regions: A State of Knowledge Overview,* ed. U. Huber, K. M. Harald, and M. A. Reasoner. Springer.

Gerolomo, M., and M. L. F. Penna. 1999. "The Seventh Pandemy of Cholera in Brazil." *Informe Epidemiologico do Sus* 8 (3): 49–58.

Giambiagi, F., and M. Ronci. 2004. "Fiscal Policy and Debt Sustainability: Cardoso's Brazil, 1995–2002." IMF Working Paper 04/156. IMF, Washington, DC.

Gibbs, H., M. Johnston, J. Foley, T. Holloway, C. Monfreda, N. Ramankutty, and D. Zaks. 2008. "Carbon Payback Times for Crop-Based Biofuel Expansion in the Tropics: the Effects of Changing Yield and Technology." *Environmental Research Letters* 3: 1–10.

Gilbert, R. 2000. "Sustainable Mobility in the City." Proceedings of URBAN21. Global Conference on the Urban Future, Berlin, Germany, July 4–6.

Gisselquist, D., J. Nash, and C. Pray. 2002. "Deregulating the Transfer of Agricultural Technology: Lessons from Bangladesh, India, Turkey, and Zimbabwe." *World Bank Research Observer* 17 (2): 237–266.

Githeko, A., and A.Woodward. 2003. "International Consensus on the Science of Climate and Health." In *Climate Change and Human Health: Risks and Responses. Third Assessment Report of the Intergovernmental Panel on Climate Change,* ed. A.McMichael, D. Campbell-Lendrum, C. Corvalan, K. Ebi, A.K. Githeko, J.S. Scheraga, and A. Woodward. Geneva: World Health Organization.

Glantz, M., and D. Jamieson. 2002. "Societal Response to Hurricane Mitch and Intra-versus Intergenerational Equity Issues: Whose Norms Should Apply?" *Risk Analysis* 20 (6): 869–882. Global Environment Facility (GEF) 2008. "Investing in Sustainable Urban Transport." The GEF Experience, Washington, DC, www.thegef.org.

Goland, C. 1993. "Field Scattering as Agricultural Risk Management: A Case Study from Cuyo Cuyo, Department of Puno, Peru." *Mountain Research and Development* 13 (4): 317–338.

Gurgel, Angelo, John M. Reilly, and Sergey Paltsev. 2008. "Potential Land Use Implications of a Global Biofuels Industry." MIT Program on the Science and Policy of Global Change. Report No. 155.

Hammer, G.L., J. Hansen, J. Phillips, J. Mjelde, H. Hill, A. Love, and A. Potgieter. 2001. "Advances in Application of Climate Prediction in Agriculture." *Agricultural Systems* (70): 515–553.

Harris, N., S. Grimland, T. Pearson, and S. Brown, 2008. *Climate Mitigation Opportunities from Reducing Deforestation Across Latin America and the Caribbean.* Report to the World Bank, October. Winrock International.

Heller, T.C., and P.R. Shukla. 2003. "Development and Climate: Engaging Developing Countries." In *Beyond Kyoto: Advancing the International Effort against Climate Change,* ed. J. E. Aldy, et al. Arlington, VA: Pew Center on Global Climate Change.

Hendee, J. C., E. Mueller, C. Humphrey, and T. Moore. 2001. "A Data-Driven

Expert System for Producing Coral Bleaching Alerts at Sombrero Reef in the Florida Keys." *Bulletin of Marine Science,* 69 (2): 673-684.

Hill, Jason, Nelson Erik, David Tilman, Stephen Polasky, and Douglas Tiffany. 2006. "Environmental, Economic and Energetic Costs and Benefits of Biodiesel and Ethanol Biofuels." *PNAS* 103 (30): 11206–10.

Hinostroza, Miriam L., Chia-Chin Cheng, Xianli Zhu, Fenhann Jørgen Villy, C. Figueres, and F. Avendano. 2007. "Potentials and Barriers for End-Use Energy Efficiency under Programmatic CDM." Working Paper Series. 3 Risø National Laboratory, UNEP Risoe Centre, Roskilde.

Houghton, 2005a. "Above Ground Forest Biomass and the Global Carbon Balance." *Global Change Biology* 11: 945–958.

———. 2005b. "Tropical Deforestation As a Source of Greenhouse Gas Emission." In *Tropical Deforestation and Climate Change,* ed. P. Moutinho and S. Schwartzman, 13–22.

Houghton, R. A. 2008. "Carbon Flux to the Atmosphere from Land-Use Changes: 1850–2005." In *Trends: A Compendium of Data on Global Change*. Oak Ridge, Tenn.: Carbon Dioxide Information Analysis Center, Oak Ridge National Laboratory, U.S. Department of Energy.

Howitt, R., and E. Pienaar. 2006. "Agricultural Impacts." In *The Impact of Climate Change on Regional Systems: A Comprehensive Analysis of California,* ed. J. Smith and R. Mendelsohn. Northampton, MA: Edward Elgar Publishing. 188–207.

Hoyos, C. D., P. A. Agudelo, P. J. Webster, and J. A. Curry, 2006. "Deconvolution of the Factors contributing to the Increase in Global Hurricane Intensity." *Science* 312: 94–97.

Huntingford, C., et al. 2007. "Towards Quantifying Uncertainty in Predictions of Amazon 'Dieback.'" *Philos Trans R Soc Lond B Biol Sci.* 363 (1498): 1857–1864.

Hurd, B., J. Callaway, J. Smith, and P. Kirshen. 1999. "Economic Effects of Climate Change on U.S. Water Resources." In *The Impact of Climate Change on the United States Economy,* ed. R. Mendelsohn and J. Smith, Cambridge, U.K.: Cambridge University Press, 133–177.

IADB (Inter-American Development Bank). n.d. "GHG Mitigation and Sustainable Development: Opportunities and Challenges for Latin America and the Caribbean." Presentation. IADB, Washington, DC.

IEA (International Energy Agency). 2007. "World Energy Outlook." 2007.

International Energy Agency. 2004. "World Energy Outlook 2004." Paris: OECD/IEA.

———. 2006. "World Energy Outlook 2006." Paris: OECD/IEA.

———. 2007. "World Energy Outlook 2007, Executive Summary." Paris: OECD/IEA.

International Road Federation (IRF). 2006. World Road Statistics 2006. Geneva: IRF.

IPCC (Intergovernmental Panel on Climate Change). 1996. *Climate Change 1995: Impacts, Adaptations, and Mitigation of Climate Change: Scientific-Technical Analyses.* Contribution of Working Group II to the *Second Assessment Report of the Intergovernmental Panel on Climate Change*, ed. R.T. Watson, M.C. Zinyowera, and R.H. Moss. Cambridge, U.K. and New York, N.Y. USA: Cambridge University Press, 1–18.

———. 2001. "Climate Change: Impacts, Adaptation, and Vulnerability." Contribution of Working Group II to the *IPCC Third Assessment Report.*

———. 2007: *Synthesis Report, An Assessment of the Intergovernmental Panel on Climate Change.*

———. 2007: *Special Report on Emission Scenarios.* IPCC.

———. 2007: *Fourth Assessment Report of the Intergovernmental Panel on Climate Change.* Cambridge, U.K. and New York, N.Y.: Cambridge University Press.

Johnson, T., P. P. da Silva Filho, and A. S. Meyer. 2008. "Energy Efficiency in the Water Supply and Sanitation Sector in Brazil." World Bank/ESMAP Report. World Bank, Washington, DC.

Kartha, Sivan. 2006. "Environmental Effects of Bioenergy." In *Bioenergy and Agriculture: Promises and Challenges,* ed. Peter Hazell and R. K. Pachauri. Washington, DC: International Food Policy Research Institute (IFPRI).

Kasa, S., and L.O. Naess. 2005. "Financial Crisis and State-NGO Relations: The Case of Brazilian Amazonia, 1998–2000." *Society and Natural Resources* 18: 791–804.

Kaya, Y. 1990. "Impact of Carbon Dioxide Emission Control on GNP Growth: Interpretation of Proposed Scenarios." Paper presented to IPCC Energy and Industry Subgroup, Response Strategies Working Group.

Klein, R., et al. 2007. "Portfolio Screening to Support the Mainstreaming of Adaptation to Climate Change into Development Assistance." Tyndall Centre Working Paper 102.

Knight, F. 1921. *Risk, Uncertainty and Profit*. Boston, MA: Houghton Mifflin.

Kojima, Masami, Donald Mitchell, and William Ward. 2007. *Considering Trade Policies for Liquid Biofuels*. ESMAP Report. World Bank, Washington, DC.

Komives, K., T. M. Johnson, J. Halpern, J. L. Aburto, and J. R. Scott. 2009. *Residential Electricity Subsidies in Mexico: Exploring Options for Reform and for Enhancing the Impact on the Poor*. Working Paper No. 160. Washington, DC: World Bank.

Koplow, D. 2006. "Biofuels—At What Cost?" Global Subsidies Initiative, International Institute for Sustainable Development. Geneva.

Lal, R. 2004. "Soil Carbon Sequestration Impacts on Global Climate Change and Food Security." *Science* 304: 1623–1627.

Landell-Mills, N. 2002. "Developing Markets for Forest Environmental Services: an Opportunity for Promoting Equity While Securing Efficiency?" In *Carbon, Biodiversity, Conservation and Income: An Analysis of a Free-Market Approach to Land-Use Change and Forestry in Developing and Developed Countries*, ed. I. R. Swingland, E. C. Bettelheim, J. Grace, G. T. Prance, and L. S. Saunders, 1817–1825. The Royal Society, London.

Lane A., and A. Jarvis. 2007. "Changes in Climate Will Modify the Geography of Crop Suitability: Agricultural Biodiversity Can Help with Adaptation." *Journal of SAT Agricultural Research* 4(1).

Leary, N., J. Adejuwon, V. Barros, I. Burton, J. Kulkarni, and R. Lasco, eds.

2007. *Climate Change and Adaptation.* Earthscan: London.

Lemos, M. 2007. "Drought, Governance and Adaptive Capacity in North East Brazil: A Case Study of Ceara UNDP." Human Development Report 2007/2008 Occasional Paper.

Lokey, E. 2009. "The Status and Future of Methane Destruction Projects in Mexico." *Renewable Energy* (March) 34 (3): 566–69.

Lund, J., T. Zhu, S. Tanaka, and M. Jenkins. 2006. "Water Resource Impacts." In *The Impact of Climate Change on Regional Systems: A Comprehensive Analysis of California,* ed. J. Smith and R. Mendelsohn. 165–187. Northampton, MA: Edward Elgar Publishing.

Macours K., and R. Vakis 2008. "Asset Creation, Productive Safety Nets and Poverty Reduction: Learning from the *Atencion a Crisis Pilot* Program in Nicaragua's Drought Region." Draft. World Bank, Washington, DC.

Madison, Angus. 2009. "Historical Statistics of the World Economy." http://www.ggdc.net/maddison.

Magrín, G., C. Gay García, D. Cruz Choque, J. C. Giménez, A. R. Moreno, G. J. Nagy, C. Nobre, and A. Villamizar. 2007. In "Climate Change 2007: Impacts, Adaptation and Vulnerability," ed. M. L. Parry, O. F. Canziani, J. P. Palutikof, P. J. van der Linden, and C. E. Hanson. Contribution of Working Group II to the *Fourth Assessment Report of the Intergovernmental Panel on Climate Change*. Cambridge, U.K.: Cambridge University Press, 581–615. http://www.ipcc.ch/pdf/assessment-report/ar4/wg2/ar4-wg2-chapter13.pdf (last accessed 8 January 2008).

Marland, G., T.A. Boden, and R. J. Andres. 2007. "Global, Regional, and National CO2 Emissions." In *Trends: A Compendium of Data on Global Change*. Oak Ridge, Tenn: Carbon Dioxide Information Analysis Center, Oak Ridge National Laboratory, U.S. Department of Energy.

Marland, G., M. Obersteiner, and B. Schlamadinger, 2007. "The Carbon Benefits of Fuels and Forests." *Science* 318: 1066.

Martens, W. 1998. "Climate Change, Thermal Stress, and Mortality Changes," *Social Science and Medicine*, 46 (3): 331–344.

Mata, L. J., and C. Nobre. 2006. "Impacts, Vulnerability and Adaptation to

Climate Change in Latin America." Background paper for UNFCCC. *Climate Change: Impacts, Vulnerabilities and Adaptation in Developing Countries.* UNFCCC Report. http://unfccc.int/files/adaptation/adverse_effects_and_response_measures_art_48/application/pdf/200609_background_latin_american_wkshp.pdf.

Mayorga, G. 2007. Strategic Business Unit of Instituto Costarricense de Electricidad (ICE): San Jose, Costa Rica.

McKinley, G. A., M. Zuk, M. Häjer, M. Avalos, I. Gonzalez, R. Iniestra, I. Laguna, M. A. Martinez, P. Osnaya, and J. Martinez. 2005. "Quantification of Local and Global Benefits from Air Pollution Control in Mexico City." *Environmental Science and Technology* 39: 1954–1961(doi:10.1021/es035183e).

Medvedev, D., and D. Van Der Mensbrugghe. 2008. "Climate Change in Latin America: Impact and Mitigation Policy Options." Background paper for this study, World Bank, Washington, DC.

Melillo, J. M., A. D. McGuire, D. W. Kicklighter, B. Moore, C. J. Vorosmarty, and A. L. Schloss. 1993. "Global Climate Change and Terrestrial Net Primary Production." *Nature* 363: 234–240.

Mendelsohn, R., ed. 2007. *The Impact of Climate Change on Regional Systems: A Comprehensive Analysis of California.* Northampton, MA: Edward Elgar Publishing, 165–187.

———. 2008a. "Impacts and Adaptation to Climate Change in Latin America." Background paper for this study, World Bank, Washington, DC.

———. 2008b. "Impact of Climate Change on the Rio Bravo River." World Bank, Washington, DC.

——— et al. 2008. "Long-Term Adaptation: Selecting Farm Types Across Agro-Ecological Zones in Africa." World Bank, Washington, DC.

Mendelsohn, R., and A. Dinar. 1999. "Climate Change, Agriculture, and Developing Countries: Does Adaptation Matter?" *World Bank Research Observer* 14: 277– 293.

Mendelsohn, R., and N. Seo, 2007. "Changing Farm Types and Irrigation as an Adaptation to Climate Change in Latin American Agriculture"

World Bank Policy Research Working Paper 4161. http://econ.worldbank.org.

Mendelsohn, R., and L. Williams. 2004. "Comparing Forecasts of the Global Impacts of Climate Change." *Mitigation and Adaptation Strategies for Global Change* 9: 315–333.

Mendelsohn, R., P. Christiansen, and J. Arellano-Gonzalez. 2008. "Ricardian Analysis of Mexican Farms." Background paper for this study, World Bank, Washington, DC.

Mendelsohn, R. O., W. N. Morrison, M. E. Schlesinger, and N. G. Andronova. 1998. "Country-Specific Market Impacts of Climate Change." *Climatic Change* 45 (3–4): 553–569.

MEDEC (forthcoming). Mexico Low-Carbon Study (MEDEC), LCSSD, World Bank.

Michaels, P. 2008. "Confronting the Political and Scientific Realities of Global Warming." Cato Institute for the Hokkaido G8 Summit, Washington, DC.

Miller, K. 2007. "Land Under Siege: Sea Level Rise in the Americas." University of the West Indies.

Milly, P. C. D., K. A. Dunne, and A. V. Vecchia. 2005. "Global Pattern of Trends in Streamflow and Water Availability in a Changing Climate." *Nature* 434: 561–562.

Mitchell, D. 2008. "A Note on Rising Food Prices," World Bank, Washington, DC.

Mueller, Valerie, and D. Osgood. 2007a. "Long-term Consequences of Short-term Precipitation Shocks: Evidence from Brazilian Migrant Households," The Earth Institute at Columbia University, unpublished manuscript.

———. 2007b. "Long-term Impacts of Droughts on Labor Markets in Developing Countries: Evidence from Brazil," The Earth Institute at Columbia University, unpublished manuscript.

Muñoz-Piña, C., A. Guevara, J. M. Torres, and J. Braña. 2008. "Paying for the Hydrological Services of Mexico's Forests: Analysis, Negotiations and

Results." *Ecological Economics* 65 (4): 663–852.

Nagy, G. J., et al. 2006. "Understanding the Potential Impact of Climate Change and Variability in Latin America and the Caribbean." Report prepared for the Stern Review on the Economics of Climate Change. http://www.sternreview.org.uk.Nordhaus.

Nepstad, D. C., R. E. Gullison, P. C. Frumhoff, J. G. Canadell, C. B. Field, K. Hayhoe, R. Avissar, L. M. Curran, P. Friedlingstein, C. D. Jones, and C. Nobre. 2007. "Tropical Forests and Climate Policy." *Science* 316 (5827).

Nordhaus, W. 2007. *The Challenge of Global Warming: Economic Models and Environmental Policy.* MIT Press.

Nordhaus, W. D., and J. Boyer. 2000. *Warming the World, Economic Models of Global Warming*. MIT Press.

Nyberg, J. 2007. "Sugar-Based Ethanol International Market Profile." Background paper for the Competitive Commercial Agriculture in Sub–Saharan Africa (CCAA) Study. FAO and World Bank, citing figures from UNICA. http://siteresources.worldbank.org/INTAFRICA/Resources/257994-1215457178567/Ethanol_Profile.pdf.

OECD (Organisation for Economic Co-operation and Development). 2008. *Economic Aspects of Adaptation to Climate Change: Costs, Benefits and Policy Instruments.* OECD Report.

OLADE (Organización Latinoamericana de Energía). 2005. "Prospectiva Energetica de America Latina y el Caribe."

Ott, Herrmann E., et al. 2004. "South-North Dialogue on Equity in the Greenhouse." A Proposal for an Adequate and Equitable Global Climate Agreement. GTZ Climate Protection Programme, Wuppertal Institute for Climate, Environment and Energy, Energy Research Centre (ERC), Eschborn, Germany.

Pagiola, Stefano. 2008. "Payments for Environmental Services in Costa Rica." *Ecological Economics* 65 (4): 712–724.

Parmesan, C. 1996. "Climate and Species' Range." *Nature* 382: 765–766.

Parry, M. L., O. F. Canziani, J. P. Palutikof, P. J. van der Linden, and C. E. Hanson, eds. 2007. "Climate Change 2007: Impacts, Adaptation and Vulnerability." Contribution of Working Group II to the *Fourth Assessment Report of the Intergovernmental Panel on Climate Change.* Cambridge, U.K: Cambridge University Press.

Philibert, Cedric. 2006. "Certainty versus Ambition: Economic Efficiency in Mitigating Climate Change," IEA Working Paper. 2006.

Pielke, R.A., Joel Gratz, Christopher W. Landsea, Douglas Collins, Mark A. Saunders, and Rade Musulin. 2008. "Normalized Hurricane Damage in the United States: 1900–2005." *Natural Hazards Review*, ASCE.

Pindick, R. S. 2007. "Uncertainty in Environmental Economics." *Review of Environmental Economics and Policy* 1(1): 45–65.

Pounds, J. Alan, Michael P. L. Fogden, and John H. Campbell. 1999. "Biological Response to Climate Change on a Tropical Mountain." *Nature* 398 (15).

Proost, S., and Denise Van Regemorter. 2003. "Interaction Between Local Air Pollution and Global Warming and Its Policy Implications for Belgium." *International Journal of Global Environmental Issues* 3 (3): 266–286.

Raddatz, C. 2008. "The Macroeconomic Costs of Natural Disasters: Quantification and Policy Options." Background paper for this study, World Bank, Washington, DC.

Ramírez, E., et al. 2001. "Small Glaciers Disappearing in the Tropical Andes: A Case Study in Bolivia: Glaciar Chacaltaya (16°S)." *J. Glaciol.* 47: 187.

Raupach, Michael R., Gregg Marland, Philippe Ciais, Corinne Le Qué ré Josep G. Canadell, Gernot Klepper, and Christopher B. Field. 2007. "Global and Regional Drivers of Accelerating CO2 Emissions." Proceedings of the National Academy of Sciences of the United States of America, 4 (24): 10288–10293.

Raworth, Kate, 2007. "Adapting to Climate Change: What's Needed in Poor Countries, and Who Should Pay." Oxfam International.

Reilly, J. M., and D. Schimmelpfenning. 1999. "Agricultural Impact Assessment, Vulnerability, and the Scope for Adaptation." *Climate Change* 43: 745–788.

Ríos Roca, Á., M. Garrón B., and P. Cisneros. 2005. "Targeting Fuel Subsidies in Latin America and the Caribbean: Analysis and Proposal." Latin American Energy Organization.

Rosegrant, Mark W., Tingju Zhu, Siwa Msangi, and Timothy Sulser. 2008. "The Impact of Biofuel Production on World Cereal Prices." Unpublished paper quoted with permission. International Food Policy Research Institute, Washington, DC.

Rosenzweig, Cynthia, and Ana Iglesias. 2006. *Potential Impacts of Climate Change on World Food Supply: Data Sets from a Major Crop Modeling Study*. New York: Goddard Institute for Space Studies, Columbia University.

Rosenzweig, M.R., and H.P. Binswanger. 1993. "Wealth, Weather Risk and the Composition and Profitability of Agricultural Investments." *Economic Journal* 103: 56–78.

Ruiz-Carrascal, et al. 2008. Bimonthly Report to the World Bank on Environmental Changes in Páramo Ecosystems.

Ruta, G., and K. Hamilton. 2008. "Environment and the Global Financial Crisis." Draft. World Bank, Washington, DC.

Samaniego, J., and C. Figueres. 2002: "Evolving to a Sector- Based CDM." In *Building on the Kyoto Protocol: Options for Protecting the Climate,* ed. Kevin Baumert. Washington, DC: World Resources Institute, chapter 4.

Sathaye, J. A., and K. Andrasco. 2007. "Special Issue on Estimation of Baseline and Leakage in Carbon Mitigation Forestry Projects: Editorial." *Mitigation and Adaptation Strategies for Global Change* 12 (6): 963–70.

Sawyer, D. 2008. "Climate Change, Biofuels and Eco-Social Impacts in the Brazilian Amazon and Cerrado." *Philosophical Transactions of the Royal Society* 363: 1747–1752.

Scandizzo, P., 2008. "Adaptation Projects and Real Options." Background paper for this study, World Bank, Washington, DC.

Schlamadinger, Bernhard, Tracy Johns, Lorenzo Ciccarese, Matthias Braun, Atsushi Sato, Ahmet Senyaz, Peter Stephens, Masamichi Takahashi, and Xiaoquan Zhang. 2007. "Options for Including Land Use in a Climate Agreement Post-2012: Improving the Kyoto Protocol Approach." *Environmental Science and Policy* 10: 295–305.

Schmidt, J., et al. 2004. "Sector Based Greenhouse Gas Emissions Reduction Approach for Developing Countries, Some Options." Working paper prepared for the Dialogue on Future International Actions to Address Global Climate Change, Mexico City, Mexico, November 16–19.

Schmidt, Jake, Ned Helme, Jin Lee, and Mark Houdashelt. 2006. "Sector-based Approach to the Post-2012 Climate Change Policy Architecture." Center for Clean Air Policy, Washington, DC.

Schneider, S. H., and J. Lane. 2006. "An Overview of Dangerous Climate Change." In *Avoiding Dangerous Climate Change.* H. Schellnhuber, ed. Cambridge and New York: Cambridge University Press, 7–23.

Schneider, S. H., et al. 2007. "Assessing Key Vulnerabilities and the Risk from Climate Change." In "Climate Change 2007: Impacts, Adaptation and Vulnerability," ed. M. L.

Parry, O. F. Canziani, J. P. Palutikof, P. J. van der Linden, and C. E. Hanson. Contribution of Working Group II to the *Fourth Assessment Report of the Intergovernmental Panel on Climate Change*. Cambridge, U.K.: Cambridge University Press, 779–810.

Scholze, M., W. Knorr, N. W. Arnell, and I. C. Prentice. 2006. "A Climate-Change Risk Analysis for World Ecosystems." *Proceedings of the National Academy of Sciences*, 103, 13116–13120.

Searchinger, T., R. Heimlich, R. A. Houghton, F. Dong, A. Elobeid, J. Fabiosa, S. Tokgoz, D. Hayes, and T-H. Yu. 2008. "Use of U.S. Croplands for Biofuels Increases Greenhouse Gases through Emissions from Land-Use Change." *Science Express* 319: 1238–1240.

SENER. 2007. Prospectiva del sector eléctrico 2007–2016. Seo, Niggol, and Robert Mendelsohn. 2007. "A Ricardian Analysis of the Impact of Climate Change on Latin American Farms." Policy Research Working Paper Series 4163, World Bank, Washington, DC.

———. 2008. "An Analysis of Crop Choice: Adapting to Climate Change in South American Farms." *Ecological Economics*, 67 (1): 109–116.

Smit. B., D. McNabb, and J. Smithers. 1996. "Agriculture Adaptation to

Climate Variation." *Climate Change* 33:7–29.

Smith, J. 1997. "Setting Priorities for Adapting to Climate Change," *Global Environmental Change*. http://www.sciencedirect.com/science/article/B6VFV-3SX4MFH-4/1/dd1ab9c8cc98880fc248b4348af1ec58.

Smith, J., and R. Mendelsohn, eds. 2006. *The Impact of Climate Change on Regional Systems: A Comprehensive Analysis of California.* Northampton, MA: Edward Elgar Publishing, 188–207.

Smith, Pete, et al. 2007. "Policy and Technological Constraints to Implementation of Greenhouse Gas Mitigation Options in Agriculture." *Agriculture, Ecosystems and Environment* 118: 6–28. Online at sciencedirect.com.

Soares-Filho, B. et al. 2006. "Modeling Conservation in the Amazon Basin." *Nature* 440 (23 March): 520–523.

Sohngen, B., and R. Sedjo. 2006. "Carbon Sequestration in Global Forests under Different Carbon Price Regimes." *Energy Journal* 109–126.

Solomon, S., D. Qin, M. Manning, Z. Chen, M. Marquis, K. B. Averyt, M. Tignor and H. L. Miller, eds. 2007. "Climate Change 2007: The Physical Science Basis." Contribution of Working Group I to the *Fourth Assessment Report of the Intergovernmental Panel on Climate Change.* Cambridge, U.K. and New York, NY: Cambridge University Press.

Spence, M., et al. 2008. *The Growth Report, Strategies for Sustained Growth and Inclusive Development*. Commission on Growth and Development.

Sterk, Wolfgang, and Bettina Wittneben. 2006. "Addressing Challenges and Opportunities of a Sectoral Approach to the Clean Development Mechanism." JIKO Policy Paper. Wuppertal Institute for Climate, Environment, and Energy, August.

Stern, N. 2008. "The Economics of Climate Change." *American Economic Review* 98 (2): 1–37.

Stockholm Environment Institute (SEI). 2007. "Climate Stabilization Paths: The Right to Development in a Climate Constrained World."

Stott, P. A., D. A. Stone, and M. R. Allen. 2004. "Human Contribution to the European Heat Wave of 2003." *Nature* 432: 610–614.

Strassburg, Bernardo, Kerry Turner, Brendan Fisher, Roberto Schaeffer, and Andrew Lovett. 2008. "An Empirically-Derived Mechanism of Combined Incentives to Reduce Emissions from Deforestation, Centre for Social and Economic Research on the Global Environment (CSERGE)." Working Paper ECM 08-01. School of Environmental Sciences, University of East Anglia, U.K.

Strong, A.E., and B. Causey. 2007. "Crisis in the Oceans: The Impacts of Climate on Coral Reefs and the Marine Ecosystem, a Manager's Tools and Response." Written composite version of papers delivered at World Bank Panel on Climate Impacts and Adaptation Responses in Latin America, November 7, 2006.

Strzepek, K., D. Yates, and D. El Quosy. 1996. "Vulnerability Assessment of Water Resources in Egypt to Climatic Change in the Nile Basin." *Climate Research* 6: 89–95.

Swiss Re. 2003. "Natural Catastrophes and Reinsurance." Zurich, Switzerland.

Szklo, A. S., R. Schaeffer, M. E. Schuller, and W. Chandler. 2005. "Brazilian Energy Policies Side-Effects on CO2 Emissions Reduction." *Energy Policy* 33 (3): 343–364.

Thomas, Chris D., et al. 2004. "Extinction Risk from Climate Change." *Nature* 427: 145–148.

Timilsina, Govinda, and Aashish Shrestha. 2008. "The Growth of Transport Sector CO2 Emissions and Underlying Factors in Latin America and the Caribbean." Policy Research Working Paper No. 4734. World Bank, Washington, DC.

Timmins, Christopher. 2003. "Health and Climate Change in the Developing World: The Impact of Global Warming on Brazilian Morbidity Patterns." Manuscript, Duke University.

Toba Natsuko. 2008a. "Economic Impacts of Climate Change on the Caribbean Community." In *Assessing the Consequences of Climate Destabilization in Latin America,* ed. W. Vergara. Sustainable Development Department, Latin America and the Caribbean. Washington, DC: World Bank.

Tol, R. S. J. 1998. "Economic Aspects of Global Environmental Models."

In *Theory and Implementation of Economic Models for Sustainable Development,* ed. J. C. van den Bergh and M.W. Hofkes, 277–286. Dordrecht, the Netherlands: Kluwer Academic Publishers.

———. 2002. "Estimates of the Damage Costs of Climate Change." *Environmental and Resource Economics* 21: 47–73.

———. 2005. "The Marginal Damage Costs of Carbon Dioxide Emissions: An Assessment of the Uncertainties." *Energy Policy* 33 (16).

Tol, R. S. J., and G. W. Yohe. 2006. "A Review of the Stern Review." *World Economics* 7 (3): 233–250.

Turner, B. T., R. J. Plevin, M. O'Hare, and A. E. Farrell. 2007. "Creating Markets for Green Biofuels." Report No. TRCSRR-1. Berkeley: University of California. http://repositories.cdlib.org/its/tsrc/UCB-ITS-TSRC-RR-2007-1/.

UK FRP (UK Forestry Research Program). 2005. http://www.forestresearch.gov.uk/fr/INFD-7K9DDV.

UNEP RISO CDM. Pipeline database: http://cdmpipeline.org/.

UNFCCC (United Nations Framework Convention on Climate Change). 2006. "Background Paper—Impacts, Vulnerability and Adaptation to Climate Change in Latin America." UNFCCC Secretariat. Bonn, Germany. http://unfccc.int/files/adaptation/adverse_effects_and_response_measures_art_48/application/pdf/200609_background_latin_american_wkshp.pdf.

———. 2007. "Report on the Second Workshop on Reducing Emissions from Deforestation in Developing Countries." http://unfccc.int/ resource/docs/2007/sbsta/eng/03.pdf.

UN Foundation and Sigma XI Scientific Research Society. 2007. "Confronting Climate Change: Avoiding the Unimaginable and Managing the Unavoidable."

Ureta, Manuelita. 2005. "Hurricane Mitch, Family Budgets and Schooling in Nicaragua." Manuscript, Department of Economics, Texas A&M University.

U.S. Environmental Protection Agency. 2006. "Global Mitigation of Non-

CO2 Greenhouse Gases." Office of Atmospheric Programs, United States Environmental Protection Agency, Washington, DC, EPA-430-R-06-005.

Vakis, R. 2006. "Complementing Natural Disasters Management: The Role of Social Protection." Social Protection Discussion Paper, No. 0543, World Bank, Washington, DC.

Vakis, R., D. Kruger, and A. Mason, 2004. "Shocks and Coffee: Lessons from Nicaragua." Draft, Human Development Department, Latin America and the Caribbean Region, World Bank, Washington, DC.

Van Lieshout, M., R. S. Kovats, M. T. J. Livermore, and P. Martens. 2004. "Climate Change and Malaria: Analysis of the SRES Climate and Socio-economic Scenarios." *Global Environmental Change.* 14: 87–99.

Vardy, F. 2008. *Preventing International Crises: A Global Public Goods Perspective*. Washington, DC: World Bank.

Vasquez-Leon, M. et al. 2003. "Adaptation to Climatic Variability and Change in Tlaxcala, Mexico." In *Climate Change, Adaptive Capacity and Development*, ed. J. Smith, R. Klein, and S. Huq. London: Imperial College Press.

Vélez, O. L. 2007. *Empresas Publicas de Medellin, Subdirección Medio Ambiente.* Medellín, Colombia.

Vergara, W. 2005. "Adapting to Climate Change, Lessons Learned, Work in Progress, and Proposed Next Steps for the World Bank in Latin America." Latin America and Caribbean Region, World Bank, Washington, DC.

Vergara, W. 2009. "Climate-Induced Ecosystem Damage in Latin America." In *Assessing the Consequences of Climate Destabilization in Latin America.* Sustainable Development Working Paper. World Bank, Washington, DC.

Vergara, W., A. M. Deeb, A. M. Valencia, R. S. Bradley, B. Francou, A. Zarzar, A. Grunwaldt, and S. M. Hausseling. 2007. "Economic Impacts of Rapid Glacier Retreat in the Andes." *EOS, Transactions, American Geophysical Union* 88: 261–268.

Vergara, W., Natsuko Toba, D. Mira-Salama, and A. Deeb. 2008. "The

Consequences of Climate-induced Coral Loss in the Caribbean by 2050–2080." In "*Assessing the Potential -Consequences of Climate Destabilization in Latin America.*" Sustainable Development Working Paper 32, World Bank, Washington, DC.

Vos, R., M. Velasco, and E. Labastida. 1999. "Economic and Social Effects of El Niño in Ecuador, 1997–1998," Inter-American Development Bank, Sustainable Development Department, Technical Paper Series.

Ward, Murray, ed. 2008. "The Role of Sector No-Lose Targets in Scaling Up Finance for Climate Change Mitigation Activities in Developing Countries." DEFRA.

WDI. 2008. *World Development Indicators*, Washington, DC: World Bank. http://www.worldbank.org/.

Webster, P. J., G. J. Holland, J. A. Curry, and H.-R. Chang. 2005. "Changes in Tropical Cyclone Number, Duration, and Intensity in a Warming Environment." *Science* 309(5742): 1844–1846.

Wehbe, M., H. Eakin, R. Seiler, M.Vinocur, C. Ávila, and C. Marutto. 2006. "Local Perspectives on Adaptation to Climate Change: Lessons from Mexico and Argentina." AIACC Working Paper No. 39.

Weitzman, M. L. 1974. "Prices vs. Quantities." *Review of Economic Studies* 41: 477–91.

———. 2007. "A Review of the Stern Review on the Economics of Climate Change." *Journal of Economic Literature.*

West, J. M., and R. V. Salm. 2003. "Resistance and Resilience to Coral Bleaching: Implications for Coral Reed Conservation and Management." *Conservation Biology* 17(4): 956–967.

Whiteman, A., E. Cushion, and G. Dieterle. 2009. "Bioenergy Development: Issues and Impacts for Poverty and Natural Resource Management." Draft. FAO and World Bank, Washington, DC.

WHO (World Health Organization). 1999. "El Niño and Health—Protection of the Human Environment." Manuscript. Geneva.

Winters, P., R. Murgai, E. Sadoulet, A. de Janvry, and G. Frisvold. 1998. "Economic and Welfare Impacts of Climate Change on Developing Countries." *Environmental and Resource Economics* 12: 1–24.

World Bank. 2005a. “Shocks and Social Protection: Lessons from the Central American Coffee Crisis.” Report No. 31857-CA.

———. 2005b. “Policy Approaches to Managing the Economic Transition: Ensuring that the Poor Can Benefit from DR-CAFTA.” Manuscript.

———. 2006. “Managing Climate Risk: Integrating Adaptation into World Bank Group Operations.” Global Environmental Facility.

———. 2007a. “Water and Climate Change: Hydrologic Drivers and Potential Impacts,” Water Anchor Unit, December 17.

———. 2007b. “Visualizing Future Climate Change in Latin America: Results from the Application of the Earth Simulator.” In *LCR Sustainable Working Development Paper*, ed. Walter Vergara. World Bank: Washington, DC.

———. 2008a. “Environmental Licensing for Hydroelectric Projects in Brazil: A Contribution to the Debate.” Report 40995-BR. Brazil Country Management Unit. World Bank, Washington, DC.

———. 2008b. “Toward Cleaner Cities: Protecting the Health of the Poor and the Environment in Latin America and the Caribbean Region.” Unpublished manuscript, LCSSD.

———. 2008c. *World Development Report 2008: Agriculture for Development.*

———. 2009. *World Development Report 2009: Reshaping Economic Geography.*

———. Forthcoming. *Mexico Low-Carbon Study (MEDEC).* Washington, DC: World Bank.

Worldwatch Institute. 2006. *Biofuels for Transportation. Global Potential and Implications for Sustainable Agriculture and Energy in the 21st Century.* Washington, DC: Worldwatch Institute.

Yamin, Farhana, and Eric Haites. 2006. “The Sao Paulo Proposal for an Agreement on Future International Climate Policy.” Discussion Paper for COP-12 & COP/MOP 2.

Yamin F., J. B. Smith, and I. Burton. 2006. “Perspectives on Dangerous Anthropogenic Interference; or How to Operationalize Article 2 of the UN Framework Convention on Climate Change.” In *Avoiding*

Dangerous Climate Change, ed. H. Schellnhuber, 82–91. Cambridge and New York: Cambridge University Press.

Zah, R., H. Boni, M. Gauch, R. Hischier, M. Lehmann, and P.Wager. 2007. "Life Cycle Assessment of Energy Products: Environmental Impact Assessment of Biofuels." Executive Summary. Draft. Empa, St. Gallen, Switzerland.

Zahniser, Steven. 2008a. U.S. Department of Agriculture, personal communication.

———.2008b, "Toward a Climate Change Adaptation Policy for Agriculture: The Case of the European Union." Background paper for this study, World Bank, Washington, DC.

Zeller, R. 2008. *President of Alquimiatec*. Quito, Ecuador.

Zomer, R. J., A. Trabucco, O. van Straaten, L. V. Vercot, and B. Muys. 2005. "ENCOFOR CDM-AR Online Analysis Tool: Implications of Forest Definition on Land Area Eligible for CDM-AR." Published online: www://csi.cgiar.org/encofor/forest/.

Zomer, R. J., A. Trabucco, D. C. Bossio, and L. V. Verchot. 2008. "Climate Change Mitigation: A Spatial Analysis of Global Land Suitability for Clean Development Mechanism Afforestation and Reforestation." *Agricultural Ecosystems and Environment* 126 (1–2): 67–80.

21세기 **라틴아메리카**
기후변화에 대한 **새로운 도전**

저탄소 성장을 향한 대응과 적응

찾아보기

ㄱ

ㄴ

ㅇ

ㅈ

ㅊ

한국외국어대학교중남미연구소
라틴아메리카총서 08

21세기 **라틴아메리카**
기후변화에 대한 **새로운 도전**
저탄소 성장을 향한 대응과 적응

초판 인쇄 2015년 6월 25일
초판 발행 2015년 6월 30일

편저자 Augusto de la Torre 외
옮긴이 정경원, 김유경, 장수환, 하상섭
발행인 김인철
발행처 한국외국어대학교 지식출판원
130-791 서울특별시 동대문구 이문로 107
전화 02)2173-2495~7
팩스 02)2173-3363
홈페이지 http://press.hufs.ac.kr
전자우편 press@hufs.ac.kr
출판등록 제6-6호(1969. 4. 30)
디자인 · 편집 디자인퍼브 02)2254-4308
인쇄 · 제본 상지사피앤비 031)955-3636

ISBN 978-89-7464-002-6 94080 정가 20,000원
978-89-7464-619-6 (세트)

*잘못된 책은 교환하여 드립니다.

불법복사는 지적재산을 훔치는 범죄행위입니다.

저작권법 제136조(권리의 침해죄)에 따라 위반자는 5년 이하의 징역 또는 5천만 원 이하의 벌금에 처하거나 이를 병과할 수 있습니다.

HUINE은 한국외국어대학교 지식출판원의 어학도서, 사회과학도서, 지역학 도서 Sub Brand이다. 한국외대의 영문명인 HUFS, 현명한 국제전문가 양성(International+Intelligent)의 의미를 담고 있으며, 휴인(携引)의 뜻인 '이끌다, 끌고 나가다'라는 의미처럼 출판계를 이끄는 리더로서, 혁신의 이미지를 담고 있다.